工程师经验手记

CAN 总线应用层协议实例解析

(第2版)

牛跃听　周立功　高宏伟　黄敏思　编著

北京航空航天大学出版社

内容简介

本书从目前几种流行的CAN总线应用层协议入手，详细介绍了基于iCAN协议、DeviceNet协议、J1939协议、CANopen协议的嵌入式开发实例，每一种实例都从协议详解、开发步骤论证、硬件电路设计、软件程序设计等方面进行了解析。同时，书中涉及的硬件电路均制作了电路板实物，软件均在电路板上调试运行正常。本书是再版书，相比旧版，本书修正了旧版的不足，并增加了部分工程实践内容。

本书旨在为从事CAN总线应用层协议的开发者提供实例化的研发思路和软、硬件技术参考，能够使开发者快速地由CAN总线应用层协议解析进入实战开发应用，提高研发工程师的工作效率，缩短研发时间。

本书可供工业控制领域的研发人员、电子爱好者使用或参考，也可作为高等院校自动控制、电气工程、电子信息工程等专业师生的参考用书。

图书在版编目(CIP)数据

CAN总线应用层协议实例解析 / 牛跃听等编著. --2版. --北京 ：北京航空航天大学出版社，2018.7

ISBN 978-7-5124-2749-5

Ⅰ. ①C… Ⅱ. ①牛… Ⅲ. ①总线-技术 Ⅳ. ①TP336

中国版本图书馆CIP数据核字(2018)第143019号

CAN总线应用层协议实例解析(第2版)

牛跃听 周立功 高宏伟 黄敏思 编著

责任编辑 董立娟

*

北京航空航天大学出版社出版发行

北京市海淀区学院路37号(邮编100191) http://www.buaapress.com.cn

发行部电话：(010)82317024 传真：(010)82328026

读者信箱：emsbook@buaacm.com.cn 邮购电话：(010)82316936

涿州市新华印刷有限公司印装 各地书店经销

*

开本：710×1 000 1/16 印张：24.5 字数：522千字

2018年9月第2版 2018年9月第1次印刷 印数：3 000册

ISBN 978-7-5124-2749-5 定价：69.80元

第 2 版前言

自本书第 1 版和读者见面以来，我们欣喜地看到 CAN 总线技术在我国各行业的应用越来越广泛。本书“电路共享、源码开放”的写作理念得到读者的广泛认可，这一点可以从读者反馈及当当网的销售评论中得以见证。

业内的读者对第一版中的错误提出了宝贵的修改建议，在此表示感谢！本书已经对其进行了更正。应广大读者的要求，结合近几年的 CAN 项目工程实践，本书增加了基于 STM32 的 CAN 总线开发、如何监测 CAN 网络节点的工作状态等内容。延续本书的一贯做法，增加的内容都是在研发设计的电路板基础之上编写调试程序，并在电路板上实践检验后才动手撰写书稿，可以供研发人员直接运用到自己的项目中。

沈阳理工大学高宏伟博士、陆军工程大学方丹博士在编写过程中给予了大力支持和帮助，在此表示感谢！

本书在编写的过程中，注重代码程序的完整性，愿意和那些注重代码完整性的读者交流，研讨技术问题。有兴趣的读者可以发送电子邮件到：nyt369@sina.com，或者关注下方的微博、博客。

CAN总线医生的微博

CAN总线医生的博客

本书虽经多次审稿修订,但限于我们的水平和条件,缺点和错误仍在所难免,衷心希望读者提出批评和指正,使之不断提高和完善。

作　者

2018 年 5 月于沈阳理工大学

第 1 版前言

CAN 总线的国际标准只对物理层和数据链路层制定了规范，应用层没有定义。而标准的 CAN2.0A/CAN2.0B 协议存在以下诸多局限性：发送的报文中不包含自己的地址信息，导致接收方收到信息后无法直接确定报文源地址；发送大于 8 字节的数据帧时，需要用户在程序中进行分块发送，很不方便；在网络节点的监控方面，不能诊断网络中节点处于正常状态还是故障状态，缺乏总线状态的监控及标识；发送的报文帧信息中没有功能代码，给用户编程使用带来诸多不便……这些局限性迫使许多 CAN 用户自定义应用层协议以满足通信需求。随着 CAN 节点设备的增多及网络的复杂化，用户自定义的 CAN 应用层协议变成了一个无法与外界兼容的“孤岛系统”。基于此，许多行业都制定了本行业的 CAN 总线应用层协议，以便使符合一定应用层协议规范的系统应用变得容易、通用。

2012 年笔者编写的《CAN 总线嵌入式开发——从入门到实战》一书，较好地解决了初学者学习 CAN 总线技术的入门问题。随着研究的深入和项目研发的需求发现，基于 CAN 总线应用层协议的嵌入式研发越来越重要。但是，目前已经出版的有关 CAN 总线应用层协议的书籍、互联网上的资料中，80%都是协议内容简介，很少有涉及具体实例的硬件电路设计、详细源程序解析等内容，于是本书应运而生。

本书从目前几种流行的 CAN 总线应用层协议详细解读入手，详细介绍了基于 iCAN 协议、DeviceNet 协议、J1939 协议、CANopen 协议的嵌入式开发实例，并从项目中提炼制作了针对 CAN 应用层协议的学习板，配套完整的电路图和程序源代码，以便嵌入式研发工程师奉行“拿来主义”，减少项目研发中的盲目性，去除重复性的工作，提高科研工作效率。

在基于 CAN 应用层协议嵌入式研发过程中，本书注意 MCU 选型的广泛性，以便适用于不同 MCU 系列的研发者学习。书中涉及的 MCU 型号有 STC89C52RC、MSP430afe253、ADμC812、C8051F040、C8051F060。

本书以 CAN 总线应用层协议研发实例为主线，共分为 7 章：

第 1 章为 CAN 总线基础知识；

第 2 章结合两种常用的 CAN 控制器芯片 SJA1000、MCP2515，详细介绍了基于 CAN2.0A 和 CAN2.0B 的嵌入式研发；

第 3 章首先对几种流行的 CAN 总线应用层协议进行了简介，而后解析了构建

CAN 总线应用层协议需考虑的关键技术问题;

第 4~7 章分别对基于 iCAN 协议、DeviceNet 协议、J1939 协议、CANopen 协议的嵌入式开发实例进行详解。

为了便于读者学习,减少项目开发中的重复性工作,本书在书中电路原理图的基础上,配套资料还提供以下配套的程序源代码:

- MSP430 单片机 CAN 总线学习板程序(程序编译运行环境是 IAR for MSP430);
- 基于 51 单片机的 iCAN 协议程序(程序编译运行环境是 Keil_C);
- 基于 ADμC812 单片机的 DeviceNet 协议从站程序(程序编译运行环境是 Keil_C);
- 基于 CANopen 协议的下肢外骨骼助力系统程序(程序编译运行环境是 Keil_C);
- 基于 J1939 协议的发动机转速测量程序(程序编译运行环境是 Silicon Laboratories IDE);

本书由牛跃听博士主编。经编写小组讨论,由牛跃听博士和高飞博士(第 1、5 章)、雷正伟博士和杜峰坡博士(第 2 章)、穆希辉博士(第 3 章)、周立功公司(第 4 章、附录 A)、孙宜权博士和石家庄铁道大学的王伟明博士(第 6 章)、上海汽车的杨剑工程师(第 7 章)执笔,全书由牛跃听博士和李会分析员统稿。

周立功单片机公司在本书的编写过程中给予了大力支持和帮助,在此表示感谢!本书虽经多次审稿修订,但限于我们的水平和条件,缺点和错误仍在所难免,衷心希望读者提出批评和指正,使之不断提高和完善。

有兴趣的读者,可以发送电子邮件到:zdkjnyt@163.com,与作者进一步交流;也可以发送电子邮件到 xdhydcd5@sina.com,与本书策划编辑进行交流。

作　者

2014 年 7 月

目 录

第1章

CAN 总线基础知识

1.1 CAN 总线简介

控制器局域网 CAN(Controller Area Network)是由德国 Bosch 公司为汽车应用而开发的多主机局部网络,用于汽车的监测和控制。德国 Bosch 公司开发 CAN 总线的最初目的是解决汽车上数量众多的电子设备之间的通信问题、减少电子设备之间繁多的信号线,于是设计了一个单一的网络总线,所有的外围器件可以挂接在该总线上。

1991 年 9 月,NXP 半导体公司制定并发布 CAN 技术规范 CAN 2.0 A/B,其中,CAN2.0A 协议规范定义了标准帧格式,CAN2.0B 协议规范定义了扩展帧格式。1993 年 11 月,ISO 组织正式颁布 CAN 国际标准 ISO11898(高速应用,数据传输速率小于 1 Mbps)和 ISO11519(低速应用,数据传输速率小于 125 kbps)。

作为一种技术先进、可靠性高、功能完善、成本较低的网络通信控制方式,CAN 总线广泛应用于汽车工业、航空工业、工业控制、安防监控、工程机械、医疗器械、楼宇自动化等诸多领域。例如,在楼宇自动化领域中,加热和通风、照明、安全和监控等系统对建筑安装提出了更高的要求,现代的建筑安装系统越来越多地建立在 CAN 总线系统上,通过其实现开关、按钮、传感器、照明设备、其他执行器和多控制系统之间的数据交换,实现建筑中各操作单元之间的协作,并对各单元不断变化的状态实时控制。

CAN 总线是唯一成为国际标准的现场总线,也是国际上应用最广泛的现场总线之一,具有以下主要特性:成本低廉、数据传输距离远(最远长达 10 km)、数据传输速率高(最高达 1 Mbps)、无破坏性的基于优先权的逐位仲裁、借助验收滤波器的多地址帧传递、远程数据请求、可靠的错误检测和出错处理功能、发送的信息遭到破坏后可自动重发、暂时错误和永久性故障节点的判别以及故障节点的自动脱离、脱离总线的节点不影响总线的正常工作。因此,许多芯片生产商,如 Intel、NXP、Siemens、都推出了独立的 CAN 控制器芯片或者带有 CAN 控制器的 MCU 芯片。

1.2 CAN 总线通信过程

CAN 总线数据的发送过程如图 1－1 所示，可以用信件邮递来做一个比喻。对于 CAN 总线上的发送节点，可以将其比喻成邮寄一封信件：

> 邮寄：北京市海淀区XX街道XX号（目的CAN节点地址）。
>
> （信中内容为具体的数据信息）
>
> 自：无（相当于匿名信件）。

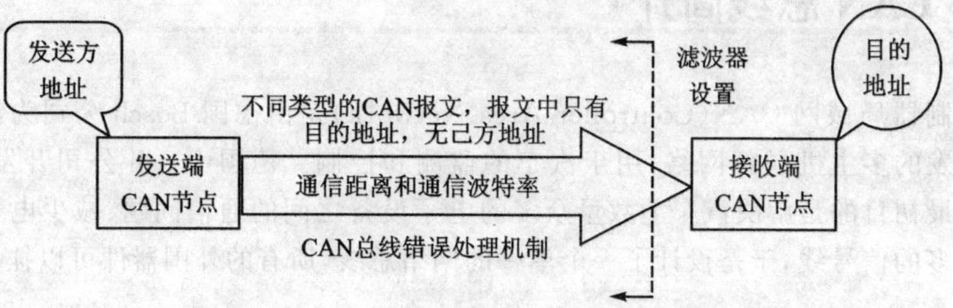

图 1－1　CAN 总线节点传输过程示意图

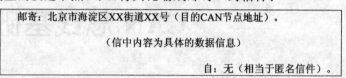

对于 CAN 总线上的接收节点，可以将其比喻为家门口的收件邮箱：

> 这是“北京市海淀区 XX 街道 XX 号”邮箱(自己的CAN节点地址)，其他非邮寄到此信箱的信件，一概不接收(CAN地址设置屏蔽掉其他地址)。
>
> 如果是邮寄到此信箱的信件，则接收信件。
> （信中内容为具体的数据信息）

CAN 总线数据的通信过程中，数据信息通过不同的报文格式来传送，如数据帧、远程帧等，这就类似于邮件中可以有不同的内容：文件、衣物、书籍等。

CAN 总线数据的通信花费的时间跟总线传输距离、通信波特率有关系，通信距离远，波特率就低，传输数据花费的时间就长。类似于从北京邮寄信件到石家庄，距离近，邮递时间就短；如果从北京邮寄信件到广州，邮递时间相对就长。另外，CAN 总线数据的通信花费的时间还跟通信介质的选取（光纤、双绞线）、振荡器容差、通信线缆的固有特性（导线截面积、电阻等）等有关系，这就类似于邮递信件时是选择 EMS 快递、挂号信，还是普通的平信。

当然，CAN 总线传输也有其传输错误处理机制，以保证总线正常运行。类似于邮寄信件，也有出错处理机制，例如，发送快递时，如果地址写错了，快递员就会联系发件者，是否更改地址重新投递。还有，如果投递邮件的数量过多，就会产生邮件的堆积，CAN 总线如果传输的信息量过多，也会产生数据堆积，发生过载现象。

1.3 CAN 总线协议规范

实现 CAN 总线通信需要依托标准的 CAN 协议规范，就像用户使用互联网需要依托 TCP/IP 协议、用户使用手机需要依托 3G、4G 通信协议一样。CAN 通信协议主要描述设备之间的信息传递方式。CAN 协议规范中关于层的定义与开放系统互连模型（OSI）一致，设备中的每一层与另一设备上相同的那一层通信，实际的通信发生在每一设备上的相邻两层，而设备只通过模型物理层的物理介质互连。CAN 的规范定义了模型的最下面两层：数据链路层和物理层。表 1－1 展示了 OSI 开放式互连模型的各层。应用层协议可以由 CAN 用户定义成适合特别工业领域的任何方案，已在工业控制和制造业领域得到广泛应用的标准是 DeviceNet，这是为 PLC 和智能传感器设计的。在汽车工业领域许多制造商都应用自己的标准，如 J1939 协议。

表 1－1　OSI 开放系统互连模型

序　号	层	说　明
7	应用层	最高层，用户、软件、网络终端等之间用来进行信息交换，如 DeviceNet
6	表示层	将两个应用不同数据格式的系统信息转化为能共同理解的格式
5	会话层	依靠低层的通信功能来进行数据的有效传递
4	传输层	两通信节点之间数据传输控制操作，如数据重发、数据错误修复
3	网络层	规定了网络连接的建立、维持和拆除的协议，如路由和寻址
2	数据链路层	规定了在介质上传输的数据位的排列和组织，如数据校验和帧结构
1	物理层	规定通信介质的物理特性，如电气特性和信号交换的解释

一些组织制定了 CAN 的高层协议，是一种在现有底层协议（物理层和数据链路层）上实现的协议，高层协议是应用层协议。一些可使用的 CAN 高层协议如表 1－2 所列。

注意，CAN 协议规范以及 CAN 国际标准是设计 CAN 应用系统的基本依据，但因为规范要求主要针对 CAN 控制器的开发者，功能的实现通过硬件自动完成，因此对于大多数嵌入式研发者而言，只需对 CAN 的基本结构、概念和规则做一定的了解即可。下面着重介绍需要嵌入式研发者了解掌握的 CAN 协议规范中的内容。

表 1－2　CAN 高层协议

制定组织	主要高层协议
CiA	CAL
CiA	CANopen
ODVA	DeviceNet
Honeywell	SDS
Kvaser	CANKingdom

1.3.1 报　文

在 CAN 总线上传输的信息称为报文，相当于邮递信件的内容。当 CAN 总线空闲时，任何连接的单元都可以发送新的报文。

报文信号使用差分电压传送，两条信号线（以双绞线传输介质为例）称为 CAN_H 和 CAN_L，电平标称值如图 1-2 所示，静态时均是 2.5 V 左右，此时状态表示为逻辑 1，也可以叫隐性。用 CAN_H 比 CAN_L 高表示逻辑 0，称为显性，此时的电压值通常为 CAN_H=3.5 V 和 CAN_L= 1.5 V。

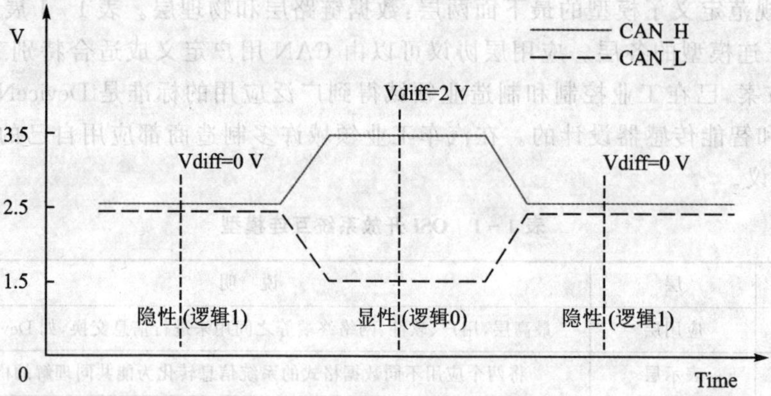

图 1-2　双绞线 CAN 总线电平标称值

CAN 报文有两种不同的帧格式：标准格式和扩展格式，前者的标志符长度是 11 位，而后者的标志符长度可达 29 位。CAN 协议的 2.0A 版本规定 CAN 控制器必须有一个 11 位的标志符，同时在 2.0B 版本中规定 CAN 控制器的标志符长度可以是 11 位或 29 位。遵循 CAN2.0B 协议的 CAN 控制器可以发送和接收 11 位标识符的标准格式报文或 29 位标识符的扩展格式报文。如果禁止 CAN2.0B，则 CAN 控制器只能发送和接收 11 位标识符的标准格式报文，而忽略扩展格式的报文，但不会出现错误。

总线上的报文信息表示为几种固定的帧类型：

- 数据帧：从发送节点向其他节点发送的数据信息，相当于甲方发送有内容的信件到乙方。
- 远程帧：向其他节点请求发送具有同一识别符的数据帧，相当于甲方请求乙方给自己发送一封有内容的信件。
- 错误帧：检测到总线错误，发送错误帧。
- 过载帧：过载帧用以在数据帧或远程帧之间提供附加的延时。

CAN 总线通信有两种不同的帧格式：标准帧和扩展帧。

- 标准帧格式：具有 11 位标识符。

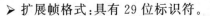

➢ 扩展帧格式:具有 29 位标识符。

标识符的作用就是写明此帧数据发送的地址信息、数据信息的长度(0～8 字节),相当于写信件时在信封上注明收件人地址信息和此信件由几页纸构成。

两种帧格式的确定通过控制场(Control Field)中的识别符扩展位(IDE bit)来实现。两种帧格式可以出现在同一总线上。以一个标准数据帧为例,如图 1－3 所示,其详细构成为:此帧数据发送的目标地址信息＋数据信息的长度＋具体的数据信息。

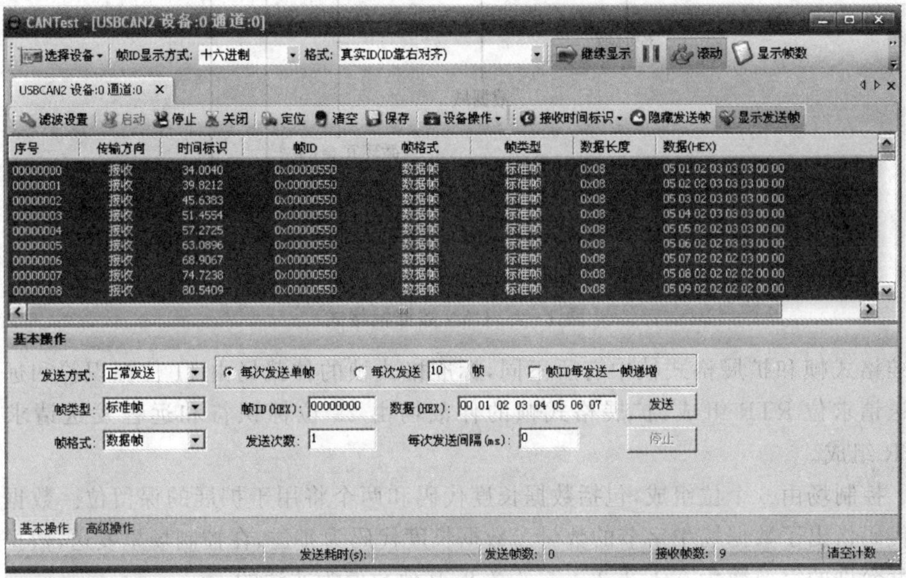

图 1－3 CAN 分析仪接收到的标准数据帧

构成报文信息的这几种固定帧类型是从事 CAN 总线的研发者必须掌握的,这是研发者编写 CAN 总线应用程序时的基础。

1. 数据帧

数据帧由以下几部分组成:帧起始(Start of Frame)、仲裁场(Arbitration Frame)、控制场(Control Frame)、数据场(Data Frame)、CRC 场(CRC Frame)、应答场(ACK Frame)、帧结尾(End of Frame),如图 1－4 所示。数据场的长度可以为 0。

帧起始标志数据帧和远程帧的起始由一个单独的显性位组成。只在总线空闲时,才允许节点开始发送。所有的节点必须同步于首先开始发送信息节点的帧起始前沿。

仲裁场用于写明需要发送到目的 CAN 节点的地址、确定发送的帧类型(发送的是数据帧还是远程帧)以及确定发送的帧格式(标准帧还是扩展帧)。仲裁场在

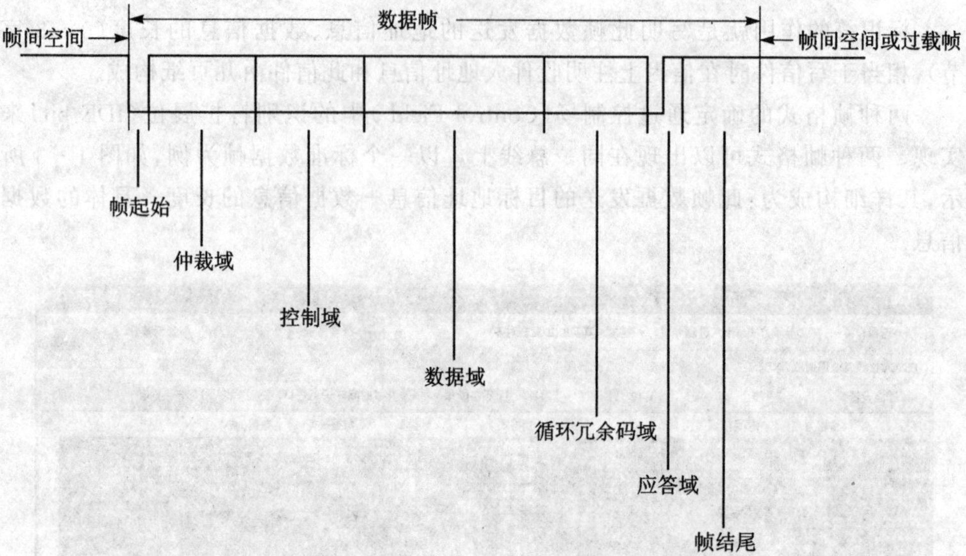

图 1-4　CAN 数据帧格式

标准格式帧和扩展格式帧中有所不同,标准格式帧的仲裁场由 11 位标识符和远程发送请求位 RTR 组成,扩展格式帧的仲裁场由 29 位标识符和远程发送请求位 RTR 组成。

控制场由 6 个位组成,包括数据长度代码和两个将用于扩展的保留位。数据长度代码指出了数据场中字节的数量。数据长度代码为 4 位,在控制场里发送,数据帧长度允许的字节数为 0、1、2、3、4、5、6、7、8,其他数值为非法的。

数据场由数据帧中的发送数据组成。它可以为 0～8 字节,每字节包含了 8 位,首先发送最高有效位 MSB,依次发送至最低有效位 LSB。CRC 场包括 CRC 序列(CRC SEQUENCE)和 CRC 界定符(CRC DELIMITER),用于信息帧校验。应答场长度为 2 个位,包含应答间隙(ACK SLOT)和应答界定符(ACK DELIMITER)。在应答场里,发送节点发送两个隐性位。当接收器正确地接收到有效的报文时,接收器就会在应答间隙(ACK SLOT)期间(发送 ACK 信号)向发送器发送一个显性的位以示应答。

帧结尾是每一个数据帧和远程帧的标志序列界定。这个标志序列由 7 个隐性位组成。

(1) 标准数据帧

标准数据帧基于早期的 CAN 规格(1.0 和 2.0A 版),使用了 11 位的识别域。CAN 标准帧帧信息是 11 个字节,如表 1-3 所列,包括帧描述符和帧数据两部分,前 3 字节为帧描述部分。

表 1-3 标准数据帧

位字节		7	6	5	4	3	2	1	0
字节 1	帧信息	FF	RTR	x	x	DLC(数据长度)			
字节 2	帧 ID1	ID.10～ID.3							
字节 3	帧 ID2	ID.2～ID.0		x	x	x	x	x	x
字节 4	数据 1	数据 1							
字节 5	数据 2	数据 2							
字节 6	数据 3	数据 3							
字节 7	数据 4	数据 4							
字节 8	数据 5	数据 5							
字节 9	数据 6	数据 6							
字节 10	数据 7	数据 7							
字节 11	数据 8	数据 8							

字节 1 为帧信息，第 7 位(FF)表示帧格式，在标准帧中 FF= 0；第 6 位(RTR)表示帧的类型，RTR=0 表示为数据帧，RTR=1 表示为远程帧。DLC 表示在数据帧时实际的数据长度。字节 2～3 为报文识别码，其高 11 位有效。字节 4～11 为数据帧的实际数据，远程帧时无效。标准数据帧如图 1-5 所示。

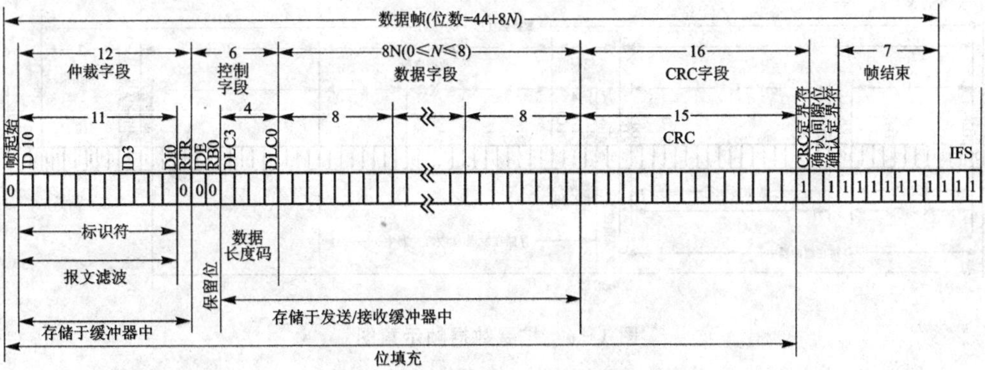

图 1-5 标准数据帧示意图

(2) 扩展数据帧

CAN 扩展帧帧信息是 13 个字节，如表 1-4 所列，包括帧描述符和帧数据两部分。前 5 字节为帧描述部分。

表 1-4 扩展数据帧

位字节		7	6	5	4	3	2	1	0
字节 1	帧信息	FF	RTR	x	x	DLC(数据长度)			
字节 2	帧 ID1	ID.28～ID.21							
字节 3	帧 ID2	ID.20～ID.13							

续表 1-4

位字节		7	6	5	4	3	2	1	0
字节 4	帧 ID3	ID.12～ID.5							
字节 5	帧 ID4	ID.4～ID.0					x	x	x
字节 6	数据 1	数据 1							
字节 7	数据 2	数据 2							
字节 8	数据 3	数据 3							
字节 9	数据 4	数据 4							
字节 10	数据 5	数据 5							
字节 11	数据 6	数据 6							
字节 12	数据 7	数据 7							
字节 13	数据 8	数据 8							

字节 1 为帧信息，第 7 位(FF)表示帧格式，在扩展帧中 FF＝1；第 6 位(RTR)表示帧的类型，RTR＝0 表示为数据帧，RTR＝1 表示为远程帧。DLC 表示在数据帧时实际的数据长度。字节 2～5 为报文识别码，其高 28 位有效；字节 6～13 为数据帧的实际数据，远程帧时无效。扩展数据帧如图 1-6 所示。

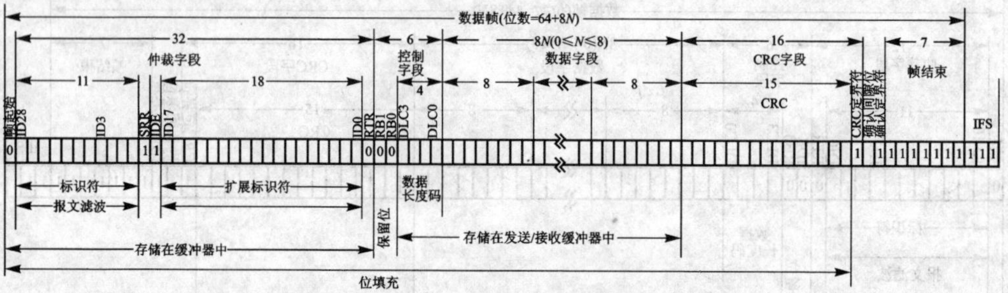

图 1-6　扩展数据帧示意图

2. 远程帧

远程帧除了没有数据域(Data Frame)和 RTR 位是隐性以外，与数据帧完全一样。RTR 位的极性表示了所发送的帧是一数据帧(RTR 位“显性”)还是一远程帧(RTR“隐性”)。远程帧(如图 1-7 所示)包括两种：标准远程帧(如图 1-8 所示)、扩展远程帧(如图 1-9 所示)。

3. 错误帧

当节点检测到一个或多个由 CAN 标准定义的错误时，就产生一个错误帧。错误帧(格式如图 1-10 所示)由两个不同的场组成：第一个场用是不同站提供的错误标志(ERROR FLAG)的叠加，第二个场是错误界定符(Error Delimiter)。

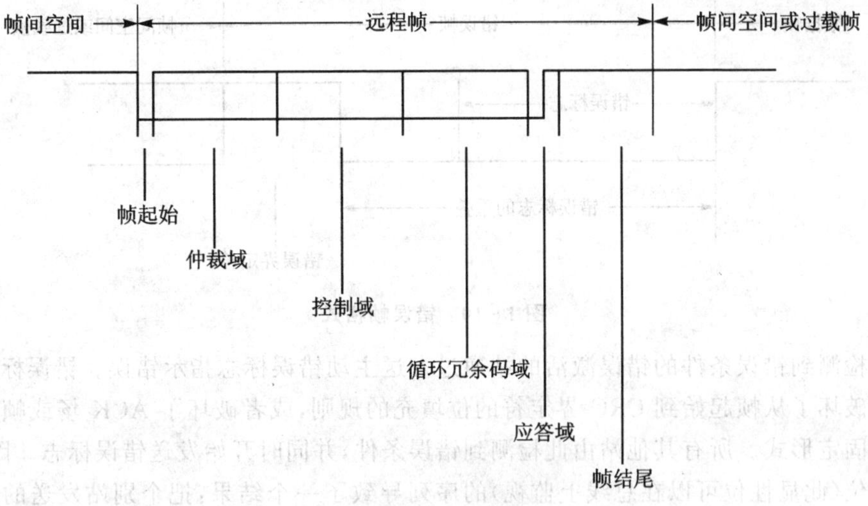

图 1-7 CAN 远程帧格式

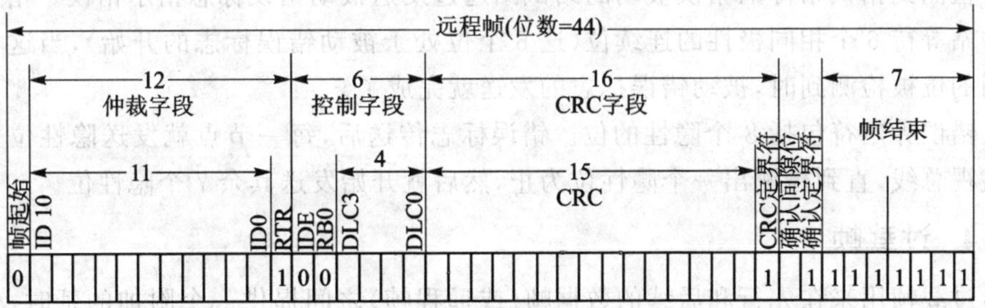

图 1-8 标准远程帧示意图

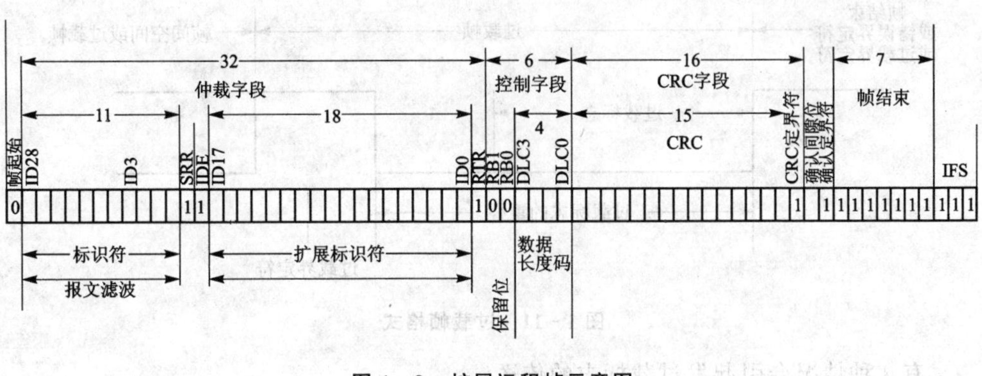

图 1-9 扩展远程帧示意图

有两种形式的错误标志：主动的错误标志和被动的错误标志。

① 主动的错误标志由 6 个连续的显性位组成。

② 被动的错误标志由 6 个连续的隐性位组成，除非被其他节点的显性位重写。

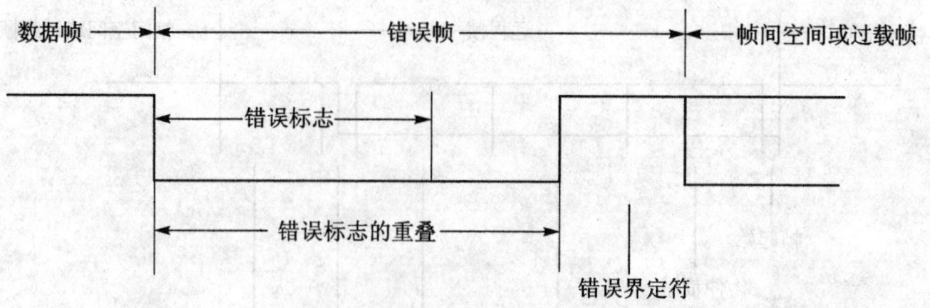

图 1-10　错误帧格式

检测到错误条件的错误激活的站通过发送主动错误标志指示错误。错误标志的形式破坏了从帧起始到 CRC 界定符的位填充的规则，或者破坏了 ACK 场或帧结尾场的固定形式。所有其他站由此检测到错误条件，并同时开始发送错误标志。因此，显性位（此显性位可以在总线上监视）的序列导致了一个结果：把个别站发送的不同错误标志叠加在一起。这个序列的总长度最小为 6 位，最大为 12 位。

检测到错误条件的错误被动的站试图通过发送被动错误标志指示错误。错误被动的站等待 6 个相同极性的连续位（这 6 个位处于被动错误标志的开始），当这 6 个相同的位被检测到时，被动错误标志的发送就完成了。

错误界定符包括 8 个隐性的位。错误标志传送后，每一节点就发送隐性位并一直监视总线，直到检测出一个隐性位为止，然后就开始发送其余 7 个隐性位。

4. 过载帧

过载帧用来在先行和后续的数据帧（或远程帧）之间提供一个附加的延时，格式如图 1-11 所示。过载帧包括两个位场：过载标志和过载界定符。

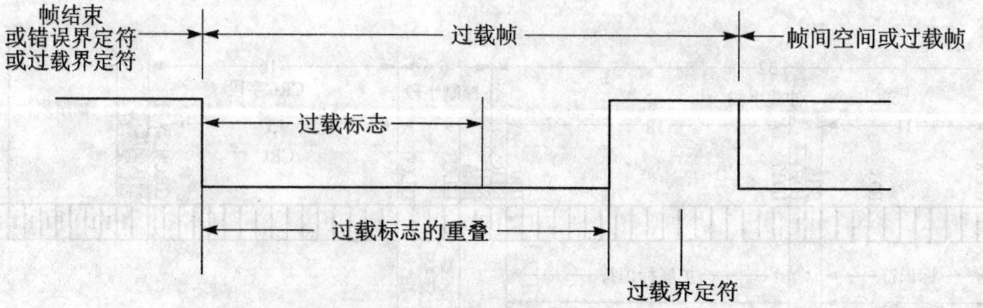

图 1-11　过载帧格式

有 3 种情况会引起发过载标志的传送：

- 接收器内部情况（此接收器对于下一数据帧或远程帧需要有一个延时）；
- 在间歇的第一和第二字节检测到一个显性位；
- 如果 CAN 节点在错误界定符或过载界定符的第 8 位（最后一位）采样到一个显性位。

过载标志(Overload Flag)由 6 个显性位组成,其所有形式和主动错误标志的一样,破坏了间歇场的固定形式。因此,所有其他站都检测到过载条件并同时发出过载标志。如果有的节点在间歇的第 3 个位期间检测到显性位,则这个位解释为帧的起始。

过载界定符(Overload Delimeter)包括 8 个隐性位,其形式和错误界定符的形式一样。过载标志被传送后,站就一直监视总线,直到检测到一个从显性位到隐性位的跳变。此时,总线上的每一个站完成了过载标志的发送,并开始同时发送其余 7 个隐性位。

5. 帧间空间

数据帧(或远程帧)与其前面帧的隔离是通过帧间空间实现的,不管其前面的帧属于哪种帧类型(数据帧、远程帧、错误帧、过载帧)。但是,过载帧与错误帧之间没有帧间空间,多个过载帧之间也不是由帧间空间隔离的。帧空间示意图如图 1－12 及图 1－13 所示。

帧间空间的组成:

① 3 个隐性("1")的间歇场(INTER MISSION)。间歇包括 3 个隐性的位,间歇期间,所有的站均不允许传送数据帧或远程帧,唯一要做的是标识一个过载条件。

② 长度不限的总线空闲位场(BUS IDLE)。总线空闲的时间是任意的。只要总线被认定为空闲,任何等待发送报文的站就会访问总线。发送其他报文期间有报文被挂起,这样的报文传送起始于间歇之后的第一个位。

③ 如果错误被动的节点已经作为前一报文的发送器,包括挂起传送的位场(SUSPEND TRANSMISSION),则错误被动的站发送报文后就在下一报文开始传送或总线空闲之前发出 8 个隐性的位跟随在间歇后面。同时如果另一站开始发送报文(由另一站引起),则此站就作为这个报文的接收器。

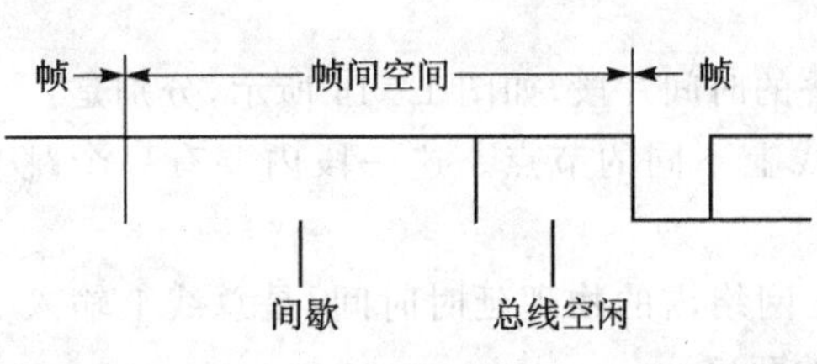

图 1－12 非"错误被动"节点帧间空间示意图

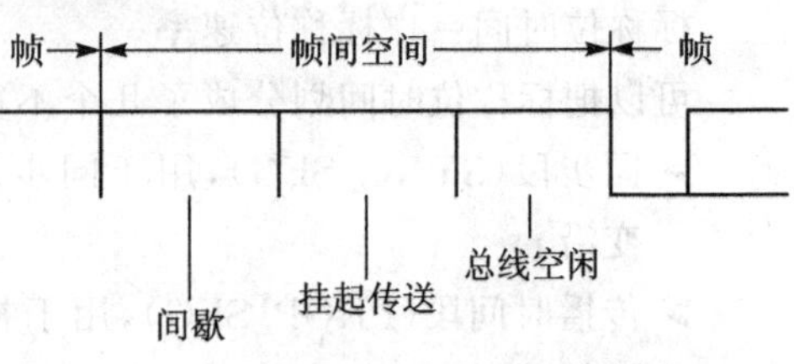

图 1－13 "错误被动"节点帧间空间示意图

1.3.2 报文滤波

在 CAN 总线上,CAN 帧信息由一个节点发送,其他节点同时接收。每当总线上有帧信息时,节点都会把滤波器的设置和接收到的帧信息的标识码相比较,节点只接收符合一定条件的信息,对不符合条件的 CAN 帧不予接收而只给出应答信号。

CAN 总线控制器滤波的作用：

➢ 降低硬件中断频率，只有成功接收时才响应接收中断。

➢ 简化软件实现的复杂程度，提高软件运行的效率。

不同 CAN 控制器芯片的滤波器设置有所不同，下面将针对具体的 CAN 控制器芯片进行详细讲解。

1.3.3 振荡器容差

振荡器容差表示振荡器实际的频率与标称频率的偏离，CAN 协议给定的最大振荡器容差为 1.58％。

CAN 网络中每个节点都从振荡器基准取得位定时，在实际系统应用中，振荡器基准频率会由于初始的容差偏移、老化和温度的变化而偏离它的标称值，这些偏离量之和就构成了振荡器容差。

1.3.4 位定时与同步

1. 位定时

位定时是 CAN 总线上一个数据位的持续时间，主要用于 CAN 总线上各节点的通信波特率设置。同一总线上的通信波特率必须相同。因此，为了得到所需的波特率，位定时的可设置性是有必要的。

另外，为了优化应用网络的性能，用户需要设计位定时中的位采样点位置、定时参数、不同的信号传播延迟的关系。

(1) 标称位速率

标称位率为一个理想的发送器在没有重新同步的情况下每秒发送的位数量。

(2) 标称位时间

标称位时间＝1/标称位速率。

可以把标称位时间划分成了几个不重叠的时间片段，如图 1-14 所示，分别是：

➢ 同步段(SYNC_SEG)，用于同步总线上不同的节点。这一段内要有一个跳变沿。

➢ 传播时间段(PROP_SEG)，用于补偿网络内的物理延时时间，是总线上输入比较器延时和输出驱动器延时总和的两倍。

➢ 相位缓冲段 1(PHASE_SEG1)及相位缓冲段 2(PHASE_SEG2)。相位缓冲段用于补偿边沿阶段的误差。这两个段可以通过重新同步加长或缩短。

➢ 采样点(SAMPLE POINT)，是读总线电平并解释各位值的一个时间点，位于相位缓冲段 1(PHASE_SEG1)之后，用于计算后续位的位电平。

(3) 信息处理时间(INFORMATION PROCESSING TIME)

信息处理时间是一个以采样点作为起始的时间段。

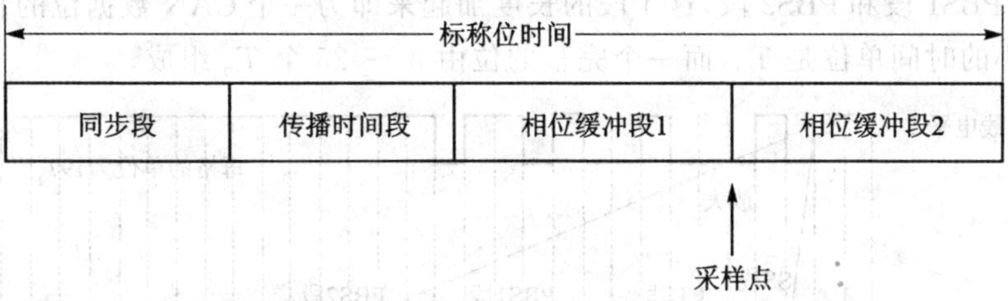

图 1-14 标称位时间的组成部分

(4) 时间份额(TIME QUANTUM)

时间份额是派生于振荡器周期的固定时间单元。存在一个可编程的预比例因子,整体数值范围为 1～32,以最小时间份额为起点,如图 1-15 所示,时间份额的长度为:

时间份额(TIME QUANTUM)$=m\times$最小时间份额

其中,m 为预比例因子。

(5) 时间段的长度(Length of Time Segments)

同步段(SYNC_SEG)为 1 个时间份额;传播段(PROP_SEG)的长度可设置为 1, 2,…,8 个时间份额;缓冲段 1(PHASE_SEG1)的长度可设置为 1,2,…,8 个时间份额;相位缓冲段 2(PHASE_SEG2)的长度为阶段缓冲段 1(PHASE_SEG1)和信息处理时间(INFORMATION PROCESSING TIME)之间的最大值;信息处理时间小于或等于 2 个时间份额。

一个位时间总的时间份额值可以设置在 8～25 之间。

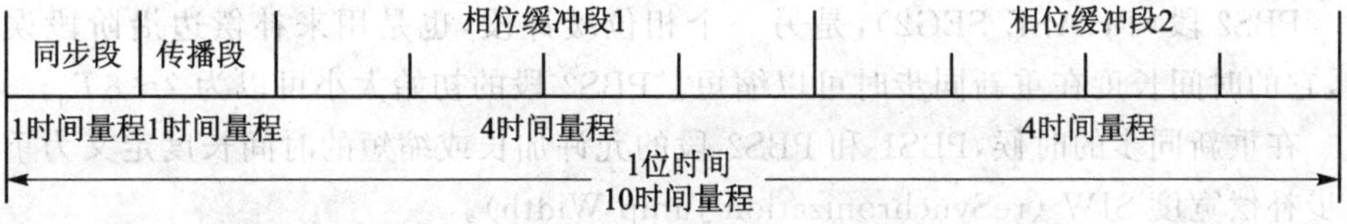

图 1-15 10 时间份额构成的位时间

2. 同 步

CAN 没有时钟信号线,所以 CAN 的数据流中不包含时钟。CAN 总线规范中用位同步的方式来确保通信时序,就可以不管节点间积累的相位误差,对总线的电平进行正确采样,从而能够保证报文进行正确地译码。

CAN 总线通信过程中的节点与总线的同步可以这样理解:总线好比是一个乐队正在演奏《义勇军进行曲》,假如这时候一名大号手来晚了,大号手(节点)需要加入乐队(总线)演奏,就需要听从乐队指挥,调整自己的节凑,这样才能完美无缝地加入乐队演奏——这就是同步。

为了实现位同步,CAN 协议把每一位的时序分解成如图 1-16 所示的 SS 段、

PTS 段、PBS1 段和 PBS2 段,这 4 段的长度加起来即为一个 CAN 数据位的长度。分解后最小的时间单位是 T_q,而一个完整的位由 8 ～ 25 个 T_q 组成。

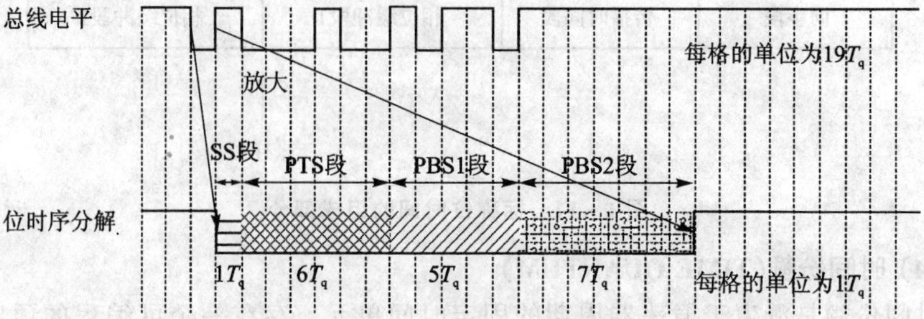

图 1-16 一位时间的时序分解

每位中的各段作用如下:

SS 段(SYNC SEG),译为同步段,若总线的跳变沿被包含在 SS 段的范围之内,则表示节点与总线的时序同步。节点与总线同步时,采样点采集到的总线电平即可被确定为该位的电平。总线上出现帧起始信号(SOF)时,其他节点上的控制器根据总线上的这个下降沿对自己的位时序进行调整,把该下降沿包含到 SS 段内,这样根据起始帧来进行同步的方式称为硬同步。其中,SS 段的大小为 $1T_q$。

PTS 段(PROP SEG),译为传播时间段,用于补偿网络的物理延时时间,是总线上输入比较器延时和输出驱动器延时总和的两倍。PTS 段的大小为 $1 \sim 8T_q$。

PBS1 段(PHASE SEG1),译为相位缓冲段,主要用来补偿边沿阶段的误差,它的时间长度在重新同步的时候可以加长。PBS1 段的初始大小可以为 $1 \sim 8T_q$。

PBS2 段(PHASE SEG2),是另一个相位缓冲段,也是用来补偿边沿阶段误差的,它的时间长度在重新同步时可以缩短。PBS2 段的初始大小可以为 $2 \sim 8T_q$。

在重新同步的时候,PBS1 和 PBS2 段的允许加长或缩短的时间长度定义为重新同步补偿宽度 SJW (reSynchronization Jump Width)。

CAN 规范定义了两种类型的同步,分别是硬同步和重同步。由协议控制器设置通过硬同步或重同步来适配位定时参数。

(1) 硬同步(HARD SYHCHRONIZATION)

硬同步后,内部的位时间从同步段重新开始。因此,硬同步强迫由于硬同步引起的沿处于重新开始的位时间同步段之内,如图 1-17 所示。

可以看出,总线出现帧起始信号(SOF 下降沿)时,该节点原来的位时序与总线时序不同步,因此,这个状态下采样点采集得到的数据是不正确的。节点以硬同步的方式调整,把自己位时序中的 SS 段平移至总线出现下降沿的部分,从而获得同步,这时采样点采集得到的数据才是正确的。

(2) 重新同步跳转宽度(RESYHCHRONIZATION JUMP WIDTH)

通过延长 PBS1 段或缩短 PBS2 段实现重新同步。相位缓冲段加长或缩短的数

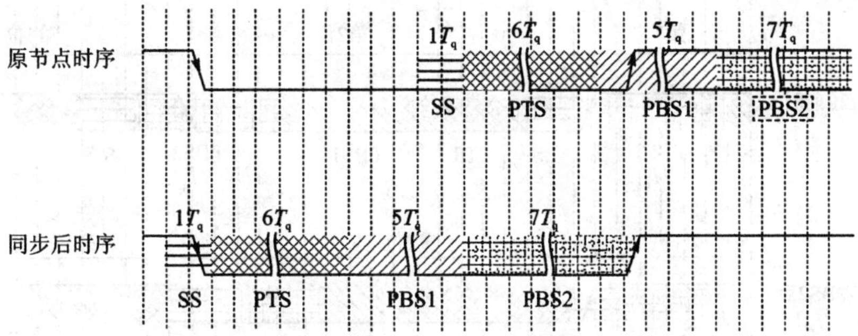

图 1-17 硬同步

量有一个上限,此上限由重新同步跳转宽度给定。重新同步跳转宽度应设置于 1 和最小值之间(此最小值为 4,PHASE_SEG1)。

(3) 边沿的相位误差(PHASE ERROR of an edge)

一个边沿的相位误差由相关于同步段的沿的位置给出,以时间额度量度。相位误差定义如下:

➢ 如果沿处于同步段里(SYNC_SEG),则 e = 0。

➢ 如果沿位于采集点(SAMPLE POINT)之前,则 e > 0。

➢ 如果沿处于前一个位的采集点(SAMPLE POINT)之后则,e < 0。

(4) 重新同步(RESYHCHRONIZATION)

因为硬同步时只是在有帧起始信号时起作用,无法确保后续一连串的位时序都是同步的,所以 CAN 还引入了重新同步的方式。检测到总线上的时序与节点使用的时序有相位差(即总线上的跳变沿不在节点时序的 SS 段范围)时,通过延长 PBS1 段(见图 1-18)或缩短 PBS2 段(见图 1-19)来获得同步,这样的方式称为重新同步。

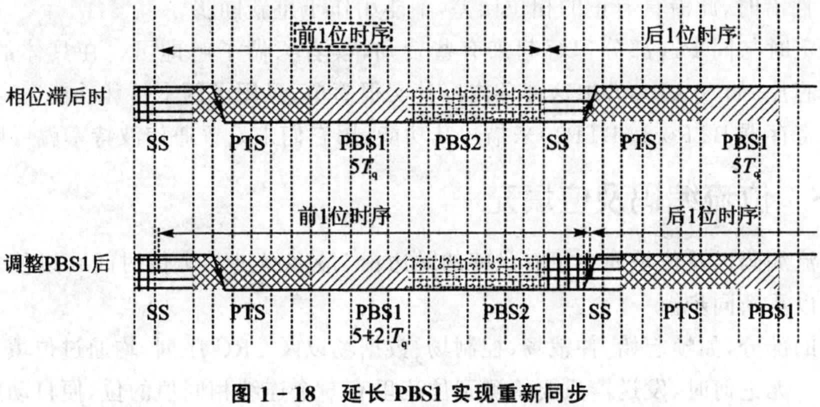

图 1-18 延长 PBS1 实现重新同步

当引起重新同步沿的相位误差的幅值小于或等于重新同步跳转宽度的设定值时,则重新同步和硬件同步的作用相同。当相位错误的量级大于重新同步跳转宽度

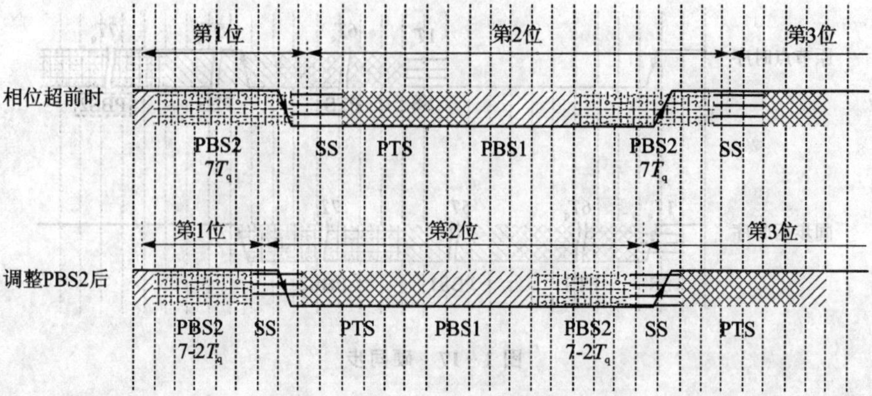

图 1-19　缩短 PBS2 实现重新同步

时,如果相位误差为正,则相位缓冲段 1 被增长,增长的范围为与重新同步跳转宽度相等的值;如果相位误差为负,则相位缓冲段 2 被缩短,缩短的范围为与重新同步跳转宽度相等的值。

(5) 同步的原则(SYHCHRONIZATION RULES)

硬同步和重新同步都是同步的两种形式,遵循以下规则:

➢ 在一个位时间里只允许一个同步。

➢ 仅当采集点之前探测到的值与紧跟沿之后的总线值不符合时,才把沿用作于同步。

➢ 总线空闲期间,有一个隐性转变到显性的沿,无论何时,硬同步都会被执行。

➢ 符合前两个规则的所有从隐性转化为显性的沿可以作为重新同步。有一例外情况,即发送一个显性位的节点不执行重新同步而导致一个隐性转化为显性沿时,此沿具有正的相位误差,不能用作于重新同步。

位定时与同步这部分理解起来有些费劲,读者只做了解即可。在具体的 CAN 控制器芯片(如 SJA1000)中这部分内容其实很简单,只用了两个特殊功能寄存器(总线时序寄存器 BTR0 和 BTR1)来描述其功能,用它们来设置通信波特率就可以了。

1.3.5 位流编码及位填充

位流编码以及位填充在于有足够的跳边沿(最多经过 5 个位时间),以使总线各节点可以重新同步。

帧的部分,如帧起始、仲裁场、控制场、数据场以及 CRC 序列,均通过位填充的方法编码。无论何时,发送器只要检测到位流里有 5 个连续相同值的位,便自动在位流里插入一个补充位。接收器会自动删除这个补充位。

数据帧或远程帧(CRC 界定符、应答场和帧结尾)的剩余位形式固定,不填充。错误帧和过载帧的形式也固定,但并不通过位填充的方法进行编码。

报文里的位流根据不返回到零(NRZ)的方法来编码。这就是说，在整个位时间里，位的电平要么为显性，要么为隐性。注意，位流编码及位填充是 CAN 协议规范要求的，由 CAN 控制器芯片完成，与 CAN 总线程序开发者没有关系。

1.3.6 CAN 总线错误处理和故障界定

1. CAN 总线错误处理

(1) 错误类型

1) 位错误(Bit Error)

发送的位值和总线监视的位值不符合时，检测到一个位错误。但是在仲裁场(ARBITRATION FIELD)的填充位流期间或应答间隙(ACK SLOT)发送一个隐性位的情况是例外的：当监视到一个显性位时，不发出位错误。当发送器发送一个被动错误标志但检测到显性位时，也不视为位错误。

2) 填充错误(Stuff Error)

如果在使用位填充编码的位流中出现了第六个连续相同的位电平，则检测到一个位填充错误。

3) 形式错误 (Form Error)

当一个固定形式的位场含有一个或多个非法位时，则检测到一个形式错误。

4) 应答错误(Acknowledgment Error)

在应答间隙(ACK SLOT)监视的位不为显性时，则检测到一个应答错误。

5) CRC 错误(CRC Error)

如果接收器的 CRC 结果和发送器的 CRC 结果不同，则检测到一个 CRC 错误。

(2) 错误标定

检测到错误条件的站通过发送错误标志指示错误。对于错误主动的节点，错误信息为主动错误标志；对于错误被动的节点，错误信息为被动错误标志。站无论检测到位错误、填充错误、形式错误，还是应答错误，这个站会在下一位发出错误标志信息。只要检测到的错误条件是 CRC 错误，错误标志的发送部开始于 ACK 界定符之后的位(其他的错误条件除外)。

2. 故障界定

(1) 故障界定

1) 错误主动 Error Counter＜128

错误主动的单元可以正常参与总线通信，并在错误被检测到时发出主动错误标志。

2) 错误被动 Error Counter＞128

错误被动的单元不允许发送主动错误标志，但是参与总线通信，在错误被检测到时只发出被动错误标志。而且，发送以后，错误被动单元将在初始化下一个发送之前处于等待状态。

3) 总线关闭 Error Counter≥256

总线关闭的单元不允许在总线上有任何的影响(比如,关闭输出驱动器)。总线单元使用两种错误计数器进行故障界定:发送错误计数(TEC)、接收错误计数(REC)。

(2) 错误计数规则(共12条规则)

① 当接收器检测到一个错误时,接收错误计数就加1。在发送主动错误标志或过载标志期间检测到的错误为位错误时,接收错误计数器值不加1。

② 当错误标志发送以后,接收器检测到的第一个位为显性时,接收错误计数值加8。

③ 当发送器发送一个错误标志时,发送错误计数器值加8。

例外情况1:

发送器为错误被动,并检测到一个应答错误(此应答错误由检测不到一个显性ACK以及当发送被动错误标志时检测不到一个显性位而引起)。

例外情况2:

发送器因为填充错误而发送错误标志(此填充错误发生于仲裁期间。引起填充错误是填充位〈填充位〉位于RTR位之前,并已作为隐性发送,但是却被监视为显性)。

例外情况1和例外情况2时,发送错误计数器值不改变。

④ 发送主动错误标志或过载标志时,如果发送器检测到位错误,则发送错误计数器值加8。

⑤ 当发送主动错误标志或过载标志时,如果接收器检测到位错误(位错误),则接收错误计数器值加8。

⑥ 在发送主动错误标志、被动错误标志或过载标志以后,任何节点最多容许7个连续的显性位。

以下的情况发生时,每一个发送器将它们的发送错误计数值加8且接收错误计数值加8:

- 检测到第14个连续的显性位后;
- 检测到第8个跟随着被动错误标志的连续显性位后;
- 每一附加的8个连续显性位顺序之后。

⑦ 报文成功传送后(得到ACK,以及直到帧末尾结束没有错误),发送错误计数器值减1,除非已经是0。

⑧ 如果接收错误计数值介于1~127之间,在成功地接收到报文后(直到应答间隙接收没有错误以及成功发送了ACK位),接收错误计数器值减1。如果接收错误计数器值是0,则它保持0;如果大于127,则它会设置一个119~127之间值。

⑨ 当发送错误计数器值等于或超过128,或接收错误计数器值等于、超过128

时，节点为错误被动。让节点成为错误被动的错误条件使节点发出主动错误标志。

⑩ 当发送错误计数器值大于或等于 256 时，节点为总线关闭。

⑪ 当发送错误计数器值和接收错误计数器值都小于或等于 127 时，错误被动的节点重新变为错误主动。

⑫ 如图 1-20 所示，在总线监视到 128 次出现 11 个连续隐性位之后，总线关闭的节点可以变成错误主动（不再是总线关闭），它的错误计数值也设置为 0。

注意：①一个大于 96 的错误计数值表示总线被严重干扰，最好能够预先采取措施测试这个条件。

② 起动/睡眠：如果起动期间内只有一个节点在线，以及如果这个节点发送一些报文，则将不会有应答，并检测到错误和重复报文。由此，节点会变为错误被动，而不是总线关闭。

③ 错误标记及错误中断类型。当节点最少检测到一个错误时，将马上终止总线上的传输并发送一个错误帧。CAN 错误中断类型有：总线错误中断 EBI、数据溢出中断 DOI、出错警告中断 EI、错误认可中断 EPI 及仲裁丢失中断 ALI。

注意：① 总线错误。检查总线是否已经关闭，为保证总线保持在工作模式，应该尝试重新进入总线工作模式。

② 数据溢出中断。应用中，用户应该通过提升软件处理效率及处理器性能的方法来解决接收速度引起的瓶颈；程序务必向 CAN 控制器发送清除溢出命令，否则将一直引起数据中断。

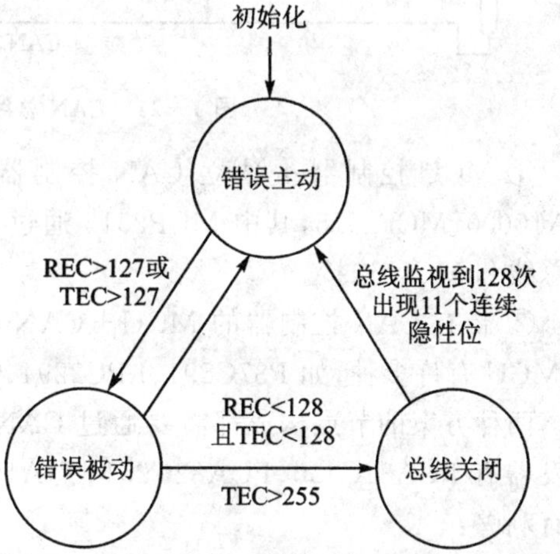

图 1-20　错误状态切换

③ 其他错误中断一般可以不处理，不过在调试过程中应该打开所有中断，以监视网络质量。

CAN 总线错误处理和故障界定在具体的 CAN 控制器芯片（如 SJA1000）中实现，这部分内容其实很简单，主要涉及的芯片特殊功能寄存器有错误报警限额寄存器 EWLR、RX 错误计数寄存器 RXERR、TX 错误计数寄存器 TXERR、错误代码捕捉寄存器 ECC 以及 CAN 错误中断使能寄存器 IER 和中断寄存器 IR。

1.4　CAN 总线的基本组成

CAN 总线硬件设备是由若干个节点（超过 110 个节点，需要加装中继器）构成的，两端需要分别有一个 120 Ω 的终端电阻。

CAN 总线节点的硬件构成方案如图 1－21 所示，有两种：

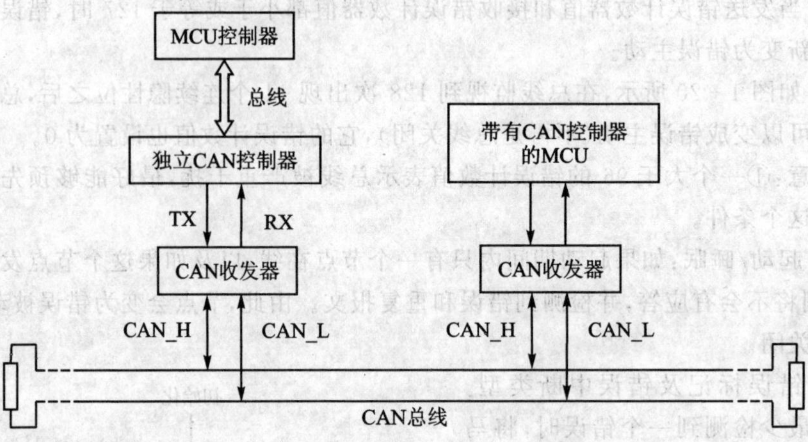

图 1－21　CAN 总线节点的硬件构成

① MCU 控制器＋独立 CAN 控制器＋CAN 收发器。独立 CAN 控制器如 SJA10000、MCP2515，其中 MCP2515 通过 SPI 总线和 MCU 连接，SJA1000 通过数据总线和 MCU 连接。

② 带有 CAN 控制器的 MCU＋CAN 收发器。目前，市场上带有 CAN 控制器的 MCU 有许多种，如 P87C591、LPC2294、C8051F060 等。

两种方案的节点构成都需要通过 CAN 收发器同 CAN 总线相连，常用的 CAN 收发器有 PCA82C250、PCA82C251、TJA1050、TJA1040 等。两种方案的节点构成各有利弊：

第一种方案编写的 CAN 程序是针对独立 CAN 控制器的，程序可移植性好，编写好的程序可以方便地移植到任意 MCU。但是，由于采用了独立的 CAN 控制器，所以占用了 MCU 的 I/O 资源，并且电路变得复杂了。

第二种方案编写的 CAN 程序是针对特定的 MCU，如 LPC2294、C8051F060，程序编写好后不可以移植。但是，MCU 控制器中集成了 CAN 控制器单元，硬件电路变得简单些。

节点之间依靠 CAN 总线相互通信，就像日常生活中依托 3G、4G 网络使用手机相互拨打电话一样；也可以由其中的一个节点担任主节点，用广播的方式给总线上的其他节点(其他节点必须设置其滤波器，确保能够接收到主节点发来的信息)传输信息，类似于许多家庭都选择 CCTV1 频道，同时接收 CCTV1 的节目信号。

1.4.1　CAN 控制器

CAN 控制器用于将欲收发的信息(报文)转换为符合 CAN 协议规范的 CAN 帧，通过 CAN 收发器在 CAN 总线上交换信息。

1. CAN 控制器分类

CAN 控制器芯片分为两类，一类是独立的控制器芯片，如 SJA1000、MCP2515；另一类是和微控制器做在一起，如 NXP 半导体公司的 Cortex - M0 内核 LPC11Cxx 系列微控制器、LPC2000 系列 32 位 ARM 微控制器。CAN 控制器的大致分类及相应的产品如表 1 - 5 所列。

表 1 - 5　CAN 控制器分类及相应产品型号

类　别	产品举例
独立 CAN 控制器	NXP 半导体的 SJA1000 和 SJA1000T、Microchip 公司的 MCP2515
集成 CAN 控制器的单片机	NXP 半导体的 P87C591 等
CAN 控制器的 ARM 芯片	NXP 半导体的 LPC11Cxx 系列微控制器；TI 半导体 Stellaris(群星)系列 ARM 的 S2000、S5000、S8000、S9000 系列

2. CAN 控制器的工作原理

一个经过简化后的 SJA1000 控制器的结构框图，如图 1 - 22 所示，包括：

接口管理逻辑：用于连接外部主控制器，解释来自主控制器的命令，控制 CAN 控制器寄存器的寻址，并向主控制器提供中断信息和状态信息。

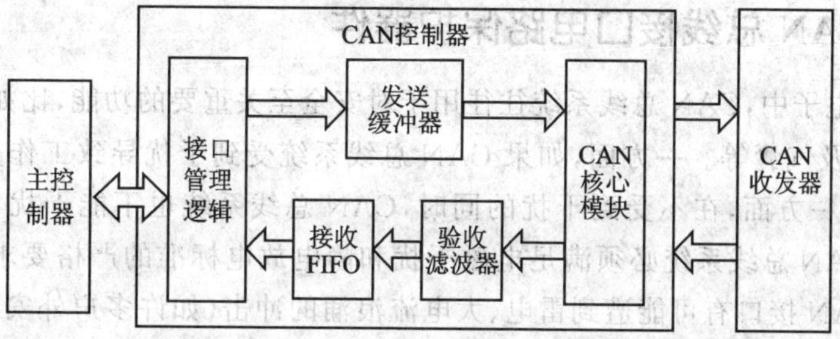

图 1 - 22　CAN 控制器结构示意

CAN 核心模块：收到一个报文时，CAN 核心模块根据 CAN 规范将串行位流转换成用于接收的并行数据，发送一个报文时则相反。

发送缓冲器：用于存储一个完整的报文。当 CAN 控制器发送初始化时，接口管理逻辑会使 CAN 核心模块从发送缓冲器读 CAN 报文。

验收滤波器：可以根据用户的编程设置，过滤掉无须接收的报文。

接收 FIFO：是验收滤波器和主控制器之间的接口，用于存储从 CAN 总线上接收的所有报文。

工作模式：可以有两种工作模式(BasicCAN 和 PeliCAN)。BasicCAN 仅支持标准模式，PeliCAN 支持 CAN2.0B 的标准模式和扩展模式。

1.4.2 CAN 收发器

如图 1-17 所示,CAN 收发器是 CAN 控制器和物理总线之间的接口,将 CAN 控制器的逻辑电平转换为 CAN 总线的差分电平,在两条有差分电压的总线电缆上传输数据。市面上常见的 CAN 收发器分类及相应产品如表 1-6 所列。

表 1-6 CAN 收发器分类及相应产品

CAN 收发器分类	描 述	相应产品
隔离 CAN 收发器	主要功能是将 CAN 控制器的逻辑电平转换为 CAN 总线的差分电平,并且具有隔离功能、ESD 保护功能及 TVS 管防总线过压	CTM1050 系列、CTM8250 系列、CTM8251 系列
通用 CAN 收发器	—	NXP 半导体的 PCA82C250、PCA82C251
高速 CAN 收发器	支持较高的 CAN 通信速率	NXP 半导体的 TJA1050、TJA1040、TJA1041/1041A
容错 CAN 收发器	在总线出现破损或短路情况下,容错性 CAN 收发器依然可以维持运行。这类收发器对于容易出现故障的领域具有至关重要的意义	NXP 半导体的 TJA1054、TJA1054A、TJA1055、TJA1055/3

1.4.3 CAN 总线接口电路保护器件

在汽车电子中,CAN 总线系统往往用于对安全至关重要的功能,比如引擎控制、ABS 系统以及气囊等。一方面,如果 CAN 总线系统受到干扰导致工作失常将出现严重事故;另一方面,在不受到干扰的同时,CAN 总线系统也不能干扰其他电子元件。所以,CAN 总线系统必须满足电磁干扰和静电放电标准的严格要求。此外,在许多场合 CAN 接口有可能遭到雷电、大电流浪涌的冲击(如许多户外安装的设备),所以还需要使用保护器件以防浪涌。

1. 共模扼流圈

共模扼流圈(Common Mode Choke)也叫共模电感,可使系统的 EMC 性能得到较大提高,确保设备的电磁兼容性,抑制耦合干扰:滤除 CAN 总线信号线上的共模电磁干扰;令差分信号的高频部分衰减;抑制自身发出的电磁干扰,避免影响同一电磁环境下其他电子设备的正常工作。

此外,共模扼流圈还具有体积小、使用方便的优点,因而被广泛使用在抑制电子设备 EMI 噪声方面。图 1-23 是共模扼流线圈应用电路示意图。设计中,须选用 CAN 总线专用的信号共模扼流圈,可抑制传输线上的共模干扰,而令传输线上的数据信号畅通无阻地通过,如 EPCOS B82793(见图 1-24)。该芯片具有如下的主要功能特性:高额定电流;元件高度经过降低处理,便于工艺方面处理;符合汽车行业 AEC - Q200 标准;便于进行回流焊。

图 1 - 24　EPCOS B8793

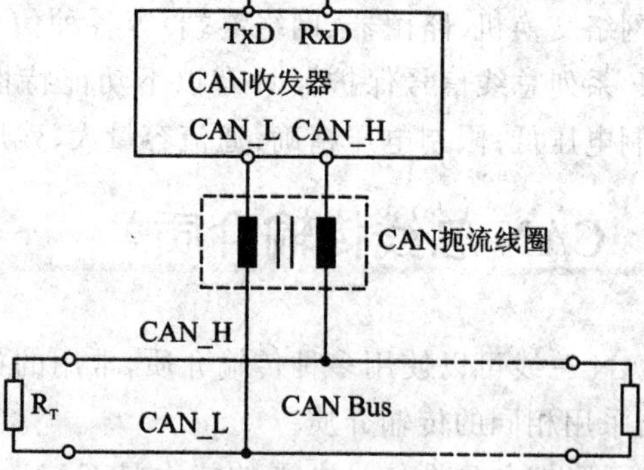

图 1 - 23　通过共模扼流线圈抑制电感性的感应共模干扰

2. ESD 防护

CAN 总线通常工作在噪声大的环境中,经常受到静电电压、电压突变脉冲等干扰的影响。

- 静电放电产生的电流热效应:ESD 电流通过芯片虽然时间短,但是电流大,产生的热量可能导致芯片热失效;
- 高压击穿:由于 ESD 电流感应出高电压,若芯片耐压不够,可能导致芯片被击穿;
- 电磁辐射:ESD 脉冲导致的辐射波长从几厘米到数百米,这些辐射能量产生的电磁噪声将损坏电子设备或者干扰其他电子设备的运行。

为对抗 ESD 及其他破坏性电压突变脉冲,设计 CAN 总线电路时须选择 CAN 专用 ESD 保护元件。使用 CAN 总线专用 ESD 保护元件是为了避免该 ESD 保护元件的等效电容影响到高通信速率的 CAN 通信,常见的 CAN 总线专用 ESD 保护元件型号有 NXP PESD1CAN 或 Onsemi NUP2105L 等 ESD 元件。

3. CAN 总线网络保护

除了 CAN 总线节点本身的保护,也需要对 CAN 总线网络进行保护,尤其是户外的 CAN 总线网络,以减少侵入到信号线路的雷电电压、电磁脉冲造成的瞬态过电压等损坏设备的机率。比如,用户可以外置 CAN 总线通信保护器,如广州致远电子有限公司的 ZF 系列总线信号保护器 ZF - 12Y2(外观如图 1 - 25 所示,通常同一网络

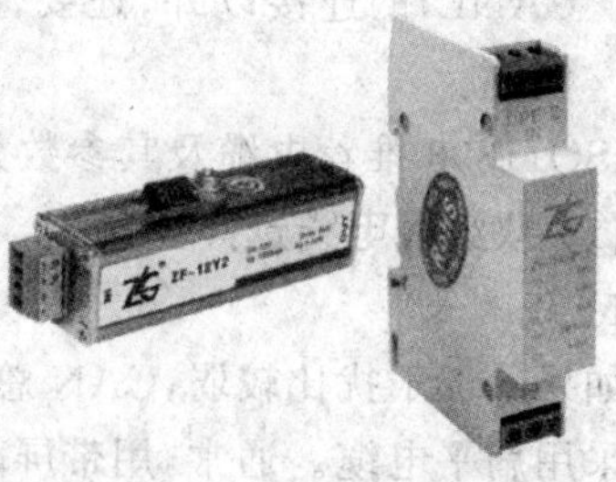

图 1 - 25　ZF - 12Y2 总线信号保护器

中只需要在两端安装 2 个 ZF－12Y2 总线通信保护器即可)。

ZF－12Y2 符合 IEC61643－21 标准要求(IEC61643－21 是国际电工委员会针对低压浪涌保护装置的标准),主要保护 CAN 总线、RS－485、RS－422 以及网络设备(如网络交换机、路由器、网络终端)等各种信号通信设备,为浪涌提供最短泄放途径。ZF 系列总线信号保护器具有以下功能特性:多级保护电路;损耗小,响应时间快;限制电压低;限制电压精确;通流容量大;残压水平低;反应灵敏。

1.5 CAN 总线传输介质

CAN 总线可以使用多种传输介质,常用的如双绞线、光纤等,同一段 CAN 总线网络要采用相同的传输介质。

表示隐性和显性信号电平的能力是 CAN 总线仲裁方法的基本先决条件,即所有节点都为隐性位电平时,总线介质才处于隐性状态。只要一个节点发送了显性位电平,总线就呈现显性电平。使用电气和光学介质都能够很容易地实现这一原理。使用光学介质时,隐性电平通过状态暗表示,显性电平通过状态亮表示。

1.5.1 双绞线

目前,采用双绞线的 CAN 总线分布式系统已得到广泛应用,如电梯控制、电力系统、远程传输等,特点如下:

- 采用抗干扰的差分信号传输方式;
- 技术上容易实现、造价低廉;
- 对环境电磁辐射有一定抑制能力;
- 随着频率的增长,双绞线线间的衰减迅速增高;
- 双绞线有近端串扰;
- 适合 CAN 总线网络 5 kbps～1 Mbps 的传输速率;
- 使用非屏蔽双绞线作为物理层,只需要有 2 根线缆作为差分信号线(CANH、CANL)传输;使用屏蔽双绞线作为物理层,除需要 2 根差分信号线(CANH、CANL)的连接以外,还要注意在同一网段中的屏蔽层(SHIELD)单点接地问题。

ISO11898 推荐电缆及其参数如表 1－7 所列。

(1) 双绞线电缆选择要素

1) 线　长

如果外部干扰比较弱,CAN 总线中的短线(长度＜0.3 m,例如在 T 型连接器)可以采用扁平电缆。通常,用带屏蔽层的双绞线作为差分信号传输线更可靠。带屏蔽层的双绞线通常用作长度大于 0.3 m 的电缆。

2）波特率

由于取决于传输线的延迟时间，CAN 总线的通信距离可能随着波特率减小而增加。

表 1-7 ISO11898 推荐电缆及参数

总线长度/m	电缆		终端电阻 Ω/(1%)	最大位速率
	直流电阻/(MΩ/m)	导线截面积		
0～40	70	0.25～0.34 mm^2 AWG23，AWG22	124	1 Mbps at 40 m
40～300	<60	0.34～0.60 mm^2 AWG22，AWG20	127	1 Mbps at 100 m
300～600	<40	0.50～0.60 mm^2 AWG20	127	1 Mbps at 500 m
600～1 000	<26	0.75～0.80 mm^2 AWG18	127	1 Mbps at 1 000 m

3）外界干扰

必须考虑外界干扰，例如由其他电气负载引起的电磁干扰，尤其注意有大功率电机运行或其他在设备开关时容易引起供电线路上电压变化的场合。如果无法避免出现类似于 CAN 总线与电压变化强烈的供电线路并行走线的情况，CAN 总线可以采用带双屏蔽层的双绞线。

4）特征阻抗

采用的传输线的特征阻抗约为 120 Ω。由于 CAN 总线接头的使用，CAN 总线的特征阻抗可能发生变化，因此，不能过高估计所使用电缆的特征阻抗。

5）有效电阻

使用电缆的电阻必须足够小，以避免线路压降过大而影响位于总线末端的接收器件。为了确定接收端的线路压降，避免信号反射，总线两端需要连接终端电阻。

(2) 电缆适用类型示例

表 1-8 列出了一些 CAN 双绞线/屏蔽双绞线的电缆型号，用户可以参考。

表 1-8 推荐的电缆类型

型 号	芯数×标称截面/(mm^2)	导体结构/(No./mm)	型 号	芯数×标称截面/(mm^2)	导体结构/(No./mm)
RVVP	2×0.12	2×7/0.15 双绞镀锡铜编织	RVVP	2×1.00	2×32/0.20 双绞镀锡铜编织
RVVP	2×0.20	2×12/0.15 双绞镀锡铜编织	ZR RVVP	2×1.00	阻燃 2×32/0.2 双绞镀锡铜编织
RVVP	2×0.30	2×16/0.15 双绞镀锡铜编织	RVVP	2×1.50	2×48/0.2 双绞镀锡铜编织
RVVP	2×0.50	2×28/0.15 双绞镀锡铜编织	ZR RVVP	2×1.50	阻燃 2×48/0.2 双绞镀锡铜编织
RVVP	2×0.75	2×24/0.20 双绞镀锡铜编织	RVVP	2×2.50	2×49/0.25 双绞镀锡铜编织

(3) 双绞线使用及注意事项

采用双绞线作为 CAN 总线传输介质时必须注意以下几点：

① 双绞线采用抗干扰的差分信号传输方式；

② 使用非屏蔽双绞线作为物理层，只需要有 2 根线缆作为差分信号线(CANH、CANL)传输；

③ 使用屏蔽双绞线作为物理层，除需要 2 根差分信号线(CANH、CANL)的连接以外，还要注意在同一网段中的屏蔽层(SHIELD)单点接地问题；

④ 网络的两端必须有两个范围在 118 Ω<R_T<130 Ω 的终端电阻(在 CAN_L 和 CAN_H 信号之间)；

⑤ 支线必须尽可能短；

⑥ 使用适当的电缆类型，必须确定电缆的电压衰减；

⑦ 确保不要在干扰源附近布置 CAN 总线，如果不得不这样做，应该使用双层屏蔽电缆。

1.5.2 光　纤

(1) CAN 总线光纤传输与双绞线比较的优势

光纤的低传输损耗使中继之间距离大为增加；光缆不辐射能量、不导电、没有电感；光缆中不存在串扰以及光信号相互干扰的影响；不会有线路接头处感应耦合导致的安全问题；强大的抗 EMI 能力。目前存在的主要问题是：价格昂贵，设备投入成本较高。

(2) 光纤的选择

按照光纤制造的材料不同，可以分为石英光纤和塑料光纤。目前，现代通信网使用的光纤为石英光纤，塑料光纤(POF)主要在高速短距离通信网络中得到广泛的应用。

石英光纤特点衰减小，技术比较成熟；纤带宽大，抗电磁干扰；易成缆特性；芯径很细(小于 10 μm)；连接成本较高。塑料光纤特点：成本与电缆相当；芯径达(0.5～1 mm)；连接易于对准；重量轻；损耗低到 20 dB/km。

(3) 光纤 CAN 网络的特殊问题

当两个 CAN 节点使用光纤相连时,两节点都需要相应接口电路:逻辑控制单元(LCU),功能是克服光纤 CAN 网络的特殊问题——堵塞。

当两个 CAN 节点中的一个采用双绞线作为传输介质,另一个采用光纤作为传输介质时,需要将双绞线上的差分信号 CANH 和 CANL 通过逻辑控制单元转换成数字信号,显性用 0 表示,隐性用 1 表示,实现消除堵塞的逻辑控制功能。随后,通过光电转换模块将 CAN 总线的显性(逻辑 0)用有光表示,隐性(逻辑 1)用无光表示。

(4) 光纤 CAN 网络的拓扑结构

总线形:可由一根共享的光纤总线组成,各节点另需总线耦合器和站点耦合器实现总线和节点的连接;

环形:每个节点与紧邻的节点以点到点链路相连,形成一个闭环;

星形:每个节点通过点到点链路与中心星形耦合器相连。

1.6 CAN 网络与节点的总线拓扑结构

CAN 是一种分布式的控制总线,总线上的每一个节点都比较简单,使用 MCU 控制器处理 CAN 总线数据,完成特定的功能;通过 CAN 总线将各节点连接只需较少的线缆,可靠性也较高。

(1) 总线结构拓扑

ISO11898 定义了一个总线结构的拓扑,如图 1-26 所示,采用干线和支线的连接方式;干线的两个终端都端接一个 120 Ω 终端电阻;节点通过支线连接到总线。干线与支线的参数如表 1-9 所列。

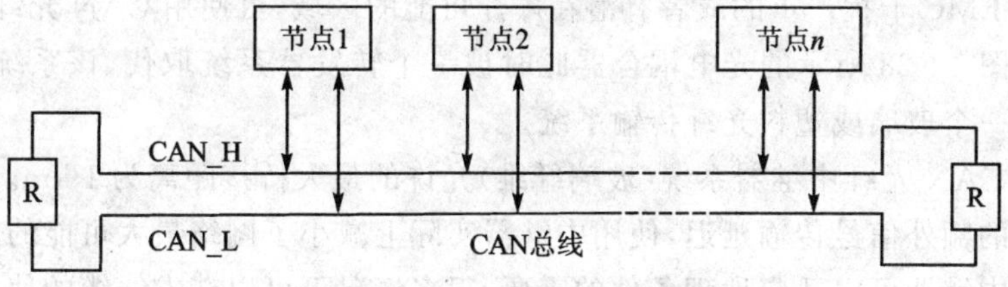

图 1-26 CAN_BUS 线性网络结构

表 1-9 干线与支线的网络长度参数

CAN 总线位速率	总线长度	支线长度	节点距离
1 Mbps	最大 40 m	最大 0.3 m	最大 40 m
5 kbps	最大 10 km	最大 6 m	最大 10 km

(2) CAN 总线通信距离

CAN 总线最大通信距离取决于以下物理条件:

➢ 连接各总线节点的 CAN 控制器、收发器的循环延迟,以及总线的线路延迟;
➢ 由于振荡器容差而造成位定时额度的不同;
➢ 总线电缆的串联阻抗、总线节点的输入阻抗而使信号幅值下降因素。

CAN 总线最大有效通信距离和通信波特率的关系可以用以下经验公式计算(如表 1-10 所列):

Max Bit Rate [Mbps] × Max Bus Length[m] ≤ 60

表 1-10 CAN 总线最大有效通信距离

位速率/kbps	5	10	20	50	100	125	250	500	1 000
最大有效距离/m	10 000	6 700	3 300	1 300	620	530	270	130	40

(3) CAN 网络中的常用器件

1) CAN 中继器

CAN 中继器适用于 CAN 主网与 CAN 子网的连接,或者 2 个相同通信速率的平行 CAN 网络进行互联,如图 1-27 所示。实际应用中可以通过 CAN 中继器将分支网络连接到干线网络上,CAN 中继器通过硬件电路级联提升总线的电气信号,从而实现 CAN 帧数据的转发。每条分支网络都符合 ISO11898 标准,这样可以扩大 CAN 总线通信距离,增加 CAN 总线工作节点的数量。

如图 1-27 所示,CAN 中继器将一个电信号从一个物理总线段传输到另一段,信号被重建并透明地传输到其他段。这样,中继器就将总线分成了两个物理上独立的段。

图 1-28 为具有电流隔离的 CAN 中继器的结构框图。如果光电信号的传输被红外或无线传输系统取代,中继器可用于两个 CAN 网络段的无线耦合。

对于 EMC 干扰严重的或者有潜在爆炸可能的区域,可使用 CAN 光纤中继器进行桥接。图 1-28 所示的光电耦合器此时被一个转发器系统取代,该系统包括两个转发器和一个玻璃或塑料光纤传输系统。

现代 CAN 光纤中继器系统(玻璃纤维)允许的最大桥接距离为 1 km。由于中继器所引入的额外信号传输延迟,使用中继器实际上减小了网络最大可能的范围,但是通过使用中继器可以适应地理条件的需要,很多情况下可以节省线缆的使用。例如,图 1-29 为一个连接许多生产线的网络的分布结构。线形网络需要的总线总长度为 440 m,这样该 CAN 网络的最大数据速率被限制在 150 kbps 以内。如果按照图 1-30 所示使用中继器进行连接,网络的总长度只有 290 m,信号传输的最大距离只有 150 m(节点 6 和节点 12 之间)。这样该系统的最大数据传输速率约为400 kbps。

通过这个例子可以看出,中继器非常适合于设计优化的扩展网络拓扑结构。使用中继器还可增加每个网络段所挂的节点数。此外,有些中继器还可检测到对地以及电路之间的短路,从而保证在一个总线段出现故障时,剩下的网络仍然能够工作。

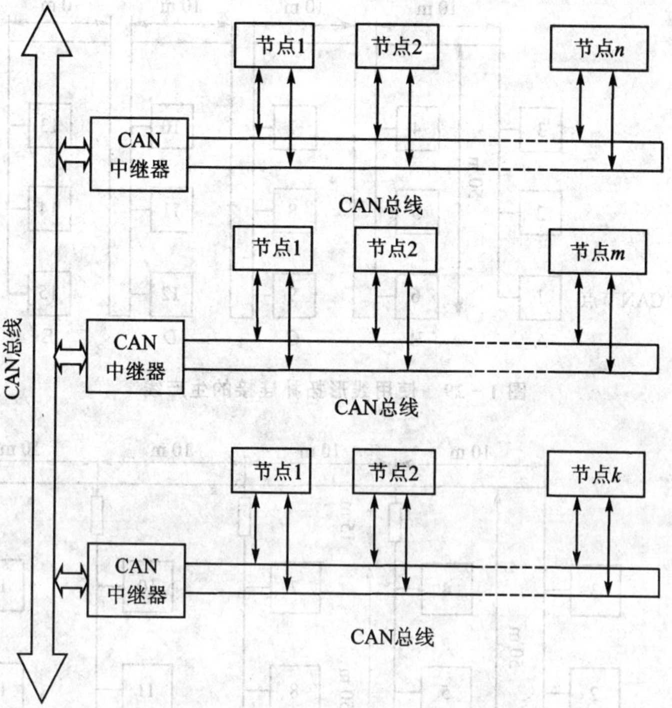

图 1-27　CAN 总线的线性网络结构拓展

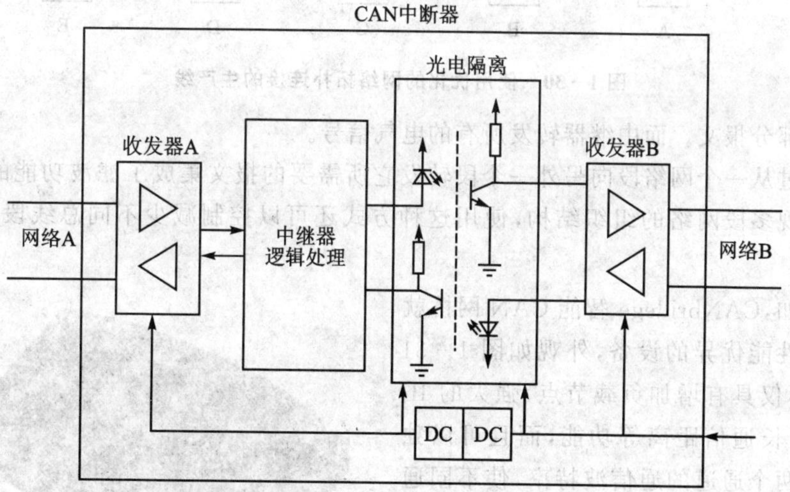

图 1-28　具有电流隔离的 CAN 中继器的框图

2) CAN 网桥

网桥将一个独立的网络连接到数据链路层，提供存储功能，并在网络段之间转发

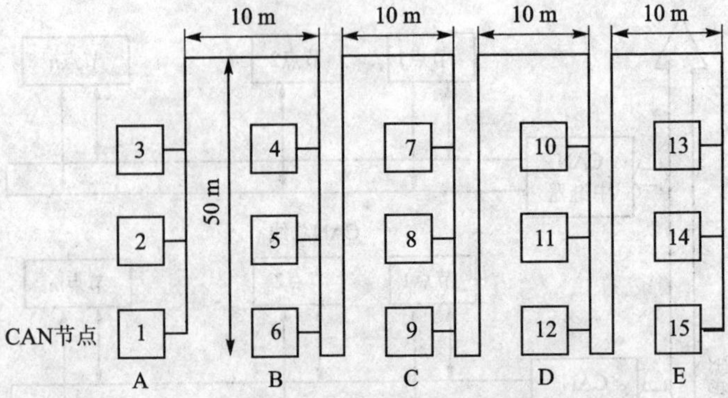

图 1－29　使用线形拓扑连接的生产线

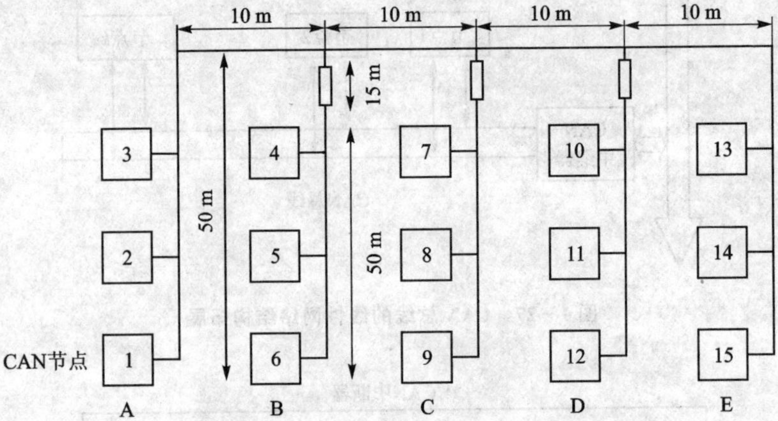

图 1－30　使用优化的网络拓扑连接的生产线

全部或部分报文。而中继器转发所有的电气信号。

通过从一个网络段向另外一个段转发它所需要的报文集成了滤波功能的网桥，可以实现多段网络的组织结构，使用这种方式还可以控制减少不同总线段的总线负载。

例如，CANbridege 智能 CAN 网桥就是一款性能优异的设备，外观如图 1－31 所示，不仅具有增加负载节点、强大的 ID 过滤、延长通信距离等功能，而且可以独立配置两个通道的通信波特率，使不同通信波特率的 CAN 网络互连。同时，CANbridege 智能 CAN 网桥可作为一个非常简单的 CAN 数据分析仪，上位机软件通过接收 CANbridege 智能 CAN 网桥发出

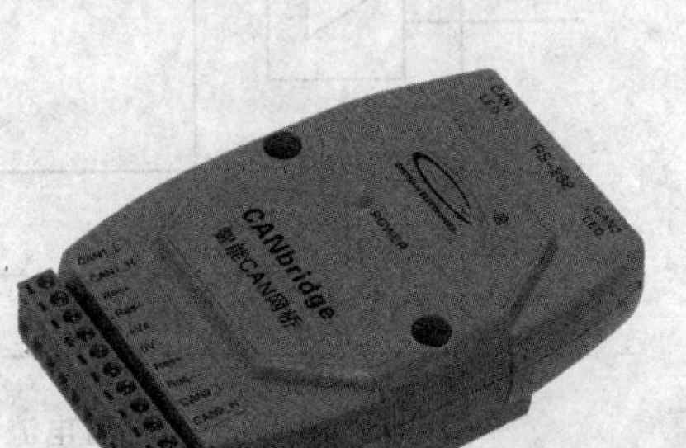

图 1－31　CANbridge 智能 CAN 网桥外观

的信息，可简单判断 CAN 网络的通信质量。

3）CAN 集线器

CAN 集线器的功能与 CAN 网桥类似，但有较大的扩展，比如可以将 4 路或 8 路的独立 CAN 网段连接在一起，从而构成星形拓扑方式或其他拓扑结构，节省网络中 CAN 网桥设备的数目，方便网络的管理。图 1－32 是一个使用 CAN 集线器改变 CAN 网络拓扑的实例。

4）CAN 网关

不同类型的网络互连是技术发展的最新潮流。CAN 网关提供不同协议网络之间的连接，通常也称作协议转换器。CAN 网关将不同通信系统之间的协议数据单元进行转换，如图 1－33 所示。

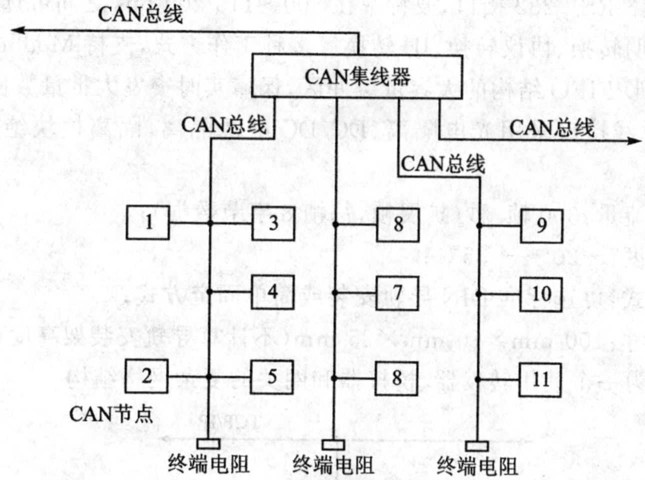

图 1－32　使用 CAN 集线器改变 CAN 网络拓扑的实例

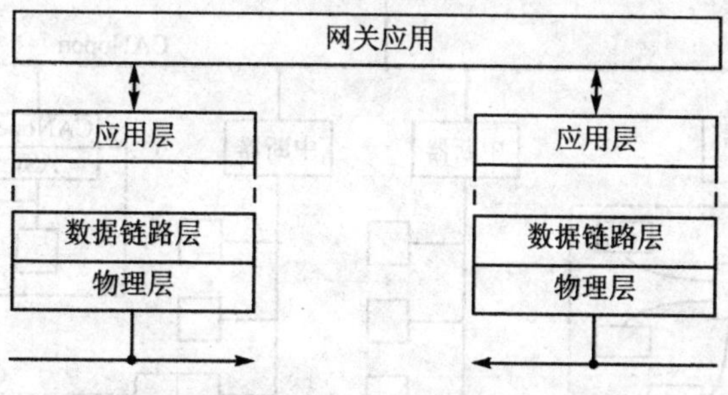

图 1－33　通过第 7 层网关连接的两个不同的通信系统

当前市面上许多不同类型的 CAN 网关，其中包括 CAN/CANopen/DeviceNet 和 AS－I、RS232/RS485、Interbus－S、Profibus 或 Ethernet/TCP－IP 之间的网关，如表 1－11 所列。CAN 网络通过网关可以连接到其他任何类型的网络，包括因特网。CAN 网关提供了诸如对 CAN 系统的远程维护和诊断等功能。

表 1-11 常用 CAN 网关一览表

类 别	型 号	说 明	转换类型
CAN 网关（协议转换器）	CAN232MB	智能协议转换器	CAN 总线⇔RS-232
	CAN485MB	智能协议转换器	CAN 总线 ⇔RS-485
	CANET-E	CAN⇔EtherNet Adapter	CAN 总线⇔EtherNet
	DNS-100MC	DeviceNet⇔Modbus 网桥	DeviceNet⇔CAN 总线

下面简单列出了 CAN232MB 协议转换器的一些参数指标：

- 支持 CAN2.0A 和 CAN2.0B 协议，符合 ISO/DIS 11898 规范；
- 支持 1 路 CAN 控制器，波特率在 5 kbps～1 Mbps 之间可选；
- 支持 1 路 RS-232 接口，波特率在 300～115 200 bps 之间可选；
- 具有透明转换、协议转换、ID 转换等多种工作方式，支持 Modbus 协议；
- 双向环形 FIFO 结构的大容量缓冲区，保障实时突发大批量数据的可靠通信；
- CAN 总线接口采用光电隔离、DC/DC 电源隔离，隔离模块绝缘电压：1 000 Vrms；
- 最高帧流量：300 帧/秒（扩展帧，每帧 8 字节数据）；
- 工作温度：－20 ～＋85℃；
- 安装方式：可选标准 DIN 导轨安装或简单固定方式；
- 物理尺寸：100 mm×70 mm×25 mm（不计算导轨安装架高度）。

图 1-34 为一个使用转发器、桥接器和网关的复杂网络结构。

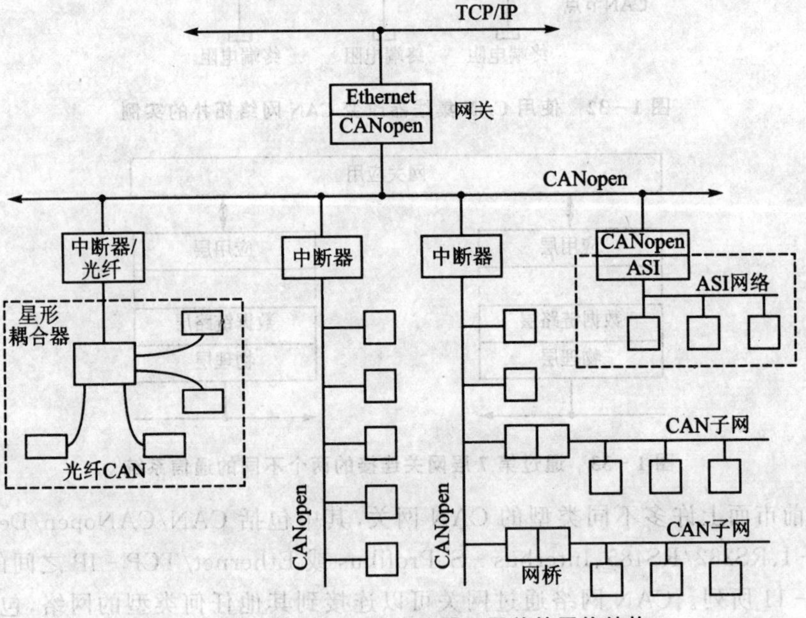

图 1-34 带有转发器、桥接器和网关的网络结构

1.7 改善电磁兼容性的措施

当使用非屏蔽导线时，物理层的电磁兼容性就变得非常重要。CAN 网络中改善电磁兼容性的措施可以分为两大类：抑制感应电磁干扰（吸收防护）及减小发射的电磁功率（发射防护）。

EMC 基本上表现为接收器在共模噪声条件下正确检测差分信号的能力。对于发射，首要关心的是由于 CANH 和 CANL 之间的非理想对称性所造成的总线发射的功率频谱。

当然，改善吸收和发射防护的最重要的方法之一就是使用双绞和屏蔽的总线，这提供了非常强的防护，并且与应用参数（例如位速率和节点数）无关。此外还有一些常用的措施用于改善吸收方面的 EMC：

- 通过总线接口中的衰减元件增加电阻值，以抑制共模干扰。
- 通过分开的总线终端转移高频干扰。
- 避免脉冲的快速跳变是降低电磁辐射的一个有效措施。因此，将总线信号的斜率降低到能够满足信号上升和下降沿时间的最低要求。

1. 增加电阻值抑制共模干扰

在共模干扰方面，符合 ISO 11898—2 标准的差分（对称）传输已经提供了极好的防护。在 CAN 收发器支持的共模范围之内，由于接收器只计算总线之间的电压差，因此滤除了共模干扰信号，但是高能量的、电感性的感应干扰信号可以导致产生超出收发器共模范围的干扰信号。为了抑制这种干扰信号，可以在 CAN 节点的输入电路中插入一个扼流线圈，如图 1-35 所示。

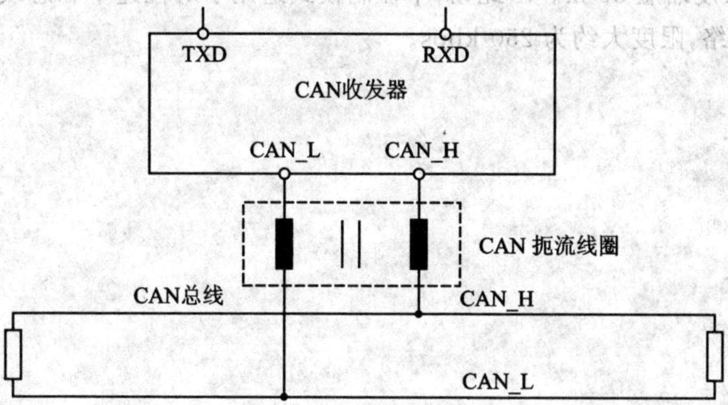

图 1-35　通过扼流线圈抑制电感性的感应共模干扰

CAN 扼流线圈可以从不同的厂商处得到。由于扼流线圈的高阻抗，差分信号的高频部分也因此衰减，这对于电磁辐射的降低也有益处。

2. 分开的总线终端

在高频方面,通过将总线终端电阻分开可改善 CAN 网络的电磁兼容性,此时终端电阻被分成两个相同的大电阻,在两个电阻中间通过一个耦合电容接地(见图 1-36)。这样使高频信号对地短路但却不会削弱直流特性,必须确保电容连接到一个电平固定的地。

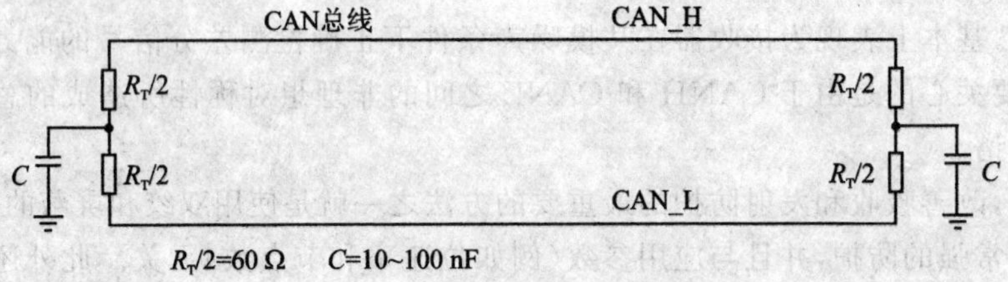

图 1-36　通过分开总线终端改善 EMC 特性

3. 斜率控制

普通的总线收发器都支持斜率控制模式,用于调节发送信号的斜率。通过降低斜率,可使辐射信号频谱中的高频部分显著降低。但是在给定位速率的情况下,增加信号边沿的上升和下降时间会减少总线最大可能的长度。总线缩短的长度 ΔL 与增加的信号延迟时间 t_{add} 之间的关系如下:

$$\Delta L = \frac{t_{\mathrm{add}}}{t_{\mathrm{p}}}$$

其中,t_{add} 为增加的信号延迟时间,t_{p} 为规定的单位长度传输时间。

在规定的信号传输速度为 5 ns/m 时,信号电平的上升和下降时间增加 200 ns 将导致总线长度缩短 80 m。因此,斜率控制模式适用于对位速率和总线长度要求很低的 CAN 网络,限度大约为 250 kbps。

第 2 章

CAN2.0A/CAN2.0B 协议解析及开发实例精讲

CAN2.0A/CAN2.0B 协议又称 BasicCAN 或 PeliCAN 模式，是学习 CAN 总线的基础入门协议，本章将结合 CAN 控制器 SJA1000、MCP2515 详解两种协议的软硬件开发。

2.1 基于 CAN2.0A/CAN2.0B 协议节点开发的一般步骤

① 综合考虑节点的硬件功能要求、硬件成本、PCB 尺寸布局和接口形式、电源供电要求等要素，设计电路原理图和 PCB 制版图。设计电路原理图时注意避免 SJA1000 的片选地址与其他外部存储器地址冲突，还应该注意 SJA1000 为低电平复位有效。

② 选择 CAN2.0A 或 CAN2.0B 协议，同一条 CAN 总线的通信协议必须一致。

③ 合理选择 CAN 通信波特率，同一条 CAN 总线的通信波特率必须一致；规划节点地址，避免节点地址冲突。

④ 确定 MCU 访问 SJA1000 的方式：中断方式、轮询方式。

⑤ 根据节点电路功能要求设计 CAN 总线数据字节的含义。

⑥ 设计 CAN 总线数据的发送时间间隔、帧格式、数据帧长度以及接收数据中断、溢出中断、错误中断处理机制。

⑦ 合理设计看门狗软件程序。

2.2 编程实践——基于 51 系列单片机+SJA1000 芯片的 CAN2.0A 协议通信程序

2.2.1 学习板硬件选择及电路构成

基于 51 单片机的 CAN 总线学习板采用 STC89C52RC 作为节点的微处理器。在 CAN 总线通信接口中，采用 NXP 公司的独立 CAN 总线通信控制器 SJA1000 和周立功公司的隔离 CAN 收发器 CTM1050 模块；由于需要测量 24 路的开关量状态，单片机的 I/O 口不够用，采用可编程输入输出接口芯片 8255A 扩展 24 路 I/O 口。

图 2-1 为 51 系列单片机 CAN 总线学习板硬件电路原理图。

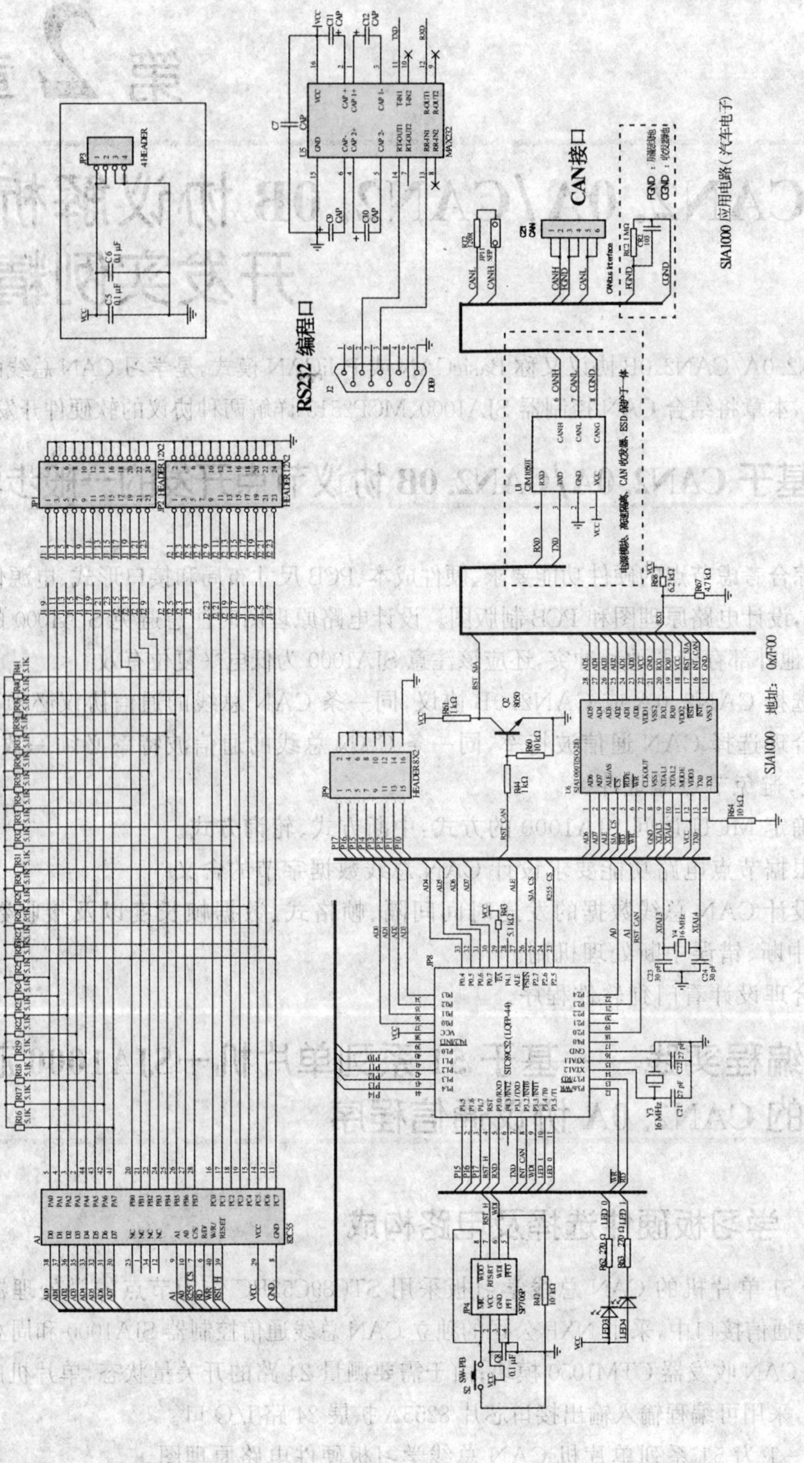

图2-1 基于51系列单片机的CAN总线学习板的电路原理图

从图中可以看出,电路主要由 8 部分构成:微控制器 STC89C52RC 电路、独立 CAN 通信控制器 SJA1000 电路、隔离 CAN 收发器 CTM1050 模块电路、8255A 扩展 24 路 I/O 口电路、串口芯片 MAX232 电路、CAN 地址设置电路、看门狗复位电路、LED 指示灯电路。实物如图 2-2 所示,CAN 卡接收到数据时的界面如图 2-3 所示。

学习板实现的功能:

➢ 支持 24 路开关量状态采集,输入点悬空或接高电平为 1,输入点接低电平为 0。
➢ 输出格式:CAN 2.0A 标准帧,每帧 3 个数据字节,对应 24 个开关量状态。帧 ID 可以通过 8 位拨码开关设置。
➢ CAN 数据帧发送时间间隔 1 s。
➢ CAN 总线波特率:250 kbps。
➢ 可以串口下载程序。

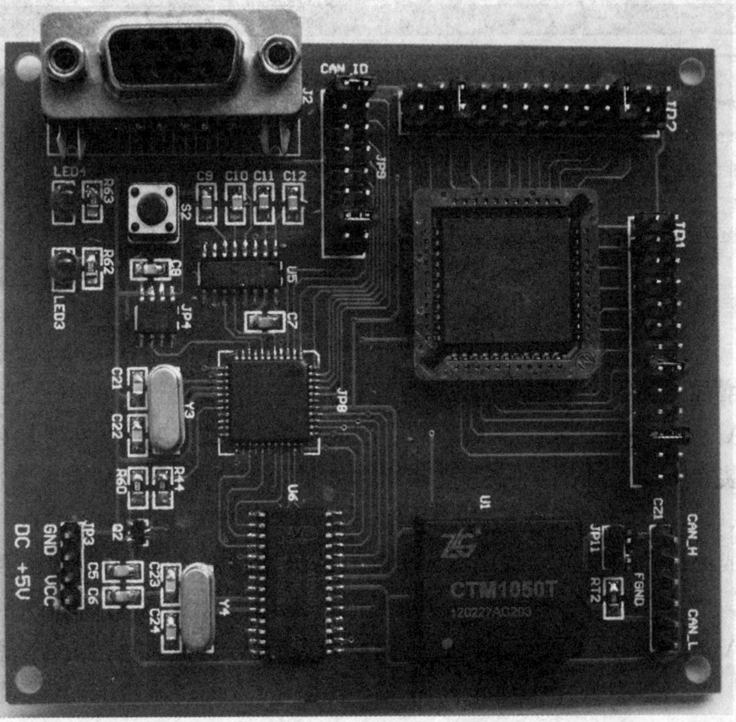

图 2-2 基于 51 系列单片机的 CAN 总线学习板实物图

STC89C52RC 初始化 SJA1000 后,通过控制 SJA1000 实现数据的接收和发送等通信任务。图 2-3 所示的 SJA1000 的 AD0～AD7 连接到 STC89C52RC 的 P0 口,CS 引脚连接到 STC89C52RC 的 P2.7,P2.7 为低电平 0 时,单片机可选中 SJA1000,单片机通过地址可控制 SJA1000 执行相应的读/写操作。SJA1000 的 RD、WR、ALE 分别与 STC89C52RC 的对应引脚相连。SJA1000 的 INT 引脚接

STC89C52RC 的 INT0,STC89C52RC 可通过中断方式访问 SJA1000。

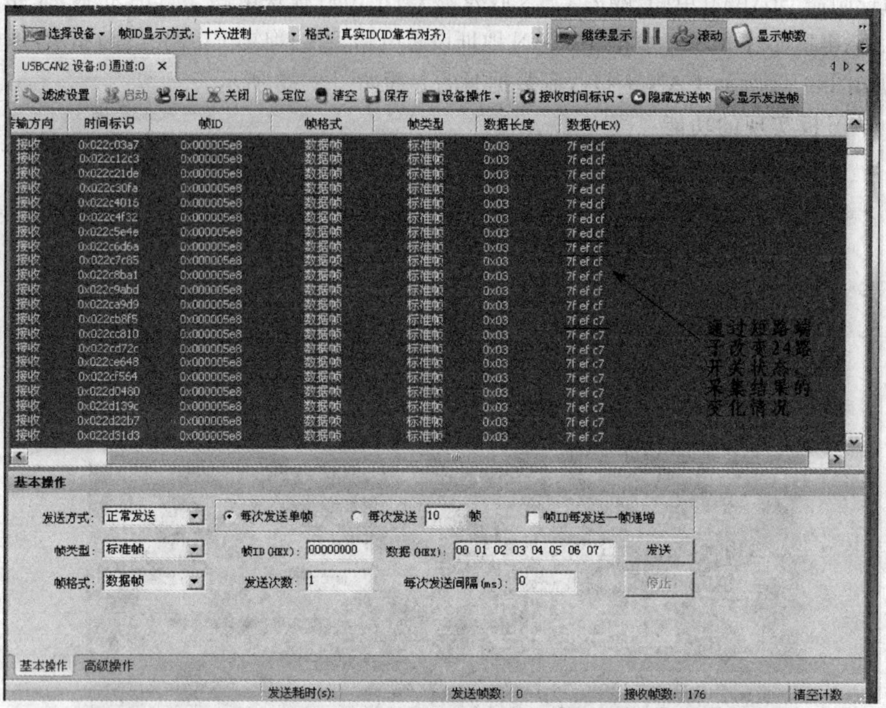

图 2-3 学习板改变开关状态后 CAN 卡接收到的数据

为了增强 CAN 总线的抗干扰能力、简化 CAN 节点设计者的硬件设计难度,选用隔离 CAN 收发器 CTM1050 模块;该模块其实就是把 CAN 收发器和外围保护隔离电路封装在一起,做成了一个独立模块。如果不采用此类模块,则需要选择高速光耦 6N137、收发器 TJA1040、小功率电源 DC-DC 隔离模块(如 B0505D-1W)等,这些芯片构成的电路同样可以提高 CAN 节点的稳定性和安全性,只是硬件电路设计复杂一些。

8255A 扩展 24 路 I/O 口电路用于读取开关的状态,然后通过 CAN 总线发送其状态数据。串口芯片 MAX232 电路用于下载程序,也可以实现 CAN 总线转 232 串口数据转换功能。CAN 地址设置电路通过读取 P1 口短路端子的状态(一个字节,8 位)来设置 28 个节点的地址。

2.2.2 CAN 控制器 SJA1000

1. SJA1000 引脚排列及其功能

SJA1000 是 NXP 公司的一种独立 CAN 控制器,引脚排列如图 2-4 所示,可以在 BasicCAN 和 PeliCAN 两种协议下工作:BasicCAN 支持 CAN 2.0A 协议,Peli-

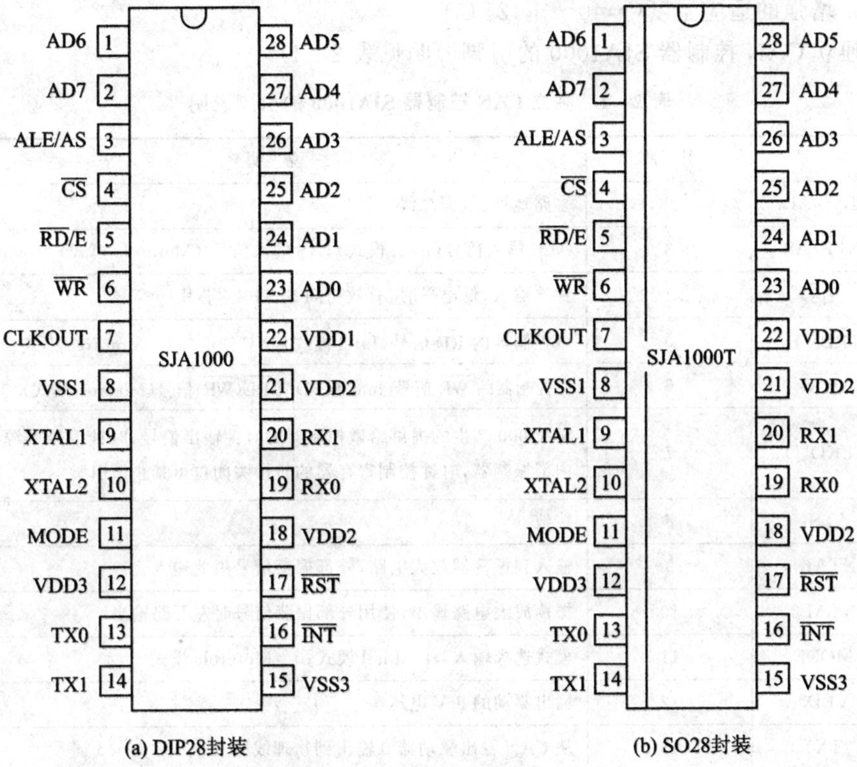

图 2-4 SJA1000 的引脚排列

CAN 工作方式支持具有很多新特性的 CAN 2.0B 协议。工作方式通过时钟分频寄存器中的 CAN 方式位来选择，上电复位默认工作方式是 BasicCAN 方式。

独立 CAN 控制器 SJA1000 的主要功能如下：

- 标准结构和扩展结构报文的接收和发送；
- 64 字节的接收 FIFO；
- 标准和扩展帧格式都具有单/双接收滤波器，含接收屏蔽和接收码寄存器；
- 同时支持 11 位和 29 位识别码，位速率可达 1 Mbps；
- 可进行读/写访问的错误计数器；
- 可编程的错误报警限制；
- 最近一次的错误代码寄存器；
- 每一个 CAN 总线错误都可以产生错误中断；
- 具有丢失仲裁定位功能的丢失仲裁中断；
- 单发方式，当发生错误或丢失仲裁时不重发；
- 只听方式，监听 CAN 总线、无应答、无错误标志，
- 支持热插拔，无干扰软件驱动位速率检测；
- 硬件禁止 CLKOUT 输出；

➢ 增强的适应温度(-40～+125℃)。

独立 CAN 控制器 SJA1000 的引脚说明见表 2-1。

表 2-1 独立 CAN 控制器 SJA1000 的引脚说明

符 号	引 脚	说 明
AD0～AD7	23～28,1,2	多路地址、数据总线
ALE/AS	3	ALE 输入信号(Intel 模式),AS 输入信号(Motorola 模式)
CS	4	片选输入,低电平时,有效访问 SJA1000 芯片
($\overline{RD}$)/E	5	微控制器的 $\overline{RD}$ 信号(Intel 模式)或 E 使能信号(Motorola 模式)
$\overline{WR}$	6	微控制器的 $\overline{WR}$ 信号(Intel 模式)或 $RD(\overline{WR})$ 信号(Motorola 模式)
CLKOUT	7	SJA1000 产生的提供给微控制器的时钟输出信号,时钟信号来源于内部振荡器,时钟控制寄存器的时钟关闭位可禁止该引脚
VSS1	8	接地
XTAL1	9	输入到振荡器放大电路,外部振荡信号由此输入
XTAL2	10	振荡放大电路输出,使用外部振荡信号时左开路输出
MODE	11	模式选择输入:1=Intel 模式;0=Motorola 模式
VDD3	12	输出驱动的 5 V 电压源
TX0	13	从 CAN 输出驱动器 0 输出到物理线路上
TX1	14	从 CAN 输出驱动器 1 输出到物理线路上
VSS3	15	输出驱动器接地
$\overline{INT}$	16	中断输出,用于中断微控制器。$\overline{INT}$ 在内部中断寄存器各位都被置位时,低电平有效。$\overline{INT}$ 是开漏输出,且与系统中的其他 $\overline{INT}$ 是线"或"的,此引脚上的低电平可以把芯片从睡眠模式中激活
$\overline{RST}$	17	复位输入。用于复位 CAN 接口,低电平有效。把 $\overline{RST}$ 引脚通过电容连到 VSS,通过电阻连到 VDD,可以自动上电复位
VDD2	18	输入比较器的 5 V 电压源
RX0,RX1	19,20	从物理的 CAN 总线输入到 SJA1000 的输入比较器,支配电平将唤醒 SJA1000 的睡眠模式。如果 RX1 比 RX0 的电平高,就读支配电平,反之读弱势电平;如果时钟分频寄存器的 CBP 位被置位,则旁路 CAN 输入比较器,以减少内部延时(此时连有外部收发电路)。这种情况下只有 RX0 是激活的,弱势电平被认为是高,而支配电平被认为是低
VSS2	21	输入比较器的接地端
VDD1	22	逻辑电路的 5 V 电压源

图 2-5 为 SJA1000 的功能框图，SJA1000 控制 CAN 帧的发送和接收，各部分功能如下：接口管理逻辑接口通过 AD0～AD7 地址/数据总线、控制总线负责连接外部主控制器，该控制器可以是微型控制器或任何其他器件。此外，除了 BasicCAN 功能，还加入了 PeliCAN 功能。因此，附加的寄存器和逻辑电路主要在这块电路里生效。

SJA1000 的发送缓冲器能够存储一个完整的报文，扩展的或标准的报文均可，当主控制器发出发送命令时，接口管理逻辑会使 CAN 核心模块从发送缓冲器读 CAN 报文。

收到一个报文时 CAN 核心模块将串行位流转换成用于验收滤波器的并行数据，通过这个可编程的滤波器 SJA1000 能确定主控制器要接收哪些报文。

所有收到的报文由验收滤波器验收，并存储在接收 FIFO，储存报文的多少由工作模式决定，最多能存储 32 个报文。因此，数据超载的可能性大大降低，这使得用户能更灵活地指定中断服务和中断优先级。

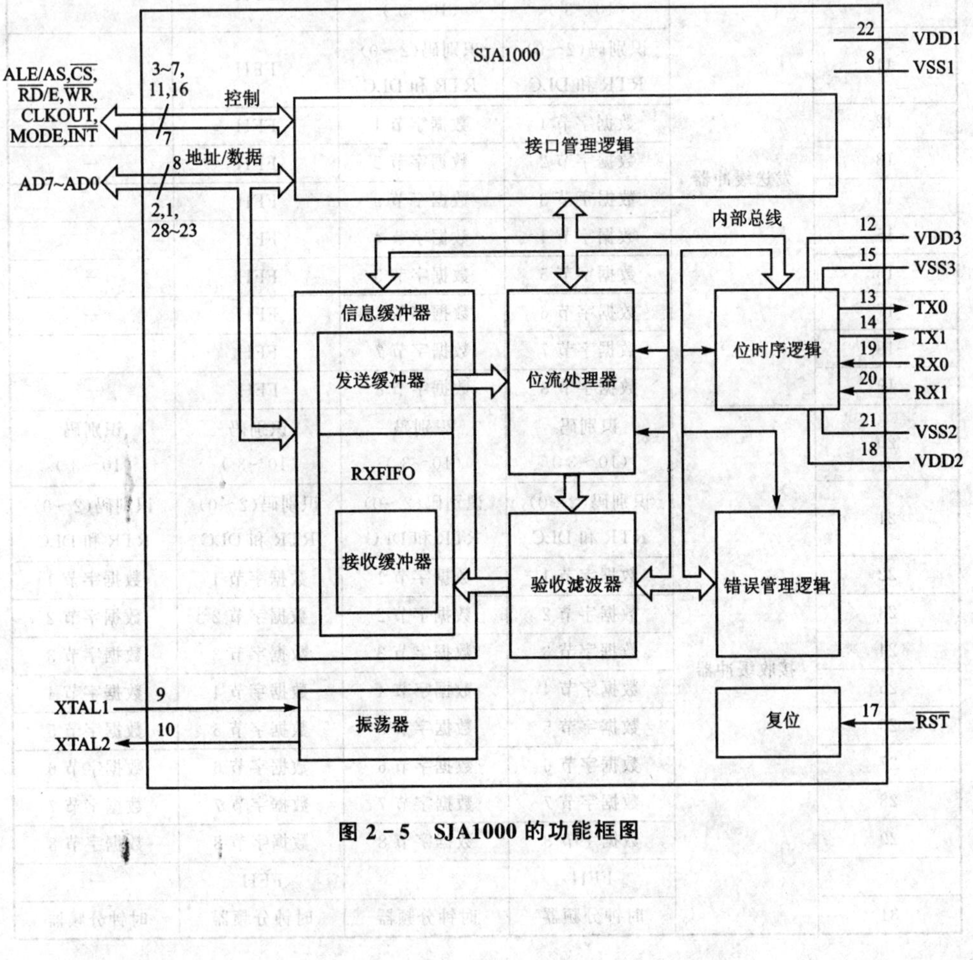

图 2-5 SJA1000 的功能框图

2. BasicCAN 模式下内部寄存器地址表

CAN 地址	段	工作模式		复位模式	
		读	写	读	写
0	控制	控制	控制	控制	控制
1		FFH	命令	FFH	命令
2		状态	—	状态	—
3		FFH	—	中断	—
4		FFH	—	验收代码	验收代码
5		FFH	—	验收屏蔽	验收屏蔽
6		FFH	—	总线定时 0	总线定时 0
7		FFH	—	总线定时 1	总线定时 1
8		FFH	—	输出控制	输出控制
9		测试	测试	测试	测试
10	发送缓冲器	识别码（10～3）	识别码（10～3）	FFH	—
11		识别码(2～0) RTR 和 DLC	识别码(2～0) RTR 和 DLC	FFH	—
12		数据字节 1	数据字节 1	FFH	—
13		数据字节 2	数据字节 2	FFH	—
14		数据字节 3	数据字节 3	FFH	—
15		数据字节 4	数据字节 4	FFH	—
16		数据字节 5	数据字节 5	FFH	—
17		数据字节 6	数据字节 6	FFH	—
18		数据字节 7	数据字节 7	FFH	—
19		数据字节 8	数据字节 8	FFH	—
20	接收缓冲器	识别码（10～3）	识别码（10～3）	识别码（10～3）	识别码（10～3）
21		识别码(2～0) RTR 和 DLC	识别码(2～0) RTR 和 DLC	识别码(2～0) RTR 和 DLC	识别码(2～0) RTR 和 DLC
22		数据字节 1	数据字节 1	数据字节 1	数据字节 1
23		数据字节 2	数据字节 2	数据字节 2	数据字节 2
24		数据字节 3	数据字节 3	数据字节 3	数据字节 3
25		数据字节 4	数据字节 4	数据字节 4	数据字节 4
26		数据字节 5	数据字节 5	数据字节 5	数据字节 5
27		数据字节 6	数据字节 6	数据字节 6	数据字节 6
28		数据字节 7	数据字节 7	数据字节 7	数据字节 7
29		数据字节 8	数据字节 8	数据字节 8	数据字节 8
30		FFH	—	FFH	—
31		时钟分频器	时钟分频器	时钟分频器	时钟分频器

3. PeliCAN 模式下内部寄存器地址表

CAN地址	工作模式				复位模式	
	读		写		读	写
0	模式		模式		模式	模式
1	(00H)		命令		(00H)	命令
2	状态		—		状态	—
3	中断		—		中断	—
4	中断使能		中断使能		中断使能	中断使能
5	保留(00H)		—		保留(00H)	—
6	总线定时 0		—		总线定时 0	总线定时 0
7	总线定时 1		—		总线定时 1	总线定时 1
8	输出控制		—		输出控制	输出控制
9	检测		—		检测	检测;注 2
10	保留(00H)		检测		保留(00H)	—
11	仲裁丢失捕捉		—		仲裁丢失捕捉	—
12	错误代码捕捉		—		错误代码捕捉	—
13	错误报警限制		—		错误报警限制	错误报警限制
14	RX 错误计数器		—		RX 错误计数器	RX 错误计数器
15	TX 错误计数器		—		TX 错误计数器	TX 错误计数器
16	RX 帧信息 SFF	RX 帧信息 EFF	TX 帧信息 SFF	TX 帧信息 EFF	验收代码 0	验收代码 0
17	RX 识别码	RX 识别码 1	TX 识别码	TX 识别码	验收代码 1	验收代码 1
18	RX 识别码	RX 识别码 2	TX 识别码	TX 识别码	验收代码 2	验收代码 2
19	RX 数据 1	RX 识别码 3	TX 数据 1	TX 识别码	验收代码 3	验收代码 3
20	RX 数据 2	RX 识别码 4	TX 数据 2	TX 识别码	验收屏蔽 0	验收屏蔽 0
21	RX 数据 3	RX 数据 1	TX 数据 3	TX 数据 1	验收屏蔽 1	验收屏蔽 1
22	RX 数据 4	RX 数据 2	TX 数据 4	TX 数据 2	验收屏蔽 2	验收屏蔽 2
23	RX 数据 5	RX 数据 3	TX 数据 5	TX 数据 3	验收屏蔽 3	验收屏蔽 3
24	RX 数据 6	RX 数据 4	TX 数据 6	TX 数据 4	保留(00H)	—
25	RX 数据 7	RX 数据 5	TX 数据 7	TX 数据 5	保留(00H)	—
26	RX 数据 8	RX 数据 6	TX 数据 8	TX 数据 6	保留(00H)	—
27	(FIFO RAM)	RX 数据 7	—	TX 数据 7	保留(00H)	—
28	(FIFO RAM)	RX 数据 8	—	TX 数据 8	保留(00H)	—
29	RX 信息计数器		—		RX 信息计数器	—
30	RX 缓冲器起始地址		—		RX 缓冲器起始地址	RX 缓冲器起始地址
31	时钟分频器		时钟分频器		时钟分频器	时钟分频器
32	内部 RAM 地址 0(FIFO)		—		内部 RAM 地址 0	内部 RAM 地址 0
33	内部 RAM 地址 1(FIFO)		—		内部 RAM 地址 1	内部 RAM 地址 1
↓	↓		↓		↓	↓
95	内部 RAM 地址 63(FIFO)		—		内部 RAM 地址 63	内部 RAM 地址 63
96	内部 RAM 地址 64(TX 缓冲器)		—		内部 RAM 地址 64	内部 RAM 地址 64
↓	↓		↓		↓	↓
108	内部 RAM 地址 76(TX 缓冲器)		—		内部 RAM 地址 76	内部 RAM 地址 76
109			—		内部 RAM 地址 77	内部 RAM 地址 77
110	内部 RAM 地址 77(空闲)		—		内部 RAM 地址 78	内部 RAM 地址 78
111	内部 RAM 地址 78(空闲)		—		内部 RAM 地址 79	内部 RAM 地址 79
112	内部 RAM 地址 79(空闲)		—		(00H)	—
↓	↓		↓		↓	↓
127	(00H)		—		(00H)	—

4. BasicCAN 和 PeliCAN 模式的区别

SJA1000 可以在 BasicCAN 和 PeliCAN 两种协议下工作。在 SJA1000 复位模式下,设置寄存器 CDR.7 为 0,即设置 CAN 控制器 SJA1000 工作于 BasicCAN 模式;设置寄存器 CDR.7 为 1,即设置 CAN 控制器 SJA1000 工作于 PeliCAN 模式;相比较而言,PeliCAN 功能更强大一些。

SJA1000 设计为全面支持 PeliCAN 协议,这就意味着在处理扩展帧信息的同时扩展振荡器的误差被修正了。在 BasicCAN 模式下只可以发送和接收标准帧信息,11 字节长的识别码。在 PeliCAN 模式下 SJA1000 有很多新功能的重组寄存器。

在 PeliCAN 模式下 SJA1000 的主要新功能有:

➢ PeliCAN 模式支持 CAN 2.0B 协议规定的所有功能,具有 29 字节的识别码;
➢ 标准帧和扩展帧信息的接收和传送;
➢ 接收 64 字节 FIFO;
➢ 在标准和扩展格式中都有单/双验收滤波器;
➢ 读/写访问的错误计数器;
➢ 可编程的错误限制报警;
➢ 最近一次的误码寄存器;
➢ 对每一个 CAN 总线错误的错误中断;
➢ 仲裁丢失中断以及详细的位位置;
➢ 一次性发送,当错误或仲裁丢失时不重发;
➢ 只听模式(CAN 总线监听、无应答、无错误标志);
➢ 支持热插;
➢ 硬件禁止 CLKOUT 输出。

2.2.3 51 系列单片机怎样控制 SJA1000

通过访问内部寄存器来实现对 SJA1000 的控制,不同操作模式的内部寄存器分布是不同的,可参考 SJA1000 数据手册。例如在 PeliCAN 模式下,SJA1000 的内部寄存器分布于 0～127 的连续地址空间。对于单片机而言,SJA1000 就像是其外围的 RAM 器件,对其操作时,只须片选选中 SJA1000,按照 SJA1000 的内部寄存器地址对其进行读取、写入控制即可。

SJA1000 有两种模式可以供 MCU 访问其内部寄存器,复位模式和工作模式。当硬件复位、置位复位请求位、总线传输错误导致总线关闭时,SJA1000 进入复位模式。当清除复位请求位时,SJA1000 进入工作模式。这两种模式下可以访问的内部寄存器是不同的,具体内容请参考 SJA1000 数据手册。

SJA1000 支持 Intel 和 Motorola 时序特性。当 SJA1000 第 11 脚为高时,使用 Intel 模式;为低时,使用 Motorola 模式。

SJA1000 的 AD0～AD7 地址/数据总线,以及其控制总线和单片机相连接,由单片机的程序对 SJA1000 进行功能配置和数据中断处理。单片机和 SJA1000 之间的数据交换经过一组控制寄存器和一个 RAM 报文缓冲器完成。

注意,SJA1000 内部寄存器有的只在 PeliCAN 模式有效,有的仅在 BasicCAN 模式里有效,有的用于 SJA1000 在复位模式下初始化。

2.2.4 SJA1000 地址的确定

SJA1000 与微处理器的接口是以外部存储器的方式,基址是根据具体的硬件电路图来定义的。51 系列单片机 CAN 总线学习板硬件电路原理图中,单片机的 P2.0 通过三极管控制 SJA1000 的复位引脚 RST,P2.7 接 SJA1000 的片选 CS,当控制 SJA1000 工作的时候,要保证 SJA1000 退出复位、片选有效。所以 P2.0=0(低电平),经三极管 S8050 后,SJA1000 的复位引脚 RST=1(高电平),使 SJA1000 退出复位;P2.7=0(低电平),SJA1000 的片选 CS=0,低电平,片选有效。

因此,定义 SJA1000 的片选基址为 0x7e00(见表 2-2)。用户应根据自己的实际电路来调整 SJA1000 的片选基址。

表 2-2 SJA1000 的地址定义

地　址	地址高字节								地址低字节							
地址位	P27	P26	P25	P24	P23	P22	P21	P20	P07	P06	P05	P04	P03	P02	P01	P00
二进制	0	1	1	1	1	1	1	0	0	0	0	0	0	0	0	0
十六进制	7e(H)								00(H)							

设计 CAN 节点时,要避免 SJA1000 的片选地址与其他外部存储器地址冲突。51 系列单片机 CAN 总线学习板硬件电路原理图中,8255A 芯片的片选 8255_CS 连接单片机的 P2.5 脚,地址线 A0 接单片机的 P2.4,地址线 A1 接单片机的 P2.3。

设置 8255A 的 3 个 I/O 口地址时,应该确保 SJA1000 处于不被选中状态,即 SJA1000 的片选 P2.7=1(高电平),片选无效。P2.5=0(低电平),8255A 芯片的片选有效。然后,根据 8255A 芯片的地址线 A0、A1 的定义,合理确定 A、B、C 这 3 个端口的地址和命令字的地址,如表 2-3 所列。

表 2-3 8255A 芯片 I/O 口的地址定义

地　址	地址高字节								地址低字节							
引　脚	P27	P26	P25	P24 (A0)	P23 (A1)	P22	P21	P20	P07	P06	P05	P04	P03	P02	P01	P00
控制字 0xdE00	1	1	0	1	1	1	1	0	0	0	0	0	0	0	0	0
读 A 口 0xc600	1	1	0	0	0	1	1	0	0	0	0	0	0	0	0	0

续表 2-3

地 址	地址高字节								地址低字节							
引 脚	P27	P26	P25	P24 (A0)	P23 (A1)	P22	P21	P20	P07	P06	P05	P04	P03	P02	P01	P00
读 B 口 0xd600	1	1	0	1	0	1	1	0	0	0	0	0	0	0	0	0
读 C 口 0xcE00	1	1	0	0	1	1	1	0	0	0	0	0	0	0	0	0

2.2.5 SJA1000 的滤波器设置

CAN 总线的滤波器设置就像给总线上的节点设置了一层“过滤网”,只有符合要求的 CAN 信息帧才可以通过,其余的一概滤除。

在验收滤波器的帮助下,只有当接收信息中的识别位和验收滤波器预定义的值相等时,CAN 控制器才允许将已接收信息存入 RXFIFO。

验收滤波器由验收代码寄存器(ACRn)和验收屏蔽寄存器(AMRn)定义,要接收的信息的位模式在验收代码寄存器中定义,相应的验收屏蔽寄存器允许定义某些位为“不影响”,即可为任意值。

1. BasicCAN 模式下 SJA1000 滤波器

在验收滤波器的帮助下,CAN 控制器能够允许 RXFIFO 只接收同识别码和验收滤波器中预设值相一致的信息,验收滤波器通过验收代码寄存器 ACR(见表 2-4)和验收屏蔽寄存器 AMR(见表 2-5)来定义。

复位请求位被置高,验收代码寄存器 ACR 可以访问(读/写)。复位请求位被置高时,验收屏蔽寄存器 AMR 可以访问(读/写)。验收屏蔽寄存器定义验收代码寄存器的相应位对验收滤波器是相关的或无影响的。

表 2-4 验收代码寄存器 ACR

位	BIT7	BIT6	BIT5	BIT4	BIT3	BIT2	BIT1	BIT0
说 明	AC.7	AC.6	AC.5	AC.4	AC.3	AC.2	AC.1	AC.0

表 2-5 验收屏蔽寄存器 AMR

位	BIT7	BIT6	BIT5	BIT4	BIT3	BIT2	BIT1	BIT0
说 明	AM.7	AM.6	AM.5	AM.4	AM.3	AM.2	AM.1	AM.0

滤波的规则是:每一位验收屏蔽分别对应每一位验收代码,当该位验收屏蔽位为 1 的时候(即设为无关),接收的相应帧 ID 位无论是否和相应的验收代码位相同均会表示为接收;当验收屏蔽位为 0 的时候(即设为相关),只有相应的帧 ID 位和相应的验收代码位值相同的情况才会表示为接收。只有在所有的位都表示为接收的时候,CAN 控制器才会接收该报文。

举例:对于接收标识符为 0000 1010 的 CAN 帧,如何设置滤波器?

在 SJA1000 复位模式下,设置寄存器 CDR.7 为 0,即设置 CAN 控制器 SJA1000 工作于 BasicCAN 模式。设置验收代码寄存器 ACR=0x0A;根据滤波器信息帧与滤波器的位对应关系,将需要参与滤波的信息位对应的验收屏蔽寄存器位设置为 0,设置 AMR=0x00;如此设置,SJA1000 接收标识符 ID.10~ID.3 为 0000 1010 的 CAN 帧。

2. PeliCAN 模式下 SJA1000 滤波器

有两种不同的过滤模式,通过模式寄存器中的第 3 位 MOD.3(AFM)来设置。

单滤波器模式:AFM 位是 1;双滤波器模式:AFM 位是 0。

SJA1000 验收滤波器由 4 个验收码寄存器 ACR0、ACR1、ACR2、ACR3 和 4 个验收屏蔽寄存器 AMR0、AMR1、AMR2、AMR3 组成。ACR 的值是预设的验收代码值,AMR 值用于表征相对应的 ACR 值是否用作验收滤波,这 8 个寄存器在 SJA1000 的复位模式下设置的。

滤波的规则和 BasicCAN 模式下的滤波规则相同。

(1) 单滤波器的配置

这种滤波器配置定义了一个长滤波器(4 字节、32 位),由 4 个验收码寄存器和 4 个验收屏蔽寄存器组成的验收滤波器,滤波器字节和信息字节之间位的对应关系取决于当前接收帧格式。

接收 CAN 标准帧时单滤波器配置:

- 对于标准帧,11 位标识符、RTR 位、数据场前两个字节参与滤波。
- 对与参与滤波的数据,所有 AMR 为 0 的位所对应的 ACR 位和参与滤波数据的对应位必须相同才算验收通过。
- 如果由于置位 RTR 而没有数据字节,或因为设置相应的数据长度代码而没有或只有一个数据字节信息,报文也会被接收。对于一个成功接收的报文,所有单个位在滤波器中的比较结果都必须为“接收”。

接收标准帧结构报文时的单滤波器配置如图 2-6 所示,接收扩展结构报文时的单滤波器配置如图 2-7 所示。

注意:AMR1 和 ACR1 的低 4 位是不用的,为了和将来的产品兼容,这些位可通过设置 AMR1.3、AMR1.2、AMR1.1 和 AMR1.0 为 1 而定为“不影响”。

举例:对于接收标识符为 0000 1010 010 的 CAN 标准帧,如何设置单滤波?

在 SJA1000 复位模式下,设置寄存器 CDR.7 为 1,即设置 CAN 控制器 SJA1000 工作于 PeliCAN 模式。设置模式寄存器的验收滤波器模式位(AFM)为 1,选择单滤波器模式;设置验收代码寄存器 ACR0=0x0A、ACR1=0x40、ACR2=ACR3=0x00;根据单滤波器时信息帧与滤波器的位对应关系,将需要参与滤波的信息位对应的验收屏蔽寄存器位设置为 0,设置 AMR0=0x00,AMR1=0x0F、AMR2=AMR3=0XFF;如此设置,SJA1000 接收标识符 ID.28~ID.18 为 0000 1010 010 的 CAN 标准帧。

接收 CAN 扩展帧时单滤波器配置:

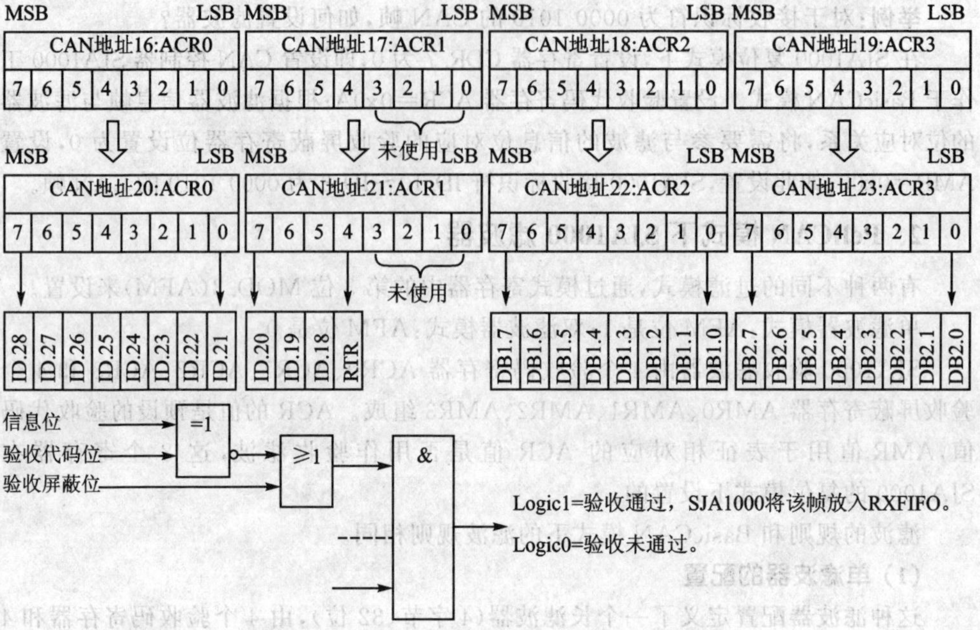

图 2-6　接收标准结构报文时的单滤波器配置

对于扩展帧，29 位标识符和 RTR 位参与滤波；对与参与滤波的数据，所有 AMR 为 0 的位所对应的 ACR 位和参与滤波数据的对应位必须相同才验收通过滤波；必须注意的是，AMR3 和 ACR3 的最低两位是不用的。为了和将来的产品兼容，这些位应该通过置位 AMR3.1 和 AMR3.0 为 1 来定为不影响。

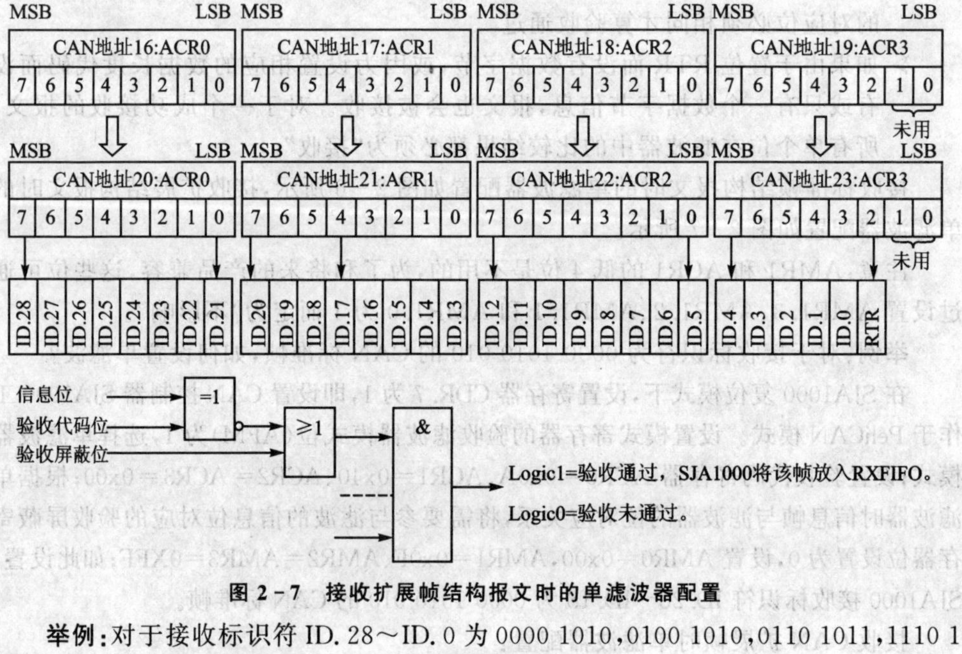

图 2-7　接收扩展帧结构报文时的单滤波器配置

举例：对于接收标识符 ID.28～ID.0 为 0000 1010，0100 1010，0110 1011，1110 1

的 CAN 扩展帧，如何设置单滤波？

在 SJA1000 复位模式下，设置寄存器 CDR.7 为 1，即设置 CAN 控制器 SJA1000 工作于 PeliCAN 模式。设置模式寄存器的验收滤波器模式位（AFM）为 1，选择单滤波器模式；设置验收代码寄存器 ACR0＝0x0A、ACR1＝0x4A、ACR2＝0x6B、ACR3＝0XE8；根据单滤波器时信息帧与滤波器的位对应关系，将需要参与滤波的信息位对应的验收屏蔽寄存器位设置为 0，设置 AMR0＝0x00、AMR1＝0x00、AMR2＝0x00、AMR3＝0X03。

(2) 双滤波器的配置

这种配置可以定义两个短滤波器，由 4 个 ACR 和 4 个 AMR 构成两个短滤波器。总线上的信息只要通过任意一个滤波器就被接收。滤波器字节和信息字节之间位的对应关系取决于当前接收的帧格式。

接收 CAN 标准帧时双滤波器配置：如果接收的是标准帧信息，被定义的两个滤波器是不一样的。第一个滤波器由 ACR0、ACR1、AMR0、AMR1 以及 ACR3、AMR3 低 4 位组成，11 位标识符、RTR 位和数据场第 1 字节参与滤波；第二个滤波器由 ACR2、AMR2 以及 ACR3、AMR3 高 4 位组成，11 位标识符和 RTR 位参与滤波。

为了成功接收信息，在所有单个位的比较时应至少有一个滤波器表示接受。RTR 位置为 1 或数据长度代码是 0，表示没有数据字节存在；只要从开始到 RTR 位的部分都被表示接收，信息就可以通过滤波器 1。

如果没有数据字节向滤波器请求过滤，AMR1 和 AMR3 的低 4 位必须被置为 1，即“不影响”。此时，两个滤波器的识别工作都是验证包括 RTR 位在内的整个标准识别码。

接收标准帧结构报文的双滤波器配置如图 2-8 所示，接收扩展帧结构报文时的双滤波器配置如图 2-9 所示。

举例：对于接收标识符 ID.28～ID.18 为 0000 1010，010 和 ID.28～ID.18 为 0110 1011，111 的两类 CAN 标准帧，如何设置双滤波？

在 SJA1000 复位模式下，设置寄存器 CDR.7 为“1”，即设置 CAN 控制器 SJA1000 工作于 PeliCAN 模式。设置模式寄存器的验收滤波器模式位（AFM）为 0，选择双滤波器模式；设置验收代码寄存器 ACR0＝0x0A、ACR1＝0x40、ACR2＝0x6B、ACR3＝0xE0；根据双滤波器时信息帧与滤波器的位对应关系，将需要参与滤波的信息位对应的验收屏蔽寄存器位设置为 0，设置 AMR0＝0x00、AMR1＝0x0F、AMR2＝0x00、AMR3＝0X0F；接收 CAN 扩展帧时双滤波器配置：

如果接收到扩展帧信息，定义的两个滤波器是相同的。第一个滤波器由 ACR0、ACR1 和 AMR0、AMR1 构成；第二个滤波器由 ACR2、ACR3 和 AMR2、AMR3 构成；两个滤波器都只比较扩展识别码的前两个字节，即 29 位标识符中的高 16 位。为了能成功接收信息，所有单个位的比较时至少有一个滤波器表示接收。

举例：对于接收标识符 ID.28～ID.13 为 0000 1010，0100 1010 和 ID.28～ID.13 为 0110 1011，1110 1001 的两类 CAN 扩展帧，如何设置双滤波？

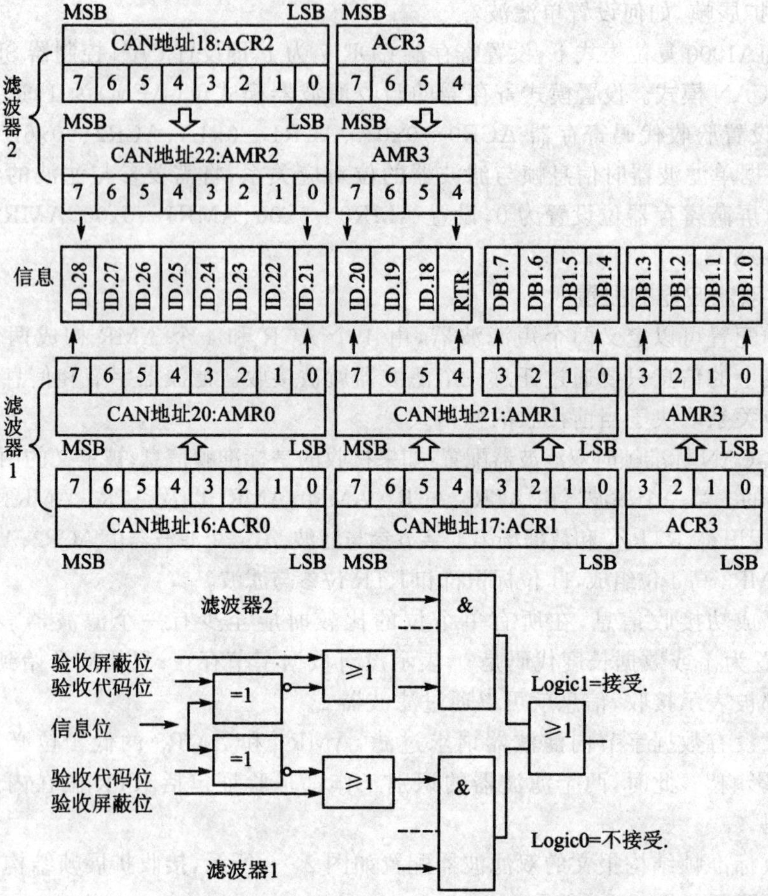

图 2-8　接收标准结构报文时的双滤波器配置

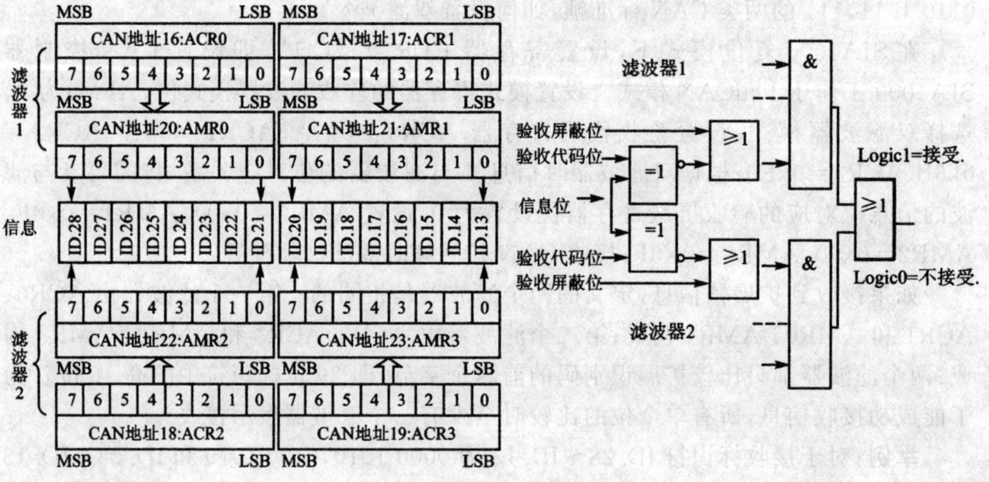

图 2-9　接收扩展结构报文时的双滤波器配置

在 SJA1000 复位模式下，设置寄存器 CDR.7 为 1，即设置 CAN 控制器 SJA1000 工作于 PeliCAN 模式。设置模式寄存器的验收滤波器模式位(AFM)为 0，选择双滤波器模式；设置验收代码寄存器 ACR0＝0x0A、ACR1＝0x4A、ACR2＝0x6B、ACR3＝0XE9；根据双滤波器时信息帧与滤波器的位对应关系，将需要参与滤波的信息位对应的验收屏蔽寄存器位设置为 0，设置 AMR0＝0x00，AMR1＝0x00、AMR2＝0x00、AMR3＝0X00。

2.2.6 CAN 总线通信波特率的计算

与 CAN 总线控制器芯片 SJA1000 通信波特率设置相关的寄存器是总线定时寄存器 0(BTR0)和总线定时寄存器 1(BTR1)。这两个寄存器在复位模式下可以访问。

1. 总线定时寄存器 0(BTR0)

总线定时寄存器 0(见表 2-6)定义了波特率预设值(BRP)和同步跳转宽度(SJW)的值。

表 2-6 总线定时寄存器 0

位	BIT7	BIT6	BIT5	BIT4	BIT3	BIT2	BIT1	BIT0
说 明	SJW.1	SJW.0	BRP.5	BRP.4	BRP.3	BRP.2	BRP.1	BRP.0

(1) 波特率预设值(BRP)

CAN 系统时钟 t_{SCL} 的周期是可编程的，而且决定了相应的位时序。CAN 系统时钟由如下公式计算：

$$t_{SCL}=2\,t_{CLK}(32\ BRP.5+16\ BRP.4+8\ BRP.3+4\ BRP.2+2\ BRP.1+BRP.0+1) \tag{2-1}$$

式中，t_{CLK} 是 SJA1000 使用晶振的频率周期：

$$t_{CLK}=1/f_{XTAL} \tag{2-2}$$

(2) 同步跳转宽度(SJW)

设置同步跳转宽度的目的是补偿在不同总线控制器的时钟振荡器之间的相位偏移，任何总线控制器必须在当前传送的相关信号边沿重新同步。

同步跳转宽度定义了每一位周期可以被重新同步缩短或延长的时钟周期的最大数目，其与位域 SJW 的关系是：

$$t_{SJW}=t_{SCL}(2\ SJW.1+SJW.0+1) \tag{2-3}$$

2. 总线定时寄存器 1(BTR1)

总线定时寄存器 1(见表 2-7)定义了每个位周期的长度、采样点的位置和在每个采样点的采样数目(见表 2-8)，图 2-10 为一个位周期总体结构图。

表 2-7 总线定时寄存器 1

位	BIT7	BIT6	BIT5	BIT4	BIT3	BIT2	BIT1	BIT0
说 明	SAM	TSEG2.2	TSEG2.1	TSEG2.0	TSEG1.3	TSEG1.2	TSEG1.1	TSEG1.0

表 2-8 采样数目

位	值	功 能
SAM	1	3 倍,总线采样 3 次;建议在低/中速总线(A 和 B 级)上使用,这对过滤总线上的毛刺波是有益的
	0	单倍,总线采样一次;建议使用在高速总线上(SAE C 级)

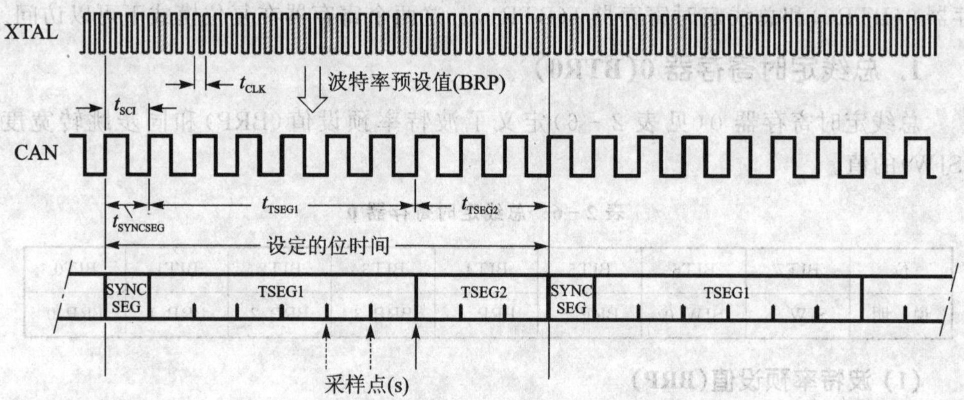

图 2-10 一个位周期的总体结构

(1) 时间段 1(TSEG1)和时间段 2(TSEG2)

TSEG1 和 TSEG2 决定了每一位的时钟数目和采样点的位置,图中:

$$t_{SYNCSEG} = 1 \times t_{SCL} \tag{2-4}$$

$$t_{TSEG1} = t_{SCL} \times (8 \times TSEG1.3 + 4 \times TSEG1.2 + 2 \times TSEG1.1 + TSEG1.0 + 1) \tag{2-5}$$

$$t_{TSEG2} = t_{SCL} \times (4 \times TSEG2.2 + 2 \times TSEG2.1 + TSEG2.0 + 1) \tag{2-6}$$

(2) SJA1000 通信波特率的计算

$$通信波特率 = 1/t_{bit} \tag{2-7}$$

$$一个位周期\ t_{bit} = (t_{SYNCSEG} + t_{TSEG1} + t_{TSEG2}) \tag{2-8}$$

CAN 通信波特率的范围是:

$$CAN\ 最大通信波特率 = 1/(t_{bit} - t_{SJW}) \tag{2-9}$$

$$CAN\ 最小通信波特率 = 1/(t_{bit} + t_{SJW}) \tag{2-10}$$

联立公式(2-1)~(2-10)就可以计算得出实际上的 CAN 通信波特率。

表 2-9 是常用的 CAN 通信波特率设置,开发者不必详细了解每一个波特率计算的过程。

表 2-9 12 MHz 晶振和 16 MHz 晶振下常用 CAN 通信波特率设置(SJA1000)

波特率/kbps		20	50	100	125	250	500	800	1000
12 MHz 晶振	BTR0	052H	047H	043H	042H	041H	040H	040H	040H
	BTR1	01cH	01cH	01cH	01cH	01cH	01cH	016H	014H
16 MHz 晶振	BTR0	053H	047H	043H	03H	01H	00H	00H	00H
	BTR1	02FH	02FH	02fH	01cH	01cH	01cH	016H	014H

2.2.7 程序流程图

程序流程如图 2-11 所示。

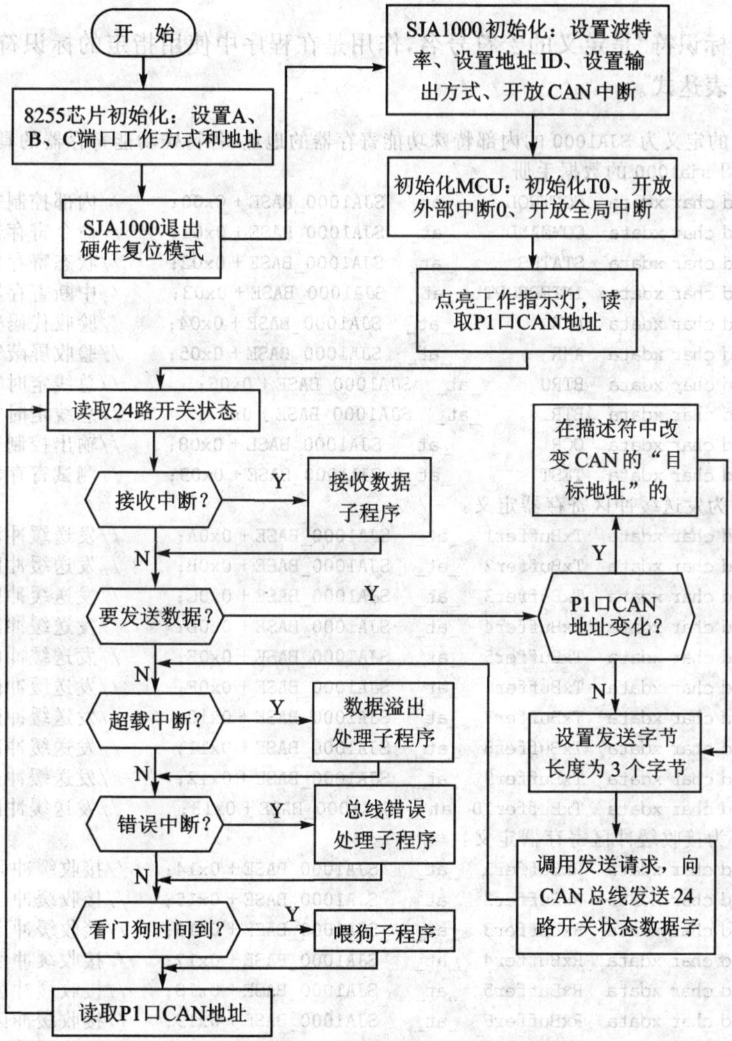

图 2-11 CAN 总线学习板程序流程图

2.2.8 程序头文件定义说明

51 系列单片机 CAN 总线学习板配套的 CAN 总线程序有 BasicCAN 和 PeliCAN 模式(CAN2.0A 和 CAN2.0B)可使用,c 语言和汇编语言程序。下面以 Basiccan 模式的 C 语言为例进行详解。

头文件 SJA1000.h 中定义 SJA1000 相关的特殊功能寄存器,清单如下:

```
#define        SJA1000_BASE        0x7e00        //定义 sja1000 的基址
```

说明:不带参数的宏定义也可以称为符号常量定义,一般格式为:

```
#define   标识符   常量表达式
```

其中,"标识符"是定义的宏符号名,作用是在程序中使用指定的标识符来代替所指定的常量表达式。

```
/*以下的定义为 SJA1000 的内部特殊功能寄存器的地址,各特殊功能寄存器的具体功
能请查阅 sja1000 的数据手册。*/
unsigned char xdata  CONTROL     _at_  SJA1000_BASE + 0x00;    //内部控制寄存器
unsigned char xdata  COMMAND     _at_  SJA1000_BASE + 0x01;    //命令寄存器
unsigned char xdata  STATUS      _at_  SJA1000_BASE + 0x02;    //状态寄存器
unsigned char xdata  INTERRUPT   _at_  SJA1000_BASE + 0x03;    //中断寄存器
unsigned char xdata  ACR         _at_  SJA1000_BASE + 0x04;    //验收代码寄存器
unsigned char xdata  AMR         _at_  SJA1000_BASE + 0x05;    //验收屏蔽寄存器
unsigned char xdata  BTR0        _at_  SJA1000_BASE + 0x06;    //总线定时寄存器 0
unsigned char xdata  BTR1        _at_  SJA1000_BASE + 0x07;    //总线定时寄存器 1
unsigned char xdata  OCR         _at_  SJA1000_BASE + 0x08;    //输出控制寄存器
unsigned char xdata  TEST        _at_  SJA1000_BASE + 0x09;    //测试寄存器
/*以下为发送缓冲区寄存器定义:*/
unsigned char xdata  TxBuffer1   _at_  SJA1000_BASE + 0x0A;    //发送缓冲区 1
unsigned char xdata  TxBuffer2   _at_  SJA1000_BASE + 0x0B;    //发送缓冲区 2
unsigned char xdata  TxBuffer3   _at_  SJA1000_BASE + 0x0C;    //发送缓冲区 3
unsigned char xdata  TxBuffer4   _at_  SJA1000_BASE + 0x0D;    //发送缓冲区 4
unsigned char xdata  TxBuffer5   _at_  SJA1000_BASE + 0x0E;    //发送缓冲区 5
unsigned char xdata  TxBuffer6   _at_  SJA1000_BASE + 0x0F;    //发送缓冲区 6
unsigned char xdata  TxBuffer7   _at_  SJA1000_BASE + 0x10;    //发送缓冲区 7
unsigned char xdata  TxBuffer8   _at_  SJA1000_BASE + 0x11;    //发送缓冲区 8
unsigned char xdata  TxBuffer9   _at_  SJA1000_BASE + 0x12;    //发送缓冲区 9
unsigned char xdata  TxBuffer10  _at_  SJA1000_BASE + 0x13;    //发送缓冲区 10
/*以下为接收缓冲区寄存器定义:*/
unsigned char xdata  RxBuffer1   _at_  SJA1000_BASE + 0x14;    //接收缓冲区 1
unsigned char xdata  RxBuffer2   _at_  SJA1000_BASE + 0x15;    //接收缓冲区 2
unsigned char xdata  RxBuffer3   _at_  SJA1000_BASE + 0x16;    //接收缓冲区 3
unsigned char xdata  RxBuffer4   _at_  SJA1000_BASE + 0x17;    //接收缓冲区 4
unsigned char xdata  RxBuffer5   _at_  SJA1000_BASE + 0x18;    //接收缓冲区 5
unsigned char xdata  RxBuffer6   _at_  SJA1000_BASE + 0x19;    //接收缓冲区 6
unsigned char xdata  RxBuffer7   _at_  SJA1000_BASE + 0x1A;    //接收缓冲区 7
unsigned char xdata  RxBuffer8   _at_  SJA1000_BASE + 0x1B;    //接收缓冲区 8
```

```
unsigned char xdata  RxBuffer9   _at_   SJA1000_BASE + 0x1C;   //接收缓冲区 9
unsigned char xdata  RxBuffer10  _at_   SJA1000_BASE + 0x1D;   //接收缓冲区 10
unsigned char xdata  CDR         _at_   SJA1000_BASE + 0x1F;   //时钟分频寄存器
```

说明：单片机对 SJA1000 的操作就像其对外部存储器操作的方式一样。采用扩展关键字" _at_ "来指定变量的存储器绝对地址，其一般的格式为：

数据类型　存储器类型　标识符　_at_　地址常数

其中，数据类型除了可以用 int、long、unsigned char、float 等基本类型外，还可以采用数组、结构等复杂的数据类型；存储器类型为 idata、data、xdata 等 Cx51 编译器能够识别的所有类型；标识符为定义的变量名；地址常数规定了变量的绝对地址，必须位于有效的存储器空间之内。

利用扩展关键字" _at_"定义的变量称为绝对变量，对该变量的操作就是对指定存储器空间绝对地址的直接操作。

```
/*定义 CAN 地址指针：*/
 unsigned          char          xdata     *SJA1000_Address;
/*定义 SJA1000 操作的命令字：*/
#define            TR_order              0x01              //发送请求命令
#define            AT_order              0x02              //中止发送命令
#define            RRB_order             0x04              //释放接收缓冲区
#define            CDO_order             0x08              //清除数据溢出
#define            GTS_order             0x10              //进入睡眠状态命令
                          /*以下为 CAN 通信基本函数*/
bit    enter_RST   (void);                                 //进入复位工作模式函数
bit    quit_RST    (void);                                 //退出复位工作模式函数
bit    set_rate    (unsigned char CAN_rate_num);           //设置 can 的通信波特率函数
bit    set_ACR_AMR(unsigned char  ACR_DATA,unsigned char  AMR_DATA);
                                                //设置验收代码寄存器和接收屏蔽寄存器
bit    set_CLK     (unsigned char SJA_OUT_MODE, unsigned char  SJA_Clock_Out);
                                                    //设置输出控制器和时钟分频寄存器
bit    SJA_send_data(unsigned char * senddatabuf);//can 总线发送数据函数
bit    SJA_rcv_data (unsigned char * rcvdatabuf); //can 总线接收数据函数
bit    SJA_command_control(unsigned char order); //SJA1000 控制命令函数
/*想一想：
在定义 SJA1000 内部寄存器的时候，是否也可以用"#define   标识符   常量表达式"来实
现？答案是肯定的！
下面是采用"#define   标识符   常量表达式"定义 SJA1000 内部寄存器的头文件清单：
#define           SJA1000_BASE          0x7e00         //定义 sja1000 的片选基址
/*以下的定义为 SJA1000 的内部特殊功能寄存器的地址，各特殊功能寄存器的具体功
能请查阅 sja1000 的数据手册*/
#define           CONTROL          SJA1000_BASE + 0x00          //内部控制寄存器
#define           COMMAND          SJA1000_BASE + 0x01          //命令寄存器
#define           STATUS           SJA1000_BASE + 0x02          //状态寄存器
#define           INTERRUPT        SJA1000_BASE + 0x03          //中断寄存器
#define           ACR              SJA1000_BASE + 0x04          //验收代码寄存器
#define           AMR              SJA1000_BASE + 0x05          //验收屏蔽寄存器
```

```
#define      BTR0         SJA1000_BASE + 0x06      //总线定时寄存器 0
#define      BTR1         SJA1000_BASE + 0x07      //总线定时寄存器 1
#define      OCR          SJA1000_BASE + 0x08      //输出控制寄存器
#define      TEST         SJA1000_BASE + 0x09      //测试寄存器
/*以下为发送缓冲区寄存器定义*/
#define      TxBuffer1    SJA1000_BASE + 0x0A      //发送缓冲区 1
#define      TxBuffer2    SJA1000_BASE + 0x0B      //发送缓冲区 2
#define      TxBuffer3    SJA1000_BASE + 0x0C      //发送缓冲区 3
#define      TxBuffer4    SJA1000_BASE + 0x0D      //发送缓冲区 4
#define      TxBuffer5    SJA1000_BASE + 0x0E      //发送缓冲区 5
#define      TxBuffer6    SJA1000_BASE + 0x0F      //发送缓冲区 6
#define      TxBuffer7    SJA1000_BASE + 0x10      //发送缓冲区 7
#define      TxBuffer8    SJA1000_BASE + 0x11      //发送缓冲区 8
#define      TxBuffer9    SJA1000_BASE + 0x12      //发送缓冲区 9
#define      TxBuffer10   SJA1000_BASE + 0x13      //发送缓冲区 10
/*以下为接收缓冲区寄存器定义*/
#define      RxBuffer1    SJA1000_BASE + 0x14      //接收缓冲区 1
#define      RxBuffer2    SJA1000_BASE + 0x15      //接收缓冲区 2
#define      RxBuffer3    SJA1000_BASE + 0x16      //接收缓冲区 3
#define      RxBuffer4    SJA1000_BASE + 0x17      //接收缓冲区 4
#define      RxBuffer5    SJA1000_BASE + 0x18      //接收缓冲区 5
#define      RxBuffer6    SJA1000_BASE + 0x19      //接收缓冲区 6
#define      RxBuffer7    SJA1000_BASE + 0x1A      //接收缓冲区 7
#define      RxBuffer8    SJA1000_BASE + 0x1B      //接收缓冲区 8
#define      RxBuffer9    SJA1000_BASE + 0x1C      //接收缓冲区 9
#define      RxBuffer10   SJA1000_BASE + 0x1D      //接收缓冲区 10
#define      CDR          SJA1000_BASE + 0x1F      //时钟分频寄存器
/*定义 CAN 地址指针*/
unsigned     char         xdata    *SJA1000_Address;
/*定义 SJA1000 操作的命令字*/
#define      TR_order            0x01              //发送请求命令
#define      AT_order            0x02              //中止发送命令
#define      RRB_order           0x04              //释放接收缓冲区
#define      CDO_order           0x08              //清除数据溢出
#define      GTS_order           0x10              //进入睡眠状态命令
                    /*以下为 CAN 通信基本函数*/
bit   enter_RST   (void);                          //进入复位工作模式函数
bit   quit_RST    (void);                          //退出复位工作模式函数
bit   set_rate    (unsigned char CAN_rate_num);    //设置 CAN 的通信波特率函数
bit   set_ACR_AMR(unsigned char  ACR_DATA,unsigned char  AMR_DATA);
                                    //设置验收代码寄存器和接收屏蔽寄存器
bit   set_CLK     (unsigned char SJA_OUT_MODE, unsigned char  SJA_Clock_Out);
                                    //设置输出控制器和时钟分频寄存器
bit   SJA_send_data(unsigned char *senddatabuf);   //CAN 总线发送数据函数
bit   SJA_rcv_data (unsigned char *rcvdatabuf);    //CAN 总线接收数据函数
bit   SJA_command_control(unsigned char order);    //SJA1000 控制命令函数
```

2.2.9 SJA1000 初始化流程

流程如图 2－12 所示。

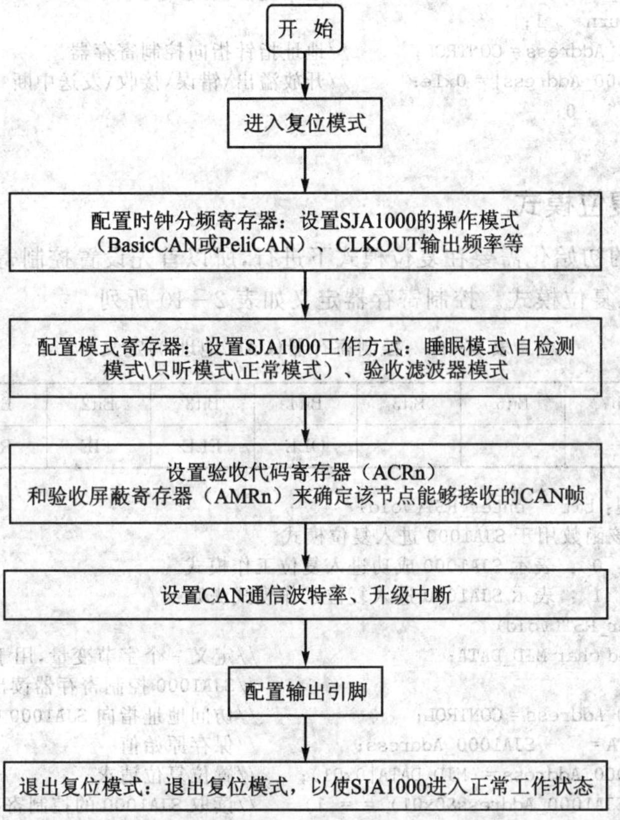

图 2－12　SJA1000 初始化流程框图

SJA1000 初始化程序清单如下：

```
/＊函数原型：bit  Sja_1000_Init(void)                                    ＊
函数功能：SJA1000 初始化，用于建立通信、设置通信波特率、设置己方的 CAN 总线地址、设置
时钟输出方式、设置 SJA1000 的中断控制。
  ＊返回值说明：   0 ：表示 SJA1000 初始化成功；1 ：表示 SJA1000 初始化失败       ＊
  ＊       说明：注意“建立通信、设置通信波特率、设置己方的 can 总线地址、         ＊
           设置时钟输出方式”之前，需要进入复位，设置完毕后，退出复位。          ＊/
bit  Sja_1000_Init(void)
{
    if(enter_RST())                    //进入复位
      { return    1;}
    if(create_communication())         //检测 CAN 控制器的接口是否正常
      { return    1;}
    if(set_rate(0x06))                 //设置波特率 200 kbps
      { return    1;}
```

```
    if(set_ACR_AMR(0xac,0x00))        //设置地址 ID:560
      { return    1;}
    if(set_CLK(0xaa,0x48))            //设置输出方式,禁止 COLOCKOUT 输出
      { return    1;}
    if(quit_RST())                    //退出复位模式
      { return    1;}
    SJA1000_Address = CONTROL;        //地址指针指向控制寄存器
    * SJA1000_Address| = 0x1e;        //开放溢出\错误\接收\发送中断
    return    0;
}
```

1. 进入复位模式

SJA1000 的初始化需要在复位模式下进行,所以首先设置控制寄存器的第 0 位,即 RR=1,进入复位模式。控制寄存器定义如表 2-10 所列。

表 2-10　控制寄存器(CAN 地址 0)定义

位	Bit7	Bit6	Bit5	Bit4	Bit3	Bit2	Bit1	Bit0
符　号	—	—	—	OLE	ELE	TIE	RIE	RR

```
/* 函数原型: bit    enter_RST(void)
函数功能: 该函数用于 SJA1000 进入复位模式
返回值说明: 0 : 表示 SJA1000 成功进入复位工作模式
            1 : 表示 SJA1000 进入复位工作模式失败 */
 bit    enter_RST(void)
 {  unsigned char MID_DATA;                      //定义一个字节变量,用于存储从
                                                 //SJA1000 控制寄存器读出的数据
    SJA1000_Address = CONTROL;                   //访问地址指向 SJA1000 的控制寄存器
    MID_DATA =    * SJA1000_Address;             //保存原始值
    * SJA1000_Address = (MID_DATA|0x01);         //置位复位请求
    if(( * SJA1000_Address&0x01) = = 1)          //读取 SJA1000 的控制寄存器数值
                                                 //判断复位请求是否有效
      {return    0;}
    else
      {return    1;}
 }
/* 好习惯:
    * SJA1000_Address = (MID_DATA|0x01);         //置位复位请求
    此条语句也可以替换为:
    * SJA1000_Address = 0x01;
```

但是,替换后的语句在实现置位复位请求的同时,也会把控制寄存器中的其他功能位"清零",影响了 SJA1000 制功能寄存器的其他功能,所以用"或"语句置位复位请求,其他位保持原来状态。*/

想一想:

还有什么方法可以实现置位复位请求,而不影响 SJA1000 控制寄存器的其他位状态? 可以把字节变量 MID_DATA 定义为可以´位寻址´的字节变量(见表 2-11),然后再定义 SJA1000 复位的位变量,就可以实现只对某一"位变量"进行操作,不影响其他位变量的状态。

```
unsigned char bdata RST_DATA  ; //定义一个字节变量,用于存储从 SJA100 控制寄存器读出的数据
sbit   RST_flag = RST_DATA^0;            //定义第 0 位为 SJA1000 的复位控制位
```

```
bit    enter_RST(void)
{
    SJA1000_Address    = CONTROL;        //访问地址指向 SJA1000 的控制寄存器
    RST_DATA =    * SJA1000_Address;     //保存原始值
    RST_flag = 1;                        //置位复位请求
    * SJA1000_Address = RST_DATA;        //向 SJA1000 的控制寄存器写入改变后的数据
    if(( * SJA1000_Address&0x01) = = 1) //读取 SJA1000 的控制寄存器数值,判断复位请求是否有效
       {return    0;}
    else
       {return    1;}
}
```

表 2-11 Keil Cx51 编译器所能识别的存储器字节变量类型

存储器类型	使用说明
Data	直接寻址的片内数据存储器,CPU 访问速度快
Bdata	可以位寻址的片内数据存储器,允许字节和位混合访问
Idata	间接寻址的片内数据存储器,允许访问全部的片内地址
Pdata	分页寻址的片外数据存储器
Xdata	片外数据存储器
Code	程序存储器

2. 检测 CAN 控制器的接口是否正常

```
/* 函数原型: bit    create_communication(void)
函数功能:该函数用于 SJA1000 在复位模式下,检测 CAN 控制器 SJA1000 的通信是否正常,只用于产品的测试,如果在正常的操作模式下使用这个寄存器进行测试,将导致设备不可预测的结果。
返回值说明: 0 : 表示 SJA1000 建立通信正常;
            1 : 表示 SJA1000 与处理器通信异常 */
bit    create_communication(void)
{
SJA1000_Address  = TEST;                //访问 SJA1000 的测试寄存器
   * SJA1000_Address = 0xaa;            //写入测试值 0xaa
   if( * SJA1000_Address == 0xaa)
     {return    0;}                     //读测试寄存器,如果和写入数值相同返回 0,否则返回 1
   else
     {return    1;}
}
```

3. 设置波特率

设置波特率涉及寄存器 BTR0 和 BTR1,通过向这两个寄存器中写入相应的数值设置波特率,前面的章节已经给出常用的 12 MHz 和 16 MHz 晶振下的波特率设置参数,本部分将这些参数编写到一个数组函数,直接填写数组序号即可实现波特率

设置。

```
/*数组原型：unsigned  char    code    rate_tab[]
数组功能:用于存储预设的 can 通信波特率设置寄存器 BTR0 和 BTR1 的数值。下面列表中的数值是按照 SJA1000 的晶振为 16 MHz 的前提下计算而来,其他晶体下的 CAN 通信波特率的数值须根据 SJA1000 数据手册中的计算公式计算
参数说明：序列号            波特率(Kbps) BTR0      BTR1
          0                 20          53H,       02FH
          1                 40          87H,       0FFH
          2                 50          47H,       02FH
          3                 80          83H,       0FFH
          4                100          43H,       02fH
          5                125          03H,       01cH
          6                200          81H,       0faH
          7                250          01H,       01cH
          8                400          80H,       0faH
          9                500          00H,       01cH
          10               666          80H,       0b6H
          11               800          00H,       016H
          12              1000          00H,       014H*/
*****************************************************************/
unsigned  char    code    rate_tab[] = {
    0x53,0x2F,                  //;20KBPS 的预设值
    0x87,0xFF,                  //;40KBPS 的预设值
    0x47,0x2F,                  //;50KBPS 的预设值
    0x83,0xFF,                  //;80KBPS 的预设值
    0x43,0x2f,                  //;100KBPS 的预设值
    0x03,0x1c,                  //;125KBPS 的预设值
    0x81,0xfa,                  //;200KBPS 的预设值
    0x01,0x1c,                  //;250KBPS 的预设值
    0x80,0xfa,                  //;400KBPS 的预设值
    0x00,0x1c,                  //;500KBPS 的预设值
    0x80,0xb6,                  //;666KBPS 的预设值
    0x00,0x16,                  //;800KBPS 的预设值
    0x00,0x14,                  //;1000KBPS 的预设值
  };
/*函数原型：bit   set_rate(unsigned char CAN_rate_num)
函数功能：该函数用于设置 CAN 总线的通信波特率,只能在 SJA1000 进入复位模式后有效。
参数说明：参数 CAN_rate_num 用于存放 can 通信波特率的数组列表中的序列号,范围为 0～12。
返回值说明：  0 :波特率设置成功
              1 :波特率设置失败
bit   set_rate(unsigned char CAN_rate_num)
{
  bit         wrong_flag = 1;                        //定义错误标志
  unsigned char BTR0_data,BTR1_data; //这两个字节的变量用于存储从波特率数组中读出的数值
  unsigned     char   wrong_count = 32;             //32 次报错次数
if(rate_tab>12)   //设置 can 通信波特率的数组列表中的序列号范围在 0～12
```

```
{wrong_flag = 1;}                        //如果超出范围,则报错,波特率设置失败
  else{
        while( - - wrong_count)            //最多 32 次设置 SJA1000 内部寄存器 BTR0 和
                                           //BTR1 的数值
            {
            BTR0_data = rate_tab[CAN_rate_num * 2];
            BTR1_data = rate_tab[CAN_rate_num * 2 + 1];//将波特率的的预设值从数
                                                        //组中读出
            SJA1000_Address = BTR0;          //访问地址指向 can 总线定时寄存器 0
             * SJA1000_Address = BTR0_data;            //写入参数
            if( * SJA1000_Address!= BTR0_data)continue;     //校验写入值

            SJA1000_Address = BTR1;                 //访问地址指向总线定时寄存器 0
             * SJA1000_Address = BTR1_data;            //写入参数
            if( * SJA1000_Address!= BTR1_data)continue;     //校验写入值
              wrong_flag = 0;
            break;
            }                                          //while 结束
        }
    return    wrong_flag;
}
```

想一想:本函数中为何应用 continue 语句?

continue 语句通常和条件语句一起用在由 while、do_while、for 语句构成的循环结构的程序中,功能是结束本次循环,跳过循环体中下面还没有执行的语句,把程序流程转移到当前循环语句的下一个循环周期,并根据循环控制条件决定是否重复执行循环体。

本函数中共有 32 次机会,依次设置 SJA1000 内部寄存器 BTR0 和 BTR1 的数值,中间如果任意一个寄存器数值设置失败,则结束本次循环,不再执行下面还没有执行的语句,程序跳转到 while 循环语句中。在设置多个函数变量的数值的时候,经常用到 continue 语句,直至设置成功。

4. 设置节点自己的地址

CAN 总线上一个发送节点发送的数据包含目标节点地址信息,同一个 CAN 网络中的所有节点都会接收到此信息,SJA1000 通过对目标节点地址信息和自己的地址设置(滤波器设置)逐位比较,只有符合自己地址设置的 CAN 报文才会被接收,存入 RX FIFO。自己的地址设置(滤波器设置)涉及验收代码寄存器(ACR)和屏蔽寄存器(AMR)。

```
/* 函数原型: bit   set_ACR_AMR(unsigned char   ACR_DATA,unsigned char   AMR_DATA)
   函数功能: 该函数用于设置验收代码寄存器(ACR)的参数值、屏蔽寄存器(AMR)的参数值,
             只在 SJA1000 进入复位模式后设置有效。
   参数说明: ACR_DATA:用于存放验收代码寄存器(ACR)的参数值;
             AMR_DATA:用于存放接收屏蔽寄存器(AMR)的参数值
```

```
返回值说明：0 ：通信对象设置成功
          1 ：通信对象设置失败 */
bit  set_ACR_AMR(unsigned char  ACR_DATA,unsigned char  AMR_DATA)
 {
  SJA1000_Address = ACR;                    //访问地址指向 SJA1000 验收代码寄存器
   * SJA1000_Address = ACR_DATA;            //写入设置的 ACR 参数值
  if( * SJA1000_Address! = ACR_DATA)        //校验写入值
    {return  1;}
  SJA1000_Address = AMR;                    //访问地址指向 SJA1000 验收屏蔽寄存器
   * SJA1000_Address = AMR_DATA;            //写入设置的 AMR 参数值
  if( * SJA1000_Address! = AMR_DATA)        //校验写入值
    {return  1;}
  return    0;
 }
```

允许自己的CAN节点地址接收其他通信节点发送过来的CAN总线数据信息。例如：

if(set_ACR_AMR(0xaa,0x00))   //设置自己的地址ID:550

BasicCAN和PeliCAN两种协议CAN地址的设置方法不同，下面具体进行介绍。

(1) BasicCAN的id设置方法

由ACR(见表2-12)和AMR(见表2-13)两个8位寄存器决定。

表2-12　验收代码寄存器(CAN地址4)定义

ACR	ID10	ID9	ID8	ID7	ID6	ID5	ID4	ID3	ID2	ID1	ID0
二进制	1	0	1	0	1	0	1	0	—	—	—
十六进制	0xaa								—	—	—

表2-13　验收屏蔽寄存器(CAN地址5)定义

AMR	ID10	ID9	ID8	ID7	ID6	ID5	ID4	ID3	ID2	ID1	ID0
二进制	0	0	0	0	0	0	0	0	—	—	—
十六进制	0x00								—	—	—

最后3位“ID2、ID1、ID0”跟ACR无关。AMR对应ACR各位，AMR位为0，表示CAN接收滤波器接收数据时，地址必须和ACR各位设置的数字相等。AMR位为1，则表明滤波器设置无效。

但是，计算CAN的ID地址的时候，需要把“ID2 ID1 ID0”这3个跟ACR无关的位计算在内，例如：

根据后3位的不同值，有不同的id地址：550或557，如表2-14所列。

表 2-14　BasicCAN 地址说明列表

地址位	ID10	ID9	ID8	ID7	ID6	ID5	ID4	ID3	ID2	ID1	ID0
二进制	1	0	1	0	1	0	1	0	0	0	0
十六进制	5			5				0			
二进制	1	0	1	0	1	0	1	0	1	1	1
十六进制	5			5				7			

(2) PeliCAN 的 ID 设置方法

CAN 的 ID 设置由 ACR0～ACR3 和 AMR0～AMR3 这 8 个寄存器设置决定，AMR 的功能和 BasicCAN 的 id 设置方法中介绍的相同，下面着重介绍 ACR0～ACR3 的设置。对于 peliCAN 而言，如表 2-15 所列。

表 2-15　PeliCAN 的地址说明列表

ACR0	ID28	ID27	ID26	ID25	ID24	ID23	ID22	ID21
二进制	0	0	0	0	0	0	0	0
十六进制	0x00							
ACR1	ID20	ID19	ID18	ID17	ID16	ID15	ID14	ID13
二进制	0	0	0	0	0	0	0	0
十六进制	0x00							
ACR2	ID12	ID11	ID10	ID9	ID8	ID7	ID6	ID5
二进制	0	0	1	0	1	0	1	0
十六进制	0x2A							
ACR3	ID4	ID3	ID2	ID1	ID0	X	X	X
二进制	0	0	0	0	0	—	—	—
十六进制	0x00							

其中，X 表示任意值，和 CAN 的 ID 无关。计算 CAN 的 ID 时，需要计算 ID0～ID28 的值，也就是从 ID0 算起，因此：

位序号				ID28	ID27	ID26	ID25	ID24
二进制				0	0	0	0	0
十六进制	0x00							
位序号	ID23	ID22	ID21	ID20	ID19	ID18	ID17	ID16
二进制	0	0	0	0	0	0	0	0
十六进制	0x00							
位序号	ID15	ID14	ID13	ID12	ID11	ID10	ID9	ID8
二进制	0	0	0	0	0	1	0	1
十六进制	0x05							
位序号	ID7	ID6	ID5	ID4	ID3	ID2	ID1	ID0
二进制	0	1	0	0	0	0	0	0
十六进制	0x40							

CAN 地址为 00000540。

5. 设置输出方式

```
/ * 函数原型：bit  set_CLK (unsigned char SJA_OUT_MODE, unsigned char  SJA_Clock_Out)          函数原型：该函数用于设置输出控制寄存器 (OC)的参数、时钟分频寄存器(CDR)的参数，
              只在 SJA1000 进入复位模式后设置有效。
参数说明： SJA_OUT_MODE ：存放 SJA1000 输出控制寄存器 (OC)的参数设置；
           SJA_Clock_Out：存放 SJA1000 时钟分频寄存器 (CDR)的参数设置
返回值说明：0 ：设置(OC)和(CDR)寄存器成功；
            1 ：设置(OC)和(CDR)寄存器失败 * /
bit  set_CLK (unsigned char SJA_OUT_MODE, unsigned char  SJA_Clock_Out)
{
  SJA1000_Address = OCR ;                       //访问地址指向 SJA1000 输出控制寄存器
  * SJA1000_Address = SJA_OUT_MODE;             //写入设置的输出控制寄存器 (OC)的参数
  if( * SJA1000_Address!=  SJA_OUT_MODE)        //校验写入值
  {return   1;}
  SJA1000_Address = CDR;                        //访问地址指向 SJA1000 输出控制寄存器
  * SJA1000_Address = SJA_Clock_Out;            //写入设置的时钟分频寄存器 (CDR) 的参数
  return    0;
}
```

6. 退出复位模式

SJA1000 的初始化完毕后，需要退出复位模式，所以清除控制寄存器的第 0 位，即 RR=0，退出复位模式。

```
/ * 函数原型：bit   quit_RST(void)
函数功能：   该函数用于 SJA1000 退出复位模式
返回值说明：0：表示 SJA1000 成功退出复位工作模式
            1：表示 SJA1000 退出复位工作模式失败 * /
bit   quit_RST(void)
 {
   unsigned char MID_DATA ;    //定义一个字节变量，用于存储从 SJA1000 控制寄存器读出的数据
   SJA1000_Address  = CONTROL;               //访问地址指向 SJA1000 的控制寄存器
   MID_DATA      =  * SJA1000_Address;       //保存原始值
   * SJA1000_Address = (MID_DATA&0xfe);      //清除复位请求
   if(( * SJA1000_Address&0x01)  ==  0)      //读取 SJA1000 的控制寄存器数值，
                                             //判断清除复位请求是否有效
     {return   0;}
   else
     {return   1;}
 }
```

2.2.10 发送子函数详解

```
/ * 函数原型：bit   SJA_send_data(unsigned char * senddatabuf)
  函数功能：该函数用于发送 can 总线一帧数据(数据帧或者远程帧)到 SJA1000 的发送缓
```

```
冲区,数据帧的长度不大于 8 个字节
  参数说明：senddatabuf 为指向的用于存放发送数据的数组的首址
  返回值说明：
              0 ：表示将发送数组的数据成功的送至 SJA1000 的发送缓冲区
              1 ：表示 SJA1000 正在接收信息,或者 SJA1000 的发送缓冲区被锁定,或者上一
                  次发送的一帧数据还没有完成发送 */
bit   SJA_send_data(unsigned char * senddatabuf)
{
  unsigned  char send_num,STATUS_data;
  SJA1000_Address = STATUS;                     //访问地址指向 SJA1000 的状态寄存器
  STATUS_data =  * SJA1000_Address;             //读取 SJA1000 状态寄存器数值到 STATUS_data
  if(STATUS_data & 0x10 )
   {return     1;}                              //STATUS_data^4 = 1,表示 SJA1000 在接收信息
  if((STATUS_data&0x04) == 0)                   //判断 SJA1000 发送缓冲区是否为锁定状态
   {return     1;}
  if((STATUS_data&0x08)  ==  0)                 //判断上次发送是否完成
   { return    1;}
  SJA1000_Address = TxBuffer1;                  //访问地址指向 SJA1000 的发送缓冲区 1
  if((senddatabuf[1]&0x10) == 0)                //判断 RTR 位,是数据帧还是远程帧判定
    {
      send_num  = (senddatabuf[1]&0x0f) + 2;
//是数据帧,则取一帧 CAN 数据的第二个字节的低 4 位,计算得出
//发送数据的长度,最后加 2 表示数据帧的两个字节的描述符
    }
  else
    {
      send_num  = 2;                            //是远程帧,则发送数据长度为 2
    }
  memcpy(SJA1000_Address,senddatabuf,send_num);
//从 senddatabuf 中复制 send_num 个字节数据到 SJA1000_Address 所指的数组
  return 0;
}
```

进阶：

语句 memcpy(SJA1000_Address,senddatabuf,send_num);
功能相当于：

```
TxBuffer0   = senddatabuf[0];
TxBuffer1   = senddatabuf[1];
TxBuffer2   = senddatabuf[2];
TxBuffer3   = senddatabuf[3];
TxBuffer4   = senddatabuf[4];
TxBuffer5   = senddatabuf[5];
TxBuffer6   = senddatabuf[6];
TxBuffer7   = senddatabuf[7];
TxBuffer8   = senddatabuf[8];
TxBuffer9   = senddatabuf[9];
```

Cx51 编译器的运行库中包含丰富的库函数,使用库函数可以大大简化用户的程序设计工作,提高编译效率。如果需要使用某个库函数,需要在源程序的开始处采用预处理命令 #include 将有关的头文件包含进来。如果省略了头文件,将不能保证函数的正确运行。

void * memcpy(void * dest,void * src,int len)的函数原型存在于字符串函数库 STRING. H 中,功能是从 src 所指的内存中复制 len 个字符到 dest 中,返回指向 dest 中最后一个字符的指针。因此在调用此函数之前,先采用预处理命令 #include <string. h>,将字符串函数库包含到程序中。

2.2.11 接收子函数详解

```
/*函数原型: bit      SJA_rcv_data(unsigned char * rcvdatabuf)
函数功能: 该函数用于 SJA1000 接收 can 的一帧数据。
参数说明: rcvdatabuf 用于存放微处理器接收到的 can 总线的一帧数据
返回值说明:   0:成功接收 can 总线的一帧数据;
              1:接收 can 总线的一帧数据失败*/
 bit     SJA_rcv_data(unsigned char * rcvdatabuf)
 {
   unsigned char rcv_num,STATUS_data;       //接收数据计数变量、读取状态寄存器变量
   SJA1000_Address = STATUS;                //访问地址指向 SJA1000 状态寄存器
   STATUS_data =  * SJA1000_Address;        //读取 SJA1000 状态寄存器数值到 STATUS_data

   if((STATUS_data&0x01) == 0)          //判断接收缓冲器中是否有信息,为 0 表示无信息
   {return 1;}
   SJA1000_Address = RxBuffer2;             //访问地址指向 SJA1000 接收缓冲区 2
   if(( * SJA1000_Address&0x10) == 0)       //如果是数据帧,计算数据的长度
     {
     rcv_num = ( * SJA1000_Address&0x0f) + 2;//加 2 表示加两个 can 数据帧的描述符字节
     }
   else
     {rcv_num = 2;}
   SJA1000_Address = RxBuffer1;                //访问地址指向 SJA1000 接收缓冲区 1
   memcpy(rcvdatabuf,SJA1000_Address,rcv_num); //从 SJA1000_Address 所指数组
//中读取 rcv_num 个字节数据到 rcvdatabuf 所指的数组
   return   0;
 }
```

2.2.12 中断的处理及中断函数详解

1. BasicCAN 模式下中断的处理及中断函数详解

中断的处理涉及控制寄存器 CR(见表 2-16)、中断寄存器 IR(见表 2-17)、状态寄存器 SR(见表 2-18)、命令寄存器 CMR(见表 2-19)。

表 2-16 控制寄存器 CR

位	CR.7	CR.6	CR.5	CR.4	CR.3	CR.2	CR.1	CR.0
位名称	—	—	—	(OIE) 溢出中断使能	(EIE) 错误中断使能	(TIE) 发送中断使能	(RIE) 接收中断使能	(RR) 复位请求

表 2-17 中断寄存器 IR

位	IR.7	IR.6	IR.5	IR.4	IR.3	IR.2	IR.1	IR.0
位名称	—	—	—	(WU) 唤醒中断	(DOI) 数据溢出中断	(EI) 错误中断	(TI) 发送中断	(RI) 接收中断

表 2-18 状态寄存器 SR

位	SR.7	SR.6	SR.5	SR.4	SR.3	SR.2	SR.1	SR.0
位名称	(BS) 总线 状态	(ES) 出错 状态	(TS) 发送 状态	(RS) 接收状态	(TCS) 发送完毕状态	(TBS) 发送缓冲区 状态	(DOS) 数据 溢出状态	(RBS) 接收 缓冲区状态

表 2-19 命令寄存器 CMR

位	CMR.7	CMR.6	CMR.5	CMR.4	CMR.3	CMR.2	CMR.1	CMR.0
位名称	—	—	—	(GTS) 睡眠	(CDO) 清除数据溢出	(RRB) 释放接收缓冲器	(AT) 中止发送	(TR) 发送请求

首先在 SJA1000 的初始化设置中使能数据溢出中断、错误中断、发送中断、接收中断：

```
SJA1000_Address = CONTROL;          //地址指针指向控制寄存器
 * SJA1000_Address| = 0x1e;          //开放溢出\错误\接收\发送中断
```

然后读取中断寄存器 IR 的相应位，并根据中断情况做出处理。

BasicCAN 模式下中断功能表如表 2-20 所列，处理的流程如图 2-13 所示。

表 2-20 BasicCAN 模式中断功能表

中断名称	功 能	处理方法
溢出中断	SJA1000 使用的 64 字节的接收 FIFO 已经满了，表明 MCU 没有及时读取接收缓冲区中的报文，导致新的报文丢失	首先检查程序设计，确保 MCU 及时读取 CAN 报文，发生该中断后需要清除数据溢出状态位(CMR.3=1)，释放接收缓冲区(CMR.2=1)
错误报警中断	SJA1000 的错误状态(SR.6)和总线状态(SR.7)发生改变，需要软件干预才能恢复总线正常	检查状态寄存器的第 7 位(SR.7)，如果总线关闭(SR.7=1)，清除控制寄存器的 CR.0，以使 SJA1000 进入正常工作模式

表 2-20

中断名称	功能	处理方法
发送中断	发送缓冲区由锁定状态变为释放状态,可以向缓冲区写入新的报文	读取发送完毕状态(SR. 3),如果上一帧数据发送完毕(SR. 3=1),发送下一帧数据。否则,重新发送上一帧数据
接收中断	SJA1000 使用的 64 字节的接收 FIFO 中包含有效报文	读取接收缓冲区内的 CAN 报文,然后释放接收缓冲区(CMR. 2=1)

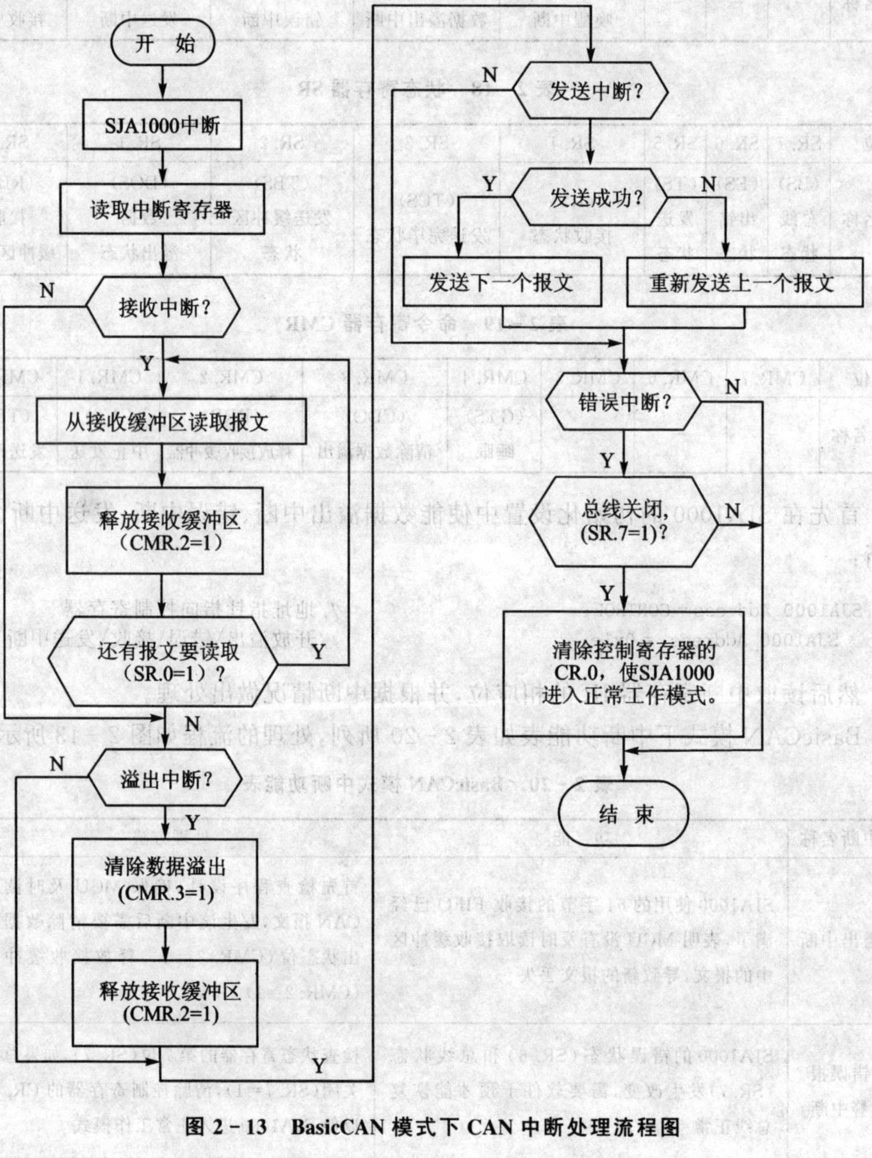

图 2-13 BasicCAN 模式下 CAN 中断处理流程图

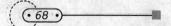

2. PeliCAN 模式下中断的处理及中断函数详解

PeliCAN 模式下中断的处理涉及模式寄存器 MOD(见表 2－21)、中断使能寄存器 IER(见表 2－22)、中断寄存器 IR(见表 2－23)、状态寄存器 SR(见表 2－24)、命令寄存器 CMR(见表 2－25)。

表 2－21 模式寄存器 MOD

位	MOD.7	MOD.6	MOD.5	MOD.4	MOD.3	MOD.2	MOD.1	MOD.0
说 明	—	—	—	(SM) 休眠模式	(AFM) 验收滤波器模式	(STM) 自检测模式	(LOM) 只听模式	(RM) 复位模式

表 2－22 中断使能寄存器 IER

位	IER.7	IER.6	IER.5	IER.4	IER.3	IER.2	IER.1	IER.0
位名称	(BEIE) 总线错误中断使能	(ALIE) 仲裁丢失中断使能	(EPIE) 错误认可中断使能	(WUIE) 唤醒中断使能	(DOIE) 数据溢出中断使能	(EIE) 错误报警中断使能	(TIE) 发送中断使能	(RIE) 接收中断使能

表 2－23 中断寄存器 IR

位	IR.7	IR.6	IR.5	IR.4	IR.3	IR.2	IR.1	IR.0
位名称	(BEI) 总线错误中断	(ALI) 仲裁丢失中断	(EPI) 错误认可中断	(WUI) 唤醒中断	(DOI) 数据溢出中断	(EI) 错误报警中断	(TI) 发送中断	(RI) 接收中断

表 2－24 状态寄存器 SR

位	SR.7	SR.6	SR.5	SR.4	SR.3	SR.2	SR.1	SR.0
位名称	(BS) 总线状态	(ES) 出错状态	(TS) 发送状态	(RS) 接收状态	(TCS) 发送完毕状态	(TBS) 发送缓冲区状态	(DOS) 数据溢出状态	(RBS) 接收缓冲区状态

表 2－25 命令寄存器 CMR

位	CMR.7	CMR.6	CMR.5	CMR.4	CMR.3	CMR.2	CMR.1	CMR.0
位名称	—	—	—	(SRR) 自接收请求	(CDO) 清除数据溢出	(RR) 释放接收缓冲器	(AT) 中止发送	(TR) 发送请求

首先在 SJA1000 的初始化设置中使能数据溢出中断、错误中断、发送中断、接收中断：

```
REG_CAN_IER = 0x0f;                          //开放溢出\错误\接收\发送中断
```

然后,读取中断寄存器 IR 的相应位,并根据中断情况做出处理。

PeliCAN 模式下中断功能表如表 2-26 所列,处理的流程如图 2-14 所示。其他中断功能表如表 2-27 所列。

表 2-26　PeliCAN 模式中断功能表

中断名称	功　能	处理方法
溢出中断	SJA1000 使用的 64 字节的接收 FIFO 已经满了,表明 MCU 没有及时读取接收缓冲区中的报文,导致新的报文丢失	首先检查程序设计,确保 MCU 及时读取 CAN 报文,发生该中断后,需要清除数据溢出状态位(CMR.3=1),释放接收缓冲区(CMR.2=1)
错误报警中断	SJA1000 的错误状态(SR.6)和总线状态(SR.7)发生改变,需要软件干预才能恢复总线正常	检查状态寄存器的第 7 位(SR.7),如果总线关闭(SR.7=1),清除模式寄存器的 MOD.0(MOD.0=0),以使 SJA1000 进入正常工作模式
发送中断	发送缓冲区由锁定状态变为释放状态,可以向缓冲区写入新的报文	读取发送完毕状态(SR.3),如果上一帧数据发送完毕(SR.3=1),发送下一帧数据。否则,重新发送上一帧数据
接收中断	SJA1000 使用的 64 字节的接收 FIFO 中包含有效报文	读取接收缓冲区内的 CAN 报文,然后释放接收缓冲区(CMR.2=1)

表 2-27　PeliCAN 模式下其他中断功能表

中断名称	功　能	处理方法
总线错误中断	SJA1000 检测到总线错误时产生该中断。可通过读取错误代码捕捉寄存器(ECC)获取产生错误的原因	CAN 协议有完善的错误处理机制和自动重发机制,无须处理总线错误中断,所以编写程序时该中断可以不使能
仲裁丢失中断	当 CAN 总线上同一时刻有多帧数据发送时,优先级高的帧(帧 ID 小的信息)发送成功,其他优先级低的帧发送失败,产生仲裁丢失中断 可通过读取仲裁丢失捕捉寄存器获取仲裁丢失的位置	除非应用 CAN 总线分析仪专用的设备分析 CAN 总线数据状态,一般不开启该中断 SJA1000 在发送时仲裁丢失的帧会执行自动重发,无需干预
错误认可中断	SJA1000 进入或者退出错误被动状态时产生该中断	无须干预
总线唤醒中断	当 SJA1000 处于睡眠模式时,检测到总线活动即产生该中断。使用睡眠模式可以降低 SJA1000 的功耗	当使用睡眠模式时,必须使能该中断,在该中断处理函数中退出睡眠模式

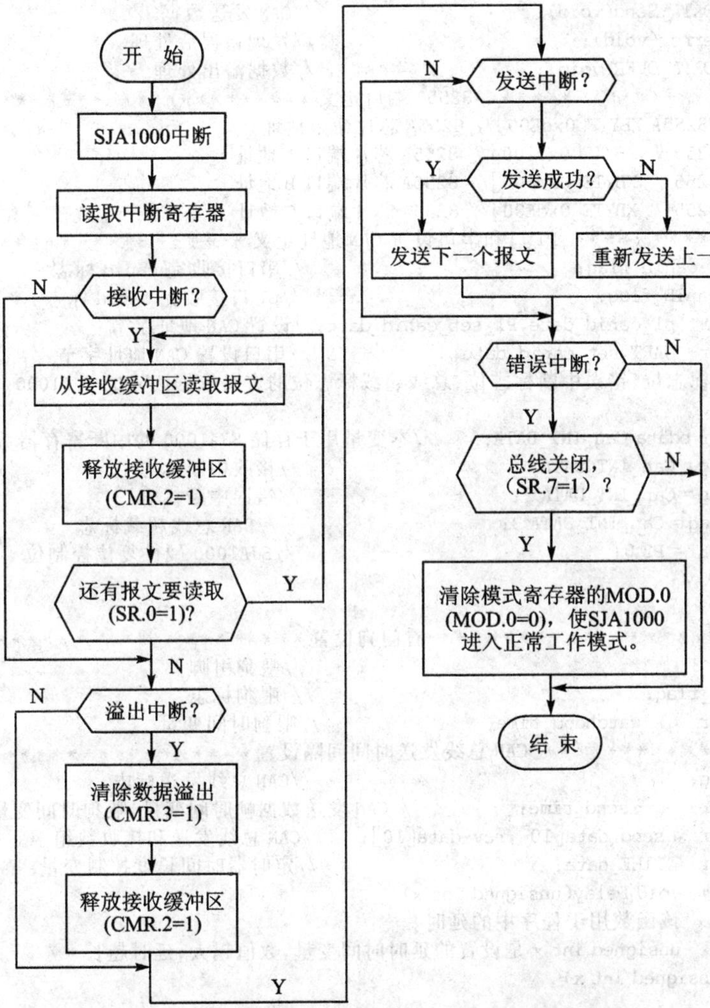

图 2-14 PeliCAN 模式下 CAN 中断处理流程图

2.2.13 完整的 24 路开关量采集学习板程序

```
#include<REG52.H>
#include<absacc.h>                              //绝对地址访问
#include<intrins.h>                             //包含 8051 内部函数
#include<SJA1000.h>                             //包含 SJA1000 头文件
#include<SJA1000.c>                             //包含 SJA1000 函数库
/**************************函数声明*****************************/
void   Init_T0(void);                           //定时器 0 初始化
bit    Sja_1000_Init(void);                     //SJA1000 初始化
void   Delay(unsigned int x);                   //延时程序
void   read_p1(void);                           //读取 P1 口短路端子状态
void   InitCPU(void);                           //初始化 CPU
void   Can_DATA_Rcv(void);                      //can 总线数据接收后处理
```

```
void   Can_DATA_Send(void);                          //CAN 发送数据
void   Can_error(void);                              //发现错误后处理
void   Can_DATA_OVER(void);                          //数据溢出处理
//************************8255A 端口定义 ****************************
#define COM8255A XBYTE[0xdE00]// 8255A 芯片命令地址
#define PA8255   XBYTE[0xc600]// 8255A 芯片端口 A 地址
#define PB8255   XBYTE[0xd600]// 8255A 芯片端口 B 地址
#define PC8255   XBYTE[0xcE00]// 8255A 芯片端口 C 地址
*****************P1 口和串口设置 CAN 地址定义 ********************//
bit UART_rcv_canID_flag;                             //串口接收完 canid 标志
bit P1_rcv_canID_flag;                               //p1 口接收完 canid 标志
unsigned char  p1_canid_date,P1_set_canid_date;//设置 CAN 地址字节
unsigned char  UART_set_canid_date;                  //串口设置 CAN 地址字节
/* 接收中断标志位、错误中断标志位、总线超载标志位的定义依据读入的 SJA1000 中断寄存
器的位顺序 */
unsigned char bdata Can_INT_DATA;      //本变量用于存储 SJA1000 的中断寄存器数据
sbit rcv_flag = Can_INT_DATA^0;                      //接收中断标志
sbit err_flag = Can_INT_DATA^2;                      //错误中断标志
sbit Over_Flag = Can_INT_DATA^3;                      //CAN 总线超载标志
sbit CAN_RESET = P2^0;                               //SJA1000 硬件复位控制位
sbit LED1 = P3^4;
sbit LED0 = P3^5;
//**************************看门狗设置 ***************************
sbit WDI = P3^3;                                     //喂狗引脚
bit watchdog_flag;                                   // 喂狗标志
unsigned char     watchdog_time;                     //喂狗时间变量
*******************CAN 总线发送时间间隔设置 ******************//
bit send_flag;                                       //CAN 总线发送标志
unsigned char      send_time;        //CAN 发送数据帧时间变量,喂狗时间变量
unsigned char   send_data[10],rcv_data[10];    //CAN 总线发送和接收数组
unsigned char   TIME_data;                           //定时器时间长度控制变量
 /* 函数原型:void Delay(unsigned int x)
  函数功能:  该函数用于程序中的延时。
 *参数说明:  unsigned int x 是设置的延时时间变量,数值越大,延时越长 */
void Delay(unsigned int x)
{
    unsigned int j;
    while(x -- )
      {
        for(j = 0;j<125;j ++ )
          {;}
      }
}
    /* 函数原型:void ex0_int(void) interrupt 0 using 1
    函数功能:外部中断 0 用于响应 SJA1000 的中断。
```

说明:①“using”1 表示中断服务程使用一组寄存器,典型的 8051C 程序不需要选择或切换寄存器组,默认使用寄存器 0,寄存器组 1、2、3 用在中断服务程序中,以避免用堆栈保存和恢复寄存器。

② 8051 的 CPU 各中断源的中断服务程序入口地址如表 2-28 所列。

表 2-28 8051 单片机中断服务程序入口地址

编 号	中断源	中断入口地址
0	外部中断 0	0003H
1	定时器/计数器 0	000BH
2	外部中断 1	0013H
3	定时器/计数器 1	001BH
4	串口中断	0023H

```
*********************************************/
void ex0_int(void) interrupt 0 using 1
{
   SJA1000_Address = INTERRUPT;                //指向 SJA1000 的中断寄存器地址
   Can_INT_DATA = * SJA1000_Address;
}
/* 函数原型: void T0_int(void) interrupt 1 using 2
 函数功能: 定时器 T0 中断,用于控制通过 CAN 总线发送数据的时间间隔。
   说明: 定时的时间长度计算: 十六进制 0X4C00 换算为十进制数值为 19456,采用
        11.0592M 晶振,T0 工作在方式 1,故一次时钟中断的时间间隔是(65 536 - 19
        456)×12/11.059 2 = 50 ms,再考虑到定时时间长度变量的数值 send_time = 2,
        则发送一帧 CAN 数据的时间间隔为 50 ms×2 = 100 ms */
void T0_int(void) interrupt 1 using 2
{
    TR0 = 0;
    TH0 = 0x4c;
    TL0 = 0x00;                            //定时器装入初值
    send_time ++ ;
    if(send_time == 2)
     {
       send_time = 0;
       send_flag = 1;                      //CAN 总线发送数据标志置位,定时 100 ms
     }
    watchdog_time - - ;
    if(watchdog_time == 0)
     {
       watchdog_time = 20;
       watchdog_flag = 1;                  //喂狗时间到,喂狗标志置位
     }
    TR0 = 1;
}
 /* 函数原型: void Init_T0(void)
  函数功能: 定时器 T0 初始化,设置 CAN 总线发送数据的时间间隔 */
 void Init_T0(void)
 {
 unsigned char data  Tmod_data;
 Tmod_data = TMOD;
 Tmod_data& = 0xf0;
 Tmod_data| = 0x01;                        //定时器 0 设置为工作方式 1,16 位定时器
 TMOD = Tmod_data;
 TH0 = 0x4c;
```

```
TL0 = 0x00;                         //定时器装入初值 50 ms
TR0 = 1;                            //定时器 0 启动
send_time = 0;
watchdog_time = 20;                 //喂狗时间 20×50 ms = 1 s
ET0 = 1;                            //中断 T0 开放
}
/* 函数原型：void watch_dogs()
   函数功能：喂看门狗程序 */
void watch_dogs()
{
 unsigned char watchdog_num;
WDI = 1;
for(watchdog_num = 0;watchdog_num<10;watchdog_num ++ )
   {;}
WDI = 0;
for(watchdog_num = 0;watchdog_num<10;watchdog_num ++ )
   {;}
WDI = 1;
for(watchdog_num = 0;watchdog_num<10;watchdog_num ++ )
   {;}
WDI = 0;
}
/* 函数原型：void read_p1(void)
 函数功能：读取 P1 口 CAN 地址，用于设置发送 CAN 数据帧的目标地址 */
void read_p1_canid(void)
{
p1_canid_date = P1;
if(P1_set_canid_date!= p1_canid_date)
  {
   P1_set_canid_date = p1_canid_date;
   P1_rcv_canID_flag = 1;                          //置位接收完 canid 标志
  }
}
/* 函数原型：void change_canid(void)
 函数功能：设置 CAN 地址，串口 9.6k 设置，或者 P1 口设置 */
void change_canid(void)
{
  read_p1_canid();                                 //读取 p1 口的 CAN 地址
  if(_testbit_(P1_rcv_canID_flag))                 //p1 口都可以设置 CAN 地址
    {send_data[0] = P1_set_canid_date;}

  if(_testbit_(UART_rcv_canID_flag))               //串口都可以设置 CAN 地址
    {send_data[0] = UART_set_canid_date;}
}
/* 函数原型：void  InitUart(void)
 函数功能：初始化串口，波特率 9.6k */
void  InitUart(void)
{
   TMOD = 0x20;                                    //定时器 1 设为方式 2，初值自动重装
   TL1 = 0xFD;                      //定时器初值         9.6k@11.0592M
   TH1 = 0xFD;
```

```
    SCON = 0x50;                    //串口设为方式 1,REN = 1 允许接收
    TR1 = 1;                        //启动定时器 1
    ES = 1;                         //串口中断开放
}
/*函数原型：void UART_int(void)    函数功能：实现串口接收 CAN 地址功能*/
void UART_int(void) interrupt 4 using 3
{
  UART_set_canid_date = SBUF;  //写串口数据到 canID
  RI = 0;                       //接收中断清零
  UART_rcv_canID_flag = 1;      //置位接收完 canid 标志
}
/*函数原型：void read_24kg(void)
 函数原型：从 82c55 的 3 个 io 口读入 24 路开关量数据*/
void read_24kg(void)
{
send_data[2] = PA8255;          //读入 A 口开关量数据到发送数组
send_data[3] = PB8255;          //读入 B 口开关量数据到发送数组
send_data[4] = PC8255;          //读入 C 口开关量数据到发送数组
}
/*函数原型：bit  Sja_1000_Init(void)
  函数功能：SJA1000 初始化,用于建立通信、设置通信波特率、设置己方的 CAN 总
线地址、设置时钟输出方式、设置 SJA1000 的中断控制。
*返回值说明:0:表示 SJA1000 初始化成功;1:表示 SJA1000 初始化失败。
*       说明：注意"建立通信、设置通信波特率、设置己方的 CAN 总线地址、
              设置时钟输出方式"之前,需要进入复位,设置完毕后,退出复位*/
bit  Sja_1000_Init(void)
{
    if(enter_RST())                     //进入复位
      { return    1;}
    if(create_communication())          //检测 CAN 控制器的接口是否正常
      { return    1;}
    if(set_rate(0x07))                  //设置波特率 250
      { return    1;}
    if(set_ACR_AMR(0xac,0x00))          //设置地址 ID:560
      { return    1;}
    if(set_CLK(0xaa,0x48))              //设置输出方式,禁止 COLOCKOUT 输出
      { return    1;}
    if(quit_RST())                      //退出复位模式
      { return    1;}
    SJA1000_Address = CONTROL;          //地址指针指向控制寄存器
    *SJA1000_Address|= 0x07;            //开放错误\接收\发送中断
    return     0;
}
/*函数原型：void  InitCPU(void)   函数功能：该函数用于初始化 CPU*/
void  InitCPU(void)
{
 IT0 = 1;                               //下降沿触发
 EX0 = 1;                               //外部中断 0 开放
 PX0 = 1;                               //外部中断 0 高优先级
 Init_T0();                             //初始化 T0
 InitUart();                            //T1 用于串口波特率 9.6k,用于串口设置 canid
```

```
 EA =1;                                    //开放全局中断
}
 /*函数原型:void Can_error()      函数功能:该函数用于 CAN 总线错误中断处理*/
void Can_error()
{
unsigned  char STATUS_data;
unsigned   char   MID_DATA;
EA = 0;                                    //总中断关
SJA1000_Address = STATUS;                  //访问地址指向 SJA1000 的状态寄存器
STATUS_data  =  * SJA1000_Address;        //读取 SJA1000 的状态寄存器数值到 STATUS_data
if(STATUS_data & 0x80 )                    //STATUS_data^8 = 1,表示总线关闭
  {
      SJA1000_Address  = CONTROL;              //访问地址指向 SJA1000 的控制寄存器
      MID_DATA       =  * SJA1000_Address;     //保存原始值
       * SJA1000_Address = (MID_DATA&0xfe);    //清除模式寄存器的 MOD.0,总线恢复正常模式
  }
EA = 1;                                        //总中断开
}
 /*函数原型:void Can_DATA_OVER(void) 函数功能:该函数用于 CAN 总线溢出中断处理*/
void   Can_DATA_OVER(void)
{
  EA = 0;                                      //总中断关
  SJA_command_control(CDO_order);              //清除数据溢出状态
  SJA_command_control(RRB_order);              //释放接收缓冲区
  EA = 1;                                      //总中断开
}
 /*函数原型: void   Can_DATA_Rcv(void)
  函数功能: 该函数用于接收 can 总线数据到 rcv_data 数组*/
void Can_DATA_Rcv()
{
SJA_rcv_data(rcv_data);                        //接收 CAN 总线数据到 rcv_data 数组
SJA_command_control(0x04);                     //释放接收缓冲区
}
 /*函数原型: void   Can_DATA_Send(void)
  函数功能: 该函数用于通过 can 总线发送 send_data 数组中的数据*/
void Can_DATA_Send()
{
read_24kg();                                   //读取 24 路开关量
send_data[1] = 0x03;                           //填写发送 CAN 数据帧的描述符
SJA_send_data(send_data);                //把 send_data 数组中的数据写入到发送缓冲区
SJA_command_control(0x01);                     //调用发送请求
}
 /*函数原型: void main(void)
  函数功能:主函数
  说明:
```

bit _testbit_(bit x)函数原型存在于内部函数库 INTRINS.H 中。_testbit_函数功能是产生一条 8051 单片机的 JBC 指令,该函数对字节中的一位进行测试,如果该位置位,则函数返回 1,同时将该位复位为 0,否则返回 0。_testbit_函数只能用于可直接寻址的位,不允许在表达式中使用。在调用此函数之前,先将字符串函数库 include ＜intrins.h＞包含到程序中。*/

```
void main(void)
```

```
{   bit sja_status;
    Delay(1);                                   //小延时
    InitCPU();                                  //初始化 cpu
    CAN_RESET = 0;                              //SJA1000 退出硬件复位模式
     do{
          Delay(6);
          sja_status = Sja_1000_Init();
      }while(sja_status);                       //初始化 SJA1000
    LED0 = 0;                                   //点亮指示灯
    Can_INT_DATA = 0x00;                        //CAN 中断变量清零
    COM8255A = 0x9b;                            //8255A 方式 0,abc 各口均为输入
    while(1)
    {
        if(_testbit_(rcv_flag))                 //是接收中断标志,判断并清零标志位
          { Can_DATA_Rcv();}                    //接收 CAN 总线数据
        if(_testbit_(send_flag))                //是发送中断标志,判断并清零标志位
           Can_DATA_Send();                     //发送 CAN 总线数据
           LED1 = ~LED1;                        //LED1 状态取反
          }
        if(_testbit_(Over_Flag))                //是超载中断标志,判断并清零标志位
          { Can_DATA_OVER();}                   //数据溢出处理
        if(_testbit_(err_flag))                 //是错误中断标志,判断并清零标志位
        {
              LED0 = 1;
           Can_error();                         //错误中断处理
           LED0 = 0;
          }
        if(_testbit_(watchdog_flag))            //喂狗
          {
           watch_dogs();
           LED1 = ~LED1;
          }
        change_canid();                       //设置 CAN 地址,串口 9.6k 设置,或者 P1 设置
    }
}
```

2.3 编程实践——基于 MSP430 系列单片机+MCP2515 芯片的 CAN2.0B 协议通信程序

2.3.1 学习板硬件选择及电路构成

MSP430 系列单片机 CAN 总线学习板采用 msp430afe253 作为微处理器。在 CAN 总线通信接口中,采用 Microchip 公司推出的 MCP2515 芯片和隔离 CAN 收发器 CTM1050 模块。

图 2-15 为 msp430afe253 单片机 CAN 总线学习板硬件电路原理图。

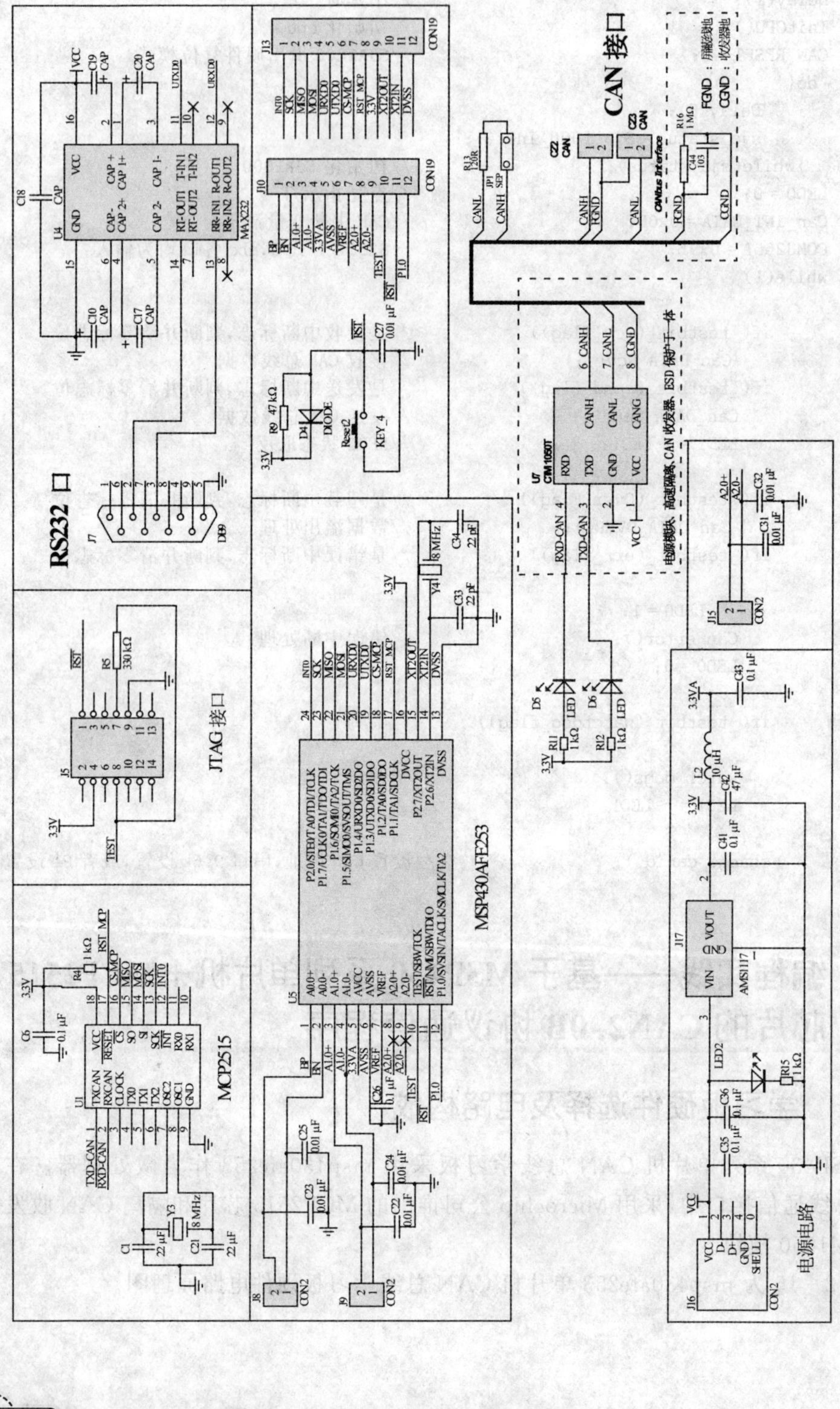

图 2-15 MSP430单片机CAN总线学习板的电路原理图

MCP2515 的 CS、RESET、MOSI、MISO、SCK 分别连接到 msp430afe253 的 P2.0、P1.1、P1.5、P1.6、P1.7 引脚(RESET 也可以直接用上拉电阻接高电平，而不用单片机的 I/O 控制)，CS 引脚为低电平 0 时，单片机可选中 MCP2515 芯片。msp430afe253 单片机通过 SPI 总线控制 MCP2515 执行相应的读/写操作。MCP2515 的 INT 引脚接 msp430afe253 的 P1.2 引脚，msp430afe253 可通过中断方式访问 MCP2515 芯片。实物如图 2-16 所示。

图 2-16　MSP430 单片机 CAN 总线学习板实物图

学习板实现的功能：

➢ 支持 3 路 24 位 ADC 采集功能。
➢ 通过 SPI 总线连接 CAN 控制器 MCP2515。
➢ 隔离 CAN 收发器 CTM1050。
➢ 输出格式:CAN 2.0B 扩展帧。
➢ 采集的数据通过 CAN 总线发送，时间间隔为 1 s。
➢ CAN 总线波特率:125 kbps。
➢ JTAG 接口下载程序。

为了增强 CAN 总线的抗干扰能力、简化 CAN 节点设计者的硬件设计难度，这里选用隔离 CAN 收发器 CTM1050 模块，该模块其实就是把 CAN 收发器和外围保护隔离电路封装在一起做成一个独立模块。如果不采用此类的模块，则需要选择高速光耦 6N137、收发器 TJA1040、小功率电源 DC-DC 隔离模块(如 B0505D-1W)等，这些芯片构成的电路同样可以提高 CAN 节点的稳定性和安全性，只是硬件电路设计复杂一些。

串口芯片 MAX232 电路用于调试程序时,将 CAN 总线收发数据通过串口上传计算机,便于观察。

2.3.2 CAN 控制器 MCP2515

1. MCP2515 器件概述

MCP2515 是 Microchip 公司推出的一款独立控制器局域网络(Controller Area Network, CAN)协议控制器,完全支持 CAN2.0B 技术规范。该器件能发送和接收标准和扩展数据帧以及远程帧。MCP2515 自带的两个验收屏蔽寄存器和 6 个验收滤波寄存器可以过滤掉不想要的报文,因此减少了主单片机(MCU)的开销。MCP2515 与 MCU 的连接是通过 SPI 接口来实现的,从而放宽了 MCU 的选择范围,使得所有单片机都有接入的可能:带有 SPI 接口的 MCU 可以直接连接,不带有 SPI 接口的 MCU 可以用 I/O 模拟实现其功能。

独立 CAN 控制器 MCP2515 的主要功能如下:

- 完全支持 CAN V2.0B 技术规范,通信速率可达 1 Mbps;0~8 字节长的数据字段;标准和扩展数据帧及远程帧。
- 接收缓冲器、验收屏蔽寄存器和验收滤波寄存器:两个接收缓冲器,可优先存储报文;6 个 29 位验收滤波寄存器;两个 29 位验收屏蔽寄存器。
- 对头两个数据字节进行滤波(针对标准数据帧)。
- 3 个发送缓冲器,具有优先级设定及发送中止功能。
- 高速 SPI 接口(10 MHz):支持 0,0 和 1,1 的 SPI 模式。
- 单触发模式确保报文发送只尝试一次。
- 带有可编程预分频器的时钟输出引脚:可用作其他器件的时钟源。
- 帧起始(SOF)信号输出功能可被用于在确定的系统中(如时间触发 CAN - TTCAN)执行时隙功能,或在 CAN 总线诊断中决定早期的总线性能退化。
- 带有可选使能设定的中断输出引脚。
- 缓冲器满输出引脚可配置为:各接收缓冲器的中断引脚;通用数字输出引脚。
- 请求发送(Request - to - Send, RTS)输入引脚可各自配置为:各发送缓冲器的控制引脚,用于请求立即发送报文;通用数字输入引脚。
- 低功耗的 CMOS 技术:工作电压范围 2.7~5.5 V;5 mA 典型工作电流;1 μA 典型待机电流(休眠模式)
- 工作温度范围:工业级(I)为-40~+85℃;扩展级(E)为-40~+125℃。

独立 CAN 控制器 MCP2515 的引脚排列如图 2-17 及表 2-29 所示。

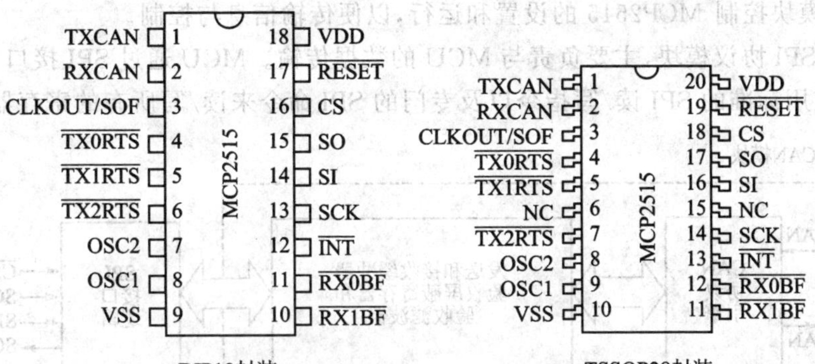

图 2-17　MCP2515 的引脚排列

表 2-29　MCP2515 的引脚说明

名　称	DIP/SO 引脚号	TSSOP 引脚号	说　明	备选引脚功能
TXCAN	1	1	连接到 CAN 总线的发送输出引脚	—
RXCAN	2	2	连接到 CAN 总线的接收输入引脚	—
CLKOUT	3	3	带可编程预分频器的时钟输出引脚	起始帧信号
$\overline{TX0RTS}$	4	4	发送缓冲器 TXB0 请求发送引脚或通用数字输入引脚。VDD 上连 100 kΩ 内部上拉电阻	数字输入引脚。VDD 上连 100 kΩ 内部上拉电阻
$\overline{TX1RTS}$	5	5	发送缓冲器 TXB1 请求发送引脚或通用数字输入引脚。VDD 上连 100 kΩ 内部上拉电阻	数字输入引脚。VDD 上连 100 kΩ 内部上拉电阻
$\overline{TX2RTS}$	6	7	发送缓冲器 TXB2 请求发送引脚或通用数字输入引脚。VDD 上连 100 kΩ 内部上拉电阻	数字输入引脚。VDD 上连 100 kΩ 内部上拉电阻
OSC2	7	8	振荡器输出	—
OSC1	8	9	振荡器输入	外部时钟输入引脚
VSS	9	10	逻辑和 I/O 引脚的参考地	—
$\overline{RX1BF}$	10	11	接收缓冲器 RXB1 中断引脚或通用数字输出引脚	通用数字输出引脚
$\overline{RX0BF}$	11	12	接收缓冲器 RXB0 中断引脚或通用数字输出引脚	通用数字输出引脚
$\overline{INT}$	12	13	中断输出引脚	—
SCK	13	14	SPI 接口的时钟输入引脚	—
SI	14	16	SPI 接口的数据输入引脚	—
SO	15	17	SPI 接口的数据输出引脚	—
CS	16	18	SPI 接口的片选输入引脚	—
$\overline{RESET}$	17	19	低电平有效的器件复位输入引脚	—
VDD	18	20	逻辑和 I/O 引脚的正电源	—
NC	—	6,15	—	—

图 2-18 为 MCP2515 的功能框图，主要由 3 个部分组成：

① CAN 模块，包括 CAN 协议引擎、验收滤波寄存器、验收屏蔽寄存器、发送和接收缓冲器，功能是处理所有 CAN 总线上的报文接收和发送。

② 用于配置该器件及其运行的控制逻辑和寄存器；设置芯片及其操作模式，控

制逻辑模块控制 MCP2515 的设置和运行,以便传输信息与控制。

③ SPI 协议模块,主要负责与 MCU 的数据传输。MCU 通过 SPI 接口与该器件连接,使用标准的 SPI 读/写指令以及专门的 SPI 命令来读/写所有的寄存器。

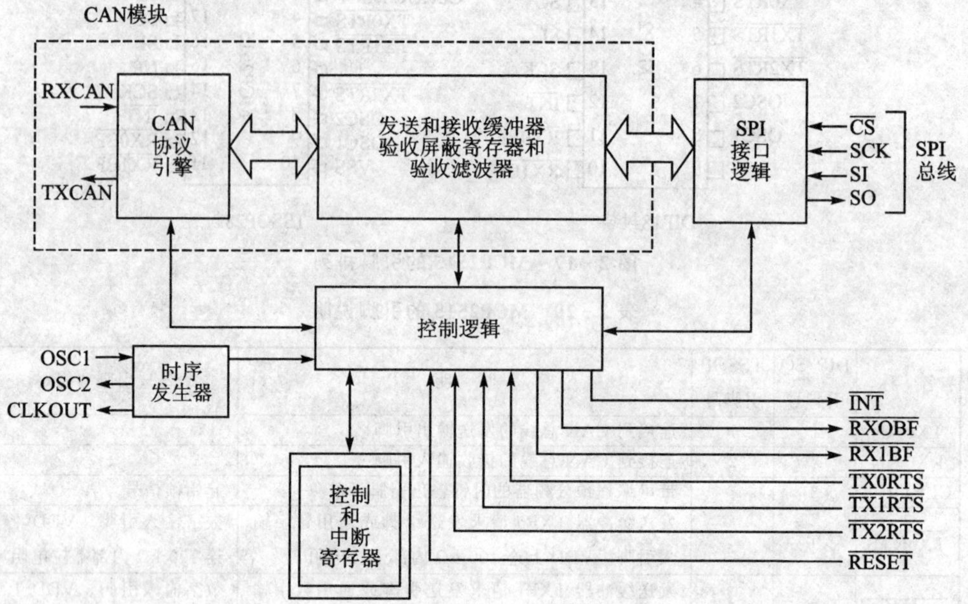

图 2-18 MCP2515 的功能框图

2. MCP2515 的内部寄存器说明

MCP2515 共有 128 个寄存器,如表 2-30 所列,地址由高 3 位和低 4 位确定,有效寻址范围在 0～0x7F 之间。

表 2-30 MCP2515 内部控制器

CAN 地址	工作模式		配置模式	
	读	写	读	写
0x00～0x03	验收代码 0		验收代码 0	验收代码 0
0x04～0x07	验收代码 1		验收代码 1	验收代码 1
0x08～0x0B	接收屏蔽 2		接收屏蔽 2	接收屏蔽 2
0x0C	BF 引脚配置	BF 引脚配置	BF 引脚配置	BF 引脚配置
0x0D	发送请求控制	发送请求控制	发送请求控制	发送请求控制
0xXE①	状态寄存器	状态寄存器	状态寄存器	状态寄存器
0xXF②	控制寄存器	控制寄存器	控制寄存器	控制寄存器
0x10～0x13	验收代码 3		验收代码 3	验收代码 3
0x14～0x17	验收代码 4		验收代码 4	验收代码 4

续表 2-30

CAN 地址	工作模式		配置模式	
	读	写	读	写
0x18～0x1B	验收代码 5		验收代码 5	验收代码 5
0x1C	发送错误计数		发送错误计数	
0x1D	接收错误计数		接收错误计数	
0x20～0x23	验收屏蔽 0		验收屏蔽 0	验收屏蔽 0
0x24～0x27	验收屏蔽 1		验收屏蔽 1	验收屏蔽 1
0x28	位定时 3		位定时 3	位定时 3
0x29	位定时 2		位定时 2	位定时 2
0x2A	位定时 1		位定时 1	位定时 1
0x2B	中断使能	中断使能	中断使能	中断使能
0x2C	中断标志	中断标志	中断标志	中断标志
0x2D	错误标志	错误标志	错误标志	
0x30～0x3D	发送缓冲器 0	发送缓冲器 0	发送缓冲器 0	发送缓冲器 0
0x40～0x4D	发送缓冲器 1	发送缓冲器 1	发送缓冲器 1	发送缓冲器 1
0x50～0x5D	发送缓冲器 2	发送缓冲器 2	发送缓冲器 2	发送缓冲器 2
0x60～0x6D	接收缓冲器 0	接收缓冲器 0	接收缓冲器 0	接收缓冲器 0
0x70～0x7D	接收缓冲器 1	接收缓冲器 1	接收缓冲器 1	接收缓冲器 1

注：①、②中的 X 取值为 0～7。

3. 单片机怎样控制 MCP2515

MCP2515 可与任何带有 SPI 接口的单片机直接相连，并且支持 SPI 1,1 和 0,0 模式。单片机通过 SPI 接口可以读取接收缓冲器数据。MCP2510 对 CAN 总线的数据发送则没有限制，只要用单片机通过 SPI 接口将待发送的数据写入 MCP2510 的发送缓存器，然后再调用 RTS(发送请求)命令即可将数据发送到 CAN 总线上。

在 SCK 时钟信号的上升沿，外部命令和数据通过 SI 引脚送入 MCP2515，在 SCK 的下降沿通过 SO 引脚传送出去。操作中片选引脚 CS 保持低电平。MCP2515 的 SPI 指令集如表 2-31 所列。

表 2-31　MCP2515 的 SPI 指令集

指令名称	指令格式	说　明
RESET	1100 0000	复位，将内部寄存器复位为缺省状态，并将器件设定为配置模式
READ	0000 0011	从寄存器中读出数据
READ_RX	1001 0nm0	读 RX 缓冲器指令，从“nm”组合指定的接收缓冲器中读取数据，在“n,m”所示的四个地址中的一个放置地址指针可以减轻一般读命令的开销
WRITE	0000 0010	向寄存器中写入数据

续表 2-31

指令名称	指令格式	说　明
WRITE_TX	0100 0abc	装载 TX 缓冲器指令,向“abc”组合指定的发送缓冲器中写入数据,在“a,b,c”指示的 6 个地址中的一个放置地址指针可以减轻一般写命令的开销
RTS	1000 0nnn	发送请求,指示控制器开始发送任一发送缓冲器中的报文发送序列
READ_STATE	1010 0000	读取寄存器状态,允许单条指令访问常用的报文接收和发送状态位
RX_STATE	1011 0000	RX 状态指令,用于快速确定与报文和报文类型(标准帧、扩展帧或远程帧)相匹配的滤波器
BIT_CHANGE	0000 0101	位修改指令,可对特定状态和控制寄存器中单独的位进行置 1 或清零,该命令并非对所有寄存器有效

2.3.3 晶振的选择及 CAN 通信波特率的计算

1. MCP2515 晶振的选择

MCP2515 能用片内振荡器或片外时钟源工作。另外,可以使能 MCP2515 的 CLKOUT 引脚,向微控制器(例如 STC89C52 单片机)输出时钟频;CLKOUT 引脚供系统设计人员用作主系统时钟,或作为系统中其他器件的时钟输入。CLKOUT 有一个内部预分频器,可将晶振频率除以 1、2、4 和 8,可通过设定 CANCNTRL 寄存器来使能 CLKOUT 功能和选择预分频比。

这些功能和 SJA1000 的功能类似,这里仅给出 MCP2515 接外部时钟源的工作原理图(图 2-19)和 MCP2515 接晶振的工作原理图(图 2-20)以及其典型的电容选择(表 2-32)。

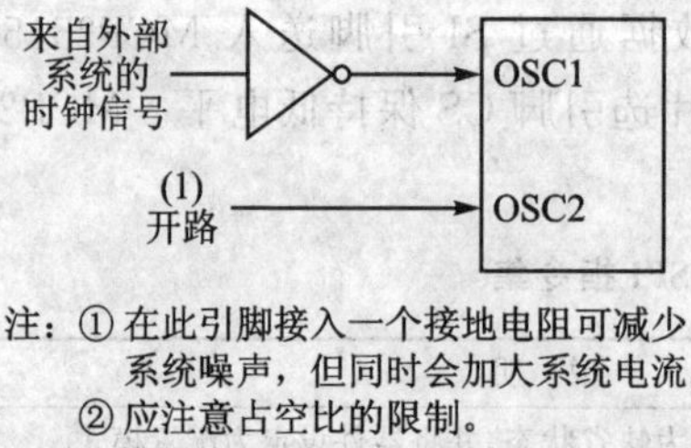

图 2-19　MCP2515 接外部时钟源工作原理图

表 2-32　MCP2515 接晶振时的电容选择

晶体频率/MHz	电容典型值	
	C1/pF	C2/pF
4	27	27 pF
8	22	22 pF
20	15	15 pF

上述电容值仅供设计参考:这些电容均已采用相应的晶体通过了对基本起振和运行的测试,但这些电容值未经优化。为产生可接受的振荡器工作频率,用户可以选用其他数值的晶振,可能要求不同的电容值。用户应在期望的应用环境(VDD 和温度范围)下对振荡器的性能进行测试。

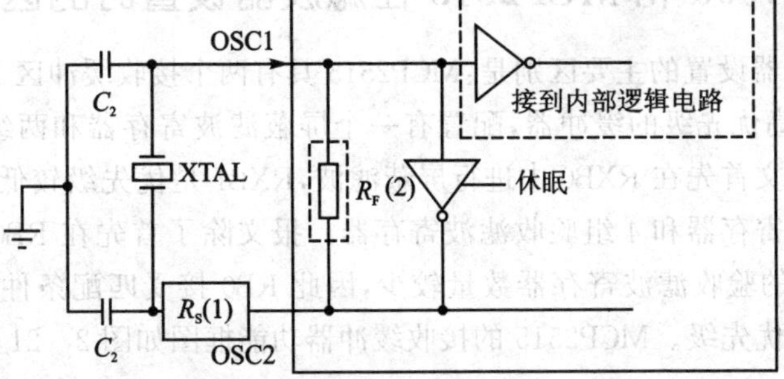

注：①采用AT条形切割晶体时，可如图接入一个串联电阻(R_S)。
②图中的反馈电阻(R_F)典型值为2~10 mΩ。

图 2-20 MCP2515 接晶振的工作原理图

注：① 电容值越大，振荡器就越稳定，但起振时间会越长。

② 由于每个晶体都有其固有特性，用户应向晶体厂商咨询外围元件的适当值。

③ 可能需要 R_S 来避免对低驱动规格的晶体造成过驱动。

MSP430 系列单片机 CAN 总线学习板选用 8 MHz 的晶振，$C_1=C_2=22$ pF。

2. MCP2515 的 CAN 通信波特率的计算

CAN 总线上的所有器件都必须使用相同的波特率，否则无法实现正常通信，然而，并非所有 CAN 总线节点都具有相同的主振荡器时钟频率。因此，对于采用不同时钟频率的 CAN 总线节点，应通过适当设置波特率预分频比，以及每一时间段中的时间份额的数量来对波特率进行调整，使其通信波特率相同。

CAN 总线的通信波特率是由 CAN 位时间决定的(CAN 位时间由互不重叠的时间段组成，每个时间段又由时间份额组成)，CAN 总线接口的位时间由配置寄存器 CNF1、CNF2 和 CNF3 控制。只有当 MCP2515 处于配置模式时，才能对这些寄存器进行修改。寄存器 CNF1、CNF2 和 CNF3 中各位的具体含义请参阅 MCP2515 数据手册。表 2-33 给出 MSP430 系列单片机 CAN 总线学习板选用 8 MHz 的晶振，$C_1=C_2=22$ pF 时的几个典型通信波特率数值以及相关寄存器的设置值。

表 2-33 MCP2515 在 8 MHz 晶振下的通信波特率设置

寄存器 CNF1 数值	寄存器 CNF2 数值	寄存器 CNF3 数值	CAN 总线的通信波特率/kbps
0x31	0x9d	0x04	5
0x13	0x99	0x02	20
0x04	0xa5	0x03	50
0x01	0x9d	0x44	125
0x01	0x91	0x03	200
0x00	0x9d	0x04	250
0x00	0x82	0x02	500

2.3.4 SJA1000 和 MCP2515 在滤波器设置时的区别

两者的滤波器设置的主要区别是:MCP2515 具有两个接收缓冲区 RXB0 和 RXB1。RXB0 是具有较高优先级的缓冲器,配置有一个屏蔽滤波寄存器和两组验收滤波寄存器。接收到的报文首先在 RXB0 中进行屏蔽滤波,RXB1 是优先级较低的缓冲器,配置有一个屏蔽滤波寄存器和 4 组验收滤波寄存器。报文除了首先在 RB0 中进行屏蔽滤波外,由于 RB0 的验收滤波寄存器数量较少,因此 RB0 接受匹配条件更为严格,表明 RB0 具有较高的优先级。MCP2515 的接收缓冲器功能框图如图 2-21 所示。

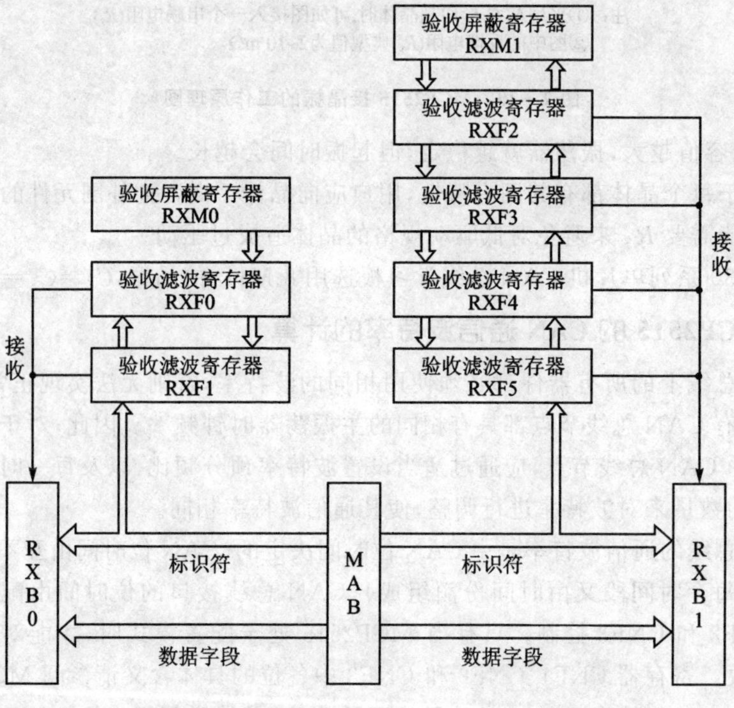

图 2-21 MCP2515 的接收缓冲器功能框图

SJA1000 只有一个接收缓冲区、一组验收屏蔽寄存器、一组验收滤波寄存器。BasicCAN 模式下 SJA1000 滤波器设置较为简单,PeliCAN 模式下的滤波器设置可以分为单滤波器配置和双滤波器配置,其接收缓冲器功能框图如图 2-22 所示。

相比较而言,MCP2515 的滤波器设置更为灵活,可以多滤波器匹配:如果接收报文符合一个以上滤波寄存器的接受条件,FILHIT 位中的二进制代码将反映其中编号最小的滤波寄存器。例如,如果滤波器 RXF2 和 RXF4 同时与接收报文匹配,FILHIT 中将装载 RXF2 编码值,这实际上为编号较小的验收滤波寄存器赋予了较高的优先级。接收报文将按照编号升序依次与滤波寄存器进行匹配比较,这意味着 RXB0 的优先级比 RXB1 高。

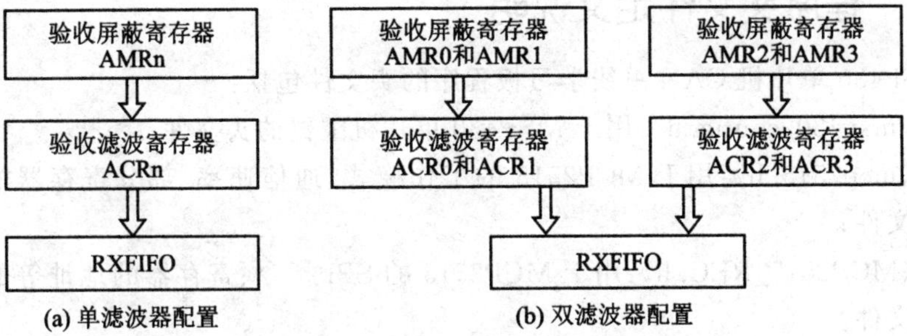

图 2-22 PeliCAN 模式下 SJA1000 的接收缓冲器功能框图

2.3.5 程序流程图

程序流程如图 2-23 所示。

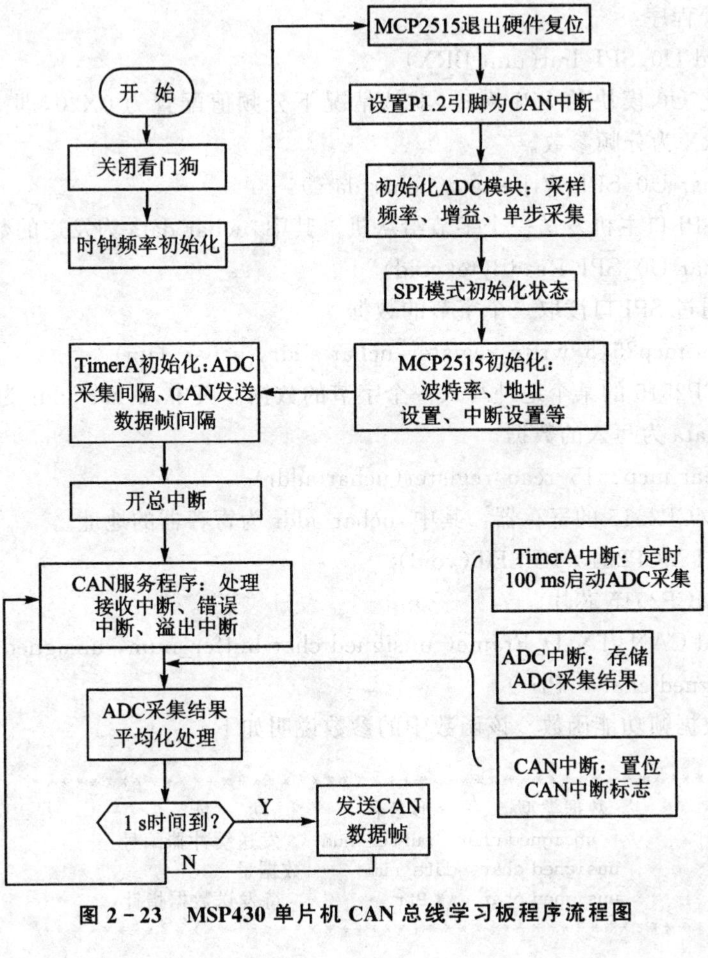

图 2-23 MSP430 单片机 CAN 总线学习板程序流程图

2.3.6 程序头文件定义说明

MSP430 单片机 CAN 总线学习板程序的头文件包括：

- 《msp430_config.h》:用于 MSP430 单片机配置的头文件；
- 《mcp2515.h》:用于 MCP2515 的工作模式、通信速率、部分寄存器的配置头文件；
- 《MCP2515_REG.h》:用于 MCP2515 的 SPI 指令、寄存器的地址等的配置头文件。

这部分详细代码可以参考本书配套资料。

2.3.7 MCP2515 的 SPI 程序

CAN 控制芯片 MCP2515 通过 SPI 和 msp430afe253 微处理器通信，该部分程序包括以下子程序：

1) void U0_SPI_Init(uint BRX)

初始化 U0 模块的 SPI 模式，默认情况下分频值配置为 0X20，即 32 分频。其中，uint BRX 为分频参数。

2) uchar U0_SPI_WriteByte(uchar data)

通过 SPI 口主机发送一个字节给从机。其中，uchar data 为发送的数据。

3) uchar U0_SPI_ReadByte(void)

主机通过 SPI 口读取一个字节的数据。

4) void mcp2515_write_register(uchar addr, uchar data)

向 MCP2515 的某个地址写入一个字节的数据。其中，uchar addr 为寄存器的地址，uchar data 为写入的数据。

5) uchar mcp2515_read_register(uchar addr)

读取 MCP2515 的寄存器。其中，uchar addr 为寄存器的地址。

6) void MCP2515_RESET(void)

复位 MCP2515 芯片。

7) void CAN_TX_D_Frame(unsigned char buffer_num, unsigned char data_num, unsigned char * Ptr)

发送数据帧功能函数。该函数中的参数说明如下：

```
/*****************************************************************
**             数据类型          形参名         功  能
**              unsigned char   buffer_num     发送缓冲器编号
**            unsigned char   data_num      数据量
**            unsigned char    * Ptr          待发送数据指针
*****************************************************************/
```

注意：这部分详细代码可以参考本书配套资料。

2.3.8 完整的 MSP430 单片机 CAN 总线学习板程序

```
#include "msp430_config.h"
#include "MCP2515_REG.h"
#include "mcp2515.h"
/***************************函数声明***************************/
void Init_Clk();                        //时钟频率初始化
void Init_TimeA();                      //定时器初始化
void init_SD24();                       //ADC 初始化
void sd24_data_pro();                   //ADC 数据处理
void CAN_ISR();                         //CAN 中断函数
void can_service();                     //CAN 服务程序函数
void set_p12_to_int();                  //设置 P1.2 为中断引脚
void Pro_CAN_ERROR();                   //CAN 总线错误处理函数
/***************************函数声明***************************/
#define CAN_RST_0       P1OUT &= ~BIT1  //定义 MCP2515 复位引脚
#define CAN_RST_1       P1OUT |= BIT1
#define uchar unsigned char
#define uint unsigned int
uchar can_isr_flag = 0;           //P1.2 有 CAN 中断标志:接收、发送、错误、溢出
uchar sd24_isr_flag = 0;          //ADC 采集中断标志
uchar RecvBuff[8] = {0};          //接收缓存区
uchar SendBuff[8] = {0};          //发送缓存区
uint  Ch0Adc;                     //ADC 数据
uchar times;                      //计时次数
uchar SYSTime;                    //计时次数
uchar FilterIndex = 0;            //ADC 采集数据指针
uint FilterBuf[4] = {0};          //ADC 采集数据数组
/* 函数原型: void Init_Clk()      函数功能: 设置 MCU 工作时钟频率 */
void Init_Clk()
{
  uchar i;
  BCSCTL1& = ~XT2OFF;              //打开 XT2 振荡器
                                   //基础时钟控制寄存器 BCSCTL1 的第 7 位置 0,使 XT2 启动
  do
  {
    IFG1 &=  ~OFIFG;               // 清除振荡器失效标志
    for (i = 0xFF; i > 0; i--);    // 延时,等待 XT2 起振
  }
  while ((IFG1 & OFIFG)!= 0);      // 判断 XT2 是否起振
  BCSCTL2  = SELM_2 + SELS + DIVS_0; //选择 MCLK 为 XT2   SMCLK 为 XT2  不分频
}
 /* 函数原型: void Init_TimeA()    函数功能: 初始化定时器 A,定时 1 ms */
void Init_TimeA()
{
   TACCTL0 = CCIE;                 //TBCCR0 允许中断
   TACCR0 = 8000;                  //TIME:8 000/(8 MHz)  = 1 ms
   TACTL = TASSEL_2  +  MC_1;      //SMCLK,增计数模式
```

```
    _BIS_SR( GIE);
}
/ * 函数原型：void set_p12_to_int( void )
  函数功能：设置 p1.2 引脚为中断引脚,用于 mcp2515 的中断 * /
void set_p12_to_int( void )
{
  P1DIR& = ~BIT2;                          // 中断引脚应该设置为输入
  P1IES| = BIT2;                           //设置为下降沿触发，= 0 上升触发
  P1IFG& = ~BIT2;                          //因为 P2IES 设置会使中断标志位置位,故清零
  P1IE| = BIT2;                            //设置中断使能
}
/ * 函数原型：void init_SD24()
  函数功能：初始化 adc 函数,包括增益、采样频率、电压范围、单步采集 * /
void init_SD24()
{
  uint i;
  SD24CTL = SD24SSEL_1 + SD24REFON + SD24DIV_3; // 1.2V ref, SMCLK,SMLCK 8 分频
  SD24INCTL0 = SD24INCH_0 + SD24GAIN_16;        // Set channel A0 + / - 16 倍增益
  SD24CCTL0 |= SD24SNGL  + SD24IE + SD24OSR_512 + SD24DF;
  // Single conv,enable interrupt
  //采样率为 512， 数据格式(当增益为 1,时 0 - 32768 表示 0～ - 600 mV,65 535～327 68
    表示 0～600 mV)
  for (i = 0; i < 0x3600; i ++ );               // Delay for 1.2V ref startup
}
/ * *  函数名称：Pro_CAN_ERROR() 功能描述：CAN 总线错误处理 * /
void Pro_CAN_ERROR( void )
{
    unsigned char num;
    num = mcp2515_read_register( EFLG ); // 读错误标志寄存器,判断错误类型
    if( num & EWARN )    // 错误警告寄存器,当 TEC 或 REC 大于或等于 96 时置 1
      {
        mcp2515_write_register( TEC, 0 );
        mcp2515_write_register( REC, 0 );
      }
    if( num & RXWAR )              // 当 REC 大于或等于 96 时置 1
      {;}
    if( num & TXWAR )              // 当 TEC 大于或等于 96 时置 1
      {;}
    if( num & RXEP )              // 当 REC 大于或等于 128 时置 1
      {;}
    if( num & TXEP )              // 当 TEC 大于或等于 128 时置 1
      {;}
    if( num & TXBO )                        // 当 TEC 大于或等于 255 时置 1
      { delay_s(10);    }                   //延时 10 s,等待单片机看门狗复位
    if( num & RX0OVR )                      //接收缓冲区 0 溢出
      {
        mcp2515_write_register( EFLG, num & ~RX0OVR );
      // 清中断标志,根据实际情况处理,一种处理办法是发送远程桢,请求数据重新发送
      }
    if( num & RX1OVR )                      // 接收缓冲区 1 溢出
```

```
        {
         mcp2515_write_register( EFLG, num &~RX1OVR );         // 清中断标志
        }
    }
/* 函数名称：CAN_ISR()     功能描述：CAN 中断处理函数 */
void CAN_ISR(void)
{
  uchar num1,num2,num3,num,i;
  num1 = mcp2515_read_register(CANINTF);          //读中断标志寄存器,根据中断类型,分别处理
   if( num1 & MERRF )                                          //报文错误中断
     {
      mcp2515_write_register( CANINTF, num1 & ~MERRF );     // 清中断标志
     }
   if( num1 & WAKIF )                                          // 唤醒中断
     {
      mcp2515_write_register( CANINTF, num1 & ~WAKIF );  // 清中断标志
      mcp2515_write_register( CANCTRL, CAN_NORMAL_MODE );  // 唤醒后,在仅监听模式
                                                        //须设置进入正常工作模式
                                                       //判断是否进入正常工作模式
       do
        {
          num = mcp2515_read_register( CANSTAT )& CAN_NORMAL_MODE;
        }
      while( num!= CAN_NORMAL_MODE );
     }
    if(num1 & ERRIF)                                           // 错误中断
     {
       mcp2515_write_register(CANINTF, num1 & ~ERRIF);     // 清中断标志
       Pro_CAN_ERROR( );                                       // 分别处理各个错误
     }
    if( num1 & TX2IF )                                         // 发送 2 成功中断
     {
       mcp2515_write_register( CANINTF, num1 & ~TX2IF );   // 清中断标志
     }
    if( num1 & TX1IF )                                         // 发送 1 成功中断
     {
       mcp2515_write_register( CANINTF, num1 & ~TX1IF );   // 清中断标志
     }
    if(num1 & TX0IF)                                           // 发送 0 成功中断
     {
       mcp2515_write_register(CANINTF, num1 & ~TX0IF);     // 清中断标志
     }
    if( num1 & RX1IF )                                         // 接收 1 成功中断
     {
       mcp2515_write_register( CANINTF, num1 & ~RX1IF );   // 清中断标志
     }
   if(num1 & RX0IF)
     {
    mcp2515_write_register(CANINTF, num1 & ~RX0IF);        // 清中断标志
    num2 = mcp2515_read_register( RXB0SIDL );
    num3 = mcp2515_read_register( RXB0DLC );
```

```
        num = num3 & 0x0f;                                      // 求数据长度
        if( num2 & IDE )                                        // Buffer 0 收到扩展帧
          {
            if( num3 & RTR )           // 远程帧,则读取标识符,按照此标识符发送要求的数据
              { ; }
            else                                                // 数据帧,接收处理数据
              {
                for( i = 0; i < num; i ++ )
                {
                  RecvBuff[ i ] = mcp2515_read_register( RXB0D0 + i );
                }
              }
          }
    }
  }
/ *  函数名称:void can_service() 功能描述:处理 CAN 错误、溢出、接收等中断 * /
void can_service()
{
  if(can_isr_flag == 1)                                        //如果有 CAN 中断
    {
      can_isr_flag = 0;
      CAN_ISR();
                                //CAN 中断处理 :接收数据,以及错误、溢出等中断处理
    }
  }
/ *  函数名称:void CanBusConfig(void),功能:CAN 总线初始化设置,如波特率、地址、中断等 * /
void CanBusConfig(void)
{
  unsigned char num = 0;
  P2DIR |= BIT0;                                               //将 CS 引脚设置为输出
  do
    {
      MCP2515_RESET();                 //MCP2515 复位,在上电或复位时,器件会自动进入配置模式
      num = mcp2515_read_register( CANSTAT ) & CAN_SETUP_MODE;
    }
    while( num!= CAN_SETUP_MODE );              // 判断是否进入配置模式
    mcp2515_write_register( CNF1, 0x01 );
                               // 配置寄存器 1,默认 CAN 波特率为 125 kHz(8 MHz 晶振)
    mcp2515_write_register( CNF2, 0x9d );  // 配置寄存器 2,位时间为 16TQ,
                                  //同步段—1TQ,传播段—6TQ,PS1 = 4TQ,PS2 = 5TQ
    mcp2515_write_register( CNF3, 0x44 );               // 配置寄存器 3,唤醒滤波器使能
    mcp2515_write_register( TXRTSCTRL, 0x00 );  // TXnRST 作为数字引脚,非发送请求引脚
                                                        // 验收滤波器 0
    mcp2515_write_register( RXF0SIDH, 0x00 );           // 标准标示符高字节
    mcp2515_write_register( RXF0SIDL, 0x00 | EXIDE );
    // 标准标示符低字节"|EXIDE"仅容许接收扩展帧
    mcp2515_write_register( RXF0EID8, 0x00 );           // 扩展标示符高字节
    mcp2515_write_register( RXF0EID0, 0x00 );           // 扩展标示符低字节,下同
                                                        // 验收滤波器 1
    mcp2515_write_register( RXF1SIDH, 0x00 );
```

```
mcp2515_write_register( RXF1SIDL, 0x00 );
mcp2515_write_register( RXF1EID8, 0x00 );
mcp2515_write_register( RXF1EID0, 0x00 );
// 验收滤波器 2
mcp2515_write_register( RXF2SIDH, 0x00 );
mcp2515_write_register( RXF2SIDL, 0x00 | EXIDE );
mcp2515_write_register( RXF2EID8, 0x00 );
mcp2515_write_register( RXF2EID0, 0x00 );
// 验收滤波器 3
mcp2515_write_register( RXF3SIDH, 0x00 );
mcp2515_write_register( RXF3SIDL, 0x00 );
mcp2515_write_register( RXF3EID8, 0x00 );
mcp2515_write_register( RXF3EID0, 0x00 );
// 验收滤波器 4
mcp2515_write_register( RXF4SIDH, 0x00 );
mcp2515_write_register( RXF4SIDL, 0x00 | EXIDE );
mcp2515_write_register( RXF4EID8, 0x00 );
mcp2515_write_register( RXF4EID0, 0x00 );
// 验收滤波器 5
mcp2515_write_register( RXF5SIDH, 0x00 );
mcp2515_write_register( RXF5SIDL, 0x00 );
mcp2515_write_register( RXF5EID8, 0x00 );
mcp2515_write_register( RXF5EID0, 0x00 );
// 验收屏蔽滤波器 0
mcp2515_write_register( RXM0SIDH, 0x00 );          //为 0 时,对应的滤波位不起作用
mcp2515_write_register( RXM0SIDL, 0x00 );
mcp2515_write_register( RXM0EID8, 0x00 );
mcp2515_write_register( RXM0EID0, 0x00 );
// 验收屏蔽滤波器 1
mcp2515_write_register( RXM1SIDH, 0x00 );
mcp2515_write_register( RXM1SIDL, 0x00 );
mcp2515_write_register( RXM1EID8, 0x00 );
mcp2515_write_register( RXM1EID0, 0x00 );
do
 {
  mcp2515_write_register( CANCTRL, CAN_NORMAL_MODE );     //进入正常模式
  delay_us(500);
  num = mcp2515_read_register( CANSTAT ) & CAN_NORMAL_MODE;
  }
while( num!= CAN_NORMAL_MODE);                      //判断是否进入正常工作模式
mcp2515_write_register(BFPCTRL,0x00);               // RXnRST 禁止输出
mcp2515_write_register(CANINTE,0X21);          //使能 ERRIE:错误中断使能位\报文接收
                                                    //中断 RX0IE
mcp2515_write_register(CANINTF,0X00);
mcp2515_write_register(EFLG,0X00);
   //配置发送缓冲区 0
mcp2515_write_register( TXB0SIDH, 0x00 );       //标准标识符高字节
mcp2515_write_register( TXB0SIDL, 0x08 );       //标准标识符低字节
                                                //"|EXIDE" 发送扩展桢
mcp2515_write_register( TXB0EID8, 0x00 );       //扩展标识符高字节
```

```
        mcp2515_write_register( TXB0EID0, 0x00 );   //扩展标识符低字节
        //配置发送缓冲区 1
        mcp2515_write_register( TXB1SIDH, 0x00 );   //标准标识符高字节
        mcp2515_write_register( TXB1SIDL, 0x00 );   //标准标示符低字节
                                                    //"|EXIDE" 发送扩展桢
        mcp2515_write_register( TXB1EID8, 0x00 );   //扩展标示符高字节
        mcp2515_write_register( TXB1EID0, 0x00 );   //扩展标示符低字节
        //配置发送缓冲区 2
        mcp2515_write_register( TXB2SIDH, 0x00 );   //标准标示符高字节
        mcp2515_write_register( TXB2SIDL, 0x00 );  //标准标示符低字节 //"|EXIDE" 发送扩展桢
        mcp2515_write_register( TXB2EID8, 0x00 );   //扩展标示符高字节
        mcp2515_write_register( TXB2EID0, 0x00 );   //扩展标示符低字节
        mcp2515_write_register(RXB0CTRL, 0x00);     //输入缓冲器 0 控制寄存器,接收所
                                                    //有符合滤波条件的报文,滚存禁止
        mcp2515_write_register(RXB1CTRL, 0x00);
    }
    /* 函数名称:void sd24_data_pro() 功能描述:对于 ADC 采集的结果进行平均值处理 */
    void sd24_data_pro()
    {
    uchar i;
    long  uint sum = 0;
    if(sd24_isr_flag == 1)
      {
      sd24_isr_flag = 0;
      if(FilterIndex == 4)
        {
          FilterIndex = 0;                   //先进先出,再求平均值
          for(i = 0;i<4;i ++ )
             {sum + = FilterBuf[i];}
          Ch0Adc = (sum/4);
          SendBuff[0] = Ch0Adc/256;
          SendBuff[1] = Ch0Adc % 256;
        }
      SD24INCTL0 = SD24INCH_0;
      SD24CCTL0 | = SD24SNGL   + SD24IE + SD24OSR_256;
  //采样率为 512,数据格式(当增益为 1 时 0~32768 表示 0~ - 600 mV,65 535~32 768 表示 0~600 mV
      }
    }
    void main(void)
    {
      WDTCTL = WDTPW + WDTHOLD;          // Stop watchdog timer
      Init_Clk();
      CAN_RST_1;                          //NCP2515 退出复位
      set_p12_to_int();
      init_SD24();
      U0_SPI_Init(0X20);                  //USCI SPI 模式初始化
      U0_SPI_WriteByte(0X00);
      CanBusConfig();                     //MCP2515 初始化模块
      delay_s(1);
      Init_TimeA();
```

```
 __enable_interrupt();          //Enable the Global Interrupt
  while(1)
      {
        can_service();          //CAN 服务程序
        sd24_data_pro();        //adc 采集结果平均化处理
        if(SYSTime> = 10)       //TIME:100 ms×10 = 1 s
         {
          SYSTime = 0;
          CAN_TX_D_Frame( 0, 2, &SendBuff[0] );
//通过 CAN 发送缓冲区 0,发送数据长度为 2 的扩展帧数据,数据在 SendBuff[]中
         }
      }
}
/* 函数名称:void CanRxISR_Handler(void)  函数功能:CAN 接收中断处理函数 */
#pragma vector = PORT1_VECTOR
__interrupt void CanRxISR_Handler(void)
{
  if((P1IFG&BIT2) == BIT2) //处理 P1IN.2 中断
    {
     P1IFG &= ~BIT2; //清除中断标志
     can_isr_flag = 1; //置位 CAN 中断标志
    }
}
/* 函数名称:void Timer_A (void)   函数功能:Timer_A 中断函数 */
#pragma vector = TIMERA0_VECTOR
__interrupt void Timer_A (void)
{
  __disable_interrupt();
  times++;
  if(times> = 100)  //IME:1ms * 100 = 100MS
  {
   SYSTime++;
   SD24CCTL0 |= SD24SC;//AD 开始转换
   times = 0;
  }
 __enable_interrupt();
}
/* 函数名称:void SDA24(void)  函数功能:ADC 中断函数 */
#pragma vector = SD24_VECTOR                //SD24 interrupt
__interrupt void SDA24(void)
{
  FilterBuf[FilterIndex++] = SD24MEM0;// Save CH0 results (clears IFG)
  sd24_isr_flag = 1;
}
```

2.4 编程实践——基于 STM32 的 CAN2.0A 协议通信程序

2.4.1 基于 STM32 的 CAN 总线学习板硬件电路设计实例

基于 STM32 的 CAN 总线学习板硬件电路设计实例如图 2-24 所示。

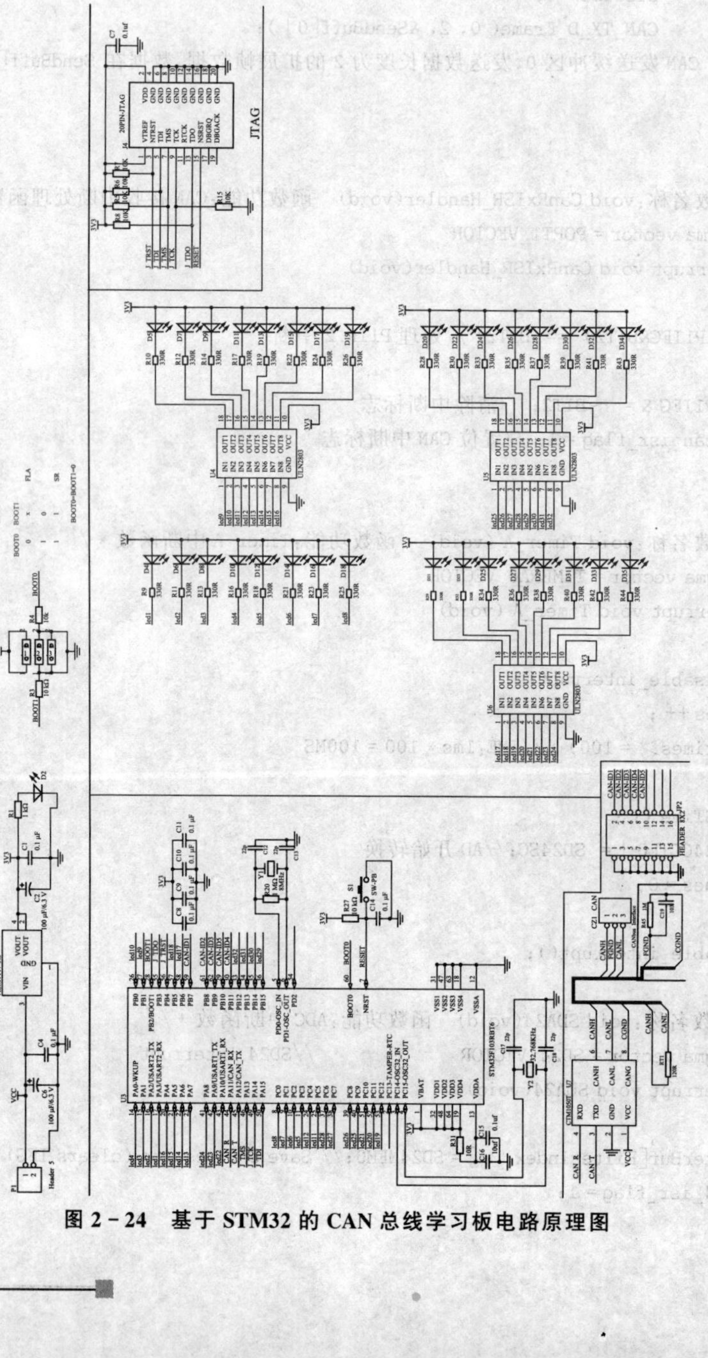

图 2-24 基于 STM32 的 CAN 总线学习板电路原理图

2.4.2 学习板实现的功能

图 2-24 所示学习板可以实现的功能如下：

- 支持 32 路 LED 指示灯报警功能。
- 隔离 CAN 收发器 CTM1050。
- CAN 2.0A 标准帧，数据帧。
- 有间隔数据，时间间隔为 100 ms。
- CAN 总线波特率：250 kbps。
- JTAG 接口下载程序。

功能概述：基于 STM32 的 CAN 总线学习板以 100 ms 的时间间隔，向目标 CAN 节点发送心跳数据，证明本节点工作正常；通过 CAN 接收中断，随时接收报警数据帧并通过 LED 指示灯显示。该学习板实物如图 2-25 所示。

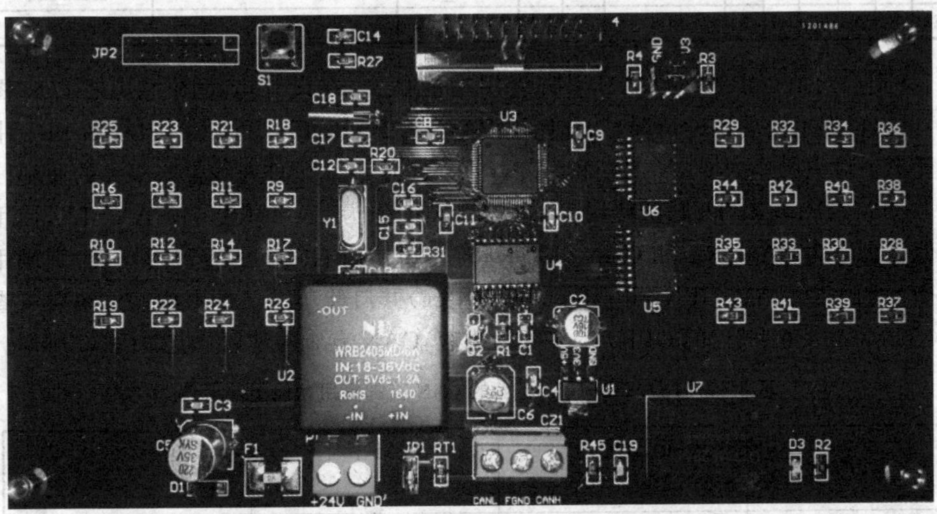

图 2-25 基于 STM32 的 CAN 总线学习板实物图(正面)

2.4.3 学习板硬件选择及电路构成

基于 STM32 的 CAN 总线学习板采用 STM32F103RBT6 作为微处理器，CAN 收发器采用 CTM1050 模块。由图 2-24 硬件电路原理图可知，STM32F103RBT6 自带 CAN 控制器，其 PA11(CAN_RX)直接连接 CTM1050 模块的 RXD，PA12(CAN_TX)直接连接 CTM1050 模块的 TXD。

查阅 STM32F103RBT6 的数据手册可知，STM32F103RBT6 有关 CAN 的 GPIO 的复用功能引脚号及其复用功能配置如表 2-34 所列。

表 2-34　STM32F103RBT6 的 CAN 引脚复用功能

引脚编号						引脚名称	类型	I/O 电平	主功能(复位后)	可选的复用功能	
LFBGA100	LQFP48	TFBGA64	LQFP64	LQFP100	VFQFPN36					默认复用功能	重定义功能
C10	32	C8	44	70	23	PA11	I/O	FT	PA11	USART1_CTS/USBDM CAN_RX/TIM1_CH4	
B10	33	B8	45	71	24	PA12	I/O	FT	PA12	USART1_RTS/USBDP/ CAN_TX/TIM1_EIRT	
B4	45	B3	61	95	—	PB8	I/O	FT	PB8	TIM4_CH3	I2C1_SCL/ CAN_RX
A4	46	A3	62	96	—	PB9	I/O	FT	PB9	TIM4_CH4	I2C1_SDA/ CAN_TX
D8	5	C1	5	81	2	PD0	I/O	FT	OSC_IN		CAN_RX
E8	6	D1	6	82	3	PD1	I/O	FT	OSC_OUT		CAN_TX

STM32F103RBT6 的 CAN 引脚复用功能是指:在设计电路图尤其是 PCB 图时,可以根据电路的实际情况,选择使用 PA11 和 PA12、PB8 和 PB9、PD0 和 PD1 中的任意一对引脚作为 CAN_RX 和 CAN_TX,这为 PCB 硬件布线带来很大的便利。

STM32F103RBT6 默认使用 PA11 和 PA12 作为 CAN_RX 和 CAN_TX,使用其他引脚作为 CAN_RX 和 CAN_TX 时,若需要使用 GPIO 的重映射功能,则调用 GPIO 重映射库函数 GPIO_PinRemapConfi g()开启此功能。复用功能重映射可查询《STM32 参考手册》的 GPIO 的重映射内容,CAN 有 3 种映射,如表 2-35 所列。

表 2-35　STM32F103RBT6 的 CAN 引脚复用功能重映射表

复用功能	CAN_REMAP[1:0]="00"	CAN_REMAP[1:0]="10"	CAN_REMAP[1:0]="11"
CAN1_RX 或 AN_RX	PA11	PB8	PD0
CAN1_TX 或 AN_TX	PA12	PB9	PD1

这里基于 STM32 的 CAN 总线学习板使用 PA11 和 PA12 作为 CAN_RX 和 CAN_TX,根据数据手册的说明把 PA11 配置成上拉输入、PA12 配置成复用推挽输出。

```
void CAN_GPIO_Config(void)
{
GPIO_InitTypeDef GPIO_InitStructure;                    //外设时钟设置
RCC_APB2PeriphClockCmd(RCC_APB2Periph_AFIO | RCC_APB2Periph_GPIOA, ENABLE);
```

```
                                                            //使能 PORTA 时钟
RCC_APB1PeriphClockCmd(RCC_APB1Periph_CAN1, ENABLE); //使能 CAN1 时钟
GPIO_InitStructure.GPIO_Pin = GPIO_Pin_12;
GPIO_InitStructure.GPIO_Speed = GPIO_Speed_50MHz;
GPIO_InitStructure.GPIO_Mode = GPIO_Mode_AF_PP;       //复用推挽
GPIO_Init(GPIOA, &GPIO_InitStructure);                //初始化 IO
GPIO_InitStructure.GPIO_Pin = GPIO_Pin_11;
GPIO_InitStructure.GPIO_Mode = GPIO_Mode_IPU;         //上拉输入
GPIO_Init(GPIOA, &GPIO_InitStructure);                //初始化 IO
}
```

为了增强 CAN 总线的抗干扰能力、简化 CAN 节点设计者的硬件设计难度，这里选用隔离 CAN 收发器 CTM1050 模块，该模块其实就是把 CAN 收发器和外围保护隔离电路封装在一起，做成了一个独立模块。如果不采用此类的模块，则需要选择高速光耦 6N137、收发器 TJA1040、小功率电源 DC－DC 隔离模块（如 B0505D－1W）等，这些芯片构成的电路同样可以提高 CAN 节点的稳定性和安全性，只是硬件电路设计复杂一些。

单片机各个引脚 I/O 的电流驱动能力有限，一般不超过 200 mA，STM32F103RBT6 也不例外。因此，如果想驱动 32 路的 LED 灯，就需要外加驱动能力强的芯片，如 ULN2803、ULN2003 等。考虑到一片 ULN2003 只能驱动 7 路 LED，而一片 ULN2803 可以驱动 8 路 LED，所以本学习板选用 3 片 ULN2803 驱动 24 路 LED，利用 STM32F103RBT6 本身驱动 8 路 LED，这样设计既满足需求，又减少了元器件数量，节约了成本。

可见，采用自带 CAN 控制器的 MCU 设计硬件电路时，原理图相对简单了许多，这是优势；劣势是程序的可移植性不强，只能用在 STM32 系列 MCU，如果想移植到其他型号的 MCU 研发平台，则需要重新编写程序。

2.4.4 STM32F103RBT6 的 CAN 接口

STM32F103RBT6 的 CAN 接口兼容规范 2.0A 和 2.0B（主动），位速率高达 1 Mbit/s。它可以接收和发送 11 位标识符的标准帧，也可以接收和发送 29 位标识符的扩展帧；具有 3 个发送邮箱和 2 个接收 FIFO，3 级 14 个可调节的滤波器。

1. STM32F103RBT6 的 CAN 架构

图 2－26 为 STM32F103RBT6 的 CAN 架构，图中：

(1) 控制/状态/配置

包括：

➢ 配置 CAN 参数，如波特率；

➢ 请求发送报文；

➢ 处理报文接收；

➢ 管理中断；

➢ 获取诊断信息。

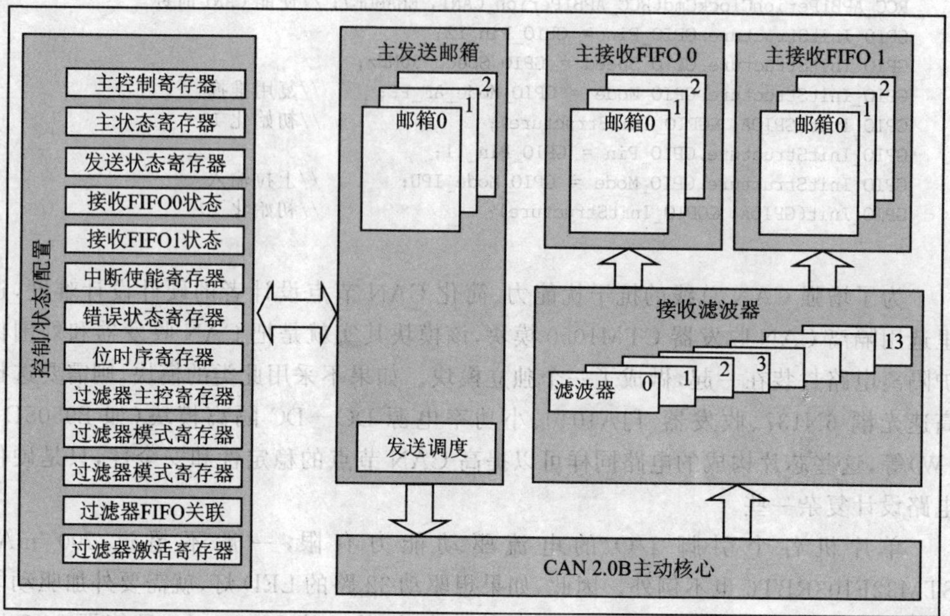

图 2-26 STM32F103RBT6 的 CAN 架构

(2) 发送邮箱

STM32F103RBT6 的 CAN 中共有 3 个发送邮箱供软件发送报文,即最多可以缓存 3 个待发送的报文,发送调度器根据优先级决定哪个邮箱的报文先被发送。与发送邮箱有关的寄存器如表 2-36 所列。

表 2-36 和发送邮箱有关的寄存器

寄存器名	功 能
标识符寄存器 CAT_TIxR	存储待发送报文的 ID、扩展 ID、IDE 位及 RTR 位
数据长度控制寄存器 CAN_TDTxR	存储待发送报文的 DLC 段
低位数据寄存器 CAN_TDLxR	存储待发送报文数据段的 Data0～Data3 这 4 字节的内容
高位数据寄存器 CAN_TDHxR	存储待发送报文数据段的 Data4～Data7 这 4 字节的内容

当发送报文时,配置填写好这些寄存器,即写明发送的帧类型、帧 ID、帧数据长度,然后把标识符寄存器 CAN_TIxR 中的发送请求寄存器位 TMIDxR_TXRQ 置 1,则可把数据发送出去。

STM32F103RBT6 有关 CAN 的函数库中,通过定义结构体 CanTxMsg 的形式详细定义了 CAN 总线通过邮箱发送数据的各种要素。例程如下:

```
typedef struct
{
```

```
uint32_t StdId;           //标准帧 ID
  uint32_t ExtId;         //扩展帧 ID
  uint8_t IDE;            //标准帧或扩展帧选择
  uint8_t RTR;            //远程帧标志
  uint8_t DLC;            //数据长度
  uint8_t Data[8];        //具体的数据,最长 8 个字节
} CanTxMsg;
```

举例:通过 CAN 总线向地址为 0x050A 的节点发送数据帧、标准帧、数据长度 8 个字节。

首先:

```
CanTxMsg TxMessage;                          //定义数据类型
u32 Sff_CANId_send = 0x050A;                 //定义目标 CAN 节点地址
u8 Can_Send_buf[8] = {0x0A,0x00,0x03,0x01,0x00,0x00,0x00,0x00};
                                             //定义发送缓冲区
```

发送函数如下:

```
void Can_Send_Msg(u16 Sff_Id,u8 * msg,u8 len)
{
  u16 send_i = 0;
  TxMessage.StdId = Sff_Id;
                    //标准标识符为 Sff_Id,标准标识符是 11 位的,设置范围在 0～0X7FF
  TxMessage.ExtId = 0x00;                    //设置扩展标示符
  TxMessage.IDE = CAN_ID_STD;                //使用标准标识符
  TxMessage.RTR = CAN_RTR_DATA;              //消息类型为数据帧
  TxMessage.DLC = len;                       //发送帧信息长度
  for(send_i = 0;send_i<len;send_i++)
    {TxMessage.Data[send_i] = msg[send_i];}  //帧信
  CAN_Transmit(CAN1, &TxMessage);
}
```

然后,调用 Can_Send_Msg(Sff_CANId_send,Can_Send_buf,8),则可将发送缓冲区 Can_Send_buf 中的 8 个字节数据发送到地址为 0x050A 的节点。

发送报文的具体流程为:

① 应用程序选择一个空置的发送邮箱。

② 设置标识符、数据长度和待发送数据。

③ 把 CAN_TIxR 寄存器的 TXRQ 位置 1,从而请求发送。

④ TXRQ 位置 1 后,邮箱就不再是空邮箱;而一旦邮箱不再为空置,软件对邮箱寄存器就不再有写的权限。TXRQ 位置 1 后,邮箱马上进入挂号状态,并等待成为最高优先级的邮箱。

⑤ 一旦邮箱成为最高优先级的邮箱,则其状态就变为预定发送状态。一旦 CAN 总线进入空闲状态,预定发送邮箱中的报文就马上被发送(进入发送状态)。一旦邮箱中的报文被成功发送,则它马上变为空置邮箱;硬件相应地对 CAN_TSR 寄

存器的 RQCP 和 TXOK 位置 1，从而表明一次成功发送。

(3) 接收滤波器

STM32F103RBT6 的 CAN 中共有 14 个位宽可变(可配置)的标识符滤波器组，软件通过对它们编程，从而在 CAN 收到的报文中选择需要的报文，把其他报文丢弃掉。滤波 4 组位宽设置如图 2－27 所示。

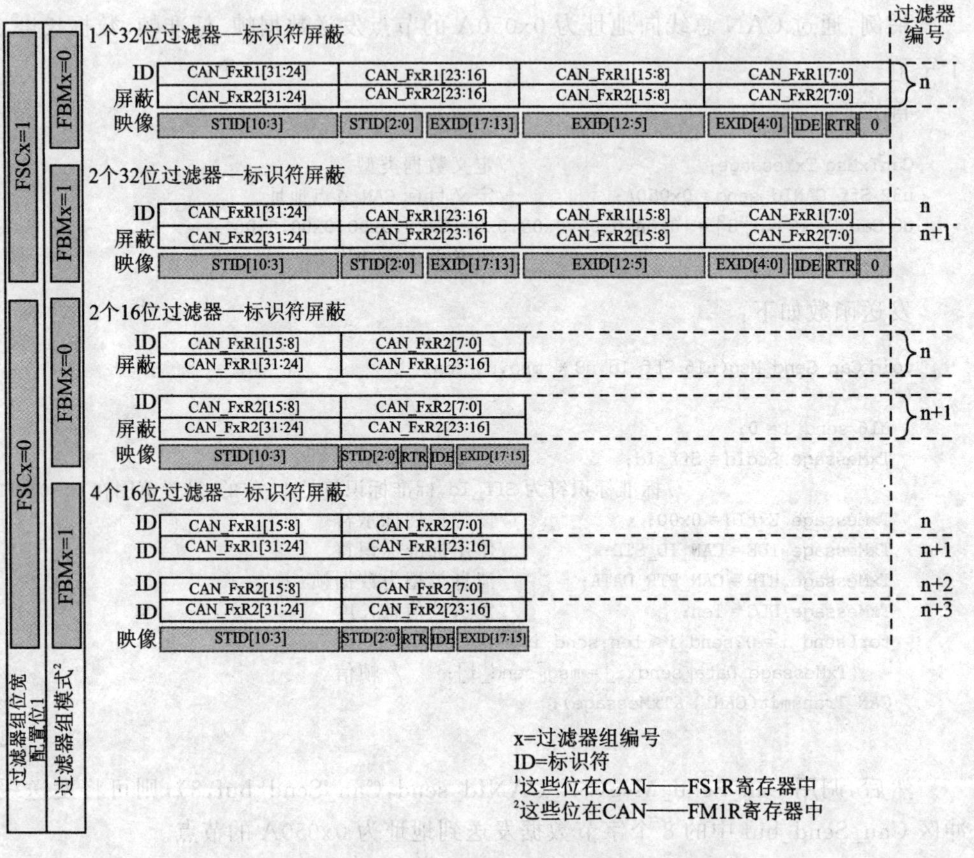

图 2－27　滤波器组位宽设置－寄存器组织框图

在标识符屏蔽模式下，过滤器组 x 的第一个标识符寄存器(CAN_FxR1)用来保存与报文 ID 比较的完整标识符。第二个标识符寄存器(CAN_FxR2)用来表示屏蔽位，即表明报文 ID 要与第一个标识符寄存器中的哪几位比较，值为 1 的寄存器位就是屏蔽位(参与比较，位必须匹配才能通过滤波器)，值为 0 的寄存器位不参与比较。

本书 CAN 总线学习板程序中运用的是标识符屏蔽模式，下面针对此模式做详细解读和举例。

从滤波器的寄存器映像中可知，无论用作哪个模式，标识符寄存器的第 0 位保留，第一位为报文的 RTR 位，第二位是报文的 IDE 位，报文的扩展 ID 保存在第 3 ～20 位(共 18 位)，报文的标准 ID 保存在第 21～32 位(共 11 位)。使用时，由开发者根据需要填写相应的设置。

举例 1:设置滤波器,采用一个 32 位滤波器的标识符屏蔽模式,将 CAN ID 设置为 0x028A,接收标准帧、数据帧。

解答:详见表 2-37。

标识符寄存器 CAN_FxR1 设置:

- 第 0 位保留,置 0;第一位为报文的 RTR 位置 0(数据帧);第 2 位是报文的 IDE 位置 0(标准帧)。
- 报文的扩展 ID 保存在第 3~20 位(共 18 位),全部设置为 0。
- 报文的标准 ID 保存在第 21~32 位(共 11 位),设置为 0x028A。

标识符寄存器 CAN_FxR2 设置:

- 第 0 位保留,置 0;第一位屏蔽位(参与比较)置 1;第二位屏蔽位(参与比较)置 1。
- 报文的扩展 ID 保存在第 3~20 位(共 18 位),不参与比较,全部设置为 0。
- 报文的标准 ID 保存在第 21~32 位(共 11 位),参与比较,全部设置为 1。

表 2-37 标准帧滤波器设置举例表

<table>
<tr><td>ID</td><td>0</td><td>1</td><td>0</td><td>1</td><td>0</td><td>0</td><td>0</td><td>1</td><td>0</td><td>1</td><td>0</td><td>0</td><td>0</td><td>0</td><td>0</td><td>0</td><td>0</td><td>0</td><td>0</td><td>0</td><td>0</td><td>0</td><td>0</td><td>0</td><td>0</td><td>0</td><td>0</td><td>0</td><td>0</td><td>0</td><td>0</td><td>0</td></tr>
<tr><td>十六进制</td><td colspan="3">2</td><td colspan="4">8</td><td colspan="4">A</td><td colspan="18">0</td><td>0</td><td>0</td><td>0</td></tr>
<tr><td>屏蔽位</td><td>1</td><td>1</td><td>1</td><td>1</td><td>1</td><td>1</td><td>1</td><td>1</td><td>1</td><td>1</td><td>1</td><td>0</td><td>0</td><td>0</td><td>0</td><td>0</td><td>0</td><td>0</td><td>0</td><td>0</td><td>0</td><td>0</td><td>0</td><td>0</td><td>0</td><td>0</td><td>0</td><td>0</td><td>0</td><td>1</td><td>1</td><td>0</td></tr>
<tr><td>十六进制</td><td colspan="4">F</td><td colspan="4">F</td><td colspan="4">E</td><td colspan="4">0</td><td colspan="4">0</td><td colspan="4">0</td><td colspan="4">0</td><td colspan="4">6</td></tr>
<tr><td>映像</td><td colspan="11">STID[10:0]</td><td colspan="18">EXID[17:0]</td><td>IDE</td><td>RTR</td><td>0</td></tr>
</table>

对应的滤波器配置的函数为:

```
void CAN_Filter_Config(void)
{
CAN_FilterInitTypeDef  CAN_FilterInitStructure;              /*定义结构体*/
CAN_FilterInitStructure.CAN_FilterNumber = 0;                //过滤器组 0
CAN_FilterInitStructure.CAN_FilterMode = CAN_FilterMode_IdMask;   //标识符屏蔽位模式
CAN_FilterInitStructure.CAN_FilterScale = CAN_FilterScale_32bit;
                              //过滤器位宽是:单个 32 位
  CAN_FilterInitStructure.CAN_FilterIdHigh = (Sff_CANId_receive<<5)&0xffff;
                              //需要过滤的 ID 高位
CAN_FilterInitStructure.CAN_FilterIdLow = 0x0000;
                              //需要过滤的 ID 低位,标准帧,数据帧
  CAN_FilterInitStructure.CAN_FilterMaskIdHigh =  0xffe0;
                              //需要过滤的 ID 高位必须匹配标准帧
  CAN_FilterInitStructure.CAN_FilterMaskIdLow  = 0x0006;
                              //需要过滤的 ID 低位,必须匹配是:标准帧,数据帧
```

```
    CAN_FilterInitStructure.CAN_FilterFIFOAssignment = CAN_Filter_FIFO0;
                                            //过滤器和 FIFO0 配套使用
    CAN_FilterInitStructure.CAN_FilterActivation = ENABLE;     //使能过滤器
    CAN_FilterInit(&CAN_FilterInitStructure);
    CAN_ITConfig(CAN1, CAN_IT_FMP0, ENABLE);      //FIFO0 的消息挂号中断使能
    }
```

滤波器配置的函数中的成员：

CAN_FilterNumber：用于选择要配置的过滤器组，其参数值可以为 0～13，分别与过滤器组 0～13 一一对应，本文选择过滤器组 0。

CAN_FilterMode：用于配置过滤器的工作模式，分别为标识符列表模式（CAN_FilterMode_IdList）和标识符屏蔽模式（CAN_FilterMode_IdMask）。本文使用标识符屏蔽模式。

CAN_FilterScale：用于配置过滤器的长度，可以分别设置为 16 位（CAN_FilterScale_16bit ）和 32 位（CAN_FilterScale_32bit ），本文采用 32 位模式。

CAN_FilterIdHigh 和 CAN_FilterIdLow ：这 2 个成员分别为过滤器组中第一个标识符寄存器的高 16 位和低 16 位。本文配置要接收的报文使用了标准 ID：0x028A。

CAN_FilterMaskIdHigh 和 CAN_FilterMaskIdLow ：这两个成员为过滤器组中第二个标识符寄存器的高 16 位与低 16 位。在标识符屏蔽模式下，这个寄存器保存的内容是屏蔽位。

CAN_FilterFIFOAssignment：用于设置过滤器与接收 FIFO 的关联，即过滤成功后报文的存储位置，可配置为 FIFIO0(CAN_Filter_FIFO0) 和 FIFO1(CAN_Filter_FIFO1)两个接收位置。本文设置存储位置为 FIFO0。

CAN_FilterActivation：用于使能或关闭过滤器，默认为关闭。因而，使用过滤器时，须向它赋值 ENABLE。

对过滤器成员参数赋值完毕后，则调用库函数 CAN_FilterInit()将它们写入寄存器。本文使用中断来读取 FIFO 数据，在函数 CAN_Filter_Config()的最后需要调用库函数 CAN_ITConfig()，开启 FIFO0 消息挂号中断的使能（CAN_IT_FMP0）。这样，CAN 接口的 FIFO0 收到报文时，就可以在中断服务函数中从 FIFO0 读数据到内存。

举例 2：设置滤波器，采用一个 32 位滤波器的标识符屏蔽模式，将 CAN ID 设置为 0x1234，接收扩展帧、数据帧。

解答：详见表 2－38。

标识符寄存器 CAN_FxR1 设置：

- 第 0 位保留，置 0；第一位为报文的 RTR 位置 0（数据帧）；第二位是报文的 IDE 位置 1（扩展帧）；
- 报文的扩展 ID29 位，保存在第 3～32 位，设置为 0x1234。

➢ 标识符寄存器 CAN_FxR2 设置：

➢ 第 0 位保留，置位 0；第一位屏蔽位（参与比较）置 1；第二位屏蔽位（参与比较）置 1；

➢ 报文的扩展 ID29 位，保存在第 3～32 位，参与比较，全部设置为 1。

表 2-38 扩展帧滤波器设置举例表

ID	0	0	0	0	0	0	0	0	0	0	0	0	0	0	0	0	1	0	0	1	0	0	0	1	1	0	1	0	0	0	0	0
十六进制	0													1				2				3				4				1	0	0
屏蔽位	1	1	1	1	1	1	1	1	1	1	1	1	1	1	1	1	1	1	1	1	1	1	1	1	1	1	1	1	1	1	1	0
十六进制	F				F				F				F				F				F				F				E			
映像	STID[10:0]											EXID[17:0]																		IDE	RTR	0

(4) 接收 FIFO

STM32F103RBT6 的 CAN 中共有两个接收 FIFO，每个 FIFO 都可以存放 3 个完整的报文，它们完全由硬件来管理。接收到的报文被存储在 3 级邮箱深度的 FIFO 中，FIFO 完全由硬件来管理，从而节省了 CPU 的处理负荷，简化了软件，并保证了数据的一致性。应用程序只能通过读取 FIFO 输出邮箱来读取 FIFO 中最先收到的报文。

当接收到报文时，FIFO 的报文计数器会自动增加，而 STM32 内部读取 FIFO 数据之后，报文计数器会自动减小。通过状态寄存器可获知报文计数器的值，而通过主控制寄存器的 RFLM 位可设置锁定模式。锁定模式下 FIFO 溢出时会丢弃新报文，非锁定模式下 FIFO 溢出时新报文会覆盖旧报文。

和接收邮箱有关的寄存器如表 2-39 所列。通过中断或状态寄存器知道接收 FIFO 有数据后，就可以读取这些寄存器的值。STM32F103RBT6 的有关 CAN 的函数库中，通过定义结构体 CanRxMsg 的形式详细定义了 CAN 总线通过邮箱接收数据的各种要素：

表 2-39 和接收邮箱有关的寄存器

寄存器名	功 能
标识符寄存器 CAN_RIxR	存储收到报文的 ID、扩展 ID、IDE 位及 RTR 位
数据长度控制寄存器 CAN_RDTxR	存储收到报文的 DLC 段
低位数据寄存器 CAN_RDLxR	存储收到报文数据的 Data0～Data3 这 4 个字节的内容
高位数据寄存器 CAN_RDHxR	存储收到报文数据的 Data4～Data7 这 4 个字节的内容

```
typedef struct
{
```

```
    uint32_t StdId;        //标准帧 ID
    uint32_t ExtId;        //扩展帧 ID
    uint8_t IDE;           //标准帧或扩展帧选择
    uint8_t RTR;           //远程帧标志
    uint8_t DLC;           //数据长度
    uint8_t Data[8] ;      //存储数据的数组,最多存储 8 个字节数据
    uint8_t FMI;           //RFLM 位,可设置锁定模式或非锁定模式
} CanRxMsg;
```

具体编写程序的时候:

```
CanRxMsg RxMessage;      //定义数据类型
u8 Can_Receive_buf[8]; //定义接收数据缓冲区
```

当有 CAN 接收中断产生时,利用 for 循环语句就可以把接收到的 CAN 数据帧读取到接收缓冲区:

```
for(rev_i = 0;rev_i<8;rev_i ++ )
    {Can_Receive_buf[rev_i] = RxMessage.Data[rev_i] ;}
```

2. STM32F103RBT6 的 CAN 通信波特率设置

STM32F103RBT6 的 CAN 通信波特率设置如图 2 - 38 所示。

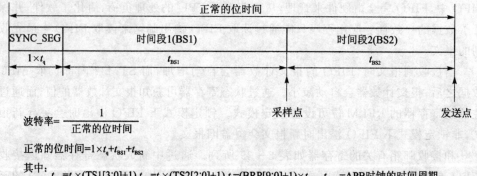

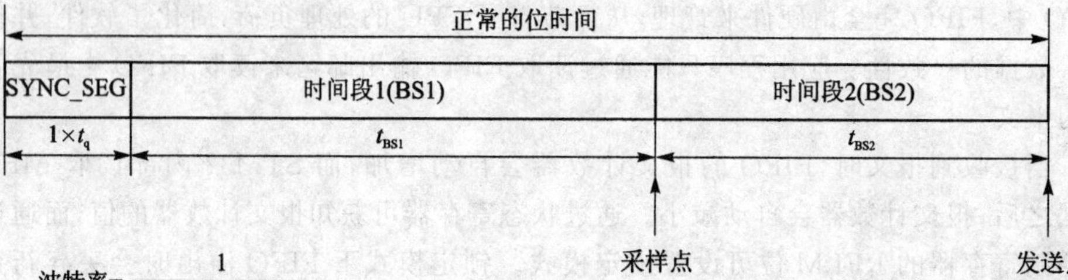

$$波特率=\frac{1}{正常的位时间}$$

正常的位时间=$1\times t_q+t_{BS1}+t_{BS2}$

其中:

$t_{BS1}=t_q\times(TS1[3:0]+1)$,$t_{BS2}=t_q\times(TS2[2:0]+1)$,$t_q=(BRP[9:0]+1)\times t_{PCLK}$,$t_{PCLK}$=APB时钟的时间周期

这里t_q表示一个时间单元BRP[9:0],TS1[3:0]和TS2[2:0]在CAN_BTR寄存器中定义。

图 2 - 28　STM32F103RBT6 的 CAN 通信波特率

STM32 的 CAN 外设位时序中只包含 3 段,分别是同步段 SYNC_SEG、位段 BS1 及位段 BS2,采样点位于 BS1 及 BS2 段的交界处。

其中,SYNC_SEG 段固定长度为 $1T_q$;BS1 及 BS2 段可以在位时序寄存器 CAN_BTR 设置其时间长度,可以在重新同步期间增长或缩短,该长度 SJW 也可在位时序寄存器中配置。

注意,STM32 的 CAN 外设的位时序和 1.3.4 小节介绍的稍有区别:STM32 的 CAN 外设的位时序的 BS1 段是由前面介绍的 CAN 标准协议中 PTS 段与 PBS1 段合在一起的,而 BS2 段相当于 PBS2 段。

采样点在 PBS1 与 PBS2 之间，其配置在位时间段的位置一般如下：

- 当 CAN 通信波特率大于等于 800 kbit/s 时，采样点推荐位置是在位时间段的 75%；
- 当 CAN 通信波特率大于 500 kbit/s，小于 800 kbit/s 时，采样点推荐位置是在位时间段的 80%；
- 当 CAN 通信波特率小于等于 500 kbit/s 时，采样点推荐位置是在位时间段的 87.5%；

STM32F103RBT6 的 CAN 通信波特率如图 2-29 所示。

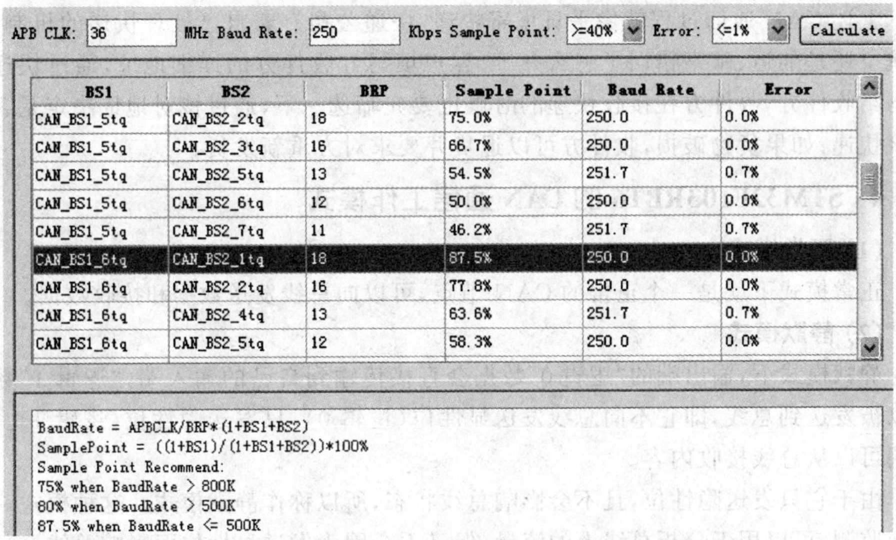

BS1	BS2	BRP	Sample Point	Baud Rate	Error
CAN_BS1_5tq	CAN_BS2_2tq	18	75.0%	250.0	0.0%
CAN_BS1_5tq	CAN_BS2_3tq	16	66.7%	250.0	0.0%
CAN_BS1_5tq	CAN_BS2_5tq	13	54.5%	251.7	0.7%
CAN_BS1_5tq	CAN_BS2_6tq	12	50.0%	250.0	0.0%
CAN_BS1_5tq	CAN_BS2_7tq	11	46.2%	251.7	0.7%
CAN_BS1_6tq	CAN_BS2_1tq	18	87.5%	250.0	0.0%
CAN_BS1_6tq	CAN_BS2_2tq	16	77.8%	250.0	0.0%
CAN_BS1_6tq	CAN_BS2_4tq	13	63.6%	251.7	0.7%
CAN_BS1_6tq	CAN_BS2_5tq	12	58.3%	250.0	0.0%

图 2-29 STM32F103RBT6 的 CAN 通信波特率计算

例如，把采样点设置在位时间段 70% 处，即为了提高同步调整的速度，把 CAN_SJW 配置为 $2T_q$。

举例：设置 CAN 通信波特率为 250 kbit/s。

利用图 2-28 中的公式，SS=1 T_q，CAN_BS1 =6 T_q，CAN_BS2=1 T_q。时间单位 T_q 根据 CAN 外设时钟分频的值(18 分频)及 APB1 的时钟频率(36 MHz)计算得出：

$$T_q = 18 \times (1/36\ \text{MHz})$$

即，每一个 CAN 位时间为：

$$1\ T_q + 6\ T_q + 1\ T_q = 8\ T_q$$

CAN 通信波特率为：

$$1/(8 \times 18 \times (1/36\ \text{MHz})) = 250\ \text{kbit/s}$$

则采样点位置是在位时间段的 87.5%。

注意，如果研发人员设计的是一整套 CAN 总线网络系统，则在设置相同的通信波特率的前提下，一定要将 SS、CAN_BS1 、CAN_BS2 的数值设置为相同数值，这样利于 CAN 网络通信的稳定。

3. STM32F103RBT6 的 CAN 通信过程

通过“控制/状态/配置”设置好 CAN 总线通信的波特率、接收中断、错误中断等，然后把需要发送的 CAN 数据帧或远程帧通过发送邮箱发送给目标地址，完成发送过程。接收 CAN 报文的时候，先由接收滤波器判断是不是发给自己的报文，再决定是否接收该报文。如果帧结构中的 CRC 段校验出错，则它会向发送节点反馈出错信息，利用错误帧请求它重新发送。

上述 CAN 通信过程就像平日里寄快递：快递公司有着自己处理快递的机制，如走航空还是陆运、邮寄错误了怎么办等；客户填写好收件方的详细地址，通过快递发货物给收件方，收件方在接收快递的时候也要先筛选一下，通过核对地址决定是否接收该快递；如果货物破损，收件方可以退货并要求对方重新发货。

4. STM32F103RBT6 的 CAN 通信工作模式

(1) 正常模式

正常模式下就是一个正常的 CAN 节点，可以向总线发送数据和接收数据。

(2) 静默模式

静默模式下，输出端的“逻辑 0”数据会直接传输到自己的输入端，“逻辑 1”数据可以被发送到总线，即它不向总线发送显性位(逻辑 0)，只发送隐性位(逻辑 1)。输入端可以从总线接收内容。

由于它只发送隐性位，且不会影响总线状态，所以称作静默模式。这种模式一般用于监测，可以用于分析总线上的流量，但又不会因为发送显性位而影响总线。

(3) 回环模式

回环模式下，输出端的内容在传输到总线上的同时，也会传输到自己的输入端；输入端只接收自己发送端的内容，不接收来自总线上的内容。

使用回环模式可以进行自检。

(4) 回环静默模式

回环静默模式是以上 2 种模式的结合，自己输出端的所有内容都直接传输到自己的输入端，并且不会向总线发送显性位而影响总线，不能通过总线监测它的发送内容。输入端只接收自己发送端的内容，不接收来自总线上的内容。

本书的 CAN 总线学习板程序是针对正常模式编写的应用程序。

5. STM32F103RBT6 的 CAN 工作模式配置

```
void CAN_Mode_Config(void)
{
CAN_InitTypeDef   CAN_InitStructure;
CAN_DeInit(CAN1);                 /* CAN 寄存器初始化 */
```

```
CAN_StructInit(&CAN_InitStructure);          /* CAN 结构体初始化 */
CAN_InitStructure.CAN_TTCM = DISABLE;    //MCR - TTCM  关闭时间触发通信模式
CAN_InitStructure.CAN_ABOM = ENABLE;     //MCR - ABOM  自动离线管理
CAN_InitStructure.CAN_AWUM = ENABLE;     //MCR - AWUM  使用自动唤醒模式
CAN_InitStructure.CAN_NART = DISABLE;
//MCR - NART  非自动报文重传模式,DISABLE 表示报文重传
CAN_InitStructure.CAN_RFLM = DISABLE;
  //MCR - RFLM  接收 FIFO 锁定模式， DISABLE - 溢出时新的报文覆盖原来的报文
CAN_InitStructure.CAN_TXFP = DISABLE;
  //MCR - TXFP  使能 FIFO 发送优先级 DISABLE - 发送时,优先级取决于报文的标识符
CAN_InitStructure.CAN_Mode = CAN_Mode_Normal;  //正常工作模式
CAN_InitStructure.CAN_SJW = CAN_SJW_1tq;     //BTR - SJW 同步跳跃一个时间单元
CAN_InitStructure.CAN_BS1 = CAN_BS1_6tq;      //BTR - TS1 时间段 1 占用 6 个时间单元
CAN_InitStructure.CAN_BS2 = CAN_BS2_1tq;      //BTR - TS1 时间段 2 占用一个时间单元
    CAN_InitStructure.CAN_Prescaler = 18;
//BTR - BRP  波特率分频器,定义了时间单元的长度 36M/(1 + 6 + 1)/18 = 250 kbit/s
        CAN_Init(CAN1, &CAN_InitStructure);
}
```

CAN 初始化工作模式配置具有以下成员：

CAN_TTCM：本成员用于配置 CAN 的时间触发通信模式(time triggered communication mode)。在此模式下,CAN 使用它内部定时器产生时间戳,被保存在 CAN_RDTxR、CAN_TDTxR 寄存器中。内部定时器在每个 CAN 位时间累加,在接收和发送的帧起始位被采样,并生成时间戳。本文不使用时间触发模式。

CAN_ABOM：当 CAN 检测到发送错误(TEC)或接收错误(REC)超过一定值时,则自动进入离线状态。在离线状态中,CAN 不能接收或发送报文。其中,发送错误或接收错误的计算原则由 CAN 协议规定,由 CAN 硬件自动检测,不需要软件干预。软件可干预的是通过此 CAN_ABOM 参数选择是否使用自动离线管理(automatic bus-off management)、决定 CAN 硬件在什么条件下可以退出离线状态。若把此成员赋值为 ENABLE,则使用硬件自动离线管理。一旦硬件检测到 128 次 11 位连续的隐性位,则自动退出离线状态。若把此成员赋值为 DISABLE,则离线状态由软件管理。首先,由软件对 CAN_MCR 寄存器的 INRQ 位进行置 1,随后清 0,再等到硬件检测到 128 次 11 位连续的隐性位时才退出离线状态。本文使用硬件自动离线管理,其 CAN 点线错误状态如图 2-30 所示。

CAN_AWUM：选择是否开启自动唤醒功能(automatic wakeup mode)。若使能了自动唤醒功能,并且 CAN 处于睡眠模式,则检测到 CAN 总线活动时会自动进入正常模式,以便收发数据。若禁止此功能,则只能由软件配置才可以使 CAN 退出睡眠模式。

CAN_NART：用于选择是否禁止报文自动重传(no automatic retransmission)。按照 CAN 的标准,CAN 发送失败时会自动重传,直至成功为止。向本参数赋值 ENABLE,即禁止自动重传;若赋值为 DISABLE,则允许自动重传功能。

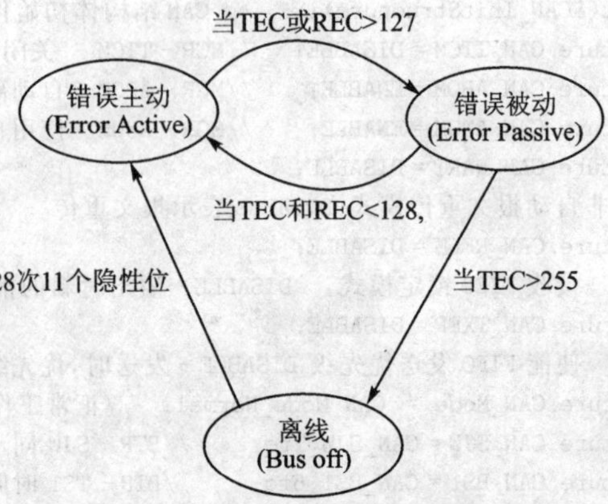

图 2-30　CAN 总线错误状态图

CAN_RFLM:用于配置接收 FIFO 是否锁定(receive FIFO locked mode)。若选择 ENABLE,则当 FIFO 溢出时会丢弃下一个接收的报文。若选择 DISABLE,则当 FIFO 溢出时下一个接收到的报文会覆盖原报文。这里选择非锁定模式。

CAN_TXFP:用于选择 CAN 报文发送优先级的判定方法。STM32 的 CAN 接口可以对其邮箱内几个将要发送的报文按照优先级进行处理。对于这个优先级的判定可以设置为按照报文标识符来决定(DISABLE),或按照报文的请求顺序来决定(ENABLE)。这里发送报文的优先级按照报文标识符来决定。

CAN_Mode:用于选择 CAN 是处于工作模式状态还是测试模式状态。它有 4 个可赋值参数,分别是一个正常工作模式(CAN_Mode_Normal)、静默模式(CAN_Mode_Silent) 、回环模式(CAN_Mode_LoopBack)和静默回环模式(CAN_Mode_Silent_LoopBack)。赋值为正常工作模式。

CAN_SJW、CAN_BS1、CAN_BS2 及 CAN_Prescaler :这几个成员是用来配置 CAN 通信的位时序的。它们分别代表 CAN 协议中的 SJW 段(重新同步跳跃宽度)、PBS1 段(相位缓冲段 1)、PBS2 段(相位缓冲段 2)及时钟分频,用于设置 CAN 通信的波特率,这里设置为 250 kbit/s。

配置完这些成员后,调用库函数 CAN_Init() 把这些参数写进寄存器。

6. STM32F103RBT6 的 CAN 中断设置

STM32F103RBT6 的 CAN 中断设置如图 2-31 所示。bxCAN 占用 4 个专用的中断向量。通过设置 CAN 中断允许寄存器(CAN_IER),每个中断源都可以单独允许和禁用。CAN 的中断由发送中断、接收 FIFO 中断和错误中断构成:

- 发送中断由 3 个发送邮箱任意一个为空的事件构成;
- 接收 FIFO 中断分为 FIFO0 和 FIFO1 的中断,接收 FIFO 收到新的报文或报文溢出的事件可以引起中断;
- 错误和状态变化中断可由下列事件产生:出错情况,详细可参考 CAN 错误状

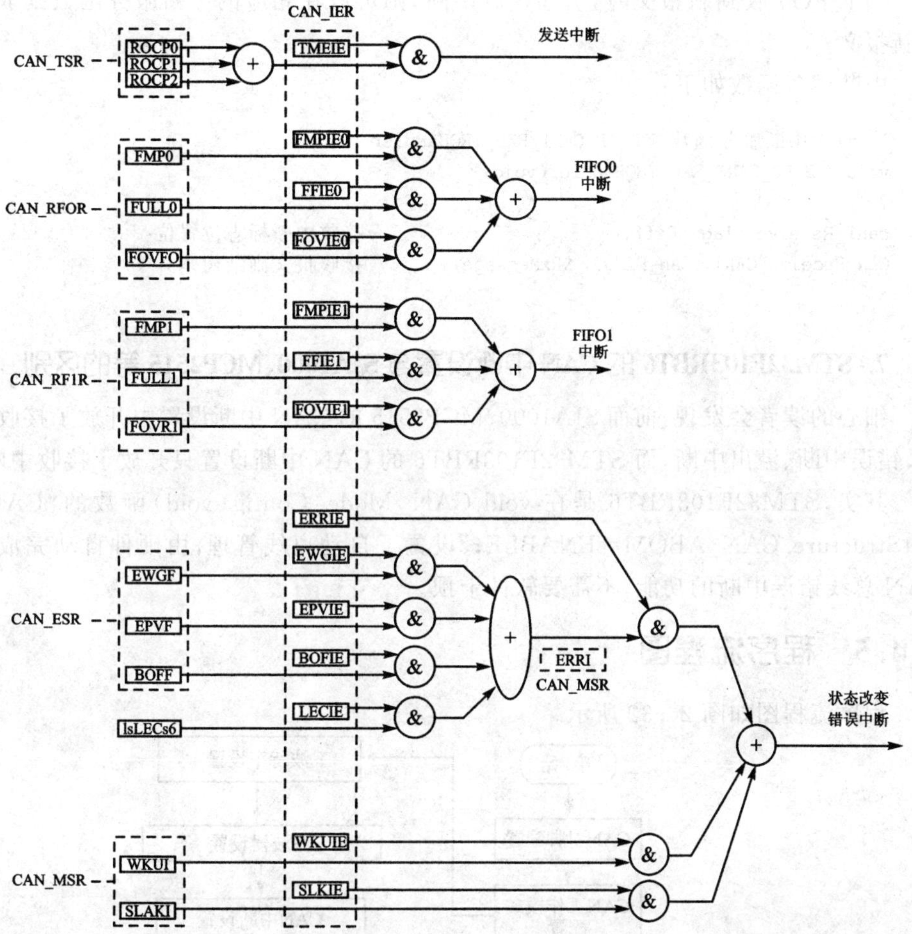

图 2-31 STM32 的 CAN 中断

态寄存器(CAN_ESR)；唤醒情况，在 CAN 接收引脚上监视到帧起始位(SOF)；CAN 进入睡眠模式。

本文中使用了 CAN 的接收中断，配置中断向量如下：

```
void CAN_NVIC_Config(void)
{
NVIC_InitTypeDef NVIC_InitStructure;
NVIC_PriorityGroupConfig(NVIC_PriorityGroup_2);
        //设置 NVIC 中断分组 2:2 位抢占优先级,2 位响应优先级
NVIC_InitStructure.NVIC_IRQChannel = USB_LP_CAN1_RX0_IRQn; //CAN1 RX0 中断
NVIC_InitStructure.NVIC_IRQChannelPreemptionPriority = 1;
NVIC_InitStructure.NVIC_IRQChannelSubPriority = 0;
NVIC_InitStructure.NVIC_IRQChannelCmd = ENABLE;
NVIC_Init(&NVIC_InitStructure);
}
```

当 FIFO0 收到新报文时，引起接收中断，则可以在相应的中断服务函数读取这个新报文。

中断服务函数如下：

```
// can1 中断服务函数 USB_LP_CAN1_RX0_IRQHandler
void USB_LP_CAN1_RX0_IRQHandler(void)
{
can1_Receive_flag = 0xff;                          //接收中断标志位置位
CAN_Receive(CAN1, CAN_FIFO0, &RxMessage);          //接收报文到结构体
}
```

7. STM32F103RBT6 的 CAN 中断设置与 SJA1000、MCP2515 等的区别

细心的读者会发现，前面 SJA1000、MCP2515 的 CAN 中断设置中开放了接收中断、错误中断、溢出中断，而 STM32F103RBT6 的 CAN 中断设置只开放了接收中断。

其实，STM32F103RBT6 是在 void CAN_Mode_Config(void) 函数的"CAN_InitStructure. CAN_ABOM＝ENABLE;"设置了自动离线管理，由硬件自动完成了 CAN 总线错误中断的功能，不需要软件干预。

2.4.5 程序流程图

程序流程图如图 2-32 所示。

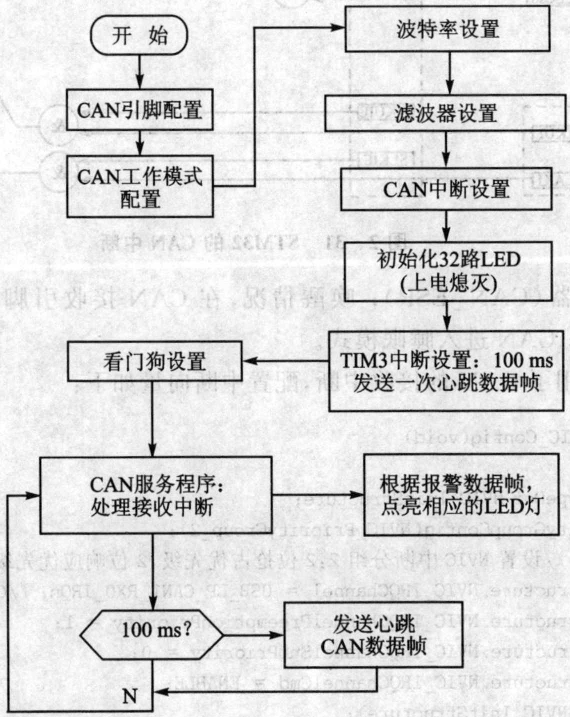

图 2-32 基于 STM32F103RBT6 的 CAN 学习板程序流程图

主函数程序清单如下：

```
int main(void)
{
CAN_GPIO_Config();              //CAN 引脚配置:PA11 - CAN_RX,PA12 - CAN_TX
CAN_Mode_Config();              //工作模式和波特率设置 250 kbps
CAN_Filter_Config();            //滤波器设置
CAN_NVIC_Config();
//设置 NVIC 中断分组 2,2 位抢占优先级 1,2 位响应优先级 0
LED_GPIO_Config();              //初始化 LED 灯,上电熄灭
TIME_NVIC_Configuration();
//使能 TIM3 中断,设置 NVIC 中断分组 2,2 位抢占优先级 3,2 位响应优先级 0
TIME_Configuration();           //TIM3 定时 100 ms
Delay(0x5fffff);
IWDG_Init(IWDG_Prescaler_64,1250);
                                //设置 IWDG 预分频值:设置 IWDG 预分频值为 64
                                //40 kHz/64 = 625 Hz,1.6 ms,1250 * 1.6 ms = 2 000 ms
    while(1)
    {
        can_service();          //控制 LED 的亮灭状态
        timer3_service();       //定周期发送心跳数据
    }
}
```

2.5 如何监测 CAN 网络节点的工作状态

在 CAN 总线研发项目的具体应用中，有的项目相对简单，不需要运用 CAN 总线的应用层协议来开发，在网络节点的状态监控方面，需要实时诊断其是处于正常通信状态还是故障状态。

2.5.1 只有两个节点的简单 CAN 总线网络

例如，一个 CAN 总线网络中只有主节点和一个子节点，如图 2-33 所示。这时，主节点可以通过两种方式诊断子节点是处于正常通信状态还是故障状态。

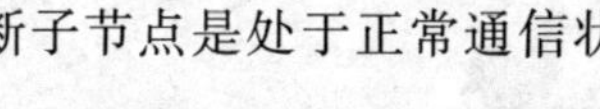

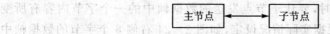

图 2-33　两个节点构成的简单 CAN 总线网络

方式一：主节点中设置一个定时器，例如，2 s 时间间隔后主节点向子节点发送一次询问（可以单独询问子节点的状态，也可以令子节点上传数据）；设定 0.5 s 钟时间限制，如果 0.5 s 内没有收到子节点的应答，则判定子节点故障，主节点可以通过蜂鸣器、显示屏、LED 等报警。同样的，子节点设定 6 s 钟时间限制，如果 6 s 内没有收到主节点的询问，则判定主节点故障，同样，子节点可以通过蜂鸣器、显示屏、LED 等

报警。

方式二:主节点在有人值守的情况下,如煤矿风机运转状态的监控,主节点一般是有人值守的计算机(主节点通过 USB、串口、PCI 连接在计算机上),此时可以不用再通过嵌入式系统判定主节点是否工作正常了。可以让子节点定时(如 0.5 s)向主节点发送一组数据帧,在主节点上设定 1 s 时间限制,如果 1 s 内没有收到子节点的应答,则判定子节点故障。此处 0.5 s 向主节点发送的一组数据帧就是常说的“心跳信息”——就像人的心脏跳动一样,证明子节点还“活着”。

设置“心跳信息”有个技巧,让子节点发送的数据帧中的一个字节内容要有所变化,例如:

数据流传输方向:子节点⟹主节点

	目标地址(主节点地址)	数据帧内容(数据长度 3)
第一次	0X28A	0X00 0XAA 0XBB
第二次	0X28A	0X01 0XAA 0XBB
第三次	0X28A	0X00 0XAA 0XBB
第四次	0X28A	0X01 0XAA 0XBB
第五次	0X28A	0X00 0XAA 0XBB

数据帧内容中的第一个字节是 0X00 和 0X01 交替出现,假如都保持 0X00 不变,则会有什么麻烦呢?

	目标地址(主节点地址)	数据帧内容(数据长度 3)
第一次	0X28A	0X00 0XAA 0XBB
第二次	0X28A	0X00 0XAA 0XBB
第三次	0X28A	0X00 0XAA 0XBB
第四次	0X28A	0X00 0XAA 0XBB
第五次	0X28A	0X00 0XAA 0XBB

可见,如果某一段时间内 CAN 总线网络上没有其他的数据传输,只有这些内容不变的“心跳信息”占满整个显示屏,那么就不容易让人及时判定子节点出现故障了,因为有“视觉疲劳”。

所以,使用“心跳信息”时,要让子节点发送的数据帧中的一个字节内容有所变化。变化的形式由程序员根据实际情况设定,如图 2-34 右侧 8 个字节的数据帧中的第二个字节是“心跳信息”,该“心跳信息”中连续 50 个为 0X00,然后连续 50 个为 0X01,交替出现。至于数据帧中的数据长度,只要满足 1~8 字节都可以,只是数据长度越大,则占用 CAN 总线网络传输数据的时间越长,这需要研发工程师根据实际情况灵活运用。

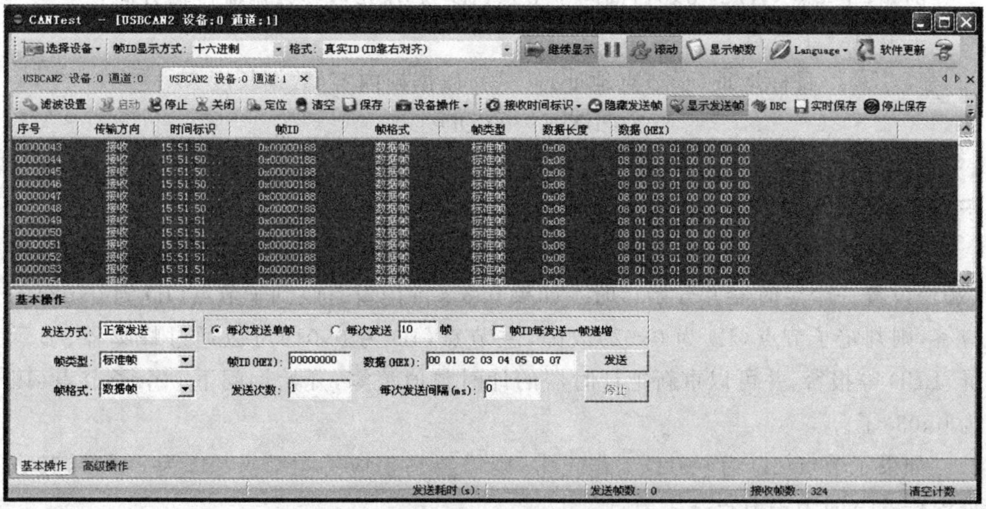

图 2-34　CAN 总线数据传输中的心跳信息

2.5.2　大于两个节点的 CAN 总线网络

大于两个节点的 CAN 总线网络例如图 2-35 所示。

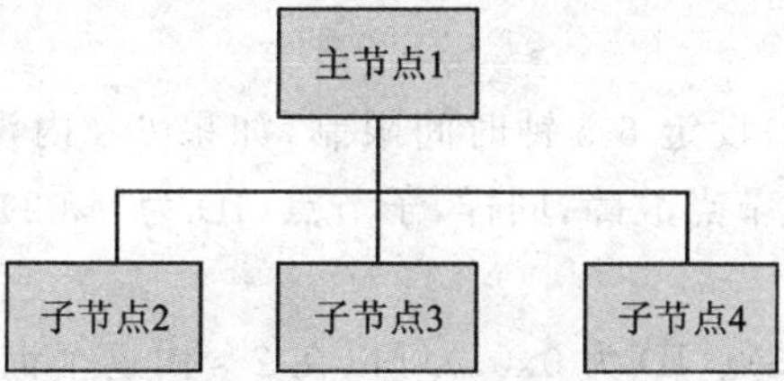

图 2-35　多个节点构成的 CAN 网络

主节点通过 CAN 网络实现对 3 个子节点的控制和信息交换，此时主节点如何判断子节点的工作状态是否正常呢？

首先，设置各节点在 CAN 网络中的 ID，即地址。设置如下：主节点的 ID 设为 0x01，3 个子节点的 ID 分别设为 0x02、0x03、0x04。

方法一：主节点逐个轮询子节点状态

主节点中设置一个定时器，例如，2 s 时间间隔内主节点逐一向子节点发送一次询问（可以单独询问子节点的状态，也可以令子节点上传数据），设定 0.5 s 时间限制，如果 0.5 s 内没有收到子节点的应答，则判定子节点故障，主节点可以通过蜂鸣器、显示屏、LED 等报警；同样的，子节点设定 6 s 时间限制，如果 6 s 内没有收到主节点的询问，则判定主节点故障，同样子节点可以通过蜂鸣器、显示屏、LED 等报警。

例如,主节点(ID 为 0x01)询问子节点(ID 为 0x02),其数据流传输方向:

主节点→子节点

目标地址(子节点地址)　　数据帧内容(数据长度 2)

0X020X01　0XDD

其中,0X01 表示此帧数据来自主节点(ID 为 0x01);0XDD 表示命令标志,告诉子节点 0X02 上传其状态或者采集的数据。

主节点(ID 为 0x01)询问子节点(ID 为 0x02)的数据帧发出后,主节点(ID 为 0x01)设置一个定时器并开始计时。如果 0.5 s 钟内没有收到子节点(ID 为 0x02)的应答,则判定子节点(ID 为 0x02)故障,主节点(ID 为 0x01)可以通过蜂鸣器、显示屏、LED 等报警,并可以重新把计时器的计时数值清零,开始询问下一个子节点(ID 为 0x03)了。

如果子节点(ID 为 0x02)工作正常,则需要马上应答主节点(ID 为 0x01),其数据流传输方向为子节点→主节点。

目标地址(主节点地址)　　数据帧内容(数据长度 3)

0X010X02　0XCC　0X06

其中,0X02 表示此帧数据来自子节点(ID 为 0x02),0XCC 表示应答标志,0X06 表示子节点(ID 为 0x02)采集的开关量数据。

主节点(ID 为 0x01)收到子节点(ID 为 0x02)的应答数据帧后,其定时器停止计时并把计时数值清零。

子节点(ID 为 0x02)设定 6 s 钟时间限制,如果 6 s 内没有收到主节点(ID 为 0x01)的询问,则判定主节点故障;同样,子节点(ID 为 0x02)可以通过蜂鸣器、显示屏、LED 等报警。

通过上述方法,主节点(ID 为 0x01)可以在 2 s 内逐个询问子节点,这里的 2 s、0.5 s、6 s 是可以根据通信距离、通信速率、轮询周期要求调整的。

主节点逐个轮询子节点状态的方法弊端是耗费时间长,若一个 CAN 网络中有 50 个节点,那么轮询一次耗费时间是比较长的。

方法二:子节点通过"心跳信息"定时上传数据

3 个子节点(ID 分别为 0x02、0x03、0x04)定时 2 s 分别向主节点上传数据,如果 3 个子节点同时传输数据,则通过总线竞争,地址低的子节点(ID0x02)优先级别高,先于其他节点上传数据,其他 2 个节点自动在总线空闲的时候上传数据。如果定时 2 s 的时间太短,则可能出现这种情况:其他两个节点还没有来得及上传数据,子节点(ID0x02)又开始了新一轮的上传数据——这就是我们所说的总线网络过载。

例如:数据流传输方向:子节点→主节点

子节点 ID　　目标地址(主节点地址)　　数据帧内容(数据长度 4)

ID 为 0x02	0X01	0X00	0X02	0XCC	0X06
ID 为 0x03	0X01	0X00	0X03	0XCC	0X16
ID 为 0x04	0X01	0X00	0X04	0XCC	0X08

以子节点(ID 为 0x02)为例说明。其中,0X00 表示“心跳信息”,下一个 2 s 发送数据时就变为 0X01,“心跳信息”数据由 0X00 和 0X01 交变出现;0X02 表示此帧数据来自子节点(ID 为 0x02);0XCC 表示应答标志;0X06 表示子节点(ID 为 0x02)采集的开关量数据。

相对于主节点逐个轮询子节点状态的方法,此方法的优点是节省了时间,弊端是需要规划好 CAN 网络,否则可能造成 CAN 总线超载,从而使数据丢失。

假定该 CAN 网络上传输的是扩展帧、数据帧,通信距离 60 m,则可以通过查阅资料获知允许的最大通信波特率是 800 kbps。

则由图 2-36 可知,每个子节点报文的帧长度为 64+8×4=96 位。

波特率是 800 kbps,其传输一位时间是 1.25 μs。

3 个子节点传输报文花费的时间是 3×96 位×1.25 μs= 0.36 ms

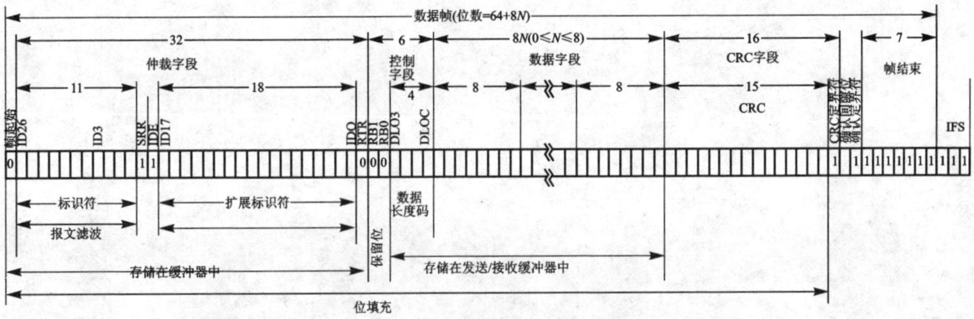

图 2-36 扩展数据帧示意图

构建 CAN 总线网络时,应该将系统的总线负载控制在合理的范围内,在一般应用中,建议 CAN 网络的平均负载不能大于 60%,所以该网络最小的传输数据周期为 0.36 ms/(60%)=0.6 ms。即理论上只要 3 个子节点(ID 分别为 0x02、0x03、0x04)分别定时不小于 0.6ms 向主节点上传数据,就不会造成总线超载。实际中这么短的定时周期是不可取的,因为嵌入式系统响应中断(定时器中断、CAN 总线中断等)是要消耗一定时间的,本例中可以把时间周期定为 10 ms,则足以解决问题。

可见,在节点数量较少的 CAN 网络中,发生总线网络过载现象的概率很低。假如针对本例有 60 个子节点,要求 10 ms 周期内各个子节点上报一次数据,那么还能否保证总线工作正常呢?在最坏情况下,总线大约被占用 60×96 位×1.25 μs= 7.2 ms。对应的平均总线负载为:

$$7.2\ \text{ms}\ /10\ \text{ms} = 72\% > 60\%$$

该 CAN 网络的平均负载大于 60%,不能正常工作。

在实际的工程项目研发中还会遇到“事件触发”传输数据的模式,例如,酒店各个房间内灯、空调、电视的开关状态变化时,通过 CAN 总线将变化的开关量信息上传到酒店前台的主节点,服务员就可以通过前台的计算机显示屏看到房间电器的状态。此时,同样需要考虑到最坏情况下总线负载问题。

有时候为了防止重要数据不慎丢失,需要在 CAN 总线嵌入式系统中加上存储单元(EEPROOM、FLASH),先存储采集的重要数据,待总线空闲时再上报数据。例如,大学里的食堂收费系统,万一某位学生刚刷完饭卡就停电了,而主节点还没有收到刷卡信息,此时存储单元就显得至关重要了。

2.5.3 CAN 总线应用层协议中的节点状态监测

CAN 总线应用层协议在检测子节点状态方面比较完善,如周立功公司推行的 iCAN 中就有连接定时器、循环传送定时器、事件触发时间管理等。

第3章

CAN 总线应用层协议简介

3.1 CAN 总线应用层协议

在 ISO/OSI 参考模型中，网络结构分为 7 层，如图 3-1 所示。CAN 总线的协议规范中已经定义了物理层和数据链路层。应用层位于 ISO/OSI 参考模型中的最高层，用于用户、软件、网络终端等之间的信息交换。因此，应用层与用户的需求密切相关。CAN 总线的应用层协议是在现有的 CAN 底层协议（物理层、数据链路层）上形成的协议。

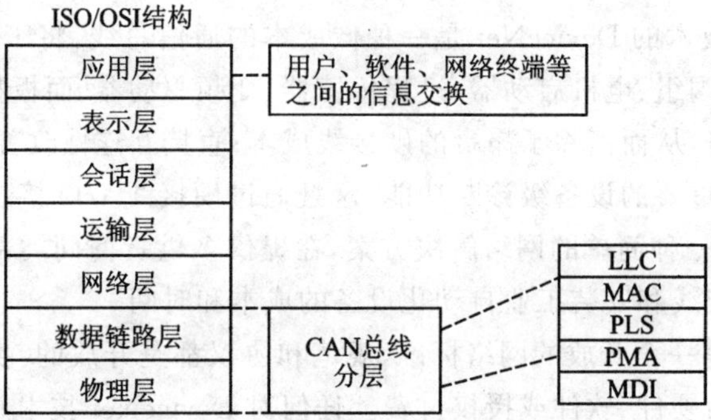

图 3-1　ISO/OSI 结构模型与 CAN 总线分层结构

3.2 CAN2.0A/CAN2.0B 协议的局限性

其局限性主要有以下几点：

① 发送的报文中不包含自己的地址信息，导致接收方收到信息后无法直接确定报文源地址。

② 发送大于 8 字节的数据帧时，需要用户在程序中进行分块发送，很不方便。

③ CAN2.0B 的 29 位标识码只用于地址的设置，而实际应用中很少用到全部的 29 位标识码，因此会造成地址资源浪费。

④ 在网络节点的监控方面，不能诊断网络中节点处于正常状态还是故障状态，

因为缺乏总线状态的监控及标示。

⑤ 发送的报文帧信息中没有功能代码,给用户编程使用带来诸多不便。

正是由于以上的局限性,许多行业都制定了本行业的CAN总线应用层协议,使得符合一定应用层协议规范的系统综合应用变得容易、通用。

注意,CAN总线应用层协议都是基于CAN2.0B的协议。因此,熟练掌握CAN2.0B协议规范至关重要。

3.3 常用的CAN总线应用层协议

1. DeviceNet协议

1990年,美国Allen-Bradley公司开始从事基于CAN总线的通信与控制方面的研究,成果之一就是应用层DeviceNet协议。1994年,Allen-Bradley公司将DeviceNet协议移交给Open DeviceNet Vendor Association(ODVA)协会,由ODVA协会管理DeviceNet协议,并进行市场的推广。DeviceNet协议是特别为工厂自动控制定制的,已经成为美国自动化领域中的领导者,也正在其他适合的领域逐步得到推广、应用。

基于CAN技术的DeviceNet是一种低成本的通信总线,将工业设备(如限位开关、光电传感器、阀组、电机启动器、过程传感器、变频驱动器、面板显示器和操作员接口等)连接到网络,从而消除了昂贵的硬接线成本;直接互连性改善了设备间的通信,同时提供了相当重要的设备级诊断功能,这是通过硬接线I/O接口很难实现的。同时,DeviceNet是一种简单的网络解决方案,在提供多供货商同类部件间的可互换性的同时;减少了配线和安装工业自动化设备的成本和时间。

DeviceNet是一个开放的网络标准,规范和协议都是开放的:供货商将设备连接到系统时,无需为硬件、软件或授权付费。任何对DeviceNet技术感兴趣的组织或个人都可以从ODVA协会获得DeviceNet规范,并可以加入ODVA,参加对DeviceNet规范进行增补的技术工作组。

开发基于DeviceNet的产品必须遵循DeviceNet规范。DeviceNet规范分为PART Ⅰ、PART Ⅱ两部分。用户可以从ODVA协会寻找关于DeviceNet开发源代码的信息,基于CAN总线的硬件则可以从NXP、Intel等半导体供货商那里获得。

DeviceNet的主要技术特点如下:

- 网络大小:最多64节点;
- 网络模型:生产者/消费者模型;
- 网络长度:可选的端对端网络距离随网络传输速度变化;
- 波特率:125 kbps,距离:500 m(1 640 ft);
- 波特率:250 kbps,距离:250 m(820 ft);

➢ 波特率：500 kbps，距离：100 m(328 ft)；
➢ 数据包：0～8 字节；
➢ 总线拓扑结构：线性干线/支线，电源和信号在同一网络电缆中；
➢ 总线寻址：带多点传送（一对多）的点对点；多主站和主/从轮询或状态改变（基于事件）；
➢ 系统特性：支持设备的热插拔，无须网络断电。

到 2000 年，ODVA 协会的会员数目已经达到 218 个，工业市场中已有 1 498 个注册的符合 DeviceNet 协议标准的产品。目前，DeviceNet 的应用包括汽车电子、半导体芯片制造、电子产品制造、食品和饮料、批量生产化学处理、生产装配、包装和物料转移等。至 2003 年 7 月，ODVA 协会在中国的会员已经达到 41 个；广州周立功单片机发展有限公司于 2002 年 8 月加入了 ODVA 协会。

涉及 DeviceNet 的协议有：

➢ DeviceNet Specifications，Release 2.0 1997；
➢ Vol. I：Communication Model and Protocol；
➢ Vol. II：Device Profiles and Object Library。

也可以到 www.odva.org 获取更多资料。

2. CANopen 协议

1993 年，由 Bosch 领导的欧洲 CAN 总线协会开始研究基于 CAN 总线通信、系统、管理方面的原型，由此发展成为 CANopen 协议。其后，CANopen 协议被移交给 CiA 协会，由 CiA 协会管理、维护与发展。1995 年，CiA 协会发布了完整的 CANopen 协议；至 2000 年，CANopen 协议已成为全欧洲最重要的嵌入式网络标准。

CANopen 协议是一个基于 CAL 的子协议，用于产品部件的内部网络控制。CANopen 不仅定义了应用层和通信子协议，也为可编程系统、不同器件、接口、应用子协议定义了页/帧状态，这也就是工业领域（比如打印机、海事应用、医疗系统）决定使用的一个重要原因。

CANopen 协议中，设备建模借助于对象目录来描述设备功能性，这种方法符合其他现场总线（Interbus-S、Profibus 等）使用的设备描述形式。标准设备以“设备子协议（Device Profile）”的形式规定。

CiA（CAN in Automation）协会成立于 1992 年，是为促进 CAN 以及 CAN 协议的发展而成立的一个非盈利的商业协会，用于提供 CAN 的技术、产品以及市场信息。到 2002 年 2 月时，共有约 400 家公司加入了这个组织，协作开发和支持各类 CAN 高层协议。经过近十年的发展，该协会已经为全球应用 CAN 技术的重要权威。

在 CiA 的努力推广下，CAN 技术在汽车电控制系统、电梯控制系统、安全监控系统、医疗仪器、纺织机械、船舶运输等方面均得到了广泛的应用。

2002 年 6 月 17 日，广州周立功单片机发展有限公司与 CiA 正式签订协议，成为中国的第一家 CiA 团体会员，从事 CANopen 技术在中国的推广工作。

涉及 CANopen 的协议有：

➢ CANopen，Communication Profile for Industrial Systems based on CAL；
➢ CiA Draft Standard 301，Version 3.0，96；
➢ CiA Draft Standard Proposal DSP 302，Framework for Programmable Devices；
➢ CiA Draft Standard Proposal DSP 401，Version 1.4，Device Profile for I/O Modules；
➢ CiA Draft Standard Proposal DSP 402，Version 1.0，Device Profiles Drives and Motion Control。

也可以到 www.can-cia.de 获取更多资料。

3. J1939 协议

J1939 的协议主要应用在以 CAN 为基础的汽车等交通运输工具的嵌入式网络中，主要有 SAE J1939－71、ISO 11992、ISO 11783、NMEA 2000。SAE 是机车工程师协会(Society of Automotive Engineers)的缩写。SAE J1939－71 的应用层协议主要适合那些以柴油机为动力的卡车、公共汽车以及非陆地的交通工具。ISO 11992 中设置的规范主要用在卡车/拖车中的通信。ISO 11783 规范主要应用在拖拉机等农业运输工具。NMEA 是国家海洋电子协会(National Marine Electronics Association)的缩写。NMEA 2000 的高层协议整合了 SAE J1939 和 ISO 11783。

4. iCAN 协议

iCAN 协议全称 Industry CAN－bus Application Protocol，即工业 CAN 总线应用层协议。iCAN 协议是由广州致远电子有限公司 2007 年制定发布的。它向工业控制领域提供了一种易于构建的 CAN 总线网络，为工业现场设备(传感器、仪表等)与管理设备(工控机、PLC 等)之间的连接提供了一种低成本的通信解决方案。

iCAN 协议规范主要描述了以下的内容：

➢ iCAN 报文格式定义：规定了 iCAN 协议规范中使用的 CAN 帧类型、帧 ID、报文数据的使用等；
➢ 报文传输协议：规定了基于 iCAN 协议的设备之间的通信方式；
➢ 设备的定义：设备标识、设备应用单元、设备通信、应用参数定义标准设备类型，区分网络上设备具有的不同功能或者产品类型；
➢ 网络管理：规定了设备通信监控以及错误管理。

也可以到 www.zlgmcu.com 获取更多资料。

3.4 实例讲述构建 CAN 总线应用层协议时的关键问题

3.4.1 CAN 网络的实时性能

在 CAN 系统中，影响系统的实时性的因素主要有两种：一是网络的延时，二是总线的通信速率。因此，构建网络时必须对于两个参数进行确定。当总线的通信速率较高时，报文传输的时间相对较短。但是，较高的通信速率会导致传输距离缩短。因此这两个参数的确定必须考虑整个网络的范围。

1. 网络延时

由于在串行总线系统中所有的节点共用总线介质，因此分布式系统的控制通常会因为信息的传输而导致额外的延迟时间。对于带有确定性总线访问的通信系统，有效的延迟时间是由最大令牌环延迟（令牌传递系统）或周期时间（主-从系统）决定的。尽管 CAN 总线是基于分散的、随机的总线访问方式（因为 CAN 总线的无损仲裁以及多主的特性），但是它可以保证与确定性总线访问的系统具有同等的实时性。限制高优先级报文连续访问总线的一个简单方法是在一个适当的指定时间间隔（“最小禁止时间”）之后，只允许继续传输同一个报文。在这段时间间隔内可以传输低优先级的报文。

实际应用中限制了保证最小反应时间的报文数量。CAN 系统中所有报文的数量可以分成高优先级报文和低优先级报文数。对于高优先级报文，使用额外的机制确保它们只能在指定的禁止时间间隔之后重新占用总线，这样虽然不会影响高优先级报文的最大延迟时间，但是会降低高优先级报文的传输速率。

下面举例说明对 CAN 系统的最大可能响应时间的估计，该时间是在最坏情况下一个报文的最大可能延迟时间。最坏的情况是所有高优先级报文都打算同时进行传输数据。

假设一组 16 个高优先级报文，每个报文包含两个数据字节，则由图 3－2 可知，每个报文的帧长度为：$64+8\times2=80$ 位。

当通信波特率为 1 Mbps 时，传输一个 bit 用时 1 μs，则每个报文的传输时间为 80 μs。传输所有 16 个高优先级报文需要 $80\ \mu s\times16=1.28$ ms。

只有在高优先级报文的总线平均负载非常高的系统中，才需要考虑增加低优先级报文传输的额外窗口时间。1.5 ms 的禁止时间比较合适。在该假设的例子中，系统确保所有 16 个高优先级报文的延迟时间小于 1.5 ms（见图 3－3），并保留一个额外的窗口时间用于传输低优先级报文。实际上，只有在所有高优先级报文同时进行传输时，高优先级报文组中最低优先级的报文才会产生此最大延迟时间。

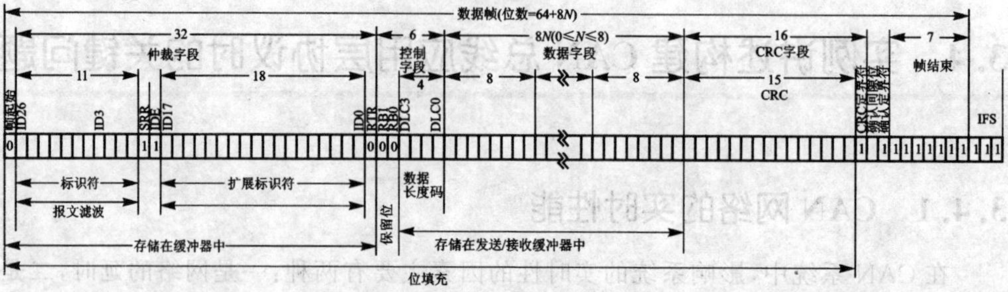

图 3-2 扩展数据帧示意图

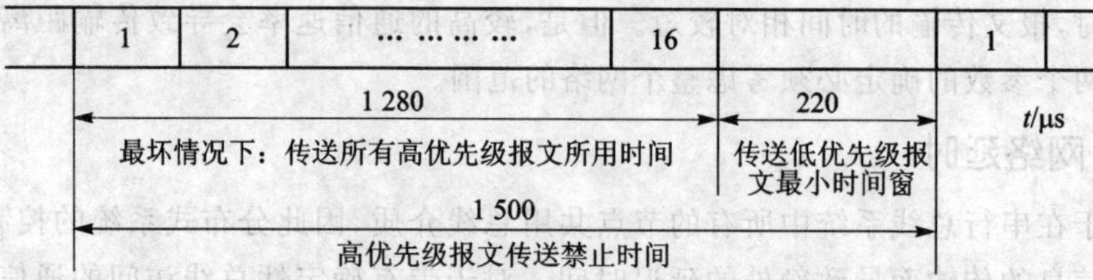

图 3-3 对 CAN 报文最大延迟时间的估计

注意，在讨论不同总线概念的实时性时，应当注意到 CAN 协议中特别短的错误恢复时间，以上介绍中并没有考虑传输中可能存在的错误帧。

2. CAN 网络通信速率选择

由于一个报文的最大可能延迟时间是由比其优先级高的所有报文的整个传输时间决定的，因此系统需要的通信速率通常由需要的延迟时间来决定。虽然 CAN 协议允许的最大数据传输速率为 1 Mbps，但明智的做法是根据延迟时间的要求来确定所需的数据速率。因为高的数据速率对节点有更高要求，并且会导致数据传输容易受到电磁干扰的影响。另外，还必须根据最大的网络范围来限制可用的数据传输速率，这是因为如果网络要求的通信距离越长，网络中所能够采用的通信速率就越低。

网络中数据传输速率的选择是由系统要求的实时性决定的。下面的例子说明了如何根据系统的实时性选择通信速率。实例为一个具有 32 个节点的分布式控制系统，网络的最大长度为 60 m。该系统中每个节点具有如表 3-1 所列的功能。

表 3-1 节点功能描述

I/O 类型	数据长度/字节
数字量输入	2
数字量输出	2
模拟量输入	8

假设系统要求所有数字量输入的最大延迟时间应小于 5 ms，因此最坏的情况下意味着所有的数字量输入必须在 5 ms 内传输。对于一个包括 2 字节的数字量输入报文，最坏情况下需要 80 个位时间。如果 32 个 I/O 节点同时发送各自的数字量输入状态，那么总共需要传输 80×32=2 560 个位时间。为了保证在 5 ms 内完成传送，每个位时间 t_{bit} 必须满足：

$$t_{\text{bit}} \leqslant \frac{5\ \text{ms}}{2\ 560} = 1.95\ \mu\text{s}$$

如果选用 500 kbps 的通信速率，位时间为 2 μs，所以系统的传输速率不满足要求，需要选择更高的通信波特率，例如 800 kbps，其传输一位时间是 1.25 μs。

对于网络数据传输速率的选择，还必须考虑整个网络范围。例如上例网络的最大长度为 60 m，则系统的通信速率为 800 kbps，完全符合网络的长度要求。但是如果网络的最大通信距离为 160 m，则必须重新规划网络。例如，要保证 800 kbps 的通信速率，须通过增加 CAN 中继器的手段来保证网络最大传输距离，但此时中继器的延时对于系统的实时性又不可避免地有所影响。

对于该系统网络上总线负载的估计，假设实例中的 CAN 系统每个节点 100 ms 发送一次：

数字量输入报文传送占用时间：32×(64＋8×2)位×1.25 μs＝3.2 ms

数字量输出报文传送占用时间：32×(64＋8×2)位×1.25 μs＝3.2 ms

模拟量输入报文传送占用时间：32×(64＋8×8)位×1.25 μs＝5.12 ms

那么在最坏情况下总线大约被占用 3.2 ms＋3.2 ms＋5.12 ms＝11.52 ms。对应的平均总线负载为：11.52 ms /100 ms ＝11.52%。

在构建 CAN 总线网络时，应该将系统的总线负载控制在合理的范围内，一般应用中建议 CAN 网络的平均负载不能够大于 60%。

3.4.2 设备的电源连接

CAN 网络中的模块设备可以采用独立供电或者采用网络供电，如图 3－4 所示。采用网络供电时，必须另外铺设电源线，此时必须考虑电源线上的压降、网络电源的功率以及网络电源的供电范围。如果模块设备采用独立供电方式，电源只要能够满足模块设备的供电电流以及模块的供电电压需求即可。

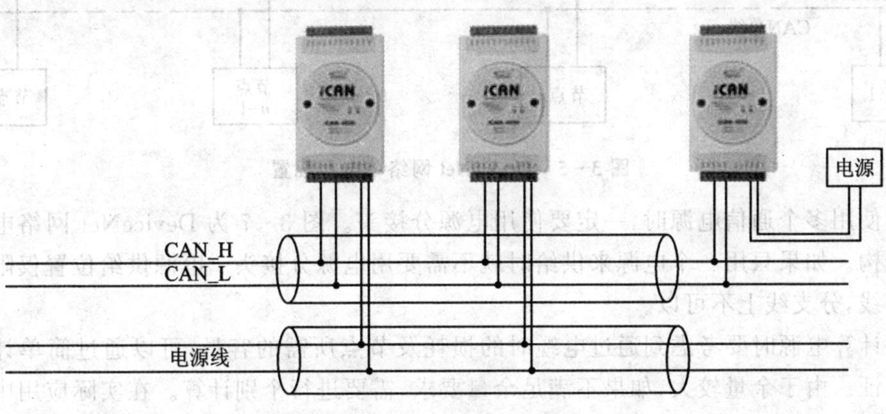

图 3－4　CAN 设备电源连接

在选择网络电源时，要明确该电源供电的范围，并了解在其供电范围内每个模块设备的工作电压、消耗的电流以及设备在网络中的位置、所需电缆的长度、电缆的电阻。网络电源的选择应该保留一定的余量,一般为30%。

如果一个电源不能满足上述要求,那么就需要使用多个电源给网络多处供电,以保证网络中的节电设备能够得到需要的工作电流。网络电源的选取可以参考DeviceNet协议中的相关规定(如表3-2和表3-3所列),下面简要介绍DeviceNet协议规范中的网络电源配置。

表3-2 DeviceNet粗缆的截面积与其能流过的最大电流

距离/m	0	25	50	100	150	200	250	300	350	400	450	500
粗缆/A	8	8	5.42	2.93	2.01	1.53	1.23	1.03	0.89	0.78	0.69	0.63

注意,DeviceNet网络中采用粗缆时,最大通信距离为500 m,因此表中距离值最大为500 m。

表3-3 DeviceNet细缆的截面积与其能流过的最大电流

距离/m	0	10	20	30	40	50	60	70	80	90	100
细缆/A	3	3	3	2.06	1.57	1.26	1.06	0.91	0.8	0.71	0.64

注意,DeviceNet网络中采用细缆时,最大通信距离为100 m,因此表中距离值最大为100 m。

图3-5和图3-6为网络中单电源和双电源配置的情况,也可以根据实际情况采用多电源,电源可以配置在网络中间或者网络终端。网络中的电流不能超出电缆的最大允许电流。按照DeviceNet规范中的要求,主干线的最大许容电流为8 A(粗缆),分支线的最大许容电流为3 A(细缆)。

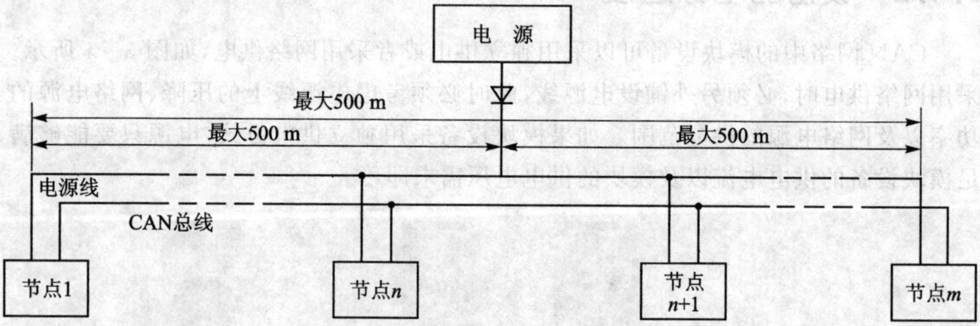

图3-5 DeviceNet网络单电源配置

使用多个通信电源时,一定要使用电源分接头。图3-7为DeviceNet网络电源的结构。如果只用一个电源来供给时就不需要用电源分接头。电源供给位置仅限于主干线,分支线上不可以。

计算电源时要考虑到通过电缆时的损耗及节点所需的容量,可以通过简单计算来验证。由于余量较大,如果不满足余量要求,需要进行个别计算。在实际应用中电源的配置可以参考表3-2和表3-3。下面举例说明:

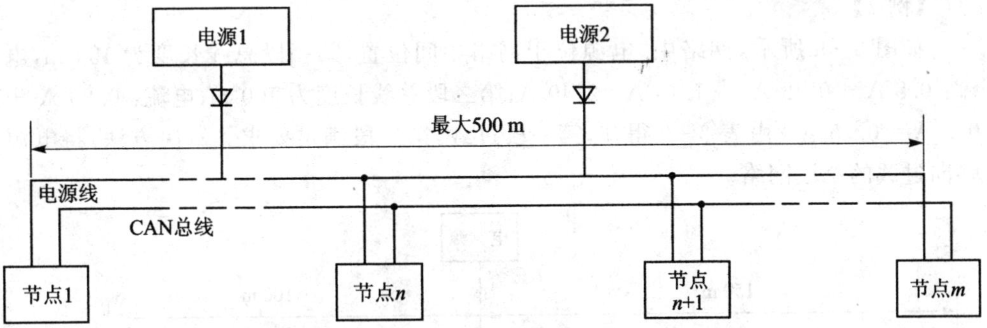

图 3-6 DeviceNet 网络双电源配置

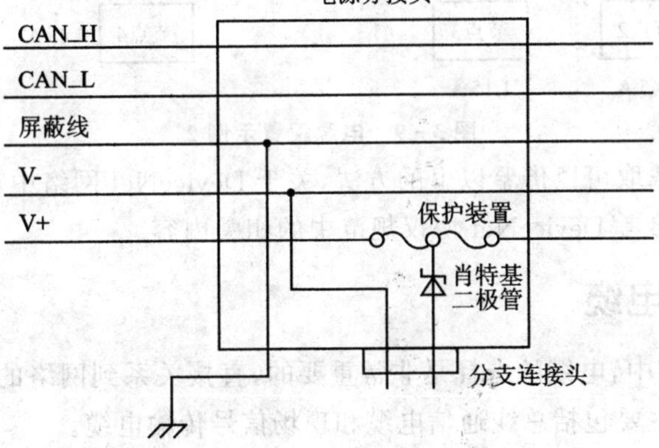

图 3-7 DeviceNet 电源分接头结构

【例 1】

如图 3-8 所示，网络中，电源位于终端位置，总线长度 250 m；电流总和＝0.2 A＋0.15 A ＋ 0.25 A ＋ 0.3 A＝ 0.9 A。由表 3-2 得知，电流限度为＝1.23 A。由于 0.9 A 小于 1.23 A 的限度电流，因此这样的配置是被接受的。

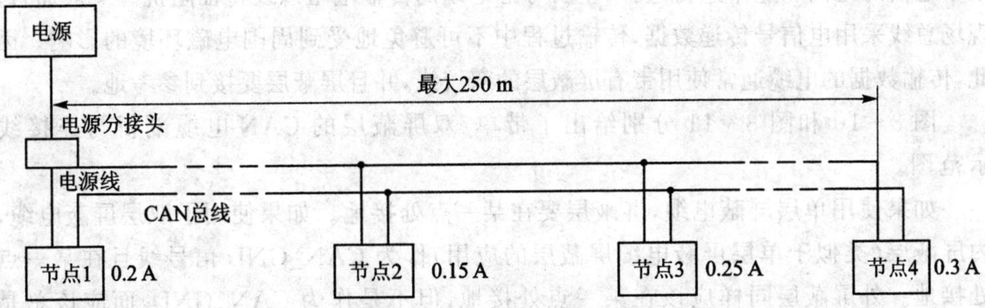

图 3-8 电源配置示例 1

【例 2】

如图 3－9 所示，网络中，电源位于网络中间位置，第一段总线长度为 150 m，电流：0.8 A ＋0.45 A ＋ 1.15 A＝2.40 A；第二段总线长度为 100 m，电流：0.25 A ＋ 0.3 A＝ 0.55 A。由表 3－2 得知，第一段过载，第二段满足要求。解决方法：将电源移向过载的一段网络。

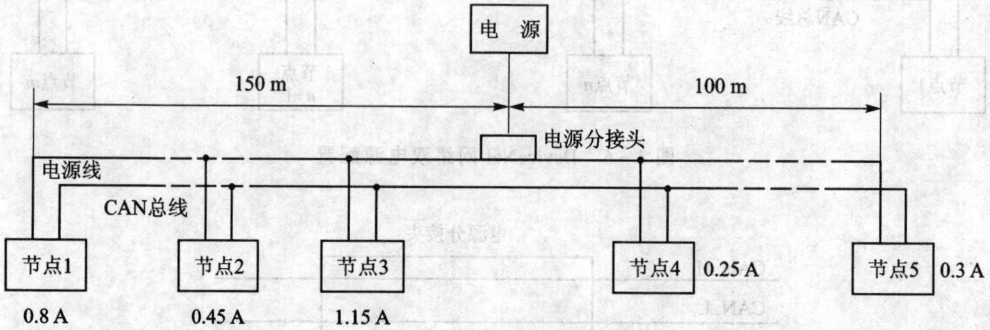

图 3－9　电源配置示例 2

网络电源的选取可以借鉴以上的方法，关于 DeviceNet 网络中对于线缆、网络电源的相关规定可参考 DeviceNet 协议规范中的相关内容。

3.4.3　网络电缆

在 CAN 网络中，电缆的选择是非常重要的，直接关系到网络的可靠运行以及信号的传输。电缆主要包括总线通信电缆和现场信号传输电缆。

1. CAN 总线通信电缆

在 CAN 网络中，对于总线的通信距离有一定的要求。总线的通信距离包括两层含义：一是两个节点之间不通过中继器能够实现的距离，该距离与通信速率成反比；另一个是整个网络最远的两个节点之间的距离。

在实际应用中，通信距离必须考虑整个网络的范围。网络中通信电缆应该根据网络中通信的距离和速率进行选择，主要考虑电缆的传输电阻以及特征阻抗。一般而言，现场总线采用电信号传递数据，传输过程中不可避免地受到周围电磁环境的影响。因此，传输数据的电缆通常使用带有屏蔽层的双绞线，并且屏蔽层要接到参考地。

图 3－10 和图 3－11 分别给出了带单/双屏蔽层的 CAN 电缆剖析与连接线示范图。

如果使用单层屏蔽电缆，屏蔽层要在某一点处接地。如果使用了双层屏蔽电缆，内屏蔽层(类似于单层屏蔽电缆屏蔽层的应用)作为 CAN_GND 信号线且在某一点处接地。外屏蔽层同样应该在某一点处接地，但不是作为 CAN_GND，而应该总是连接到 DB9 插座(广州致远公司 CAN 接插座)的接头屏蔽层。表 3－4 为 CAN 网络组建规则。

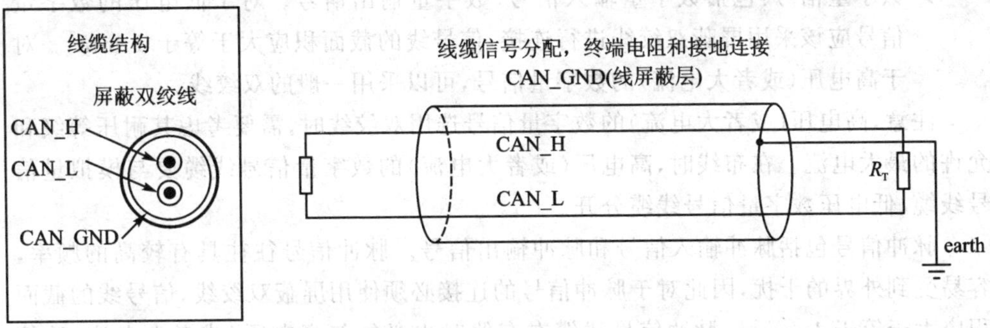

图 3-10 单屏蔽层的 CAN 电缆剖析与连接图示

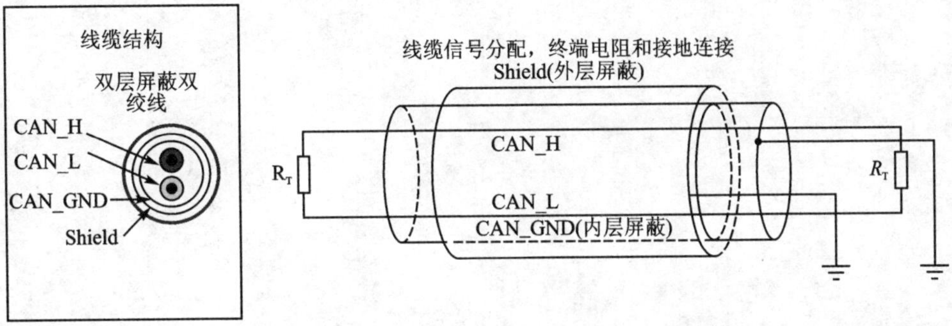

图 3-11 双屏蔽层的 CAN 电缆剖析与连接图示

表 3-4 CAN 网络组建规则

序 号	说 明
1	网络的两端必须有两个范围在 118 Ω< R_T <130 Ω 的终端电阻(在 CAN_L 和 CAN_H 信号之间)，一般终端电阻为 120 Ω
2	参考电位 CAN_GND 在某一点处连接到地(PE)，那里必须是一点接地
3	当使用双层屏蔽电缆时，外屏蔽层在某一点处连接到地，那里也必须是一点接地
4	没用的支线必须尽可能短(l<0.3)
5	使用适当的电缆类型时必须确定电缆的直流阻抗以及引起的电压衰减
6	确保不要在干扰源附近布置 CAN 总线。如果必须这样做，应该使用双层屏蔽电缆

2. 现场信号电缆

现场信号主要为模拟量信号、数字量信号以及脉冲信号。对于连接现场信号的电缆选择需要注意如下的事项：

➢ 模拟量信号：包括模拟量输入信号、模拟量输出信号以及温度信号(热电阻、热电偶)。模拟量信号的连接必须使用屏蔽双绞线，信号线的截面积应大于等于 1 mm^2。

➢ 数字量信号:包括数字量输入信号、数字量输出信号。对于低电压的数字量信号应该采用屏蔽双绞线进行连接,信号线的截面积应大于等于 1 mm^2。对于高电压(或者大电流)的数字量信号,可以采用一般的双绞线。

注意,高电压(或者大电流)的数字量信号选用双绞线时,需要考虑其耐压等级和允许的最大电流。在布线时,高电压(或者大电流)的数字量信号线缆要与模拟量信号线缆、低电压数字量信号线缆分开。

脉冲信号包括脉冲输入信号和脉冲输出信号。脉冲信号往往具有较高的频率,容易受到外界的干扰,因此对于脉冲信号的连接必须使用屏蔽双绞线,信号线的截面积应大于等于 1 mm^2。脉冲信号线缆在布线时也必须与高电压(或者大电流)的信号线缆分开。

第4章

嵌入式开发实例——基于iCAN协议的应用设计精讲

4.1 iCAN 协议

iCAN 协议详细定义了 CAN 报文中 ID 以及数据的分配和应用，并定义了设备的 I/O 资源和访问规则。iCAN 协议通信层结构如图 4-1 所示。可见 iCAN 协议规范由 4 部分组成：

1. iCAN 报文格式定义

规定了 iCAN 协议中使用的 CAN 帧类型、帧 ID、报文数据的使用等。

2. 报文传输协议

规定了基于 iCAN 协议的设备之间的通信方式。

3. 网络管理

规定了设备通信监控以及错误管理。

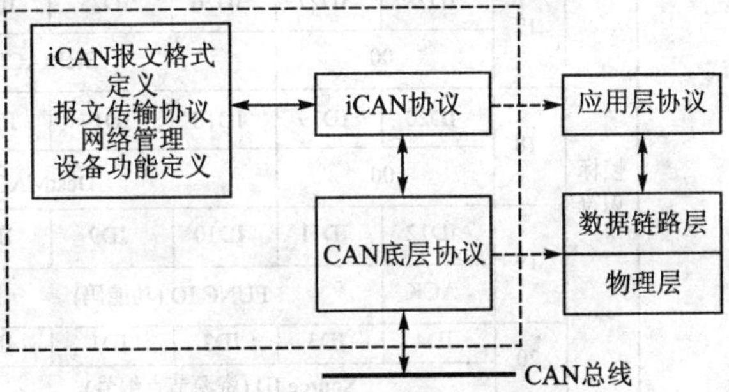

图 4-1 iCAN 协议通信层结构

4. 设备的定义

规定了设备标识、设备应用单元、设备通信以及应用参数；定义标准设备类型，区分网络上设备具有的不同功能或者产品类型。

4.1.1 iCAN 协议规范中专有名词解释

① 源节点：发送报文的节点。

② 目标节点：接收报文的节点。

③ 主站（主控节点、主控设备）：基于 iCAN 协议网络中的管理设备，负责管理整个网络中的通信，可以为 PC 或者嵌入式设备。

④ 从站（受控节点、受控设备）：基于 iCAN 协议网络中的 I/O 设备单元，主站建立与从站的数据通信，由从站获取输入数据，并向从站分配输出数据。

⑤ 节点:iCAN 网络中主站和从站。

⑥ 资源节点:指设备中特定的应用单元,如 I/O 端口。

⑦ 资源子节点:设备中特定配置单元中的子单元,如配置资源。

⑧ MAC ID:Media Acess Control ID,媒体访问控制标识,iCAN 网络中节点的唯一标识。

4.1.2 iCAN 的报文格式

iCAN 协议中只使用了扩展帧格式 CAN 报文(CAN2.0B 扩展帧),标准帧格式 CAN 报文并未使用。iCAN 协议中,对于 CAN 报文的 29 位标识符和报文数据部分的使用都做了详细的规定,而帧结构信息和 CAN2.0B 扩展帧的帧结构信息相同,如表 4-1 所列。

表 4-1 帧结构信息(CAN 地址 16)

位	BIT7	BIT6	BIT5	BIT4	BIT3	BIT2	BIT1	BIT0
说 明	FF	RTR	X	X	DLC.3	DLC.2	DLC.1	DLC.0

iCAN 协议和 CAN2.0B 扩展帧的帧结构信息(CAN 地址 16)完全相同,只是 iCAN 协议的帧结构信息中的 FF=1(扩展帧)、RTR=0(数据帧),不设置为其他数值。iCAN 协议中报文的格式规定(数据帧)(CAN 地址 17~28)如下表所列:

<table>
<tr><td rowspan="8">帧标识符</td><td rowspan="2">17</td><td>ID28</td><td>ID27</td><td>ID26</td><td>ID25</td><td>ID24</td><td>ID23</td><td>ID22</td><td>ID21</td></tr>
<tr><td colspan="2">00</td><td colspan="6">SrcMACID (源节点编号)</td></tr>
<tr><td rowspan="2">18</td><td>ID20</td><td>ID19</td><td>ID18</td><td>ID17</td><td>ID16</td><td>ID15</td><td>ID14</td><td>ID13</td></tr>
<tr><td colspan="2">00</td><td colspan="6">DestMACID (目标节点编号)</td></tr>
<tr><td rowspan="2">19</td><td>ID12</td><td>ID11</td><td>ID10</td><td>ID9</td><td>ID8</td><td>ID7</td><td>ID6</td><td>ID5</td></tr>
<tr><td>ACK</td><td colspan="4">FUNC ID (功能码)</td><td colspan="3">Source ID (资源节点编号)</td></tr>
<tr><td rowspan="2">20</td><td>ID4</td><td>ID3</td><td>ID2</td><td>ID1</td><td>ID0</td><td>X</td><td>X</td><td>X</td></tr>
<tr><td colspan="5">Source ID (资源节点编号)</td><td colspan="3">未使用(忽略)</td></tr>
<tr><td rowspan="9">帧数据部分</td><td rowspan="2">21</td><td colspan="8">Byte 0</td></tr>
<tr><td colspan="2">SegPolo</td><td colspan="6">SegNum</td></tr>
<tr><td>22</td><td colspan="8">Byte 1 (LengthFlag、ErrID)</td></tr>
<tr><td>23</td><td colspan="8">Byte 2</td></tr>
<tr><td>24</td><td colspan="8">Byte 3</td></tr>
<tr><td>25</td><td colspan="8">Byte 4</td></tr>
<tr><td>26</td><td colspan="8">Byte 5</td></tr>
<tr><td>27</td><td colspan="8">Byte 6</td></tr>
<tr><td>28</td><td colspan="8">Byte 7</td></tr>
</table>

1. 报文标识符的分配

报文标识符分为 5 个部分：SrcMACID（源节点编号）、DestMACID（目标节点编号）、ACK、FUNC ID（功能码）、Source ID（资源节点编号）。

(1) 节点编号(MAC ID)

节点编号为设备在网络上的唯一标识，分配为 6 位，范围为 0x00～0x3F（一个 iCAN 网络最多支持 64 个节点）。

通信报文的标识符中指定了发送节点（源节点 SrcMACID）和接收节点（目标节点 DestMACID）的编号。因此，在每次的通信过程中，通信双方都必须检查 SrcMACID（表 4－2）和 DestMACID（表 4－3）的值是否与已知连接的两端点是否相同。

表 4－2　SrcMACID 源节点编号

帧 ID 位编号	ID28	ID27	ID26	ID25	ID24	ID23	ID22	ID21
功能定义	SrcMACID（源节点编号）							

源节点的 MAC ID 分配 6 位，数值范围为 0x00～0x3F。SrcMACID 的值不能为 0xFF，该值保留。

表 4－3　DestMACID 目标节点标号

帧 ID 位编号	ID20	ID19	ID18	ID17	ID16	ID15	ID14	ID13
功能定义	DestMACID（目标节点编号）							

目标节点的 MAC ID 分配为 6 位，数值范围为 0x00～0x3F。当 DestID 为 0xFF 值时，表示本次发送的帧是广播帧。注意，广播帧不需要应答。

(2) ACK(响应标志位)

ACK：响应模式，分配 1 位，占用位 ID12。该位用于区分帧类型，并表示是否需要应答本帧，如表 4－4 所列。

(3) FUNC ID(功能码)

FUNC ID：功能码，分配 4 位，如表 4－5 所列。

表 4－4　响应标志位

ACK	含　义
0	用于命令帧，本帧需要应答
1	用于响应帧，本帧不需要应答；或不需要应答的命令帧（如广播帧）

表 4－5　功能码

帧 ID 位编号	ID11	ID10	ID9	ID8
功能定义	FUNC ID（功能码）			

功能代码用于指示报文所需要实现的功能，在 iCAN 协议中所用到的功能码如表 4－6 所列。

表 4-6 功能码列表

FUNC ID	功 能	描 述
0x00	Reserve	—
0x01	连续写端口	用于对单个或者多个资源节点的数据写入
0x02	连续读端口	用于读取单个或者多个资源节点的数据
0x03	输入端口事件触发传送	用于输入端口定时循环或者状态改变传送
0x04	建立连接	用于和 iCAN 节点建立通信
0x05	删除连接	用于删除与 iCAN 节点建立的通信
0x06	设备复位	用于复位 iCAN 节点
0x07	MAC ID 检测	用于检测网络上是否有相同 MACID 的节点
0x08～0x0e	Reserve	—
0x0f	出错响应	用于指示为出错响应

(4) Source ID(资源节点地址编号)

Source ID 用于指示所要操作的设备内部单元,分配 8 位如表 4-7 所列。

表 4-7 资源节点地址编号

帧 ID 位编号	ID7	ID6	ID5	ID4	ID3	ID2	ID1	ID0
功能定义	Source ID (资源节点编号)							

在 iCAN 协议中资源节点分为两类型:I/O 数据单元以及配置数据单元。在 iCAN 协议中资源节点占用 256 字节空间,如表 4-8 所列。

表 4-8 资源节点列表

序 号	索 引	次级索引	功 能	描 述	数据类型 (Data type)
0	0x00～0x1f	—	DI	32×8 bit 数字量输入单元	I/O 数据
1	0x20～0x3f	—	DO	32×8 bit 数字量输出单元	
2	0x40～0x5f	—	AI	16 ch×16 bit 模拟量输入单元	
3	0x60～0x7f	—	AO	16 ch×16 bit 模拟量输出	
4	0x80～0x9f	—	Serial Port 0	32 字节串口 0	
5	0xA0～0xbf	—	Serial Port 1	32 字节串口 1	
6	0xC0～0xdf	—	Others	保留	
7	0xE0～0xff	0x00～0xff	Config Area	32 字节设备配置区域	配置数据

2. 帧数据部分定义

帧的数据区最多可以有 8 个字节数据,不同位置的字节具有不同的功能。第一个字节 Byte0 用作分帧代码,见表 4-9 及表 4-10,从而使每帧的有效数据可达 7 个。在某些特定的帧中,Byte1 用作 LengthFlag、ErrID 等参数。

(1) Byte0(SegFlag)

帧数据部分第一个字节 Byte0 为 SegFlag:分帧代码,用于实现分段报文格式的数据传输。在需要传送大于 7 个数据字节长度时的报文时,使用分段报文。

表 4-9 分帧代码

位	Bit7	Bit6	Bit5	Bit4	Bit3	Bit2	Bit1	Bit0
说 明	SegPolo		SegNum					

其中,SegPolo 表示分段标志,SegNum 表示分段编号。SegPolo 的位值定义如表 4-10 所列。

表 4-10 分段标志

SegPolo 位值	含 义	SegPolo 位值	含 义
00	本次数据传输没有分段	10	中间分段。SegNum 值从 0x01 起,每次加 1,以区分段数
01	批量数据传输的第一个分段,此时 SegNum=0x00 值	11	最后分段。SegNum 值无效

如果需要传送的数据不超过 7 字节,则 SegFlag=0x00。如果采用分段传输,第一分段的 SegFlag=0x40,最后的分段 SegFlag=0xC0 值。当报文分帧传送时,接收节点(目标节点)只在接收完成报文全体的最后一帧后才做出响应。

(2) Byte1～Byte7

报文数据中的 Byte1～Byte7 通常作为功能码的参数或者与设备相关的应用数据。在某些特定的帧中,Byte1 往往具有以下作用:

1) LengthFlag

只在读端口命令中出现,分配一个字节,位于数据区 Byte1 位置。LengthFlag 表示需要读的字节数。

2) ErrID(错误响应码)

在错误响应报文中使用,用于说明错误响应的类型,如表 4-11 所列。

表 4-11 错误响应码

ErrID	说 明
01	功能码不存在。如果命令帧中使用了未定义的功能码
02	资源不存在。如果命令帧要访问的资源节点在目标设备中不存在
03	命令不支持。目标设备不支持该功能码,访问的资源不支持相应的功能码操作,例如向只读属性的资源进行写操作
04	功能码参数非法。命令帧中功能码附加的参数参数为非法参数,例如参数的长度不对
05	连接不存在。如果主站和从站之间的连接尚没建立,从站设备在响应错误帧中使用该错误代码

4.1.3 iCAN 的通信过程

下面在了解 iCAN 报文格式的基础上介绍一下 iCAN 的通信过程。为了便于读者理解,以张三和李四两人用手机通话为例,对比介绍 iCAN 的通信过程,如表 4-12 所列。

表 4-12　手机通话和 iCAN 通信类比

张三和李四通话过程	查询电话号码	拨号	通话	结束通话
主站和从站通信过程	CAN_ID 测试	建立连接	传输报文	删除连接

1. 查询电话号码

张三想和李四通话,首先要找到李四的电话号码,然后拨号。众所周知,自己的手机不能拨打自己的电话号码,否则提示错误,但是 iCAN 节点不知道需要进行 CAN_ID 测试。

iCAN 节点首先要进行网络上节点 CAN_ID 测试,以判断网络上是否有和自己的地址相同的节点。怎样检测呢？它用到了检测定时器,其实就是用 MCU 的一个定时器定时,对检测的时间加以约束。在 MAC ID 检测中会用到一个固定时间长度的定时器:MAC ID 检测定时器,定时时间为 1 s。

iCAN 设备在成功发送 MAC ID 检测报文后会启动 MAC ID 检测定时器,如果定时器计时时间达到 1 s 时设备没有接收到 MAC ID 检测报文,则进入预操作状态,如图 4-2 所示。iCAN 设备进入预操作状态,说明网络中没有和自己相同的 CAN_ID,可以进行下面的工作程序了。如果 iCAN 设备收到了 CAN_ID 检测响应帧,说明网络中有和自己相同的 CAN_ID,为了确保节点地址的唯一性,需要更改自己的 CAN_ID。

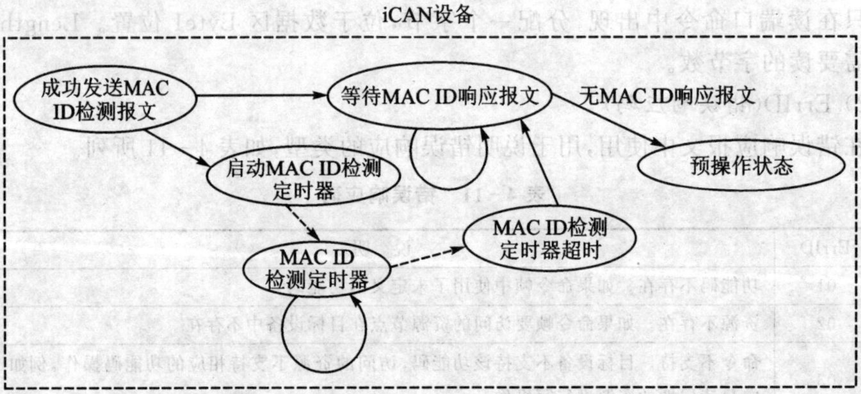

图 4-2　MAC ID 检测定时器

2. 拨号(建立连接)

张三拨打李四的手机号码,接通后就会传来李四的声音信息。两人都知道对方的电话号码,两人在一定的机制之上展开通话,如:

张三问道:“您几号出差到北京?”　　　　(询问)
李四答道:“10 月 8 号。”　　　　　　　　(响应)
…… ……(两人需要在间隔较短时间内,一问一答通话。)

。。。 。。。(如果张三问李四“出差几天?”,等了 3 分钟都听不到李四回答,说明通信中断,张三挂断电话。) (错误响应)

(需要重新拨号建立连接。) (拨号)

通过 iCAN 的报文帧格式,目标节点和源节点均可以知道双方的 CAN_ID。iCAN 设备进入预操作状态后,也需要主站和从站建立连接,并且采用连接定时器对建立的连接进行约束。连接定时器是用 MCU 的一个定时器定时实现的。

(1) 连接定时器

一个连接中通过连接定时器实现连接通信响应的超时机制。该连接定时器通过主站通信定时参数(CyclicMaster)进行设定,就是设定了主站和从站之间通信的最小间隔;如果超过这个时间间隔,主站和站没有通信,说明两者通信就中断了。

主站通信定时参数(CyclicMaster)为资源节点 0xF5,如表 4-13 所列。主站和从站建立连接时,主站设置了从站的通信定时参数(CyclicMaster)。

表 4-13 主站循环参数资源列表

资源类型	字 节	功 能	读/写文件	索 引	次级索引
内容	1	CyclicMaster	R/W	0xF5	—

➢ 当 CyclicMaster>0 时,(CyclicMaster×4)时间为从站判断主站发送通信报文的是否超时的时间间隔;

➢ 当 CyclicMaster=0 时,主站和从站不存在超时判断。

由此可以看出,主站和从站之间通过通信定时参数约定了一个网络畅通的监测机制。

注意,如果从站判断主站通信报文超时,则自动删除连接,退出通信。

对于主站,CyclicMaster 的时间单位为 10 ms,即 CyclicMaster 支持的最大时间为:255×10 ms=2 550 ms,即 2.55 s。

当连接建立时,从站设备的连接定时器被激活。当检测到已经接收一个合法的报文时,连接将立即执行下列任务:

➢ 从站设备复位连接定时器,将定时器值恢复为初始装载值;

➢ 从站设备重新启动连接定时器。

如果在通信过程中,连接定时器计满则意味着通信事件超时,此时从站设备会自动删除连接,过程如图 4-3 所示。

(2) 询问和应答

主站和从站建立连接后,两者之间即可通过命令帧和响应帧的方式进行通信;如果通信出现错误,还会有异常响应帧。

以源节点(0x00)向目标节点(0x15)的发出建立连接命令为例来说明,如表 4-14 所列。节点(0x15)为 8 数字量输入和 8 数字量输出单元,主站通信定时参数设置为 0xFF。

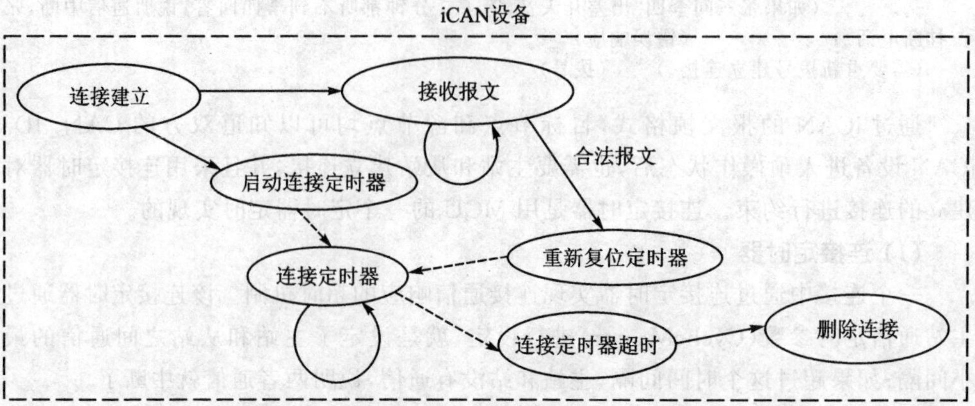

图 4-3 连接定时器

表 4-14 建立连接命令

帧类型	CAN 帧 ID					DLC	CAN 帧数据部分	
	SrcMACID	DestMACID	ACK	FuncID	SourceID		Segflag	1~7 个字节
命令帧	0x00	0x15	0	0x04	0xF7	3	0x00	0x00,0xFF
正常响应帧	0x15	0x00	1	0x04	0xF7	5	0x00	0x08,0x08,0x00,0x00
异常响应帧	0x15	0x00	1	0x0F	0xF7	2	0x00	ERRID

当然,有很多格式的命令帧,如建立连接命令、读端口命令、写端口命令、删除连接命令、设备复位命令等,这在后面的 iCAN 协议介绍中将展开论述。

3. 报表方式通话

张三问:"请告诉我 10 月 8 号上午,石家庄到北京西的高铁车次都有哪些?您说慢些,我拿笔记下。" (约定报表方式,张三只需要听)

李四答:"G6702,06:46 出发; (间隔循环方式回答)
G6704,07:15 出发;
G6708,08:15 出发;
G6710,11:04 出发。"

iCAN 主站也可以要求从站每隔约定的时间间隔再发送报文。例如:主站要求从站每隔 100 ms 发送 I/O 数字开关量状态给主站。在此方式下引入了循环定时器的概念,用 MCU 的定时器约定一定时间,从站发送报文给主站。

(1) 循环传送定时器

循环传送定时器用于时间触发传送。在一个连接中当循环传送定时超时后,从站设备发送报文。循环传送定时器通过 CyclicParameter 进行设定。

定时循环参数(CyclicParameter)为资源节点 0xF4,如表 4-15 所列。

表 4－15　定时循环参数资源列表

资源类型	字节	功能	读写文件	索引	次级索引
内容	1	CyclicParameter	R/W	0xF4	—

建立连接后，主站设备可以通过写命令对资源节点 CyclicParameter 进行操作。在一个连接中当循环传送定时超时后，从站设备发送报文。

➢ 当 CyclicParameter＝0 时，从站设备的循环传送定时器不用装载，此时连接不存在基于时间触发的通信。

➢ 当 CyclicParameter ＞0 时，从站设备的循环传送定时器定时参数装载值为 CyclicParameter（单位为 10 ms）。

CyclicParameter 的时间单位为 10 ms，即 CyclicParameter 支持的最大时间为：255× 10 ms＝2 550 ms，即 2.55 s。

当连接建立并设置了循环定时参数后，从站设备的循环传送定时器被激活。当从站设备的循环传送定时器超时后，连接将执行以下任务（参考图 4－4）：

① 从站设备发送报文；

② 从站设备复位循环传送定时器，将定时器值恢复为初始装载值；

③ 从站设备重新循环传送定时器。

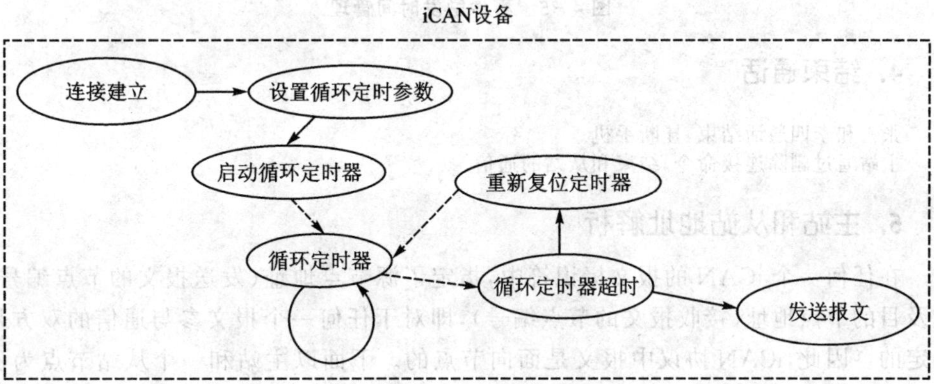

图 4－4　循环传送定时器

(2) 事件触发时间管理

张三问：“请做个过往车辆颜色统计，告诉我经过您身边车辆的颜色，我拿笔记下。”（约定报表方式，张三只需要听）

李四答：“红色、黑色、蓝色、白色、黄色、红色、银白……”

可能李四处于交通干线，过往车辆很多，上报车辆颜色时说得很快，所以张三不能完全记录。于是，张三和李四约定：“每隔 1 s 上报一次，以便记录。”

iCAN 主站通过事件触发时间管理的方式约束从站发送报文，以免造成网络过载。例如：主站要求从站在时间间隔不小于 10 ms 的情况下，发送 I/O 数字开关量状态给主站。

事件触发时间管理在 iCAN 协议规范中并没有明确的定义，但是，事件触发机制会使从站主动上传数据报文。如果从站根据触发事件不断发送报文，会导致从站过多地占据总线。因此，对于从站的事件触发间隔时间也必须进行管理。

图 4－5 说明了事件触发时间管理的流程，如果 iCAN 设备设置了状态触发使能，若满足事件触发的条件，则在传送事件触发报文之前，必须对这次触发和上次触发的时间间隔进行处理；如果时间间隔不小于允许的时间间隔，则可以发送事件触发报文。一般允许的事件间隔时间设定为 10 ms。

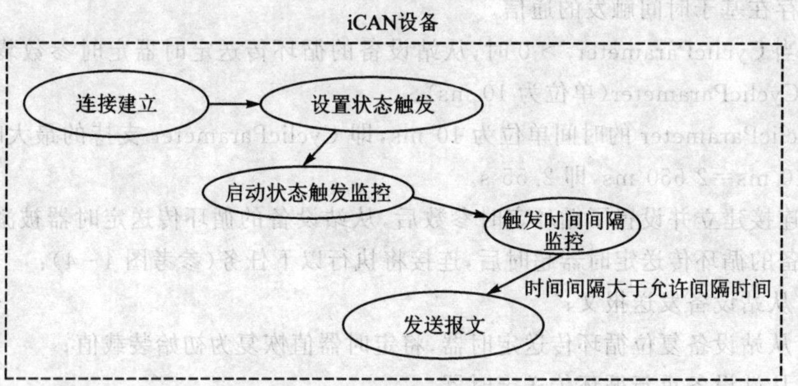

图 4－5　事件触发时间管理

4. 结束通话

张三和李四通话结束，挂断手机。
主站通过删除连接命令，结束和从站的通信。

5. 主站和从站地址解析

在任何一个 iCAN 的报文标识符中，指定了源节点地址(发送报文的节点编号)以及目的节点地址(接收报文的节点编号)，即对于任何一个报文参与通信的双方是确定的。因此，iCAN 协议中报文是面向节点的。下面以主站和一个从站节点为例(如图 4－6 所示)，说明通信过程中两者地址的描述。

假设主站的地址为 0X15，从站节点 A 的地址为 0X1F，则通信过程中主站和从站的地址描述如下：

主站设置	主站发给从站时的帧标示符	传输方向	从站设置
XXXX（源节点）	0X15（源节点）	⇨	XXXX（源节点）
0X15（目标节点）	0X1F（目标节点）		0X1F（目标节点）

主站设置	传输方向	从站发给主站时的帧标示符	从站设置
XXXX（源节点）	⇦	0X1F（源节点）	XXXX（源节点）
0X15（目标节点）		0X15（目标节点）	0X1F（目标节点）

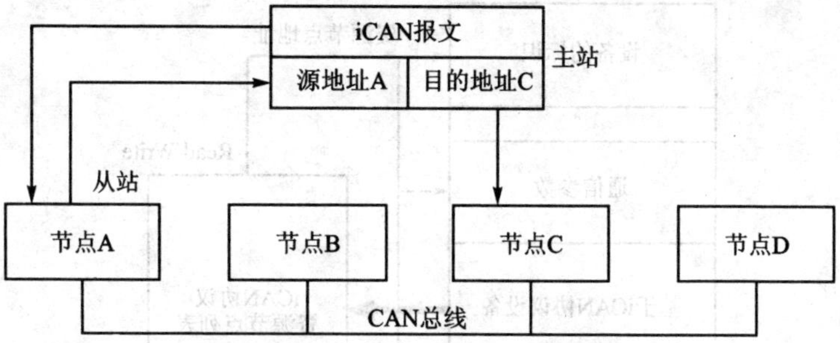

图 4-6　面向节点的 iCAN 协议

说明：

① 主站和从站的滤波器采用扩展帧双滤波器设置，上表中的"XXXX"表示"忽略"，因为双滤波器设置时，只要报文通过其中一个滤波器即可接收报文。

② 主站的滤波器及屏蔽器设置数组为 BOSS_filter[8]={0,0x15,0,0,0,0,0,0}。

③ 从站的滤波器及屏蔽器设置数组为 SLAVE_filter[8]={0,0x1f,0,0,0,0,0,0}。

4.1.4 iCAN 协议中的设备定义

iCAN 协议中提供了统一的设备描述以及设备访问方法。在 iCAN 协议中，设备通过 4 个部分进行定义：设备的标识部分、设备的通信参数、设备的 I/O 单元定义、设备的 I/O 配置参数。

iCAN 协议中将设备的标识、配置信息（通信参数、I/O 配置参数）以及 I/O 单元采用表格的方式进行描述，称作资源节点表格。在资源节点表格中，设备的标识、配置信息以及 I/O 单元均有唯一的表格地址与之相对应（如图 4-7 所示），通过对于资源表格（表 4-8）的访问即可获取设备的各种信息。

解析说明：

① 表 4-8 中资源节点的地址其实就是定义的数组变量的地址，只是 iCAN 协议具体规划了表示不同含义数组的地址。以数字输入单元地址为例进行说明，iCAN 协议规定数字输入单元地址范围是 0X00～0X1F，即 32 个地址单元，类似于定义了一个 32 字节的数组 DI[32]。如果用户的节点只有 8 路数字输入量，那么只需要用其中第一个字节 DI[0]表示即可，规划其地址为 0X00。

② 资源节点地址的用途：方便对具体节点地址进行操作。例如，收到读取 8 路数字变量的命令报文后，执行操作：

```
DI[0] = P1;                    //假如说 8 路数字输入量位于 P1 口
```

然后，直接按照 iCAN 协议将 DI[0]作为数据发送报文即可。

③ 这样规划的优点是：iCAN 协议统一定义了数组变量，避免了不同程序员编写程序时定义的变量五花八门的问题。

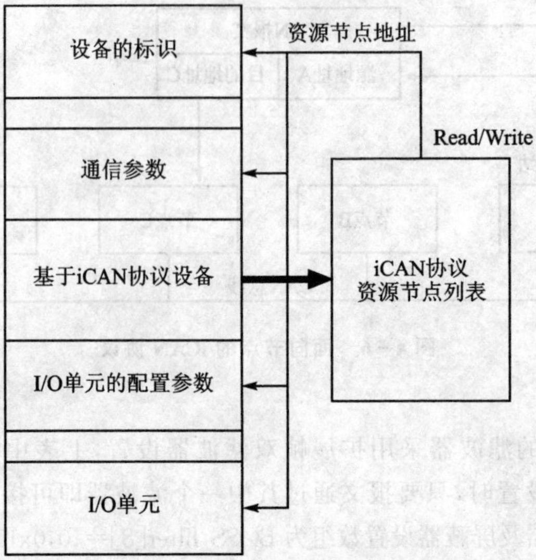

图 4-7 资源列表与设备信息的映射关系

④ 表 4-8 中资源节点的地址中还有产品固件版本、产品序列号等描述产品自身的定义字节,这只是厂家定义的说明性资料,就像应用软件时单击"帮助或者查看"就会看到软件的描述信息一样,跟用户没有丝毫关系。

具体的资源说明如下:

1. I/O 资源说明

1) DI:数字量输入单元

DI 映射到 iCAN 设备中的数字量输入端口。资源节点编号范围为 0x00~0x1f,支持数字量输入单元的最大数目为 32×8=256。例如,当 CAN 节点设备支持 8 路数字量输入单元时,资源节点地址 0x00 对应于节点设备中的 8 路数字量输入单元。

DI 区支持功能码:连续读端口(FuncID:0x03)和循环(FuncID:0x04);对于 DI 区,每次至少读出 8 位(1 字节),如表 4-16 所列。

表 4-16 DI 支持功能码

FUNC ID	功 能	说 明
0x03	连续读端口	帧中 SegFlag 后跟 LengthFlag,说明要读出的数据长度
0x04	输入端口循环传送	循环上送数字量输入单元数据,数据长度与设备输入端口相关

2) DO:数字量输出单元

DO 映射到 iCAN 设备中的数字量输出端口。资源节点编号范围 0x20~0x3f,支持数字量输出单元的最大数目为 32×8=256。例如,当 CAN 节点设备支持 8 路数字量输出单元时,资源节点地址 0x20 对应于节点设备中的 8 路数字量输出单元。

DO 区支持功能码:连续读端口(FuncID:0x02),每次至少写入 8 位(1 字节),如

表 4-17 所列。

表 4-17　DO 支持功能码

FUNC ID	功　能	说　明
0x02	连续写端口	根据要输出的数据长度，决定是否采用分段传输

3) AI：模拟量输入单元

AI 映射到 iCAN 设备中的模拟量输入端口。资源节点编号范围 0x40～0x5f，模拟量输入单元长度为 16 位，支持模拟量输入单元的最大数目为 16。例如当 CAN 节点设备支持 8 路模拟量输入单元时，资源节点地址 0x40～0x4f 对应于节点设备中的 8 路模拟量输入单元。

对于 AI 区，支持功能码：连续读端口（FuncID：0x03）和循环（FuncID：0x04）。AI 区每次至少读出一个通道（2 字节）。软件获得的 AI 值与 AI 通道的分辨率、基准电压值有关。可以通过对于 I/O 配置寄存器（SourceID：0xF9）的访问获得目标节点的 AI 分辨率参数。同一节点的 AI 所有通道的分辨率一致，如表 4-18 所列。

表 4-18　AI 支持功能码

FUNC ID	功　能	说　明
0x03	连续读端口	帧中 SegFlag 后跟长度 LengthFlag，说明要读出的数据长度
0x04	输入端口循环传送	循环上送数字量输入单元数据，数据长度与设备输入端口相关

4) AO：模拟量输出单元

AO 映射到 iCAN 设备中的模拟量输出端口。资源节点编号范围 0x60～0x7f，模拟量输出单元长度为 16 位，支持模拟量输出单元的最大数目为 16。例如当 CAN 节点设备支持 8 路模拟量输出单元时，资源节点地址 0x60～0x6f 对应于节点设备中的 8 路模拟量输入单元。

AO 区支持功能码：连续读端口（FuncID：0x02）。AO 区每次至少写入一个通道（2 字节）。AO 输出参数有 AO 通道的分辨率、响应模式以及通信超时时的输出状态等。可以通过对于 I/O 配置寄存器（SourceID：0xF9）的读/写来获得或者设置目标节点的 AO 参数。同一节点的 AO 所有通道的参数一致，如表 4-19 所列。

表 4-19　AO 支持功能码

FUNC ID	功　能	说　明
0x03	连续写端口	根据要输出的数据长度，决定是否采用分段传输

5) Serial Port

Serial Port0：串口 1：资源节点编号范围 0x80～0x9f；

Serial Port1：串口 2：资源节点编号范围 0xa0～0xbf。

6) 其他应用单元

资源节点编号范围 0xc0～0xdf，该部分为保留单元，用于扩展。

2. 配置资源说明

配置资源节点编号范围 0xE0～0xff;配置单元主要用于设备的标识信息、通信参数以及 I/O 配置参数。配置资源列表如表 4－20 所列。

表 4－20 配置资源列表

Index	Bytes	Function	Attrib	Description	SubIndex
0xE0～0xE1	2	Vendor ID	RO	厂商代码,固定值	—
0xE2～0xE3	2	Product Type	RO	产品类型,固定值	—
0xE4～0xE5	2	Product Code	RO	产品型号,固定值	—
0xE6～0xE7	2	Hardware Version	RO	产品硬件版本	—
0xE8～0xE9	2	Firmware Versin	RO	产品固件版本	—
0xEA～0xED	4	Serial Number	RO	4 字节产品 SN 号码	—
0xEE	1	MAC ID	R/W	本机节点的 ID 编号	—
0xEF	1	BaudRate	R/W	CAN 波特率,值 0xFF 无效	—
0xF0～0xF3	4	UserBaudrate Set	R/W	用户设置的特殊波特率值	—
0xF4	1	CyclicParameter	R/W	循环模式(Cyclic)定时参数 时间单位为:10 ms	—
0xF5	1	CyclicMaster	R/W	主站通信定时参数 时间单位为:10 ms	—
0xF6	1	COS type set	R/W	状态改变触发使能	—
0xF7	1	Master MAC ID	R/W	主站 MAC ID	—
0xF8	1	IO parameter	RO	输入输出通道参数	0x00～0x05
0xF9	1	IO configure	R/W	输入输出配置参数	0x00～0xbf
0xFA～0xFF	6	Reserve	—	—	—

(1) 设备标识资源

设备标识资源用于说明产品的一般信息,包括如表 4－21 所列的资源节点。

表 4－21 设备表示资源

资源类型	Bytes	Function	Attrib	Index	SubIndex
设备标识 DevIdentity	2	Vendor ID	RO	0xE0	—
	2	Product Type	RO	0xE2	—
	2	Product Code	RO	0xE4	—
	2	Hardware Version	RO	0xE6	—
	2	Firmware Versin	RO	0xE8	—
	4	Serial Number	RO	0xEA	—

其中,Vendor ID:用于标识产品供应商;Product Type:用于表示产品的类型以及功能;Product Code:产品型号,用于区分同一系列产品中的不同型号;Hardware Version:产品的硬件版本;Firmware Version:产品的固件版本;Serial Number:产品

序列号。

设备标识资源支持功能码：连续读端口（FuncID：0x03），用于对设备标识资源的访问。注意，不同设备标识资源的长度是不一致的，如表 4－22 所列。

表 4－22 DevIdentity 支持功能码

FUNC ID	Function	Frame Description
0x01	连续读端口	帧中的 SegFlag 后面跟长度 LengthFlag，说明要读出的数据长度

(2) 通信参数资源

通信参数资源用于说明 iCAN 设备的通信参数，包括如表 4－23 所列的资源节点。

表 4－23 通信参数资源列表

资源类型	Bytes	Function	Attrib	Index	SubIndex
通信参数 CommPara	1	MAC ID	R/W	0xEE	—
	1	BaudRate	R/W	0xEF	—
	4	UserBaudrate Set	R/W	0xF0～0xF3	—
	1	CyclicParameter	R/W	0xF4	—
	1	CyclicMaster	R/W	0xF5	—
	1	COS type set	R/W	0xF6	—
	1	Master MAC ID	R/W	0xF7	—

说明如下：

MAC ID：节点编号，为设备在网络上的唯一标识，范围为：0x00～0xFE。BaudRate：节点 CAN 通信波特率，如表 4－24 所列。UserBaudrate Set：用户设定波特率值，当 BaudRate＝0xFF 时，用户设定值有效。CyclicParameter：定时循环参数，当 CyclicParameter＞0 时，按照 CyclicParameter 设定定时参数，循环传送 I/O 数据值。CyclicMaster：主站通信定时参数，当 CyclicMaster＞0 时，(CyclicMaster×4)时间为从站判断主站发送通信报文是否超时的时间间隔。**注意**：如果从站判断主站通信报文超时，则自动删除连接，退出通信。COS type Set：状态改变配置参数。Master MAC ID：网络上主站的编号，范围为 0x00～0xFF。

表 4－24 波特率定义

BaudRate 值	0x00	0x01	0x02	0xFF
对应 CAN 波特率	10 kbps	100 kbps	500 kbps	BaudRate 设定值无效，采用用户波特率设定值

注意，定时循环参数 CyclicParameter 和主站通信定时参数 CyclicMaster 的时间单位为 10 ms，即 CyclicParameter 和 CyclicMaster 支持的最大时间为 255×10 ms＝2 550 ms，即 2.55 s。对于支持 iCAN 协议的设备，不能够同时支持定时循环模式和状态改变模式。

通信参数支持功能码(见表4-25):连续写端口(FuncID:0x02)、连续读端口(FuncID:0x03)。对通信参数资源访问时注意,不同通信参数的长度并不一致。

表4-25 CommPara功能码

FUNC ID	Function	Frame Description
0x00	连续写端口	根据要输出的数据长度,决定是否采用分段传输
0x01	连续读端口	帧中SegFlag后跟长度LengthFlag,说明要读出的数据长度

(3) I/O参数及设置

I/O参数资源用于说明iCAN设备的I/O参数,并可以对输入输出通道进行配置,包括如表4-26所列的资源节点。

表4-26 I/O参数及设置资源列表

资源类型	字 节	Function	Attrib	Index	SubIndex
I/O参数及设置	1	I/O parameter	RO	0xF8	0x00～0x05
	1	I/O configure	R/W	0xF9	0x00～0xbf

说明如下:I/O parameter:I/O通道的参数,主要为I/O通道的长度;输入输出通道参数,还需要指定访问的子地址,如表4-27及表4-28所列。

表4-27 输入输出通道参数索引号

Index	Bytes	Function	Attrib	Description
0xF8	1	I/O parameter	RO	输入输出通道参数

表4-28 输入输出通道参数子索引号

SubIndex	Bytes	Function	Attrib	Description
0x00	1	DI length	RO	DI单元数目
0x01	1	D0 length	RO	D0单元数目
0x02	1	AI length	RO	AI单元数目
0x03	1	AO length	RO	AO单元数目

I/O parameter支持功能码(见表4-29):连续读端口(FuncID:0x03)。注意:读取I/O parameter时读取的数据长度为4字节,目前I/O parameter暂不支持对于子索引地址的访问。

表4-29 I/O parameter支持功能码

FUNC ID	Function	Frame Description
0x03	连续读端口	帧中SegFlag后跟LengthFlag=4,说明要读出的数据长度.为4字节

I/O config:I/O通道的配置参数,用来配置输出通道在通信未连接时的输出值、模拟量通道的属性(测量范围、分辨率等)。对于输入输出配置参数的访问,还需要指

定访问的子地址，如表 4-30 和表 4-31 所列。

表 4-30　输入输出配置参数索引号

Index	Bytes	Function	Attrib	Description
0xF9	1	I/O configure	R/W	输入输出配置参数

表 4-31　输入输出配置参数子索引号

SubIndex	Bytes	Function	Attrib	Description
0x00—0x1f	32	DI state	R/W	DI 单元配置参数
0x20—0x3f	32	D0 state	R/W	D0 单元配置参数
0x40—0x5f	32	AI state	R/W	AI 单元配置参数
0x60—0x7f	32	AO state	R/W	AO 单元配置参数
0x80—0x9f	32	Serial Port0 state	R/W	Serial Port0 配置参数
0xA0—0xbf	32	Serial Port1 state	R/W	Serial Port1 配置参数
0xC0—0xdf	32	Reserve	—	—
0xE0	1	AIO SET	R/W	模拟量特性配置参数
0xE1	1	Measure Range SET	R/W	模拟量测量范围配置参数

输入输出配置参数支持功能码(见表 4-32)：连续写端口(FuncID：0x01)、连续读端口(FuncID：0x02)。对于输入输出配置参数的访问，还需要指定访问的子地址。

表 4-32　输入输出配置参数支持功能码

FUNC ID	Function	Frame Description
0x01	连续写端口	根据要输出的数据长度，决定是否采用分段传输
0x02	连续读端口	帧中 SegFlag 后跟 LengthFlag，说明要读出的数据长度

4.1.5　iCAN 报文传输协议

1. 报文类型

(1) iCAN 帧格式

CAN 网络的源节点负责发起通信，在网络上发送命令帧的一般是主控节点。命令帧格式如下：

SrcMACID	DestID	ACK=0	FuncID	SubID	分段码	0～7 个数据

ACK=0 表示需要目标节点应答；当 DestID= 0xFF 时命令帧为广播帧，广播帧时可以设置 ACK=1。

如果 CAN 网络的目标节点收到命令帧并处理，则发送正常的响应帧至网络。ACK=1 表示为响应帧，无须应答。这里的 FuncID 与命令帧的 FuncID 相同，表示本帧为正常回应。

正常响应帧的格式如下：

SrcMACID	DestID	ACK=1	FuncID	SubID	分段码	0～7 个数据

如果 CAN 网络的目标节点在收到命令帧后，无法对该命令帧进行处理(例如功能码不支持、参数错误时等)，则发送出错响应帧至网络。ACK=1 表示为响应帧，无需应答。FuncID=0xF 表示本帧为回应错误代码。

出错响应帧的格式如下：

SrcMACID	DestID	ACK=1	FuncID=0x0F	SubID	0x00	ERRID

在出错响应帧中的错误代码(ErrID)用于说明错误类型，现有的错误代码如表 4-33 所列。

表 4-33　错误代码

ErrID	Description	ErrID	Description
01	功能码不存在	04	参数非法
02	资源不存在	05	连接不存在
03	命令不支持		

(2) iCAN 分段帧格式

命令帧格式如下：

SrcMACID	DestID	ACK=0	FuncID	SubID	分段码 SegFlag	0～7 个数据

响应帧的格式如下：

SrcMACID	DestID	ACK=1	FuncID	SubID	分段码 SegFlag	0～7 个数据

当传输的数据字节数不超过 7 个时，分段码 SegFlag =0x00；当传输的数据字节数超过 7 个时，采用分段传输。此时 SegFlag 的格式定义如下：

Bit7	Bit6	Bit5	Bit4	Bit3	Bit2	Bit1	Bit0
SegPolo		SegNum					

SegPolo 表示分段标志，SegNum 表示分段编号，SegPolo 的位值如表 4-34 所列来定义。

表 4-34　分段标志

SegPolo 位值	含　义	SegPolo 位值	含　义
00	本次数据传输没有分段	10	中间分段。SegNum 值从 0x01 起，每次加 1，以区分段数
01	批量数据传输的第 1 个分段；此时，SegNum=0x00 值	11	最后分段。SegNum 值无关

说明：如果采用分段传输，第一分段的 SegFlag=0x40，最后的分段 SegFlag=

0xC0 值。当报文分帧传送时，接收节点（目标节点）只在接收完成报文全体的最后 1 帧后才做出响应。

2. 报文传输规则

在 iCAN 通信协议中报文传输遵从“命令-响应”的模式，即主站设备传输报文给从站设备，从站设备接收报文进行处理，并向主站设备发送响应报文，如图 4-8 所示。通常把主站设备发送的报文称作命令帧，报文中 ACK=0；从站设备发送的响应报文称作响应帧，报文中 ACK=1。响应帧根据实际返回的信息，分为正常响应帧和异常响应帧。

在网络报文传输时，存在以下几种特殊情况：

(1) MAC ID 检测帧

MAC ID 检测帧是指命令帧中功能码（FuncID）为 0x07 的报文，该报文由任何的从站设备发送，任何从站设备可以检测并决定是否响应，如图 4-9 所示。

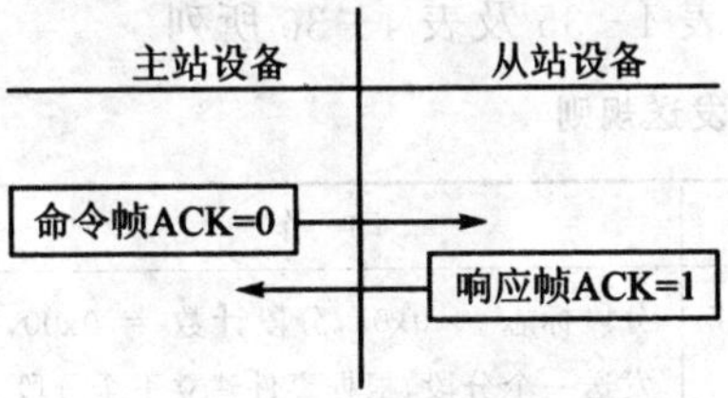

图 4-8 报文传输协议

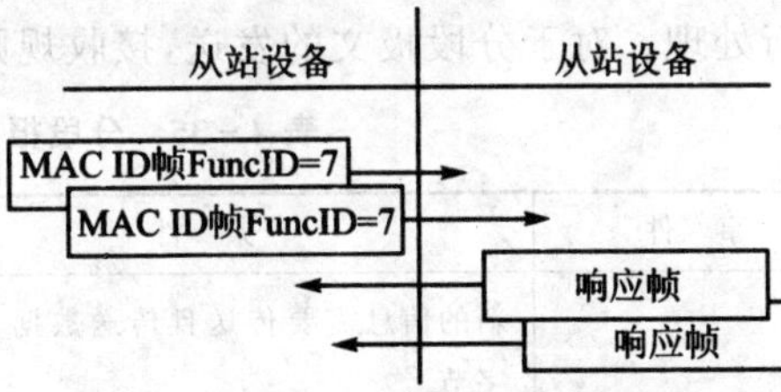

图 4-9 MAC ID 报文传输协议

(2) 广播帧

广播帧是指命令帧中目的地址（DestMACID）为 0xFF 的报文，此时从站设备不需要应答，如图 4-10 所示。

(3) 事件触发帧

事件触发帧是指由从站设备主动上传的报文，该报文的功能码 Fucn ID=0x03，ACK=1，如图 4-11 所示。

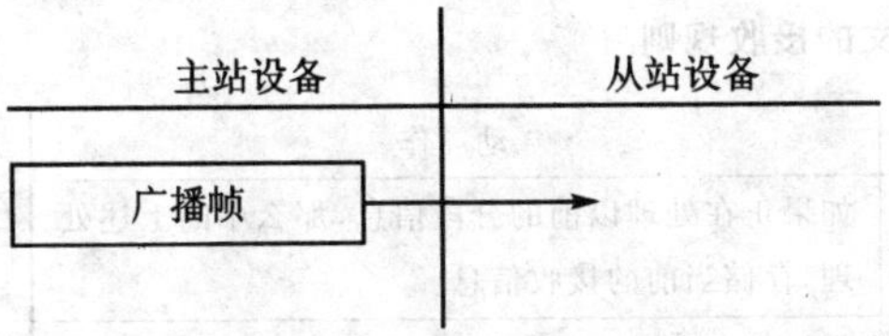

图 4-10 广播帧的传输

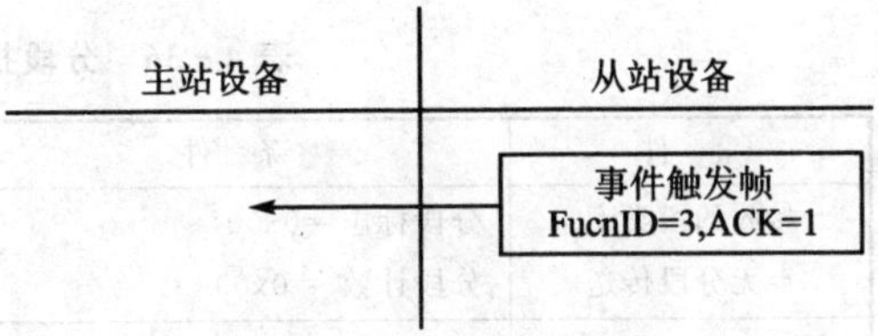

图 4-11 事件触发帧的传送

(4) iCAN 分段报文传输协议

在传送大于 7 个字节长度的数据时，需要采用分段传送报文的方法。当报文分帧传送时，接收节点（目标节点）只在接收完成报文全体的最后 1 帧后才做出响应，如

图 4-12、图 4-13 所示。

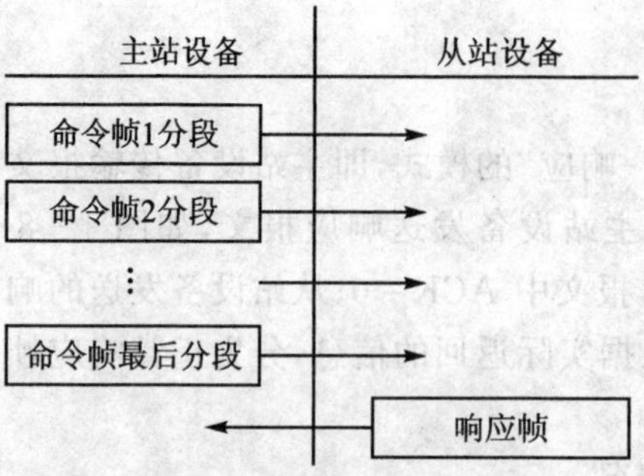

图 4-12　命令帧的分段传送

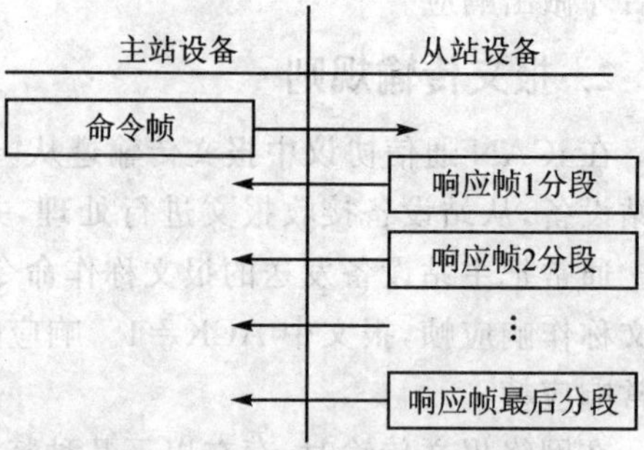

图 4-13　响应帧的分段传送

对于分段报文的传输,在分段报文没有传送完毕,即最后分段没有传送之前,接收节点是不需要应答的。接收节点完全正确地接收完整分段的报文后,根据报文功能进行处理。对于分段极文的发送,接收规则如表 4-35 及表 4-36 所列。

表 4-35　分段报文的发送规则

事　件	条　件	动　作
发送第一个分段	新的信息需要传送且传送数据大于 7 字节	分段标志 = 0x01,分段计数 = 0x00,发送一个分段,根据事件建立下个分段
	传送数据小于等于 7 字节:无分段传送	分段标志 = 0x00,分段计数 = 0x00,发送这个信息
发送中间分段	剩余数据大于 7 字节	分段标志 = 0x10,分段计数在先前的段计数上加 1,发送一个分段,根据事件建立下个分段
发送最后分段	剩余数据小于等于 7 字节	分段标志 = 0x11,分段计数无关,发送一个分段,完成信息发送

表 4-36　分段报文的接收规则

事　件	条　件	动　作
接收的段类型=无分段传送	分段标志=0x00,分段计数 =0x00	如果正在处理以前的分段信息,那么中断上述处理,存储当前的接收信息
接收的分段,段类型=第一分段	分段计数 = 0x00	如果正在处理以前的分段信息,那么中断上述处理,存储当前的段计数以及相关的信息段
	分段计数 != 0x00	如果正在处理以前的分段信息,那么中断上述处理,丢弃分段并复位,以等待下一传输的第一段

续表 4-36

事 件	条 件	动 作
接收的分段，段类型＝中间分段	第一分段还未接收	放弃该分段，继续等待下一传输的第一段
	分段计数在数值上比先前接收到的段计数大 1	存储这个分段的段计数以及相关的信息段
	分段计数在数值上不比先前接收到的段计数大 1	放弃该分段并复位，继续等待下一传输的第一段
	接收太多的数据	如果分段数据已经超过用户允许的最大数据长度，放弃该分段并复位，继续等待下一传输的第一段
接收的分段，段类型＝最后分段	第一分段还未接收	放弃该分段，继续等待下一传输的第一段
	分段计数无关	存储这个分段的段计数以及相关的信息段，并整合所有信息段进行相应处理。复位，等待下一传输的第一段

3. iCAN 通信帧解析

(1) MAC ID 检测命令：FuncID＝0x07

MAC ID 检测命令帧用于检测网络中是否具有相同 MAC ID 的节点。如果网络中已存在该 MAC ID 的节点，则在接收到 MAC ID 检测命令帧后会给出响应，告知该 MAC ID 已经被占有。MAC ID 检测命令帧格式如下：

CAN 帧 ID					CAN 帧数据部分		
源节点 MAC ID	目标节点 MAC ID	ACK ＝0	功能码：0x07	资源节点：0xEE	分段码：0x00	MAC ID	产品序列号（4 字节）

在 MAC ID 检测命令帧中源节点和目的节点 ID 均为节点的 MAC ID，报文数据长度为 2 字节，报文数据第一个字节表示分段码标识，报文数据第二个字节表示节点的 MAC ID。

MAC ID 检测响应帧帧格式：

CAN 帧 ID					CAN 帧数据部分		
源节点 MAC ID	目标节点 MAC ID	ACK ＝1	功能码：0x07	资源节点：0xEE	分段码：0x00	MAC ID	产品序列号（4 字节）

如果网络上有相同 MAC ID 的节点，当接收到 MACID 检测请求报文时，会发出 MAC ID 检测的响应帧。

以节点(0x15)发送的“MAC ID 检测”报文为例说明，过程如下：

帧类型	CAN 帧 ID					DLC	CAN 帧数据部分	
	SrcMACID	DestMACID	ACK	FuncID	SourceID		Segflag	1～7 字节
MACID 检测帧	0x15	0x15	0	0x07	0xEE	6	0x00	MAC ID，SN
MACID 响应帧	0x15	0x15	1	0x07	0xEE	6	0x00	MAC ID，SN

(2) 建立连接命令:FuncID=0x04

建立连接命令帧用于主站设备建立与从站设备之间的通信,格式如下:

CAN 帧 ID					CAN 帧数据部分		
源节点	目标节点	ACK = 0	功能码:0x04	资源节点 0xFE	分段码:0x00	Master MACID	CyclicMaster

在建立连接命令帧中源节点地址为主站 MACID,报文数据长度为 3 字节,其中,第一个字节表示分段码标识,第二个字节表示 Master MACID,第三个字节表示主站定时循环参数(CyclicMaster)。当 CyclicMaster>0 时,(CyclicMaster×4)时间为从站判断主站发送通信报文是否超时的时间间隔。注意:如果在通信过程中从站判断主站通信报文超时,则自动删除连接,退出通信。

正常响应帧格式:

CAN帧ID					CAN帧数据部分				
源节点	目标节点	ACK =1	功能码:0x04	资源节点 0xF7	分段码 Segflag=0x00	DI Length	DO Length	AI Length	AO Length

如果从站判断接收到的命令帧是合法的且正确处理完毕,则返回正常响应;在响应帧数据部分中,第一个字节表示设备中 DI 单元长度,第二个字节表示设备中的 DO 单元长度,第三个字节表示设备中的 AI 单元长度,第四个字节表示设备中的 AO 单元长度。

错误响应帧格式:

CAN帧ID					CAN帧数据部分	
源节点	目标节点	ACK = 1	功能码:0x0F	资源节点 0xF7	分段码 Segflag=0x00	错误类型代码ERRID

如果从站接收到建立连接命令后从站已经与其他主站建立连接或者命令帧参数错误,则返回错误帧。在响应帧中以错误响应来表示,响应帧中的 ERRID 用于说明错误类型。

以源节点(0x00)向目标节点(0x15)的发出建立连接命令为例说明,节点(0x15)为 8 数字量输入和 8 数字量输出单元,主站通信定时参数设置为 0xFF,过程如下:

帧类型	CAN帧ID					DLC	CAN帧数据部分	
	SrcMACID	DestMACID	ACK	FuncID	SourceID		Segflag	1~7字节
命令帧	0x00	0x15	0	0x04	0xF7	3	0x00	0x00, 0xFF
正常响应帧	0x15	0x00	1	0x04	0xF7	5	0x00	0x08, 0x08, 0x00, 0x00
异常响应帧	0x15	0x00	1	0x0F	0xF7	2	0x00	ERRID

(3) 连续写端口命令:FuncID=0x01

连续写端口命令帧用于修改指定资源节点中的数据,其中指定了要修改的资源节点的数据以及所要进行操作的资源首地址。从站接收到连续写端口命令后,如果判断命令帧有效,就会将资源中的数据返回给主站。连续写端口命令帧格式:

CAN帧ID					CAN帧数据部分	
源节点	目标节点	ACK＝0	功能码：0x01	资源节点	分段码	1~7字节

连续写端口命令帧中报文数据长度为 2 个字节，第一个字节表示分段码标识，第二个字节开始为所要写入的数据；当所要写入的数据超过 7 个字节时，则要采用分段传输。使用连续写端口命令时，最多允许修改 32 个单元的数据。

正常响应帧格式：

CAN帧ID					CAN帧数据部分	
源节点	目标节点	ACK＝1	功能码：0x01	资源节点	Segflag=0x00	—

如果从站判断接收到的命令帧是合法的，且正确处理完毕，则返回正常响应。

错误响应帧格式：

CAN帧ID					CAN帧数据部分	
源节点	目标节点	ACK＝1	功能码：0x0F	资源节点	Segflag=0x00	ERRID

如果从站接收到连续写端口命令后判断该命令帧非法，则返回错误帧。在响应帧中以错误响应来表示，响应帧中的 ERRID 用于说明错误类型。

以源节点(0x00)写入目标节点(0x15)的内部资源 0x80(内容为 0x55 值)为例，如表 4－37 所列。由于仅对一个单元进行操作，这个过程涉及分帧处理的内容。

表 4－37　连续写端口对一个单元的操作

帧类型	CAN帧ID					DLC	CAN帧数据部分	
	SrcMACID	DestMACID	ACK	FuncID	SourceID		Segflag	1~7个字节
命令帧	0x00	0x15	0	0x01	0x80	2	0x00	0x55
正常响应帧	0x15	0x00	1	0x01	0x80	1	0x00	—
异常响应帧	0x15	0x00	1	0x0F	0x80	2	0x00	ERRID

以源节点(0x00)连续写入目标节点(0x15)的内部资源 0x80(写入值为 0x55 值)处开始的长度为 0x12(十进制为 18)个单元内容为例，涉及分帧处理的内容如表 4－38 所列。

表 4－38　连续写端口对 18 个单元的操作

帧类型	CAN帧ID					DLC	CAN帧数据部分	
	SrcMACID	DestMACID	ACK	FuncID	SourceID		Segflag	1~7个字节
命令帧(1)	0x00	0x15	0	0x01	0x80	0x08	0x40	0x55,数据1~6
命令帧(2)	0x00	0x15	0	0x01	0x80	0x08	0x81	数据7~13
命令帧(3)	0x00	0x15	0	0x01	0x80	0x05	0xc0	数据14~17
正常响应帧	0x15	0x00	1	0x01	0x80	1	0x00	—
异常响应帧	0x15	0x00	1	0x0F	0x80	2	0x00	ERRID

(4) 连续读端口命令：FuncID＝0x02

连续读端口命令帧用于读取指定资源节点中的数据，其中指定了要读取的数据长度以及所要读取资源的首地址。从站接收到连续读端口命令后，如果判断命令帧有效，就会将资源中的数据返回给主站。

连续读端口命令帧格式:

CAN帧ID					CAN帧数据部分		
源节点	目标节点	ACK = 0	功能码: 0x02	资源节点	分段码	Lengthflag	SubIndex

连续读端口命令帧中报文数据长度为 2 个字节,第一个字节表示分段码标识(Segflag =0x00),第二个字节为所要读出的数据长度(Lengthflag≤32)。使用连续读端口命令时,最多允许读出 32 个单元的数据。如果所读的字节数据超过 7 个字节,则为分帧响应。在访问配置区域某些单元时,需要在数据部分的第 3 个字节附加上资源节点子地址。

正常响应帧格式:

CAN帧ID					CAN帧数据部分	
源节点	目标节点	ACK = 1	功能码: 0x02	资源节点	分段码	1~7个字节

如果从站判断接收到的命令帧是合法的且正确处理完毕,则返回正常响应;当所要读出的数据超过 7 个字节时,则要采用分段传输。使用连续读端口命令时,最多允许读出 32 个单元的数据。

错误响应帧格式:

CAN帧ID					CAN帧数据部分	
源节点	目标节点	ACK = 1	功能码: 0x0F	资源节点	Segflag=0x00	ERRID

如果从站接收到连续读端口命令后,判断该命令帧非法,则返回错误帧。在响应帧中以错误响应来表示,响应帧中的 ERRID 用于说明错误类型。

源节点(0x00)读取目标节点(0x15)的内部资源 0x00(内容为 0x55 值)如表 4-39 所列。由于仅对一个单元进行操作,不涉及分帧处理的内容。源节点连续读取目标节点的内部资源 0x80(内容为 0x55 值)处开始的长度为 0x12(十进制为 18)个单元内容操作如表 4-40 所列,这里涉及分帧处理的内容。

表 4-39 连续读端口对一个单元的操作

帧类型	CAN帧ID					DLC	CAN帧数据部分	
	SrcMACID	DestMACID	ACK	FuncID	SourceID		Segflag	1~7个字节
命令帧	0x00	0x15	0	0x02	0x00	2	0x00	LengthFlg=0x01
正常响应帧	0x15	0x00	1	0x02	0x00	2	0x00	0x55
异常响应帧	0x15	0x00	1	0x0F	0x00	2	0x00	ERRID

表 4-40 连续读端口对 18 个单元的操作

帧类型	CAN帧ID					DLC	CAN帧数据部分	
	SrcMACID	DestMACID	ACK	FuncID	SourceID		Segflag	1~7个字节
命令帧	0x00	0x15	0	0x02	0x00	2	0x00	LengthFlg=0x12
命令帧(1)	0x15	0x00	1	0x02	0x00	0x08	0x40	0x55,数据1~6
命令帧(2)	0x15	0x00	1	0x02	0x00	0x08	0x81	数据7~13
命令帧(3)	0x15	0x00	1	0x02	0x00	0x05	0xc0	数据14~17
异常响应帧	0x15	0x00	1	0x0F	0x00	2	0x00	ERRID

(5) 输入端口事件触发传送命令:FuncID=0x03

输入端口循环命令仅对输入端口有效。当正确配置了设备的循环参数(SourceID:0xF4)后,设备可以定时将输入数据上传到主站。输入端口循环发送的报文帧格式:

CAN帧ID					CAN帧数据部分	
源节点	目标节点	ACK=1	功能码:0x03	资源节点	分段码	输入端口数据

根据输入端口的数据长度,决定是否采用分段传输。

假设节点 0x15 具有 16 个数字量输入单元,则定时发送的循环报文帧为:

帧类型	CAN帧ID					DLC	CAN帧数据部分	
	SrcMACID	DestMACID	ACK	FuncID	SourceID		Segflag	1~7个字节
循环报文帧	0x15	0x00	1	0x03	0x00	3	0x00	DI0~DI15

(6) 删除连接命令:FuncID=0x05

删除连接命令帧用于主站撤销与从站建立的通信,命令帧格式:

CAN帧ID					CAN帧数据部分	
源节点 Master MACID	目标节点	ACK=0	功能码:0x05	资源节点 0xFE	分段码:0x00	Master MACID

删除连接命令帧中报文数据长度为 2 字节,第一个字节表示分段码标识,第二个字节表示 Master MACID。

正常响应帧格式:

正常响应帧格式:CAN帧ID					CAN帧数据部分	
源节点	目标节点	ACK=1	功能码:0x05	资源节点 0xF7	分段码 Segflag=0x00	—

如果从站判断接收到的命令帧是合法的且正确处理完毕,则返回正常响应。

错误响应帧格式:

CAN帧ID					CAN帧数据部分	
源节点	目标节点	ACK=1	功能码: 0x0F	资源节点 0xF7	分段码 Segflag=0x00	错误类型代码ERRID

如果从站接收到删除连接命令时从站并没有建立连接或者命令帧参数非法,则返回错误帧。在响应帧中用异常响应帧来表示,响应帧中的 ERRID 用于说明错误类型。

(7) 设备复位命令:FuncID=0x06

设备复位命令帧用于复位设备,格式如下:

CAN帧ID					CAN帧数据部分	
源节点	目标节点	ACK=0	功能码:0x06	资源节点	分段码:0x00	DestID

在设备复位命令帧中资源节点可以为任意地址,报文数据长度为 2 字节,第一个字节表示分段码标识,第二个字节表示目标节点 ID。

源节点(0x00)向目标节点(0x15)的发出复位命令操作如下:

帧类型	CAN帧ID					DLC	CAN帧数据部分	
	SrcMACID	DestMACID	ACK	FuncID	SourceID		Segflag	1~7个字节
MACID检测帧	0x00	0x15	0	0x06	0xE0	2	0x00	0x15

4.1.6 iCAN 报文处理流程

图 4-14 描述了 iCAN 节点对于数据请求报文的一般处理过程。一旦请求被处理完,则产生一个 iCAN 响应报文。在报文处理时,主站设备根据对从站设备需要的操作确定从站 MAC ID、报文的功能码、所要操作的资源节点及数据参数。

从站设备接收到主站设备的报文后,需要根据报文中的目的地址、功能码、资源节点以及数据参数进行判断,以决定该报文是否为合法的报文。根据数据请求报文处理的结果会产生不同类型的响应:

- 正常的 iCAN 回应:回应功能码 = 请求功能码。
- 异常的 iCAN 回应:目的是提供给客户机处理过程中相关的出错信息;异常功能码 =0x0F;并通过异常错误代码反映错误类型。

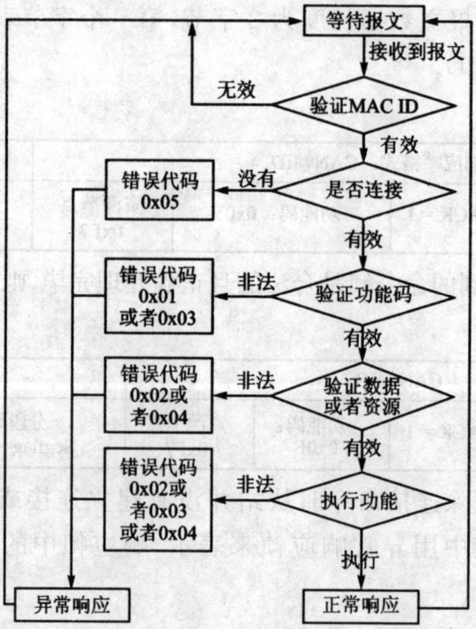

图 4-14 iCAN 报文处理流程

4.2 基于 iCAN 协议智能节点开发的一般步骤

① 硬件设计方面:综合考虑节点的硬件功能要求、硬件成本、PCB 尺寸布局和接口形式、电源供电要求等要素,设计电路原理图和 PCB 制版图。设计电路原理图时,

注意避免 CAN 控制器(如 SJA1000、MCP2515)的片选地址与其他外部存储器地址冲突,还应该注意 CAN 控制器的复位电平。

② 软件设计方面:根据节点电路功能要求设计 CAN 总线数据字节的含义;设计 CAN 总线数据的发送时间间隔,帧格式、数据帧长度,接收数据中断、溢出中断、错误中断处理机制;合理设计看门狗软件程序。

③ 网络通信方面:同一条 CAN 总线的通信波特率必须一致;根据网络节点数量合理选择 CAN 通信波特率和通信线缆,将系统的总线负载控制在合理的范围内。在一般应用中 CAN 网络的平均负载不能大于 60%;规划节点地址,避免节点地址冲突。

④ 供电方面:CAN 网络中的模块设备可以采用独立供电或者网络供电。采用网络供电时,必须考虑电源线上的压降、网络电源的功率以及网络电源的供电范围;采用独立供电方式时,电源只要能够满足模块设备的供电电流以及模块的供电电压需求即可。

4.3 基于 iCAN 协议功能模块的硬件电路设计

iCAN 功能模块有很多种,如广州致远电子有限公司的 iCAN－4050 DI/DO、iCAN－2404 Realy、iCAN－4017 AI、iCAN－4400 AO、iCAN－5303 RTD 等功能模块。本节基于 51 单片机的 iCAN 协议的学习板,电路如图 4－15 所示,实物如图 4－16 所示。

1. 学习板实现的功能

- iCAN 协议从站。
- 支持 8 路数字开关量输入,输入点悬空或接高电平为 1,输入点接低电平为 0。
- 支持 8 路数字开关量输出控制,采用继电器控制(10 A、250 V,AC)。
- CAN 总线波特率:10 kbps、100 kbps、500 kbps。
- 采用 DC－DC 电源隔离模块 B0505D－1 W 实现电源隔离;
- 可以串口下载程序。

2. 学习板硬件选择及电路构成

基于 51 单片机的 iCAN 协议的学习板采用 STC89C52RC 作为节点的微处理器,采用 NXP 公司的独立 CAN 总线通信控制器 SJA1000,CAN 总线收发器选用 TJA1040、DC/DC 电源隔离模块、高速光电耦合器 6N137、串口芯片 MAX232 电路、74hc595 芯片、UN2003A 芯片等。

STC89C52RC 初始化 SJA1000 后,通过控制 SJA1000 实现数据的接收和发送等通信任务。SJA1000 的 AD0～AD7 连接到 STC89C52RC 的 P0 口,其 CS 引脚连接到 STC89C52RC 的 P2.7,P2.7 为低电平 0 时,单片机可选中 SJA1000,单片机通过地址可控制SJA1000执行相应的读/写操作。单片机的P2.4控制三极管连接

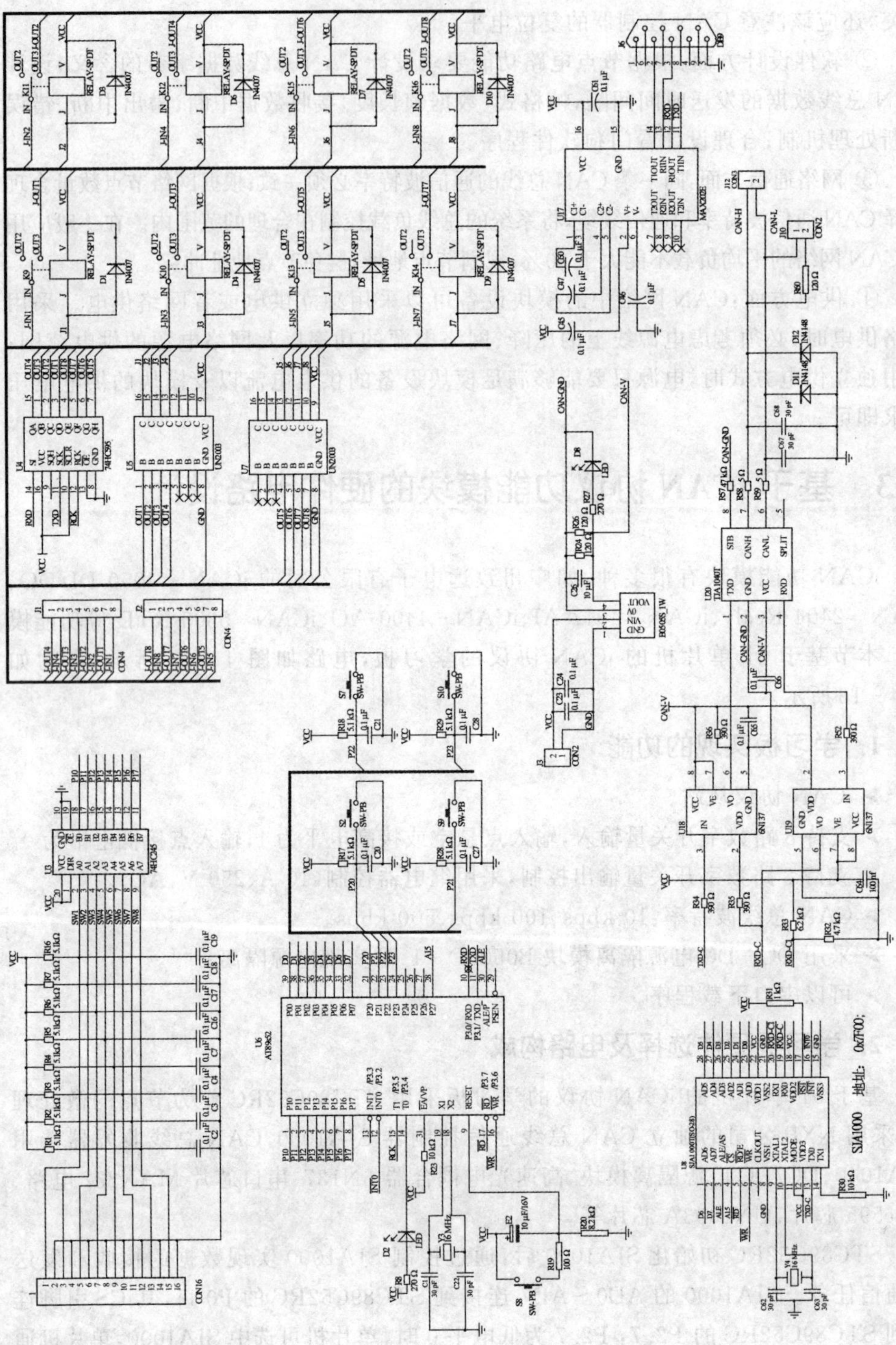

图4-15 基于51单片机的iCAN协议的学习板

图 4-16　基于 51 单片机的 iCAN 协议的电路板实物

SJA1000 的复位引脚。因此，SJA1000 的地址为 0X6F00，即保证 SJA1000 退出复位、片选选中。SJA1000 的 RD、WR、ALE 分别与 STC89C52RC 的对应引脚相连。SJA1000 的 INT 引脚接 STC89C52RC 的 INT0，STC89C52RC 可通过中断方式访问 SJA1000。

为了增强 CAN 总线的抗干扰能力，选择高速光耦 6N137、收发器 TJA1040、小功率电源 DC-DC 隔离模块（如 B0505D-1W）等，这些芯片构成的电路同样可以提高 CAN 节点的稳定性和安全性，只是硬件电路设计复杂一些。

串口芯片 MAX232 电路用于基于 51 单片机的 iCAN 协议的学习板下载程序。74hc595 芯片用于接收串口发出的控制继电器的命令字，控制继电器动作。UN2003A 芯片用于增强继电器的驱动能力。

4.4 编程实践——基于 51 单片机的 iCAN 协议的学习板程序

本节涉及 iCAN 协议的部分程序由广州致远电子有限公司提供，读者可到该公司网站论坛中交流、学习。

4.4.1 程序头文件定义说明

基于 51 单片机的 iCAN 协议的电路板程序的头文件包括：

1. iCAN 协议头文件

```
#ifndef  iCAN_h
#define iCAN_h
```

```
/＊iCAN部分定义一:错误类型定义＊/
#define     NOFUNC          0X01            //无此功能码
#define     NOSOUCE         0X02            //资源不存在
#define     UNSUPPORT       0X03            //设备不支持该操作
#define     ERRFUNC         0X04            //功能码参数非法
#define     UNLINK          0X05            //未连接
/＊iCAN  帧报文功能码定义＊/
 #define WRITE_PORT         0X01            //写端口
 #define READ_PORT          0X02            //读端口
 #define BURST_MODE         0X03            //事件触发传送
 #define LINK_DEVICE        0X04            //建立连接
 #define DEL_LINK           0X05            //删除连接
 #define DEVECE_RST         0X06            //设备复位
 #define CHECK_MACID        0X07            //MAC ID检测
 #define ERR_FUNC           0X0F            //出错响应
 /＊iCAN  帧报文格式定义＊/
typedef union _FramInfo
{
    unsigned char Byte;
    struct
    {
        unsigned char DLC       :4;
        unsigned char undef     :2;
        unsigned char RTR       :1;
        unsigned char FF        :1;
    }Bits;
}FramInfo;
typedef union _MSGID
{
    unsigned long  Word;
    struct
    {
        unsigned int aimID          :6;
        unsigned int undef2         :2;
        unsigned int souceID        :6;
        unsigned int undef1         :2;
        unsigned int undef3         :3;
        unsigned int infoID         :8;
        unsigned int funcID         :4;
        unsigned int ACK            :1;
    }Bits;
}MSGID;
typedef struct _iCANMSG
{
    FramInfo    iCANFramInfo;
    MSGID        iCANMSGID;
    unsigned char DATA[8];
}iCANMSG;
 /＊iCAN  资源节点定义＊/
/＊资源节点I/O通道状态＊/
```

```
typedef struct _IOSource_
{
    unsigned char DI[2];          //地址为(0x00 - 0x01)
    unsigned char DO[2];          //地址为(0x20 - 0x21)
    unsigned char AI[2];
    unsigned char AO[2];
}IOSource_;
/* 以下是设备标识资源的结构体(0xE0 - 0xED)(只读) */
typedef struct _iCANDect_
{
    unsigned char VendorID[2];
    unsigned char ProductType[2];
    unsigned char ProductCode[2];
    unsigned char HardwareVer[2];
    unsigned char FirnwareVer[2];
    unsigned char SerialNumber[4];
}iCANDect_;
/* 通信参数结构体(0xEE - 0xF7)(可读可写) */
typedef struct _iCANCommPara_
{
    unsigned char  DeviceMACID;              //本站 MACID
    unsigned char  BaudRate;                 //波特率
    unsigned char  UserBaud[4];              //用户设置的波特率
    unsigned char  CyclicParameter;          //循环模式定时参数
    unsigned char  CyclicMaster;             //主站通信定时参数
    unsigned char  COStypeSet;               //状态改变触发使能
    unsigned char  HostMACID;                //主站 MACID
}iCANCommPara_;                              //iCAN 通信参数
/*  以下是 I/O 通道参数结构体(0xF8)(只读) */
typedef struct _IOParameter_
{
    unsigned char DI_Length;
    unsigned char DO_Length;
    unsigned char AI_Length;
    unsigned char AO_Length;
}IOParameter_;
typedef struct _Device_info_
{
    iCANDect_       iCANDect;
    iCANCommPara_   iCANCommPara;
    IOParameter_    IOParameter;
}Device_info_;
```

2. PeliCAN 模式下 SJA1000 头文件

“_SJA1000REG_H”头文件用于配置说明 SJA1000 芯片寄存器的“地址和位定义”，当然这是 SJA1000 芯片工作在 PeliCAN 模式下的头文件定义。这部分详细代码可以参考本书配套资料。

3. 硬件配置头文件

《CAN_HardWare_Config_H》头文件用于声明"和硬件电路紧密相关的函数"。例如:

unsigned char timerint(void):定时器中断处理,此定时主要用作连接的定时。
unsigned char IfTimeOver():该函数用于查询"主站和从站的连接"是否已超时。

这部分详细代码可以参考本书配套资料。

4.4.2 子函数详解

1. PeliCAN 模式下 SJA1000 程序函数

```
#include      "sja1000_reg.h"
/* SJA1000 与微处理器的接口是以外部存储器的方式,所以以下的基址定义,用户应根据实际电路来进行调整。  */
#ifdef          _GLOBAL_SJA1000_PELI_
extern    unsigned    char    xdata    CAN_BaseAdr;          //定义 SJA1000 的片选基址
extern     unsigned    char    xdata     *SJA_CS_Point;
#else
unsigned    char    xdata    CAN_BaseAdr      _at_ 0x6f00;
                    //定义 SJA1000 的片选基址,根据硬件电路确定,P2.4 为 SJA1000 的复位引脚
                    //低电平退出复位,P2.7 为 SJA1000 的片选引脚,低电平有效
unsigned    char    xdata    *SJA_CS_Point ;     //指针指向空
#endif
```

pelican 模式下 SJA1000 程序函数主要包括:

1) unsigned char ReadSJAReg(unsigned char RegAdr)

该函数用于读出 SJA1000 的指定的寄存器,RegAdr 为内部寄存器地址。

2) unsigned char WriteSJAReg(unsigned char RegAdr,unsigned char Value)

该函数用于将指定的数值写入 SJA1000 的指定的寄存器。RegAdr 为内部寄存器地址,Value 为写入寄存器的值。

3) unsigned char ClrBitMask(unsigned char RegAdr,unsigned char BitValue)

该函数用于清除 SJA1000 某寄存器的某位。RegAdr 为内部寄存器地址,BitValue 为"要设置的值"。

4) unsigned char SetBitMask(unsigned char RegAdr,unsigned char BitValue)

该函数用于置位 SJA1000 某寄存器的某位。RegAdr 为内部寄存器地址,BitValue 为"要设置的值"。

5) unsigned char ReadSJARegBlock(unsigned char RegAdr,unsigned char *ValueBuf,unsigned char len)

该函数用于读出 SJA1000 的指定的寄存器中的数值。RegAdr 为内部寄存器地址,ValueBuf 为存储器地址,len 为读出的数据长度。

6）unsigned char WriteSJARegBlock(unsigned char RegAdr, unsigned char * ValueBuf, unsigned char len)

该函数用于将指定的数值写入 SJA1000 的指定的寄存器。RegAdr 为内部寄存器地址，ValueBuf 为存储器地址，len 为写入的数据长度。

7）char SetSJASendCmd(unsigned char cmd)

该函数用于设置 SJA1000 发送类型，启动发送。Cmd 为发送的命令。

8）unsigned char SENDSJADATA(unsigned char * databuf, unsigned char len)

该函数用于将用户定义的数据写入 SJA1000 发送缓冲区，再将其发送到总线上。Databuf 为"发送 CAN 帧的缓冲区"，len 为数据长度。

9）unsigned char REVSJADATA(unsigned char * REV_BUFFER, unsigned char len)

该函数用于将接收到的数据存放到用户定义的区间，并释放 SJA1000 接收缓冲区。* REV_BUFFER 为"要存储数据的首地址"，len 为数据长度。

这部分详细代码可以参考本书配套资料。

2. 硬件配置程序函数

```
#include "CAN_HardWare_Config.H"
#include "reg52.h"
#include "sja1000_peli.c"
#include<intrins.h>
sbit   SJA1000_RST = P2^4;                    //SJA1000 的复位脚，本电路高电平复位
sbit   RCK_595 = P3^5;                        //74hc595 的 rck 引脚
bit    linkedflag_hard = 0;                   //已连接标识位
unsigned char linkingtime_hard = 200;
```

硬件配置程序函数主要包括：

1）void　　Delay_ms(uchar j)

该函数用于不精确的延时。在 11.059 2 MHz、12CLK 下，大约延时 j×1 ms。

2）void TimerBegin(unsigned char time)

该函数用于定时器的启动。定时时间为 time * 10 ms。

3）void TimerStop()

该函数用于定时器的停止。

4）unsigned char timerint(void)

该函数用于定时器中断处理。

5）unsigned char IfTimeOver()

该函数用于查询主站和从站的连接是否已超时。

6）void CAN_Config_Normal(uchar BTR0, uchar BTR1, uchar * filter)

该函数用于初始化 SJA1000。BTR0 为配置总线定时器 0 的参数，BTR1 为配置

总线定时器1的参数,* filter为配置"验收代码/屏蔽寄存器"数组的指针。

7) unsigned char CheckStatus(unsigned char status)

该函数用于查询CAN总线的状态。Status为要查询的状态寄存器的位的数值。

8) void ReleaseRMC()reentrant

该函数用于释放接收缓冲区。

9) void SaveBufInfo(void * piCANMSG,unsigned char len)

该函数用保存接收到的数据,保存长度为13字节的数据,并释放接收缓冲区。* piCANMSG为"保存数据的目标地址"指针,len为数据长度。

10) unsigned char SendMsg(void * piCANMSG,len)

该函数用于发送数据。* piCANMSG为发送数据的结构体指针,len为数据长度。

11) void out_74hc595()

该函数用于74hc595输出数字数据。

12) void OutputToIO(unsigned char * address,unsigned char i)reentrant

数字量输出函数,实现资源节点DO与实际微处理器I/O口输出的连接。本硬件电路实现8位数据输出。

address:输出数据的资源节点地址;I:从资源节点DO输出i个字节的数据到实际微处理器I/O口。

13) void InputFromIO(unsigned char * address,unsigned char i)reentrant

数字量输入函数,实现实际微处理器I/O输入的值与资源节点的DI的连接。address:输入到资源节点的目标地址;I:从"实际微处理器IO"读入i个字节的数据到"资源节点的DI"。

14) void devicereset(void)

硬件复位SJA1000函数。

这部分详细代码可以参考本书配套资料。

3. iCAN程序函数

```
#include "iCAN_User.h"
#include "CAN_HardWare_Config.H"
Device_info_ idata Device_info = {0x33,0x4f,0,0x1f,4,5,6,7,8,9,0x0a,0x0b,0x0c,0x0d,
0x1f,0x11,0,0,0,0,0x16,0x17,0x18,0x19,1,1,0,0};
/*设备初始化说明
///////////////////////////设备标识资源/////////////////////////////
厂商代码 VendorID[2]          :0x33,0x4f
产品类型 ProductType[2]       :0,0x1f
产品型号 ProductCode[2]       :4,5
产品硬件版本 HardwareVer[2]:6,7
产品固件版本 FirnwareVer[2]:8,9
产品SN号码 SerialNumber[4] :0x0a,0x0b,0x0c,0x0d
```

```
////////////////////////通信参数说明////////////////////////////////
本站 DeviceMACID      :0x1f
波特率 BaudRate        :0x02   //设置为 500 kbps 波特率通信(SJA1000 采用 16 MHz 晶振)
用户设置的波特率 UserBaud[4]     :0,0,0,0
循环模式定时参数 CyclicParameter:0x16     //从站设备每隔 0x16(22)×10 ms = 220 ms
                                          //上传一次报文
主站通信定时参数 CyclicMaster     :0x17
//连接定时器时间设置为 0x17(23)×10 ms = 230 ms,建立连接时,从站发送报
//文给主站,如果时间超过 230 ms,从站自动删除连接,退出通信
状态改变触发使能 COStypeSet       :0x18
主站 MACID(HostMACID)            :0x19
/////////////////////// I/O 通道参数说明/////////////////////////////////
数字输入单元数目变量 DI_Length:1  //1 个字节长度的变量
数字输出单元数目变量 DO_Length:1  //1 个字节长度的变量
模拟输入单元数目变量 AI_Length:0
模拟输出单元数目变量 AO_Length:0
 */
IOSource_ IOSource = {{1,2},{3,4}};
/* 资源节点 I/O 通道状态
数字输入状态 DI[2]:{1,2}          //地址为(0x00～0x01)
数字输出状态 DO[2]:{3,4}          //地址为(0x20～0x21)
模拟输入状态 AI[2]:{0,0}
模拟输出状态 AO[2]:{0,0} */
bit    SelfIDCheckflag = 0;                    //网络中有相同 MAC ID 标志位
unsigned char * adrtemp;                       //地址暂存寄存器
iCANMSG msg_readonly_s;                        //此结构体变量专用备份,属性为只读
#define     FF_                 pcan->iCANFramInfo.Bits.FF
#define     RTR_                pcan->iCANFramInfo.Bits.RTR
#define     DLC_                pcan->iCANFramInfo.Bits.DLC
#define aimID_                  pcan->iCANMSGID.Bits.aimID
#define souceID_                pcan->iCANMSGID.Bits.souceID
#define ACK_                    pcan->iCANMSGID.Bits.ACK
#define funcID_                 pcan->iCANMSGID.Bits.funcID
#define infoID_                 pcan->iCANMSGID.Bits.infoID
#define readonly_souceID        msg_readonly_s.iCANMSGID.Bits.souceID
#define readonly_aimID          msg_readonly_s.iCANMSGID.Bits.aimID
#define readonly_infoID         msg_readonly_s.iCANMSGID.Bits.infoID
#define readonly_funcID         msg_readonly_s.iCANMSGID.Bits.funcID
#define readonly_DLC            msg_readonly_s.iCANFramInfo.Bits.DLC
/*** 函数原型: void StringCopy(uchar * aimadress,uchar * souceadress,uchar,len)
** 功能描述: 字符串复制
** 参数说明: aimadress   目的字符串起始地址;SouceAdr:源字符串起始地址;len:需要
```

复制的长度/ *

```
    void StringCopy(unsigned char * aimadress,unsigned char * SouceAdr,unsigned char len)
reentrant
    {
        unsigned char i;
        for(i = 0;i<len;i ++ )
        {
            * aimadress ++ = * SouceAdr ++ ;
        }
    }
    /* *  函数原型: void CheckMACID(void * piCANMSG,unsigned char ackcan)reentrant
        功能描述: 检测网络上是否包含相同 ID 的节点,或接收到其他相同 ID 节点的检测时
                  回复
        参数说明: ackcan 。0:检测  1:响应;常量: CHECK_MACID   值为 0x07,功能码为 MAC
                  ID 检测;返回值: ID 号已被占用返回 0,未使用返回 1 * /
    unsigned char CheckMACID(void  * piCANMSG,unsigned char ackcan)reentrant
    {
        unsigned char i;
        iCANMSG * pcan;
        pcan = piCANMSG;
        pcan - >iCANMSGID. Word = 0;
        pcan - >iCANFramInfo. Byte = 0;//初始化清零
        FF_ = 1;                           //扩展帧
        DLC_ = 0X06;                       //6 个字节长度数据,分段码、MAC ID、4 字节为 sn
        souceID_ = Device_info. iCANCommPara. DeviceMACID;    //源地址 0x1f
        aimID_ = Device_info. iCANCommPara. DeviceMACID; //目标地址 两者同为本节点的 MAC ID
        ACK_ = ackcan;
        funcID_ = CHECK_MACID;                      //功能码为 MAC ID 检测
        infoID_ = 0XEE;                             //对应的资源节点地址为 0xee

        pcan - >DATA[0] = 0;
        pcan - >DATA[1] = Device_info. iCANCommPara. DeviceMACID;
                                                    //数据第二字节:本节点的 MACID
        StringCopy((unsigned char * )pcan + 7,Device_info. iCANDect. SerialNumber,4);
                                  //产品序列号位于资源节点地址 0XEA 即偏移 0x0a 处
        for(i = 0;1<5;i ++ )                      //最多尝试发送 5 次,否则报告失败
        {
            if(SendMsg((unsigned char * )(pcan),11))          //发送数据
            {break;}
        }
        if(ackcan == 0)                     //如果为主动检测,则需要等待
        {
```

```
        SelfIDCheckflag = 1;
        Delay_ms(250);
        Delay_ms(250);
        SelfIDCheckflag = 0;
        return(1);                 //主动检测,返回 1,表示 ID 号未使用
      }
    else                           //如果是响应报文
      {
       if(SelfIDCheckflag)//网络中有相同 MAC ID 标志位
         {return(0);}
       else return(1);
      }
}
/** 函数原型:void ReceiveMessage(void * piCANMSG)
** 功能描述:接收报文后,判断此报文是否发给本节点,是否为连接信号,非连接信号判
            断是否已建立连接,若已建立连接则分析该报文的所要进行的操作 */
void ReceiveMessage(void * piCANMSG)
{
    unsigned char i;
    iCANMSG * pcan;
    pcan = piCANMSG;
    SaveBufInfo((unsigned char * )pcan,13);                 //保存接收到的数据
    StringCopy((unsigned char * )(&msg_readonly_s),(unsigned char * )pcan,13);
                                                            //保存副本
    if (aimID_ == Device_info.iCANCommPara.DeviceMACID)//报文的目标节点是本节点
      {
       if(funcID_ == CHECK_MACID)                           //如果功能码为 MAC ID 检测
         {
          CheckMACID(pcan,1);                               //响应有相同的节点
          return;
         }
       if(funcID_ == LINK_DEVICE)                           //判断是否为连接信号
         {Linking(pcan);}                                   //连接
       else
         {
          if (IfTimeOver())                                 //是否已连接
                                                            //未连接返回 0,连接返回 1
    {
              i = Device_info.iCANCommPara.CyclicMaster * 8;
                                                            //0x17(23)×10 ms×8 = 1 840 ms
              TimerBegin(i);
              AnalyzeFUNC(pcan);                            //分析功能
```

```
            }
          else
            {
             ReleaseRMB();                          //释放接收缓冲区
              Error(pcan,UNLINK);                   //尚未连接,错误
            }
        }
    }
}
/ * *  函数原型: unsigned char AnalyzeFUNC (void * piCANMSG)
  * *  功能描述: 该函数用于分析所接收的报文所要进行的操作,再对不同的功能类型调用
              相应的操作函数
  * *  参数说明: WRITE_PORT          0X01          //写端口
              READ_PORT           0X02          //读端口
              BURST_MODE          0X03          //事件触发传送
              LINK_DEVICE         0X04          //建立连接
              DEL_LINK            0X05          //删除连接
              DEVECE_RST          0X06          //设备复位
              CHECK_MACID         0X07          //MAC ID 检测
              ERR_FUNC            0X0F          //出错响应 * /
unsigned char AnalyzeFUNC(void * piCANMSG)
{
    iCANMSG * pcan;
    pcan = piCANMSG;
    switch (funcID_)
      {
       case WRITE_PORT:
                WritePort(pcan);                    //连续写
                break;
       case READ_PORT:
                ReadPort(pcan);                     //连续读
                break;
     / * case BURST_MODE:   break;      * /
     / * case LINK_DEVICE:   break;      * /
       case DEL_LINK:
                while (CheckStatus(SR_RBS))
                              //接收信息计数器中提示还有未提取的信息,则清空
                   {ReleaseRMB();}             //释放接收缓冲区
                TimerStop();
                DLC_ = 1;                      //正常响应时 数据长度为 5
                ACK_ = 1;
                souceID_ = readonly_aimID;
```

```
                aimID_ = readonly_souceID;
                pcan->DATA[0] = 0X00;
                if(SendMsg((unsigned char * )pcan,6))
                  {return(1);}
                else
                  {return(0);}
                break;
        case DEVECE_RST:
                TimerStop();
                while (CheckStatus(SR_RBS))
                                      //接收信息计数器中有未提取信息,清空
                  {ReleaseRMB();}                  //释放接收缓冲区
                devicereset();
                break;                             //设备复位
          default:  Error(pcan,NOFUNC);            //无此功能码
                    while (CheckStatus(SR_RBS))
                                      //接收信息计数器中提示还有未提取的信息,则清空
                        {ReleaseRMB();}            //释放接收缓冲区
        }
    }
    /* * 函数原型: unsigned char Error(void * piCANMSG,unsigned char errortype)reen-
trant
     * * 功能描述:出错应答
     * * 函数原型:错误类型及资源节点地址,在函数外部修改
              NOFUNC        0X01  //无此功能码
              NOSOUCE        0X02  //资源不存在
              UNSUPPORT    0X03  //设备不支持该操作
              ERRFUNC        0X04   //功能码参数非法
              UNLINK         0X05   //未连接
              UNDONE         0X06//操作不成功,当前应用协议版本中暂无此错误类型 */
    unsigned char Error(void * piCANMSG,unsigned char errortype)reentrant
    {
        iCANMSG * pcan;
        pcan = piCANMSG;
        DLC_ = 0X02;
        souceID_ = readonly_aimID;
        aimID_ = readonly_souceID;
        funcID_ = 0x0f;
        pcan->DATA[0] = 0X00;
        pcan->DATA[1] = errortype;
        if(SendMsg((unsigned char * )pcan,7))
          {return(1);}
```

```
    else
      {return(0);}
  }
  /** 函数原型：unsigned char  linking ( void * piCANMSG)
  ** 功能描述: 建立连接,按设备信息里的定时时间等待主机通信,在此时间内主机
              仍未发送报文则将断开连接
  ** 参数说明: 无;返回值:1 正确应答,0 未操作成功 */
  unsigned char Linking(void * piCANMSG)
  {
    unsigned char i;
    iCANMSG * pcan;
    pcan = piCANMSG;
  /**********************检验报文合法性***************************/
    if (DLC_! =3)
      {
        Error(pcan,ERRFUNC);                  //参数非法
        return(0);
      }
    if (pcan->DATA[0]! = 0x00)            //连接报文不止一个分段,报错(参数不对)
      {
        Error(pcan,ERRFUNC);              //功能码参数非法
        while (CheckStatus(SR_RBS)) //接收信息计数器中提示还有未提取的信息,则清空
          {ReleaseRMB();}                 //释放接收缓冲区
      }
  /***************************执行功能码操作,并响应*****************/
    Device_info.iCANCommPara.CyclicMaster = (pcan->DATA[2]);//此位保存主站通信定时参数
    i = Device_info.iCANCommPara.CyclicMaster * 8;
    TimerBegin(i);
    DLC_ = 5;                                          //正常响应时 数据长度为 5
    ACK_ = 1;                                          //响应帧
    souceID_ = readonly_aimID;
    aimID_ = readonly_souceID;
    infoID_ = 0xF7;                                    //资源节点为 F7
    pcan->DATA[0] = 0x00;                              //此帧没有分段
      StringCopy((unsigned char *)(&pcan->DATA[1]),
  (unsigned char *)(&Device_info.IOParameter),4);
    if(SendMsg((unsigned char *)pcan,11))
      {return(1);}
    else
      {
        Error(pcan,ERRFUNC);                           //操作不成功
        return(0);
```

```
    }
}
/** 参数说明：void WritePort(void *piCANMSG)
** 功能描述：连续写，并做相应的正常/异常响应。
** 参数说明：segnumber，多段报文的第几分段；readlen，还需要读出的字节数；
           返回值：无 */
void WritePort(void *piCANMSG)
{
    unsigned char temp,point;
    iCANMSG *pcan;
    pcan = piCANMSG;
    point = 0x00;
/**************************确定资源节点**********************/
    if ((infoID_>=0x20)&&(infoID_<0x3F))             //资源节点数字量输出单元
      {adrtemp = IOSource.DO + infoID_ - 0x20;}
/************************产品硬件信息配置*************************/
    else if ((infoID_ >= 0xe0) && (infoID_ <= 0xef))
      {adrtemp = ((unsigned char *)&Device_info.iCANDect) + infoID_ - 0xe0;}
   /*******************资源节点设备配置单元可写部分*****************/
    else if ((infoID_ >= 0xeE) && (infoID_ <= 0xf8))
      { adrtemp = ((unsigned char *)&Device_info.iCANCommPara) + infoID_ - 0xeE;}
    else
      {
        Error(pcan,UNSUPPORT);                        //出错，参数非法
        return;
      }
/**********************读报文数据，并正常响应**********************/
    if(((msg_readonly_s.DATA[0])&0xc0) == 0x40)
      {
        StringCopy(adrtemp,(unsigned char *)pcan + 6,7);
                                                      //多段的第一个分段，长度必为 7
        point = 0x00;
        SaveBufInfo((unsigned char *)pcan,13);
                                                      //继续读出下一分段数据
        StringCopy((unsigned char *)(&msg_readonly_s),(unsigned char *)pcan,13);
                                                      //保存副本
      }
    while(((msg_readonly_s.DATA[0])&0xc0) == 0x80)        //多个分段的中间分段
      {
        temp = pcan->DATA[0] & 0x3f;                  //中间分段//计算偏移为 段码 * 7
        point = (temp<<3) - temp;
        StringCopy(adrtemp + point,(unsigned char *)pcan + 6,7);
```

```
        SaveBufInfo((unsigned char * )pcan,13);            //继续读出下一分段数据
        StringCopy((unsigned char * )(&msg_readonly_s),(unsigned char * )pcan,13);
                                                           //保存副本
      }
      {
        if(((msg_readonly_s.DATA[0])&0xc0) == 0x00)
          {point = 0;}
        else if(((msg_readonly_s.DATA[0])&0xc0) == 0xc0)      //最后分段
          {point + = 7;}
        StringCopy (adrtemp + point,(unsigned char * )pcan + 6,DLC_ - 1);
                                    //将接收到的写数字输出端口数据写入到 IOSource.DO
        DLC_ = 1;                   //正常响应时数据长度为 1
        ACK_ = 1;                   //响应帧

        souceID_ = readonly_aimID;
        aimID_ = readonly_souceID;
        SendMsg((unsigned char * )pcan,6);
      }
/ * * * * * * * * * * * * * * * * * * * * * *从资源节点输出到端口 * * * * * * * * * * * * * * * * * * * * * */
if ((infoID_> = 0x20)&&(infoID_<0x3f))    //DO
    {
    OutputToIO((unsigned char  * )IOSource.DO + infoID_ - 0x20,readonly_DLC);
//将资源节点 DO 值输出到数字量输出端口
    }
else if ((infoID_> = 0x60)&&(infoID_<0x7f))      //AO
    {
    OutputToIO((unsigned char * )IOSource.AO + infoID_ - 0x60,readonly_DLC);
//将资源节点 AO 值输出到模拟量输出端口
    }
}
/ * *  参数说明：void ReadPort (void * piCANMSG)
 * *  功能描述：连续写并做相应的正常/异常处理。出错时回复相应的错误响应报文
 * *  参数说明：segnumber：多段报文的第几分段；readlen：还需要读出的字节数 * /
void ReadPort(void * piCANMSG)
{
    unsigned char segnumber,readlen;
    iCANMSG * pcan;
    pcan = piCANMSG;
/ * * * * * * * * * * * * * * * * * * * * * * *确定资源节点,读端口数据 * * * * * * * * * * * * * * * * * */
    readlen = pcan - >DATA[1];                  //要读出的字节数
    if (infoID_<0x1f)                           //数字输入单元地址
      {
```

```
    InputFromIO((unsigned char *)IOSource.DI + infoID_,readlen);
                                        //从 I/O 读入 readlen 字节到资源节节点
    adrtemp = IOSource.DI + infoID_;
  }
  else if ((infoID_> = 0x40)&&(infoID_<0x5f))//模拟输入单元地址
  {
    InputFromIO((unsigned char *)IOSource.DI + infoID_ - 0x40,readlen);
                                        //从 I/O 读入 readlen 字节到资源节点
    adrtemp = IOSource.AI + infoID_;
  }
  else if ((infoID_> = 0xe0)&&(infoID_< = 0xf9))
    {
    adrtemp = (unsigned char *)(&Device_info.iCANDect) + infoID_ - 0XE0;
    }
    else
    {
    Error(pcan,UNSUPPORT);                  //出错,参数非法
    return;
    }
/***************************确定报文合法*************************/
    if ((pcan->DATA[0]&0XC0)! = 0x00)
                                //接收的信息不止一个分段,则判断为格式不对
      {
      while (CheckStatus(SR_RBS))
                        //接收信息计数器中提示还有未提取的信息,则清空
        {
          ReleaseRMB();          //释放接收缓冲区
        }
    Error(pcan,UNSUPPORT);     //出错,参数非法
    return;
    }
    if (DLC_ < = 1)
    {
    Error(pcan,UNSUPPORT);     //出错,参数非法
    return;
    }
    if ((readlen>0x20)||(readlen == 0))        //读字节长度过长。出错,参数非法
    {
    Error(pcan,UNSUPPORT);
     return;
    }
/****************根据报文功能码,进行正常响应*************************/
```

```
segnumber = 0;
    while(readlen>0)
    {
      if(readlen>7)                              //是否需要分段发
      {
          if(segnumber == 0)                     //是多段报文的第一分段
          {   pcan->DATA[0] = 0x40;}
        else                                     //中间分段,则识别 segnumber
          {pcan->DATA[0] = 0x80;}
        readlen-= 7;                             //要读出的字节数减 7
          DLC_ = 8;                              //第一分段、中间分段长度必为 8
          StringCopy((unsigned char *)pcan + 6,(unsigned char  *)adrtemp + 7 *
                    segnumber,7);
                                                 //将数据复制到待发送区
          segnumber++;
      }
      else
      {
          if(segnumber == 0)   //第一分段且为最后分段,则本帧只有一段
          {
          pcan->DATA[0] = 0x00;
          StringCopy((unsigned char *)pcan + 6,adrtemp,readlen);
                                                 //复制数据到待发送区
          }
          else                                   //最后分段
          {
          pcan->DATA[0] = 0xc0;
              StringCopy((unsigned char *)pcan + 6,
(unsigned char  *)adrtemp + 7 * segnumber,readlen); //复制数据到待发送区
          }
          DLC_ = readlen + 1;                    //数据长度 + 1 字节分段码
          readlen = 0;                           //数据处理完,清零 readlen
      }
      ACK_ = 1;                                  //响应帧
    souceID_ = readonly_aimID;
    aimID_ = readonly_souceID;
    SendMsg((unsigned char *)pcan,5 + DLC_);
    }
}
```

4.4.3 基于 iCAN 协议的从站通信程序流程图

流程如图 4－17 所示。

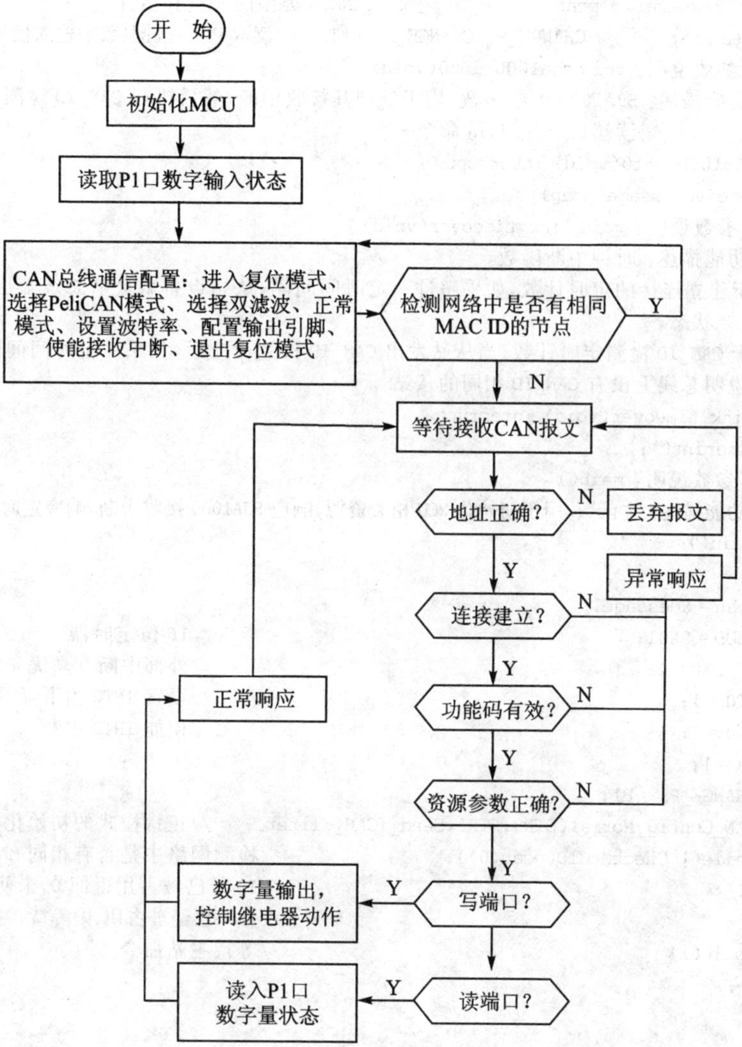

图 4－17 基于 iCAN 协议的学习板程序流程图

4.4.4 完整的 iCAN 协议从站通信程序

```
#include "CAN_HardWare_Config.H"
#include "iCAN_User.H"
#include <reg52.h>
#include<intrins.h>
```

```
unsigned char idata Send_iCAN_Filter[8] = {0,0x1f,0,0,  0,0,0,0};
//设置验收滤波器和屏蔽滤波器内容
unsigned char      BTR0 = 0x00;
unsigned char      BTR1 = 0x1c; //设置为 500 kbps 波特率通信(SJA1000 采用 16 MHz 晶振)
iCANMSG message1, * pcan;          //定义 iCANMSG 类型的变量和指针
unsigned char         CHANGE_P1,CHANGE_P1_DATA; //读取 P1 口按键(数字输入信号)状态变量
/** 参数说明: void sja1000_int0(void)
** 功能描述: SJA1000 中断函数,用于处理其接收中断,然后执行 CAN_ID 检测、总线连接、
          读端口、写端口等命令 */
void sja1000_int0(void) interrupt 0
  {ReceiveMessage(pcan);}
/** 参数说明: void link_timeover(void)
** 功能描述: 时钟中断函数,
```

① 用于建立连接的定时计数,如果超过一定时间间隔,从站设备就会从总线上退出,旨在检测从站的连接状态。

② 用于 CAN_ID 检测定时计数,当从站发出 CAN_ID 检测命令后,如果一定时间间隔没有收到响应报文,说明总线上没有 CAN_ID 相同的从站。 */

```
void link_timeover(void) interrupt 1
  {timerint();}
/** 参数说明: main()
** 功能描述: 主函数,用于初始化 MCU 相关资源,响应 SJA1000 接收中断,响应定时器中断 */
void main()
{
    pcan = &message1;
    TMOD = 0X01;                                        //16 位定时器
      PX0 = 1;                                          //外部中断 0 高优先级
    IT0 = 1;                                            //设置 INT0 为下降沿中断
    EX0 = 1;                                            //使能 INT0 中断
    EA = 1;
    CHANGE_P1 = P1;
    CAN_Config_Normal(BTR0,BTR1,Send_iCAN_Filter);      //正常模式的初始化
    while(! CheckMACID(pcan,0));                   //检测网络中是否有相同 MAC ID 的节点
                                                   //ID 号已被占用返回 0,未使用返回 1
                                                   //如果已经被占用,则等待,需重新设置 ID

    while(1)                                       //等待主站命令
    { ;}
}
```

第 5 章

嵌入式开发实例——基于 DeviceNet 协议的应用设计精讲

5.1 DeviceNet 协议

5.1.1 DeviceNet 协议中的专有名词解释

DeviceNet 通过抽象的对象模型来描述网络中所有可见的数据和功能。一个 DeviceNet 设备可以定义成为一个对象的集合。

在 DeviceNet 协议规范中运用下列术语来描述对象模型：

对象：产品中一个特定成分的抽象表示。

类别：表现相同系统成分的对象的集合。类是一个对象的概括，某类内的所有对象在形式及行为上是相同的，但可能具有不同的属性值。

实例：对象的一个特定的实际发生。例如加利福尼亚是州分类对象中的一个实例。术语对象、实例以及对象实例都可表示一个特定的实例。

属性：对象的外部可见的特征或特性的描述。简言之，属性提供了一个对象的状态信息及对象的工作管理。例如循环对象的重复速率。

例示：建立一个对象的实例，除非对象定义中已规定使用默认值，原则该对象所有实例属性都初始化到零。

行为：对象如何运行的描述。由对象检测不同的事件而产生的动作，例如收到服务请求，检测到内部故障或定时器到时。

服务：对象或对象分类提供的功能。DeviceNet 定义了一套公共服务，并提供对象分类或制造商特定的服务定义。

下面通过一些比喻来很好地理解上述定义的含义，如表 5-1所列。

表 5-1 对象模型类比

类 别	实 例	属 性	属性值
人	张三	性别	男
		年龄	28
		民族	汉
	李丽	性别	女
		年龄	27
动物	金鱼	颜色	红色
		品种	金龙鱼
	宠物狗	颜色	白色
		品种	京巴狗

对象:诸多描述构成的一个集合。例如,张三,他是人(类别),男,28 岁,汉族(属性)。类别:人、动物的分类。实例:类别下面的具体例子,如类别人下面举了张三和李丽两个例子。属性:实例具有的特性,如列举了张三具有的 3 个方面的特性:性别、年龄、民族。属性值:特性的具体描述,如张三性别为男、年龄 28 岁、汉族。行为:张三给李丽打电话,请李丽帮忙给家中的金鱼和宠物狗喂食。服务:李丽提供了喂食金鱼和宠物狗的服务。

现在假设张三和李丽是特工,两人的通信内容用特定代码来完成。那么,首先就需要对类别、实例、属性、属性值、服务来编码,如表 5-2 所列。张三给李丽的电话内容为:"李丽,请帮忙给家中红色的金龙鱼喂食"。变为代码通信后为:"0x11,0x4b,0x43,0x44"。李丽完成服务后回电话:"已经给红色的金龙鱼喂食完毕"。变为代码通信后为:"0x10,0x4d,0x43,0x44"。

表 5-2 举例编码表

类 别	实 例	属 性	属性值
人(0x01)	张三(0x10)	性别(0x30)	男(0x40)
		年龄(0x31)	28(0x28)
		民族(0x32)	汉(0x41)
	李丽(0x11)	性别(0x30)	女(0x42)
		年龄(0x31)	27(0x27)
动物(0x02)	金鱼(0x20)	颜色(0x33)	红色(0x43)
		品种(0x34)	金龙鱼(0x44)
	宠物狗(0x21)	颜色(0x33)	白色(0x45)
		品种(0x34)	京巴狗(0x46)
喂金鱼服务代码:0x4b;喂宠物狗服务代码:0x4c;李丽完成服务代码:0x4d			

5.1.2 对象的编址

DeviceNet 协议对其上的对象地址进行了规范,也就是给类别、实例、属性、服务以及节点地址就行了编码,包括以下部分:

- 设备地址(MAC ID):分配给 DeviceNet 上每个节点的一个整数标识值。
- 分类 ID:分配给网络上可访问的每个对象类的整数标识值。
- 实例 ID:分配给每个对象实例的整数标识值,用于在相同分类中的所有实例中进行识别。
- 属性 ID:赋于分类或实例属性的整数标识值。
- 服务代码:表示一个特定的对象实例或对象分类功能的整数标识值 。

同时,DeviceNet 协议规范了以上地址编码的范围,如表 5-3～表 5-6 所列。

表 5-3 设备地址范围

范 围	含 义
00~63(十进制)	MAC ID。如果没有分配其他值，那么设备初始化(例如:上电时)时默认值为 63(十进制)

表 5-4 分类地址范围

范 围	含 义
00~63 hex	开放部分
64 hex~C7 hex	制造商专用
C8 hex~FF hex	DeviceNet 保留，备用
100 hex~2FF hex	开放部分
300 hex~4FF hex	制造商专用
500 hex~FFFF hex	DeviceNet 保留，备用

表 5-5 属性地址范围

范 围	含 义
00~63 hex	开放部分
64 hex~C7 hex	制造商专用
C8 hex~FF hex	DeviceNet 保留，备用

表 5-6 服务代码范围

范 围	含 义
00~31 hex	开放部分。为 DeviceNet 的公共服务，在附录 G 中定义
32 hex~4A hex	制造商专用
4B hex~63 hex	对象类专用
64 hex~7F hex	DeviceNet 保留，备用
80 hex~FF hex	非法/不用

其中，

- 开放部分：该取值范围由 ODVA(开放的 DeviceNet 制造商协会)定义，并对于所有 DeviceNet 使用者来说都是通用的。
- 制造商专用：该取值范围由设备制造商特定。制造商可扩展其设备在开放部分定义的有效范围之外的功能，制造商内部管理该范围内值的使用。
- 对象类专用：该取值范围按 Class ID 定义，该范围用于服务代码的定义。

5.1.3 DeviceNet 对象模型

DeviceNet 通过抽象的对象模型(Object Model)来描述网络中如何建立和管理设备的特性和通信关系，通常一个 DeviceNet 设备可以定义成为一个对象的集合。DeviceNet 设备对象模型如图 5-1 所示。

通常每台 DeviceNet 设备都由两类基本的对象集(通信类和应用类)组成，如表 5-7 所列，它们提供了组织和实现 DeviceNet 产品的组件属性、服务和行为的模板。

表 5-7 DeviceNet 协议规范中的对象

对象分类	对象名称	分类地址
DeviceNet 协议规范中对象	标识对象(Identity)	0x01
	信息路由对象(Message Router)	0x02
	DeviceNet 对象(DeviceNet)	0x03
	组合对象(Assembly)	0x04
	连接对象(Connection)	0x05
厂商自定义对象	应用数据对象	0xXX(在分类地址范围内，厂商自定义)

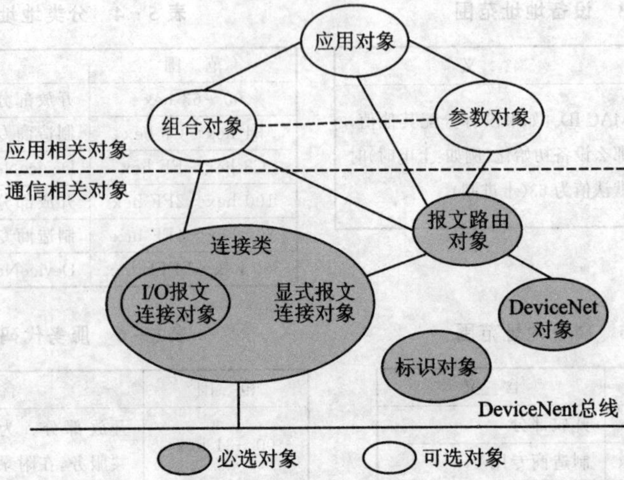

图 5-1　DeviceNet 设备对象模型

可以这样理解:一个 DeviceNet 设备可以定义为一个对象的集合,该集合包含的标识对象、信息路由对象、DeviceNet 对象、组合对象、连接对象、应用数据对象等都是为了描述设备和设备的通信行为,可以用类别、实例、属性、服务来给这些描述具体编码。

拿前文论述的张三为例,怎样描述他呢?

类别:人,类别地址(编码)0x01;
实例:张三,实例地址(编码)0x10;
属性:性别、年龄、民族,属性地址(编码)0x30、0x31、0x32;
属性值:男、28 岁、汉族,属性值(编码)0x40、0x28、0x41;

注意:本节实例涉及的编码只是便于读者理解,具体的 DeviceNet 设备通信中涉及的编码及通信格式中的编码,将在后续讲解程序中详细解读。

同理,可用不同的对象从不同的角度描述一个 DeviceNet 设备,举例如下(不同设备描述可以不同):

1. 标识对象(Identity)

其分类地址为 0x01,属于表 5-4 分类地址范围中的“开放部分”地址。DeviceNet 设备有且只有一个标识对象类实例(实例地址为 0x01)。该实例属性:供应商 ID、设备类型、产品代码、版本产品名称以及检测脉冲周期等。标识的类属性如下:

属性 ID	属性名称	访问规则	属性的说明	数据类型
1	版本	Get	对象类的版本	UINT

其属性地址为 0x01～0x07,如表 5-8 所列,属于表 5-5 属相地址范围中的“开放部分”地址。

表 5-8　标识对象的类属性地址

属性 ID	属性名称	访问规则	属性的说明	数据类型
1	供应商 ID	Get	用数字标识各供应商	UINT
2	产品类型	Get	产品通用类型说明	UINT
3	产品代码	Get	各供应商的特定产品标识	UINT
4	版本	Get	标识对象表示的产品版本	STRUCT
5	状态	Get	设备状态概括	WORD
6	序列号	Get	设备序列号	UDINT
7	产品名称	Get	人工可读的标识	SHORT STRING

表 5-8 可以解析为容易理解的如下列表：

<table>
<tr><th>类　别</th><th>实　例</th><th>属　性</th><th>属性值</th></tr>
<tr><td rowspan="7">标识对象
(0x01)</td><td rowspan="7">(0x01)</td><td>供应商 ID(0x01)</td><td rowspan="7">DeviceNet 设备厂家自己定义
(属性值其实就是厂家给
自己的设备起了个具体名字)</td></tr>
<tr><td>产品类型(0x02)</td></tr>
<tr><td>产品代码(0x03)</td></tr>
<tr><td>版本　(0x04)</td></tr>
<tr><td>状态　(0x05)</td></tr>
<tr><td>序列号(0x06)</td></tr>
<tr><td>产品名称(0x07)</td></tr>
<tr><td colspan="4">支持的服务及其代码：Get_Attribute_Single(获取单个属性)：0x0e；
Get_Attribute_All(获全部属性)：0x01</td></tr>
</table>

类属性的含义主要是描述标识对象类的特征情况，就像 word 软件的版本是 word2003 还是 word2010 一样(本节下面的不同对象涉及的类属性含义类似，不再赘述)。

(1) 数据类型

可以看出，属性可以对 DeviceNet 设备从不同角度进行描述。虽然属性值由 DeviceNet 设备厂家自己定义，但是 DeviceNet 协议用数据类型规范描述属性值的长度。例如：供应商 ID 的数据类型是 UINT(unsigned int)，其长度为 2 字节，也就是说，可以用 2 字节长度的属性值命名 DeviceNet 设备供应商的 ID。这类似于汉族人给小孩子起名字：多数是 3 个汉字，也有 2 个或者 4 个汉字的，几乎没有一个汉字或者多于 4 个汉字的名字。

DeviceNet 协议常用的数据类型定义有：

```
typedef unsigned char BOOL;                                    //1BYTE
typedef signed char SINT;                                      //1BYTE
typedef signed int INT;                                        //2BYTE
typedef signed long DINT;                                      //4BYTE
typedef struct{signed long a; unsigned long b;} LINT;
typedef unsigned char USINT;                                   //1BYTE
```

```
typedef unsigned int UINT;                                           //2BYTE
typedef unsigned long UDINT;                                         //4BYTE
typedef struct{unsigned long a; unsigned long b;} ULINT;
typedef float REAL;                                                  //4BYTE
typedef double LREAL;                                                //4BYTE
typedef struct{UINT length; unsigned char * ucdata;} STRING;
typedef struct{UINT length; unsigned int * undata;} STRING2;
typedef     struct{UINT length; unsigned char * ucdata;} STRINGN;
typedef struct{UINT length; unsigned char * ucdata;} SHORT_STRING;
typedef unsigned char BYTE;                                          //1BYTE
typedef unsigned int WORD;                                           //2BYTE
typedef unsigned long DWORD;                                         //4BYTE
typedef struct{unsigned long a; unsigned long b;} LWORD;
typedef struct{BYTE type; BYTE value;} EPATH;
```

(2) 访问规则

访问规则“GET”的含义是获取，即声明一下可以通过访问标示对象获取 DeviceNet 设备的“供应商 ID、产品类型、产品代码、版本、状态、序列号、产品名称”。只有获取的功能，没有设置的功能。

举例说明：张三给朋友李四打电话“你家小孩叫什么名字?”李四答：“李雨晴”。张三只有询问(获取)李四家小孩名字的权利，而没有给李四家小孩取名(设置)的权利。

(3) 支持的服务

1) Get_Attribute_Single，获取单个属性，服务代码 0E hex

服务要求：

- 此服务使类/对象向请求者返回指定属性的内容。
- 如果检测到错误，则返回出错响应；否则，返回关于请求的属性数据的成功 Get_Attribute_Single 响应。

获取单个属性请求服务与响应的数据参数如表 5-9 及表 5-10 所列。

表 5-9 请求服务数据区参数

名　称	数据类型	参数说明
属性 ID	USINT	标识要读取/返回的属性

表 5-10 成功响应服务数据区参数

名　称	数据类型	参数说明
属性数据	对象/类服务一特定结构	包含请求的属性数据

以表 5-2 编码表为例说明。

张三问李丽：“家中金鱼的颜色是什么?”。(GET，获取单一属性)

李丽回答：“红色”。

用代码表示为：

张三问李丽：“0x02，0x20，**0x0E**，0x33”。(GET，获取单一属性)

李丽回答：“0x02，0x20，0x43”。　(成功响应)

DeviceNet 公共服务代码及名称如表 5-11 所列，注意，每台 DeviceNet 对象支持的服务不尽相同。

表 5-11 DeviceNet 公共服务代码及名称

服务代码(十六进制)	服务名	服务代码(十六进制)	服务名
00	预留,为将来 DeviceNet 使用	10	Set_Attributes_Single
01	Get_Attributes_All	11	Find_Next_Object_Instance
02	Set_Attributes_All 请求	12~13	预留,为将来 DeviceNet 使用
03~04	预留,为将来 DeviceNet 使用	14	出错响应
05	复位	15	恢复
06	启动	16	保存
07	停止	17	空操作(NOP)
08	创建	18	读取成员
09	删除	19	设置成员
0A~0C	预留,为将来 DeviceNet 使用	1A	插入成员
0D	Applay_ Attributes	1B	移动成员
0E	Get_Attributes_Single	1C~31	预留为附加 DeviceNet 公共服务所用
0F	预留,为将来 DeviceNet 使用		

2) Get_Attribute_All,获取一个对象或类的所有属性,服务代码 01 hex

成功响应的参数如下:

名 称	数据类型	参数说明
属性数据	对象/类属性的特定结构	包含所有属性的信息流,支持此服务的类/对象必须定义该参数的格式

仍以表 5-2 编码表为例说明。

张三问李丽:“家中金鱼的是什么品种? 什么颜色?”。(GET,获取全部属性)

李丽回答:“金龙鱼,红色”。

用代码表示为:

张三问李丽:“0x02,0x20,**0x01**”。(GET,获取全部属性)

李丽回答:“0x02,0x20,0x44,0x43”。 (成功响应)

3) Error Response,错误响应,服务代码 14 hex

该服务用于否定性响应先前接收的显式请求信息,也就是说询问的服务出错了,这里告诉询问者参数如下:

名 称	数据类型	参数说明
通用错误代码	USINT	标识所遇到的错误
附加代码	USINT	包含进一步说明错误状况的对象/服务特定值。如果响应对象没有要指定附加信息,该区值为 255

仍以表 5-2 编码表为例说明。

张三问李丽:“家中鹦鹉是什么品种? 什么颜色?”。(GET,获取全部属性)

李丽回答:“你记错了吧,家里没有鹦鹉!”。 (错误响应)

用代码表示为:

张三问李丽:"0x02,0x22,**0x01**"。　　　　　　(GET,获取全部属性)

李丽回答:"0x02,**0x14**"。　　　　　　　　　(错误响应)

DeviceNet 协议规范了很多错误响应的代码,表明不同的错误类型,如下:

错误代码(十六进制)	错误名称	错误说明
00	成功	指定对象成功地执行了服务
01		DeviceNet 预留,用于扩展
02	资源不可用	对象执行请求服务所需的资源不可用
03		DeviceNet 预留,用于扩展
04	路径段错误	处理中的节点不理解路径段标识符或段句法。发生路径段错误时,必须停止路径处理
05	路径目的不明	路径所指向的对象类、实例或结构元素不可知或未包含在处理的节点中,发生路径目的不明错误时,必须停止路径处理
06		DeviceNet 预留,用于扩展
07	连接丢失	信息连接丢失
08	不支持服务	未执行请求的服务或未定义该对象类/实例
09	无效属性值	检测到无效属性数据
0A	属性列表错误	在 Get_Attribute_List 或 Set_Attribute_List 响应中的属性有非零状态
0B	已经处于请求的模式/状态	对象已处于服务请求的模式/状态
0C	对象状态冲突	对象在当前模式/状态下不能执行请求的服务
0D	对象已存在	请求创建的对象实例已存在
0E	属性不可设置	接收到对不可修改的属性进行修改的请求
0F	权利违反	允许/权利校验失败
10	设备状态冲突	设备当前模式/状态禁止执行请求的服务
11	应答数据太大	将在响应缓冲区中准备传送的数据大于分配的响应缓冲区
12		DeviceNet 预留,用于扩展
13	无足够数据	服务没有提供执行指定操作所需的足够数据
14	不支持的属性	不支持请求中指定的属性
15	数据太多	服务提供的数据超出需要量
16	对象不存在	设备中不存在指定的对象
17		DeviceNet 预留

续表

错误代码（十六进制）	错误名称	错误说明
18	无存储的属性数据	请求服务前并没有保存该对象的属性数据
19	存储操作失败	该对象属性数据由于尝试失败而没被保存
1A		DeviceNet 预留，用于扩展
1B		DeviceNet 预留，用于扩展
1C	丢失属性列表登入数据	服务未提供属性列表中的一个属性，该属性为服务执行请求所必需
1D	无效属性值列表	服务返回附带无效属性状态信息的属性列表
1E		DeviceNet 预留，用于扩展
1F	供应商规定错误	遇到供应商规定错误。错误相应的附加代码区定义所遇到的特定错误。只有当此表中错误代码或对象类内部的定义不能准确反映错误时，使用此通用错误代码
21～26		DeviceNet 预留，用于扩展
27	不是列表中要求的属性	试图设置一个在此时无法设置的属性
28	无效的成员 ID	在指定的类/实例/属性中不存在请求所指定的成员 ID
29	成员不可设置	接收到设置一个无法设置成员的请求
2A	仅限组 2 服务器通用错误	此错误代码只由带有 4K 或少于 4K 代码空间的仅限组 2 服务器报告，且仅在服务不被支持、属性不被支持和属性不可设置时
2B～2CF		DeviceNet 预留，用于扩展
D0～FF	为对象类和服务错误预留	该类错误代码用于显示对象类特定的错误。只有当此表中的错误代码不能准确反映所遇到错误时，才使用此类错误代码。注意：附加代码区可用于进一步说明通用错误代码

2. 信息路由对象（Message Router）

其分类地址为 0x02，属于表 5-4 分类地址范围中的“开放部分”地址。DeviceNet 设备有且只有一个信息路由对象类实例。信息路由对象将显式信息转发到相应的对象，对外部并不可见。

3. DeviceNet 对象（DeviceNet）

其分类地址为 0x03，属于表 5-4 分类地址范围中的“开放部分”地址。DeviceNet 设备有且只有一个 DeviceNet 对象类实例。DeviceNet 对象具有以下 9 个属性：节点 MAC ID、通信波特率、BOI（离线中断）、离线计数器、分配信息、MAC ID 开关改变、波特率开关改变、MAC ID 开关值、波特率开关值。其类属性如下：

属性 ID	属性名称	访问规则	属性的说明	数据类型
1	版本	Get	对象类的版本	UINT

其属性地址为 0x01～0x09，属于表 5-5 属相地址范围中的“开放部分”地址。常用的属性有：

属性 ID	属性名称	访问规则	属性的说明	数据类型
1	MAC ID	Get/Set	节点地址	USINT
2	波特率	Get/Set	波特率	USINT
5	分配信息	Get/Set	分配选择和主站 MAC ID	STRUCT

解析为容易理解的列表如下：

<table>
<tr><th>类　别</th><th>实　例</th><th>属　性</th><th>属性值的数据类型</th></tr>
<tr><td rowspan="3">DeviceNet
对象(0x03)</td><td rowspan="3">(0x01)</td><td>节点地址 MAC ID(0x01)</td><td>USINT</td></tr>
<tr><td>波特率　(0x02)</td><td>USINT</td></tr>
<tr><td>分配信息　(0x05)</td><td>STRUCT</td></tr>
<tr><td colspan="4">支持的服务及其代码：Get_Attribute_Single(获取单个属性)：0x0e；Get_Attribute_All(获全部属性)：0x01；Set_ Attribute_ Single (设置单个属性)：0x10</td></tr>
</table>

可见，DeviceNet 对象主要是描述通信网络特性的。DeviceNet 对象增加了设置单个属性的服务，服务代码为 0x10。Set_Attribute_Single 服务的详细要求如下：

① 校验属性数据的有效性优先于修改属性。

② 如果检测到错误，则返回出错响应；否则，返回成功 Set_Attribute_Single 响应。

设置 4 个属性的请求服务和成功响应服务数据如表 5-12 和表 5-13 所列。

表 5-12　Set_Attribute_Single 请求的服务数据

名　称	数据类型	参数说明
属性 ID	USINT	标识要读取/返回的属性
属性数据	属性指定	包含指定属性被修改后的值

表 5-13　Set_Attribute_Single 成功响应的服务数据

名　称	数据类型	参数说明
对象数据	对象/类服务－特定结构	包含类/实例特定参数，如果类/实例使用这个区域，则类/实例的定义必须指定它的格式
属性数据		

以表 5-1 编码表为例说明。

张三电话给李丽：“给家中宠物狗起个名字叫笨笨”。(SET，设置单个属性)

李丽回答：“好的，就叫它笨笨吧”。　　　　　(成功响应)

用代码表示为：

张三电话给李丽：“0x02，0x21，**0x10，0x35，0x55**”。(SET，设置单个属性)

李丽回答："0x02,0x21,**0x35,0x55**"。　　　　　　(成功响应)

于是,表 5-2 中宠物狗又增加了一个属性:

类　别	实　例	属　性	属性值
人(0x01)	张三(0x10)	性别(0x30)	男(0x40)
		年龄(0x31)	28(0x28)
		民族(0x32)	汉(0x41)
	李丽(0x11)	性别(0x30)	女(0x42)
		年龄(0x31)	27(0x27)
动物(0x02)	金鱼(0x20)	颜色(0x33)	红色(0x43)
		品种(0x34)	金龙鱼(0x44)
	宠物狗(0x21)	颜色(0x33)	白色(0x45)
		品种(0x34)	京巴狗(0x46)
		名字(0x35)	笨笨(0x55)
喂金鱼服务代码:0x4b;喂宠物狗服务代码:0x4c;李丽完成服务代码:0x4d			

4. 组合对象(Assembly)

其分类地址为 0x04,属于表 5-4 分类地址范围中的"开放部分"地址。DeviceNet 设备可能具有一个或者多个组合对象类实例。组合对象类实例的主要作用是将不同应用对象的属性(数据)组合成为一个单一的属性,从而可以通过一个报文发送。以一台 DeviceNet 设备有两个组合对象类实例来说明。类属性(0)如下:

属性 ID	属性名称	访问规则	属性的说明	数据类型
1	版本	Get	对象类的版本	UINT

I/O 数据组合实例(1)如下:

属性 ID	属性名称	访问规则	属性的说明	数据类型
1	数据	Get	输入或输出数据	USINT

I/O 初始输出配置组合实例(2)如下:

属性 ID	属性名称	访问规则	属性的说明	数据类型
1	数据	Get/Set	模块初始输出配置数据	USINT

解析为容易理解的列表如下:

类　别	实　例	属　性	属性值的数据类型
组合对象(0x03)	I/O 数据组合实例(0x01)	数据(0x01)	USINT
	I/O 初始输出配置组合实例(0x02)	数据(0x01)	USINT
支持的服务及其代码:Get_Attribute_Single(获取单个属性):0x0e;Get_Attribute_All(获全部属性):0x01;Set_ Attribute_ Single (设置单个属性):0x10			

假设 I/O 数据组合实例(0x01)是 8 路数字 I/O 控制继电器实例,I/O 初始输出配置组合实例(0x02)是一路模拟输出实例。如果想通过 Get_Attribute_Single 服务获取两个实例的属性值,需要两次"询问-应答",比较繁琐。

应用组合实例:将 8 路数字 I/O 控制继电器的数值(USINT,1BYTE 长度)、一路模拟输出数值(USINT,1BYTE 长度)组合为一个属性,用一个 CAN 报文(8 字节)发送即可。这样一次"询问-应答"就可以了,节省通信时间和资源。举个例子:张三和王五是邻居,月末都需要到燃气公司缴纳燃气费。如果两人分头去缴纳,需要每人跑一趟。两人商议后决定:王五把需要缴纳的费用交给张三,由张三一个人去缴纳燃气费。

5. 连接对象(Connection)

其分类地址为 0x05,属于表 5-4 分类地址范围中的"开放部分"地址。DeviceNet 设备至少具有两个连接类实例。每个连接对象表示网络上两个节点之间虚拟连接的一个端点。连接对象分显式连接、I/O 连接。显式报文用于属性寻址、属性值以及特定服务,I/O 报文中数据的处理由连接对象 I/O 连接实例决定。类属性如下:

属性 ID	属性名称	访问规则	属性的说明	数据类型
1	版本	Get	对象类的版本	UINT

显式连接实例(1)如下:

属性 ID	属性名称	访问规则	属性的说明	数据类型
1	State	Get	连接状态	USINT
2	Instance_type	Get	连接类型	USINT
3	TransportClass_trigger	Get	定义连接的行为	BYTE
4	Product_connection_id	Get	连接发送时,放在 CAN 标识符区	UINT
5	Consumed_connection_id	Get	CAN 标识符区的值,指示要接收的数据	UINT
6	Initial_comm_characteristics	Get	定义信息组,通过该信息组进行与该连接相关生产和消费	BYTE
7	Product_connection_size	Get	通过本连接发送的最大字节数	UINT
8	Consumed_connection_size	Get	通过本连接接收的最大字节数	UINT
9	Expected_packet_sate	Get/Set	定义与本连接有关的定时	UINT
12	Watch_dog_timeout_action	Get/Set	定义如何处理休眠/看门狗超时	USINT
13	Product_connection_path_length	Get	Product_connection_path 属性的字节数	UINT
14	Product_connection_path	Get	指定通过该连接对象生产数据的应用对象	EPATH
15	Consumed_connection_path_length	Get	Consumed_connection_path 属性的字节数	UINT
16	Consumed_connection_path	Get	指定通过该连接对象消费数据的应用对象	EPATH
17	Production_inhibit_time	Get	定义产生新数据的最小间隔	UINT

轮询 I/O 连接实例(2)如下:

属性 ID	属性名称	访问规则	属性的说明	数据类型
1	State	Get	连接状态	USINT
2	Instance_type	Get	连接类型	USINT
3	TransportClass_trigger	Get	定义连接的行为	BYTE
4	Product_connection_id	Get	连接发送时,放在 CAN 标识符区	UINT
5	Consumed_connection_id	Get	CAN 标识符区的值,指示要接收的数据	UINT
6	Initial_comm_characteristics	Get	定义信息组,通过该信息组进行与该连接相关生产和消费	BYTE
7	Product_connection_size	Get	通过本连接发送的最大字节数	UINT
8	Consumed_connection_size	Get	通过本连接接收的最大字节数	UINT
9	Expected_packet_sate	Get/Set	定义与本连接有关的定时	UINT
12	Watch_dog_timeout_action	Get/Set	定义如何处理休眠/看门狗超时	USINT
13	Product_connection_path_length	Get	Product_connection_path 属性的字节数	UINT
14	Product_connection_path	Get	指定通过该连接对象生产数据的应用对象	EPATH
15	Consumed_connection_path_length	Get	Consumed_connection_path 属性的字节数	UINT
16	Consumed_connection_path	Get	指定通过该连接对象消费数据的应用对象	EPATH
17	Production_inhibit_time	Get	定义产生新数据的最小间隔	UINT

解析为容易理解的列表如下:

类　别	实　例	属　性	属性值的数据类型
连接对象(0x05)	显式连接实例(0x01)	State (0x01)	USINT
		Instance_type (0x02)	USINT
		TransportClass_trigger (0x03)	BYTE
		Product_connection_id (0x04)	UINT
		Consumed_connection_id (0x05)	UINT
		Initial_comm_characteristics (0x06)	BYTE
		Product_connection_size (0x07)	UINT
		Consumed_connection_size (0x08)	UINT
		Expected_packet_sate (0x09)	UINT
		Watch_dog_timeout_action (0x0A)	USINT
		Product_connection_path_length (0x0B)	UINT
		Product_connection_path (0x0C)	EPATH
		Consumed_connection_path_length (0x0D)	UINT
		Consumed_connection_path (0x0E)	EPATH
		Production_inhibit_time (0x0F)	UINT
		State (0x10)	USINT
		Instance_type (0x11)	USINT

续表

类 别	实 例	属 性	属性值的数据类型
连接对象(0x05)	轮询 I/O 连接实例(0x02)	State (0x01)	USINT
		Instance_type (0x02)	USINT
		TransportClass_trigger (0x03)	BYTE
		Product_connection_id (0x04)	UINT
		Consumed_connection_id (0x05)	UINT
		Initial_comm_characteristics (0x06)	BYTE
		Product_connection_size (0x07)	UINT
		Consumed_connection_size (0x08)	UINT
		Expected_packet_sate (0x09)	UINT
		Watch_dog_timeout_action (0x0A)	USINT
		Product_connection_path_length (0x0B)	UINT
		Product_connection_path (0x0C)	EPATH
		Consumed_connection_path_length (0x0D)	UINT
		Consumed_connection_path (0x0E)	EPATH
		Production_inhibit_time (0x0F)	UINT
		State (0x10)	USINT
		Instance_type (0x11)	USINT
支持的服务及其代码:Get_Attribute_Single(获取单个属性):0x0e;Set_ Attribute_ Single (设置单个属性) :0x10			

6. 参数对象(Parameter)

参数对象是可选的,用于具有可配置参数的设备中。每个实例分别代表不同的配置参数。参数对象为配置工具提供了一个标准的途径,用于访问所有的参数。

7. 应用对象

其分类地址为 0x64,属于表 5-4 分类地址范围中的“制造商专用”地址,由制造商定义。应用对象泛指描述特定行为和功能的一组对象,例如,开关量输入/输出对象、模拟量输入输出对象等。设备网上的节点若需要实现某种特定的功能,至少要建立一个应用对象。

类属性(0)如下:

属性 ID	属性名称	访问规则	属性的说明	数据类型
1	版本	Get	对象类的版本	UINT

应用数据属性实例(1)如下:

属性 ID	属性名称	访问规则	属性的说明	数据类型
1	数据类型	Get	输入或输出数据的类型	UINT
2	输入通道数	Get	输入通道的数量	USINT
3	输出通道数	Get	输出通道的数量	USINT

输入输出实例(2)如下：

属性 ID	属性名称	访问规则	属性的说明	数据类型
1	通道 1 输入状态	Get	输入通道的当前状态	UINT
2	通道 2 输入状态	Get	输入通道的当前状态	UINT
3	通道 3 输出状态	Get	输出通道的当前状态	UINT

解析为容易理解的列表如下：

类　别	实　例	属　性	属性值的数据类型
应用对象(0x64)	应用数据属性实例(0x01)	数据类型(0x01)	UINT
		输入通道数(0x02)	USINT
		输出通道数(0x03)	USINT
	输入输出实例(0x02)	通道 1 输入状态(0x01)	UINT
		通道 2 输入状态(0x02)	UINT
		通道 3 输出状态(0x03)	UINT
支持的服务及其代码:Get_Attribute_Single(获取单个属性):0x0e			

5.1.4 DeviceNet 的报文标识符

DeviceNet 协议规范中的“重点提示”指出:DeviceNet 的基础是 CAN 标准帧 11 位标识区的定义。即,DeviceNet 的报文格式只是说用到了 CAN 标准帧 11 位标识区,但是没有明确说明是 CAN2.0A 协议还是 CAN2.0B 协议。虽然 CAN2.0A 协议和 CAN2.0B 协议都支持标准帧,但是两者的帧信息以及特殊功能寄存器的地址是不同的。以 SJA1000 芯片为例,其 CAN2.0A 及 CAN2.0B 协议报文格式如表 5-14 及表 5-15 所列。

表 5-14　CAN2.0A 协议报文格式(SJA1000)

CAN 地址	区	名称	字节的位							
			7	6	5	4	3	2	1	0
CAN10	描述符	帧 ID1	ID.10	ID.9	ID.8	ID.7	ID.6	ID.5	ID.4	ID.3
CAN11		帧 ID2	ID.2	ID.1	ID.0	RTR	DLC(数据长度)			
CAN12	数据	数据 1	数据 1							
CAN13		数据 2	数据 2							
CAN14		数据 3	数据 3							
CAN15		数据 4	数据 4							
CAN16		数据 5	数据 5							
CAN17		数据 6	数据 6							
CAN18		数据 7	数据 7							
CAN19		数据 8	数据 8							
备注	① RTR=0,数据帧,因为 DeviceNet 协议没有用到远程帧； ② X 位,表示该位忽略									

表 5-15 CAN2.0B 协议报文格式(SJA1000)

CAN 地址	区	名 称	字节的位							
			7	6	5	4	3	2	1	0
CAN16	描述符	帧信息	FF	RTR	X	X	DLC(数据长度)			
CAN17		帧 ID1	ID.28	ID.27	ID.26	ID.25	ID.24	ID.23	ID.22	ID.21
CAN18		帧 ID2	ID.20	ID.19	ID.18	X	X	X	X	X
CAN19	数据	数据 1	数据 1							
CAN20		数据 2	数据 2							
CAN21		数据 3	数据 3							
CAN22		数据 4	数据 4							
CAN23		数据 5	数据 5							
CAN24		数据 6	数据 6							
CAN25		数据 7	数据 7							
CAN26		数据 8	数据 8							
备注	① RTR=0,数据帧,因为 DeviceNet 协议没有用到远程帧; ② FF=0,CAN2.0B 协议下的标准帧; ③ X 位,表示该位忽略									

实际应用中存在以下两种应用情况:一种是基于 CAN2.0A(只有标准帧格式)编写的程序,另一种是基于 CAN2.0B(有标准帧和扩展帧两种格式)标准帧编写的程序。本章以基于 CAN2.0B 标准帧为例来讲解。

DeviceNet 的基础是 CAN 标准帧 11 位标识区,DeviceNet 协议规范又对 11 位标识符进行了详细的功能划分,根据报文用途的差异划分为 4 个报文组(如表 5-16 所列):

- ➢ 组 1:优先级=高,用于 I/O 报文;
- ➢ 组 2:优先级=中,用于预定义主/从连接;
- ➢ 组 3:优先级=低,用于显式报文;
- ➢ 组 4:优先级=最低,用于诊断报文;

表 5-16 DeviceNet 中 11 位标识符分配及报文组

连接 ID=CAN 标识符(bit 10:0)											标识用途
10	9	8	7	6	5	4	3	2	1	0	
0	报文 ID				源 MAC ID						报文组 1
1	0	MAC ID						报文 ID			报文组 2
1	1	报文 ID			源 MAC ID						报文组 3
1	1	1	1	1	报文 ID						报文组 4
1	1	1	1	1	1	1	X	X	X	X	无效 CAN 标识符

利用 CAN2.0 协议标准帧传输报文时，如果是发送报文，11 位标识符中填写的是目标节点地址，没有具体说明源节点地址。这给编写 CAN 网络通信程序带来诸多不便，一个节点接收数据时，从标识符中分析不出来报文来自哪个节点。例如，地址为 0x01 的节点向地址为 0x07 的节点发送标准数据帧报文，数据长度为 3，数据内容为 0XAA、0XAB、0XAC，如表 5-17 及表 5-18 所列。地址为 0x07 的节点收到数据后，不能从 11 位的标识符中分析出源节点地址。所以，实际编写 CAN 通信程序的时只能占用数据区的字节来说明源节点地址。

表 5-17 发送标准数据帧报文举例 1

CAN 地址	区	名称	字节的位							
			7	6	5	4	3	2	1	0
CAN16	描述符	帧信息	0	0	0	0	0x03			
CAN17		帧 ID1	0	0	0	0	0	0	0	0
CAN18		帧 ID2	1	1	1	X	X	X	X	X
CAN19	数据	数据 1	0XAA							
CAN20		数据 2	0XAB							
CAN21		数据 3	0XAC							

表 5-18 发送标准帧报文举例 2

CAN 地址	区	名称	字节的位							
			7	6	5	4	3	2	1	0
CAN16	描述符	帧信息	0	0	0	0	0x03			
CAN17		帧 ID1	0	0	0	0	0	0	0	0
CAN18		帧 ID2	1	1	1	X	X	X	X	X
CAN19	数据	数据 1	0x01(源节点地址)							
CAN20		数据 2	0XAA							
CAN21		数据 3	0XAB							
CAN22		数据 4	0XAC							

DeviceNet 协议规范和扩展了 CAN 标准帧 11 位标识区的功能，赋予了该区更多的含义，将其划分为 4 个报文组，如表 5-19～表 5-22 所列。

表 5-19　报文组 1

组 1	定义的位											消息用途
	10	9	8	7	6	5	4	3	2	1	0	
通常用于 I/O 报文	0	0	0	0	0	Source MAC ID						
	0	0	0	0	1							
	0	0	0	1	0							
	0	0	0	1	1							
	0	0	1	0	0							
	0	0	1	0	1							
	0	0	1	1	0							
	0	0	1	1	1							
	0	1	0	0	0							
	0	1	0	0	1							
	0	1	0	1	0							
	0	1	0	1	1							
	0	1	1	0	0							
	0	1	1	0	1							从站 I/O 多点轮询响应消息
	0	1	1	1	0							从站 I/O 位选通响应消息
	0	1	1	1	1							从站 I/O 轮询响应/状态变化/循环应答消息

表 5-20　报文组 2

组 2	定义的位											消息用途
	10	9	8	7	6	5	4	3	2	1	0	
用于预定义主/从连接	1	0	Source MAC ID						0	0	0	主站 I/O 位选通响应消息
	1	0							0	0	1	主站 I/O 多点轮询响应消息
	1	0							0	1	0	主站状态变化/循环应答消息
	1	0							0	1	1	从站显示/未连接响应信息
	1	0	Destination MAC ID						1	0	0	主站显示请求信息
	1	0							1	0	1	主站 I/O 轮询命令/状态变化/循环应答消息
	1	0							1	1	0	仅限组 2 非连接显示请求信息
	1	0							1	1	1	重复 MAC ID 检查信息

表 5-21　报文组 3

组 3	定义的位											消息用途
	10	9	8	7	6	5	4	3	2	1	0	
通常用于显式报文	1	1	0	0	0	Source MAC ID						
	1	1	0	0	1							
	1	1	0	1	0							
	1	1	0	1	1							
	1	1	1	0	0							
	1	1	1	0	1							UCMM(非连接信息管理)响应
	1	1	1	1	0							UCMM 请求
	1	1	1	1	1	XXXXXX						未使用

表 5-22　报文组 4

组 3	定义的位											消息用途
	10	9	8	7	6	5	4	3	2	1	0	
通常用于显式报文	1	1	1	1	1	0	0	0	0	0	0	保留
	1	1	1	1	1	—	—	—	—	—	—	
	1	1	1	1	1	1	0	1	1	0	0	通信故障响应报文
	1	1	1	1	1	1	0	1	1	0	1	通信故障请求报文
	1	1	1	1	1	1	0	1	1	1	0	离线所有权响应报文
	1	1	1	1	1	1	0	1	1	1	1	离线所有权请求报文
	1	1	1	1	1	1	—	—	—	—	—	无效的 CAN 标示符

(1) 报文组 1

报文组 1 规定:CAN 标准帧 11 位标识区的最高位 ID.10 为 0,ID.9～ID.6 这 4 位可以选择使用,因此每个节点有 16 个报文 ID 可供选择。该组报文的优先级主要由报文 ID(报文的含义)决定。如果 2 个设备同时发送报文,报文 ID 号较小的设备总是先发送。以这种方式可以相对容易地建立一个 16 个优先级的系统。报文组 1 通常用于 I/O 报文交换应用数据。

(2) 报文组 2

报文组 2 规定:CAN 标准帧 11 位标识区的 ID.10 为 1、ID.9 为 0、ID.2～ID.0 这 3 位可以选择使用,因此每个节点有 8 个报文 ID 可供选择。

该组的大多数报文 ID 可选择定义为“预定义主/从连接集”。其中,一个报文 ID 定义为网络管理。优先级主要由设备地址(MAC ID)决定,其次由报文 ID 决定。如果要考虑各位的具体位置,那么带 8 位屏蔽的 CAN 控制器可以根据 MAC ID 滤除自身的报文组 2 报文。

(3) 报文组 3

报文组 3 规定:CAN 标准帧 11 位标识区的 ID.10 为 1、ID.9 为 1、ID.8～ID.6 这 3 位可以选择使用,111 报文 ID 未使用,因此每个节点有 7 个报文 ID 可供选择。报文组 3 主要交换低优先级的过程数据。此外,该组的主要用途是建立动态的显式连接。每个设备可有 7 个不同的报文,其中 2 个报文保留作为未连接报文管理器端口(UCMMPort)。

(4) 报文组 4

报文组 4 只有报文 ID。该组的报文只用于网络管理。通常分配 4 个报文 ID,用于诊断报文。

5.1.5 DeviceNet 的报文格式

DeviceNet 支持两种报文格式:显示报文(Explicit Message)和 I/O 报文(I/O Message),分别用于不同用途的数据传输。

1. 显式报文

显式报文用于两个设备之间多用途的信息交换,一般用于节点的配置、故障情况和故障诊断,格式如表 5-23 所列。DeviceNet 中定义了一组公共服务显式报文,如读取属性出、设置属性、打开连接、关闭连接、出错应答等。这类信息因为是多用途的,所以报文中要标明报文的类型。显式报文属于典型的"询问-应答"方式,一般被赋予较低的优先级。

表 5-23 显示报文格式

CAN 地址	区	名 称	字节的位							
			7	6	5	4	3	2	1	0
CAN16	描述符	帧信息	FF	RTR	X	X	DLC(数据长度)			
CAN17		帧 ID1	ID.28	ID.27	ID.26	ID.25	ID.24	ID.23	ID.22	ID.21
CAN18		帧 ID2	ID.20	ID.19	ID.18	X	X	X	X	X
CAN19	数据	数据 1	Frag	XID	主站的 MAC ID					
CAN20		数据 2	R/R	服务代码(Service Code)						
CAN21		数据 3	类标识符(Class ID)							
CAN22		数据 4	实例标识符(Instance ID)							
CAN23		数据 5	属性标识符(Attribute ID)							
CAN24		数据 6	报文数据(Service Data)							
CAN25		数据 7								
CAN26		数据 8								

Frag:是报文的分段标识位。若此位置 1,则表明当前报文是分段报文;反之,若此位置 0,则表明当前报文是不分段报文。R/R:是报文的请求/响应标识符。若 R/R 位为 1,则表明当前报文是响应报文。若该位为 0,则表明当前报文是请求报文。XID:是显式报文的事务处理 ID 标识位。当主站在某一段时间内未收到先前发送的显式请求报文的应答时,则将置 XID 位为 1 并重新发送该显式请求报文。

可以看出,DeviceNet 显式报文(Explicit message)的数据区包含节点地址、要求的服务、实例和属性标示符等,剩下的字节传输要求的数据;支持分段协议,用于传输一个帧无法承载的报文。

2. I/O 报文

I/O 报文用于传送主站或从站的实时信息,格式简洁、数据传送速率快和传送的数据量大。DeviceNet 定义了多种传送规则,可以根据应用对象信息的特点选用适当的通信方式:位选通、轮询、状态改变和循环。此外,I/O 报文可以选择应答方式或无应答方式,一般选择无应答方式可以节省时间。I/O 报文可以是点对点或多点传送,一般被赋予较高的优先级,格式如下:

CAN 地址	区	名　称	字节的位							
			7	6	5	4	3	2	1	0
CAN16	描述符	帧信息	FF	RTR	X	X	DLC(数据长度)			
CAN17		帧 ID1	ID. 28	ID. 27	ID. 26	ID. 25	ID. 24	ID. 23	ID. 22	ID. 21
CAN18		帧 ID2	ID. 20	ID. 19	ID. 18	X	X	X	X	X
CAN19	数据	数据 1	报文数据(Service Data)							
CAN20		数据 2								
CAN21		数据 3								
CAN22		数据 4								
CAN23		数据 5								
CAN24		数据 6								
CAN25		数据 7								
CAN26		数据 8								

可以看出,I/O 报文的 8 字节数据区不包含任何与对象有关的信息,报文的含义由连接 ID 指示。因此,在利用 I/O 报文传输数据时,必须事先对报文的发送和接收设备进行配置。

5.1.6 UCMM 连接和预定义主/从连接

DeviceNet 提供了一个功能很强的应用层协议,UCMM(非连接报文管理器)允许动态建立和配置设备间的连接。而在实际使用中,许多对象的应用情况往往很简单,常用的主/从连接方式足以满足要求。于是 DeviceNet 定义了一套数量有限且固定的连接组——预定义主/从连接组和仅限组 2 的从站,用于简化主/从结构中 I/O 数据和配置型数据的传送,以降低从站的成本和简化设备的配置。

对于不具有 UCMM 能力的从站,称为仅限组 2 从站,它没有能力接收通常的未连接显式报文,只能通过预定义主/从连接组内预留的未连接显式请求报文(组 2,报文 ID=6)和从站的显式/未连接响应报文(组 2,报文 ID=3)来实现预定义主/从连接的分配或删除。本章将以仅限组 2 的从站为例展开讲解。

5.1.7 DeviceNet 的通信过程

为了便于读者理解,仍以张三和李四两人用手机通话为例,对比介绍 DeviceNet 的通信过程如下:

张三和李四通话过程	查询电话号码	拨号	通话	结束通话
主站和从站通信过程	重复 MAC ID 检查	建立连接	传输报文	删除连接

1. 重复 MAC ID 检查

DeviceNet 网上的每一个设备都必须分配一个唯一的节点地址(MAC ID)。如果网络上出现相同的节点地址,就会导致通信错误。因此,DeviceNet 设备上电时,经过必要的初始化后将进行重复 MAC ID 检测:每个 DeviceNet 节点连到网络上时,都必须以 1 s 间隔传送 2 次重复 MAC ID 检查请求报文,并且每发送一次请求报文后等待 1 s。若该节点没有收到任何重复 MAC ID 响应报文(2 s 周期内),则自动上线,成为一个正常的工作节点,可以正常收发报文。

如果发现分配的 MAC ID 已经在网络上使用,则地址相同的在线节点发送节点重复检测响应报文,设备进入通信故障状态。在通信故障状态可以通过人工干预或通信故障请求报文更改设备的 MAC ID,然后再次进行重复 MAC ID 检测过程,流程如图 5-2 所示。

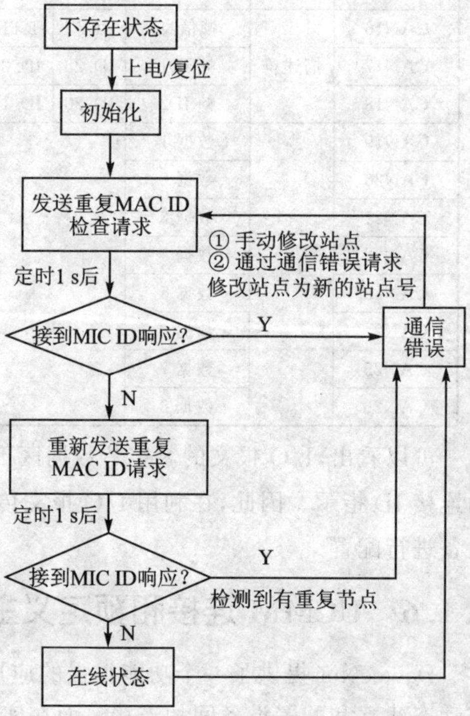

图 5-2 节点重复 MAC ID 检查流程图

解析:张三想和李四通话,首先要找到李四的电话号码,然后拨号。首先张三要确定自己电话号码的唯一性,否则将造成通话错误。举个例子,现实生活中也有类似的通信错误发生:有时接到一个电话,刚交谈几句就发现不认识对方，但对方确定没有拨错电话号码，可能的原因是“通信网络串号”了，也就是说，同一个网络中有相同的电话号码存在了（故障）。

重复 MAC ID 检查用 MCU 的一个定时器定时（定时 1 s），从而对检测的时间加以约束。DeviceNet 协议规定用组 2 信息进行重复 MAC ID 检查，如表 5－24 所列。

表 5－24　组 2 信息进行重复 MAC ID 检查配置

标识位											信息 ID 含义
10	9	8	7	6	5	4	3	2	1	0	
1	0	MAC ID						组 2 信息 ID			组 2 信息
1	0	目的 MAC ID						1	1	1	重复 MAC ID 检查信息

其报文格式如下：

CAN 地址	区	名称	字节的位							
			7	6	5	4	3	2	1	0
CAN16	描述符	帧信息	0	0	X	X	0x07（数据长度）			
CAN17		帧 ID1	1	0	目的 MAC ID					
CAN18		帧 ID2	1	1	1	X	X	X	X	X
CAN19	数据	数据 1	R/R	物理端口号						
CAN20		数据 2	制造商 ID（低字节）							
CAN21		数据 3	制造商 ID（高字节）							
CAN22		数据 4	系列号（低字节）							
CAN23		数据 5	系列号（中字节）							
CAN24		数据 6	系列号（高字节）							
CAN25		数据 7	系列号（最高字节）							

其中，R/R 是请求/响应标志位，含义为：

值	含　义
0	请求。当一个试图执行重复 MAC ID 检查处理的模块发送重复 MAC ID 检查信息时，将请求/响应区设置为 0
1	响应。一个接收重复 MAC ID 检查信息并要返回一个响应的模块，将响应信息内的请求/响应区设置为 1

物理端口号：DeviceNet 内部分配给每个物理连接的一个识别值。完成与 DeviceNet 多个物理连接（多个连接器）的产品必须在十进制数 0～127 之间给单个连接分配唯一的值。执行单个连接（单连接器）的产品应该在这一区内设置值 0。举个例子，一个 DeviceNet 节点设备上控制有一个电机控制器和一个条码读入器，那就给它们分别赋值端口号 0 和端口号 1。

制造商 ID 和系列号:前面已经说明,不再赘述。

下面的例子描述了发送重复 MAC ID 检查请求信息的模块,其分配的 MAC ID 值为 0A、制造商 ID 值为 5、系列号为 01020304(hex)。

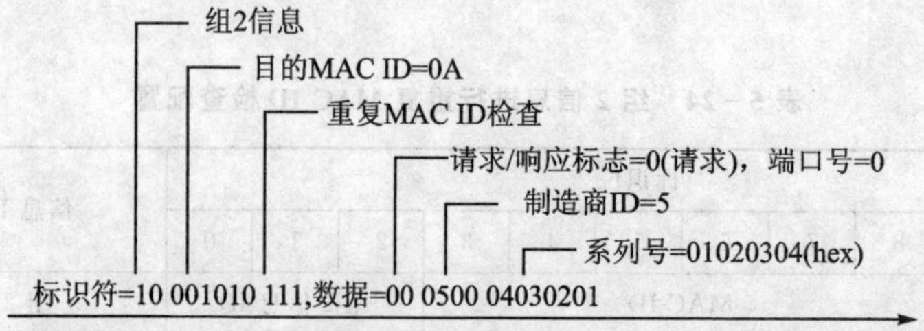

假定在 DeviceNet 上已经存在一个 MAC ID 为 0A 的设备。下例说明由于接收了上述请求信息而发送的信息。

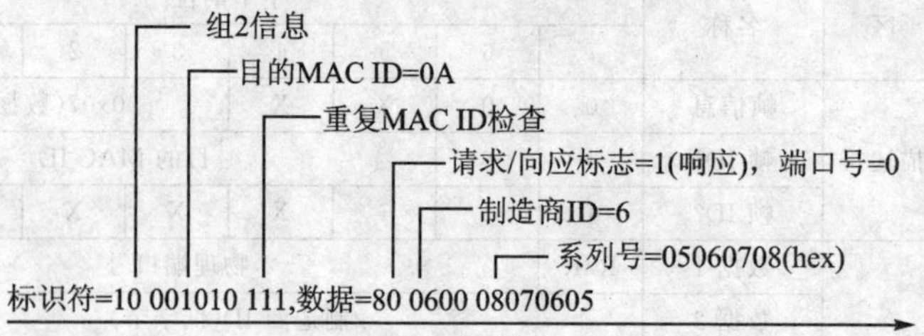

2. 建立连接

张三想和李四通电话,首先要找到李四的电话号码,然后拨号,当听到李四的声音时就建立了连接,两人可以在一定的机制之上展开通话。5.1.6 小节说明了 UCMM 连接和预定义主/从连接的区别,以仅限组 2 的从站为例介绍预定义主/从连接。

(1) 组 2 未连接显式请求报文

主站用该报文命令从站配置连接。

传输方向:主站→从站

DeviceNet 协议规定用(组 2 报文,信息 ID=6)进行报文请求,配置如下:

标识位											信息 ID 含义
10	9	8	7	6	5	4	3	2	1	0	
1	0	MAC ID						组 2 信息 ID			组 2 信息
1	0	目的 MAC ID						1	1	0	仅限组 2 非连接显示请求信息

该服务的请求报文格式为:

CAN 地址	区	名 称	字节的位							
			7	6	5	4	3	2	1	0
CAN16	描述符	帧信息	0	0	X	X	0x06(数据长度)			
CAN17		帧 ID1	1	0	目的 MAC ID					
CAN18		帧 ID2	1	1	0	X	X	X	X	X
CAN19	数据	数据 1	Prag	XID	源 MAC ID					
CAN20		数据 2	R/R(0)	服务代码(0x4B)						
CAN21		数据 3	类 ID(3)							
CAN22		数据 4	实例 ID(1)							
CAN23		数据 5	配置选择							
CAN24		数据 6	0	0	源 MAC ID					

其中,R/R 应为 0。组 2 未连接显式请求报文是用于配置主/从连接组的,服务代码为 0x4b(属于表 5-6 服务代码范围中的对象类专用范围)。

这个报文指向 DeviceNet 对象,其类 ID 为 3。在每个 DeviceNet 的物理连接中只有一个 DeviceNet 类的实例,因此实例 ID 为 1。配置选择给出了需要建立的连接,配置选择字节含义如下:

7	6	5	4	3	2	1	0
保留	应答抑制	循环	状态改变	保留	位选项	轮询	显示信息

除保留位必须为 0 以外,分配选择字节的每一位既可为 1,也可为 0。

1) 主站分配显式信息连接

如果配置选择字节数值为 0x01,则分配显式信息连接。主站会对连接对象的显式连接实例的属性值进行赋值(见表 5-25)。例如,主站设置通过本连接发送的最大字节数为 0xFF,表示主站设置从站发送的最大字节为 256 个。

表 5-25 主站配置显式信息连接

类 别	实 例	属 性	属性值的数据类型
连接对象(0x05)	显式连接实例(0x01)	连接状态	0x03
		连接类型	0x00
		定义连接的行为	0x83
		连接发送时,放在 CAN 标识符区	0xFF
		CAN 标识符区的值,指示要接收的数据	0xFF
		定义信息组,通过该信息组进行与该连接相关生产和消费	0x22
		通过本连接允许发送的最大字节数	0xFF
		通过本连接允许接收的最大字节数	0xFF

续表 5-25

类别	实例	属性	属性值的数据类型
连接对象(0x05)	显式连接实例(0x01)	定义与本连接有关的定时	0x09C4
		定义如何处理休眠/看门狗超时	1
		Product_connection_path 属性的字节数	0
		指定通过该连接对象生产数据的应用对象	{0, 0}
		Consumed_connection_path 属性的字节数	0xFF
		指定通过该连接对象消费数据的应用对象	{0, 0}
		定义产生新数据的最小间隔	0

2) 主站分配轮询 I/O 连接

如果配置选择字节数值为 0x02,则分配轮询 I/O 连接。主站会对连接对象的轮询 I/O 连接的属性值进行赋值(见表 5-26)。例如,主站设置连接类型数值为 0x01,表示主站设置的本连接的类型为 I/O 连接。

表 5-26 主站配置显式信息连接

类别	实例	属性	属性值的数据类型
连接对象(0x05)	I/O 连接实例(0x02)	连接状态	0x01
		连接类型	0x01
		定义连接的行为	0x82
		连接发送时,放在 CAN 标识符区	0xFF
		CAN 标识符区的值,指示要接收的数据	0xFF
		定义信息组,通过该信息组进行与该连接相关生产和消费	0x01
		通过本连接允许发送的最大字节数	0xFF
		通过本连接允许接收的最大字节数	0xFF
		定义与本连接有关的定时	0x00
		定义如何处理休眠/看门狗超时	0
		Product_connection_path 属性的字节数	0xFF
		指定通过该连接对象生产数据的应用对象	{0,0}
		Consumed_connection_path 属性的字节数	0xFF
		指定通过该连接对象消费数据的应用对象	{0,0}
		定义产生新数据的最小间隔	0

解析:主站通过组 2 未连接显式请求报文对从站的连接进行配置,其实就是主站对从站的通信规则进行一定的约束。举例:张三告诉(配置)李丽说:"你把客厅里的冬储白菜搬到厨房,一次最多搬 5 棵(配置属性值)。"

(2) 从站显式(或未连接)响应报文

当从站收到主站显式请求报文时,用该报文响应主站请求。

传输方向:从站→主站

DeviceNet 协议规定用(组 2 报文,信息 ID=3)进行报文响应:

标识位											信息 ID 含义
10	9	8	7	6	5	4	3	2	1	0	
1	0	MAC ID						组 2 信息 ID			组 2 信息
1	0	目的 MAC ID						0	1	1	从站显示/未连接响应信息

该服务的响应报文格式为：

CAN 地址	区	名称	字节的位							
			7	6	5	4	3	2	1	0
CAN16	描述符	帧信息	0	0	X	X	数据长度(由服务数据长度决定)			
CAN17		帧 ID1	1	0	源 MAC ID					
CAN18		帧 ID2	0	1	1	X	X	X	X	X
CAN19	数据	数据 1	Frag	XID	目的 MAC ID					
CAN20		数据 2	R/R(1)	服务代码(0x4B)						
CAN21		数据 3	服务数据(可选)							
CAN22		数据 4								
CAN23		数据 5								
CAN24		数据 6								
CAN25		数据 7								
CAN26		数据 8								

注意，成功响应中的服务数据的字节数及其格式是由服务的种类来决定的。

(3) 错误响应报文

当从站收到主站显式请求报文时，则对收到的报文信息进行核查，如果发现错误(例如检测接收到的类 ID 不等于 3)，就会发送错误响应报文。传输方向：从站→主站。DeviceNet 协议规定用(组 2 报文，信息 id=3)进行报文响应：

标识位											信息 ID 含义
10	9	8	7	6	5	4	3	2	1	0	
1	0	MAC ID						组 2 信息 ID			组 2 信息
1	0	源 MAC ID						0	1	1	从站显示/未连接响应信息

错误响应报文格式为：

CAN 地址	区	名称	字节的位							
			7	6	5	4	3	2	1	0
CAN16	描述符	帧信息	0	0	X	X	数据长度(0x04)			
CAN17		帧 ID1	1	0	源 MAC ID					
CAN18		帧 ID2	0	1	1	X	X	X	X	X
CAN19	数据	数据 1	Frag	XID	目的 MAC ID					
CAN20		数据 2	R/R(1)	服务代码(0X14)						
CAN21		数据 3	一般错误代码							
CAN22		数据 4	附加错误代码							

其服务代码为 0x14,属于表 5－6 服务代码范围中的开放部分,表示出错响应。

例如:如果一般错误代码为 0x09,可由 DeviceNet 错误代码列表得知为无效属性值错误;如果附加错误代码为 0xff,则表示无附加错误描述。

例如:

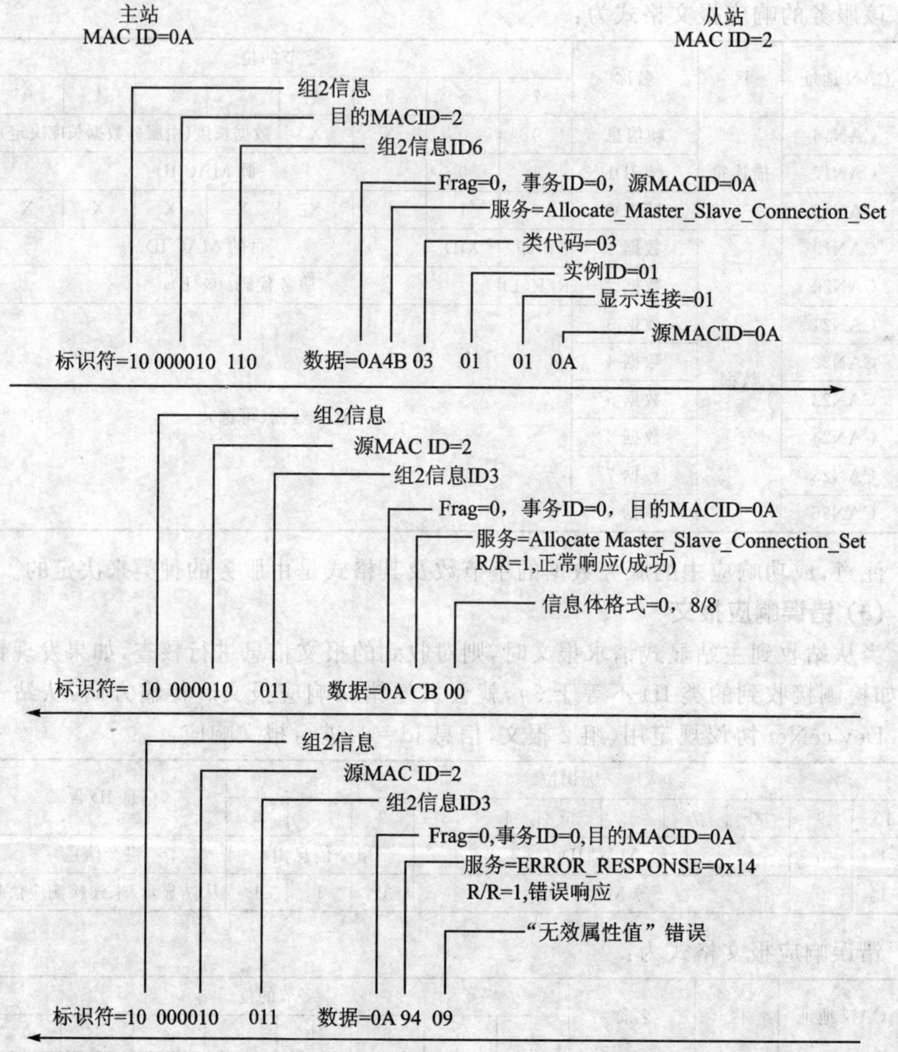

信息体格式见下表:

值	含 义
0	DeviceNet(8/8)。Class＝8 位整数。Instance ID＝8 位整数 1
1	DeviceNet(8/16)。Class＝8 位整数。Instance ID＝16 位整数 2
2	DeviceNet(16/16)。Class＝16 位整数。Instance ID＝16 位整数 3
3	DeviceNet(16/8)。Class＝16 位整数。Instance ID＝8 位整数 4
4～F	由 DeviceNet 保留

3. 传输报文

(1) 显式报文

① 主站显示请求信息

连接建立后，主站就会收集从站一些相应的信息，如 Vender ID、Device Type 等。传输方向：主站→从站。

DeviceNet 协议规定用（组 2 报文，信息 id＝4）进行主站显式请求信息：

标识位											信息 ID 含义
10	9	8	7	6	5	4	3	2	1	0	
1	0	MAC ID						组 2 信息 ID			组 2 信息
1	0	源 MAC ID						1	0	0	主站显示请求信息

主站显示请求报文格式为：

CAN 地址	区	名称	字节的位							
			7	6	5	4	3	2	1	0
CAN16	描述符	帧信息	0	0	X	X	0x05（数据长度）			
CAN17		帧 ID1	1	0	目的 MAC ID					
CAN18		帧 ID2	1	0	0	X	X	X	X	X
CAN19	数据	数据 1	Frag	XID	源 MAC ID					
CAN20		数据 2	R/R(0)	服务代码						
CAN21		数据 3	类 ID							
CAN22		数据 4	实例 ID							
CAN23		数据 5	属性 ID							

其中，R/R 应为 0。

② 从站显式响应报文和错误响应报文与建立连接中的从站响应报文和错误响应报文格式相同。

③ 举例。

a 获取供应商 ID 信息，如下：

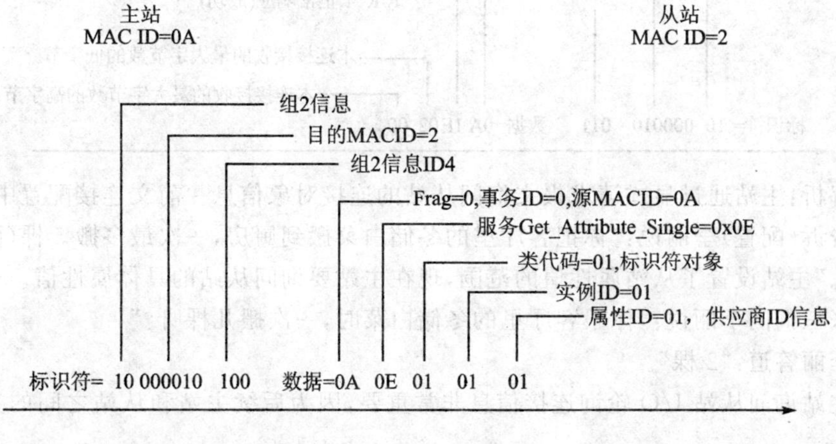

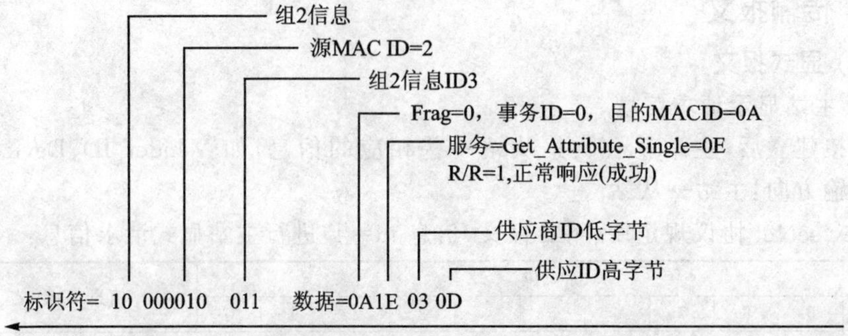

解析：主站通过显式请求报文询问从站的供应商 ID 信息。就像遇到一个可爱的小孩子，问他"小朋友，你叫什么名字？今年几岁了？"。小孩子答道"我叫豆豆，3 岁半了"。

ⓑ 获取 I/O 连接对象信息如下：

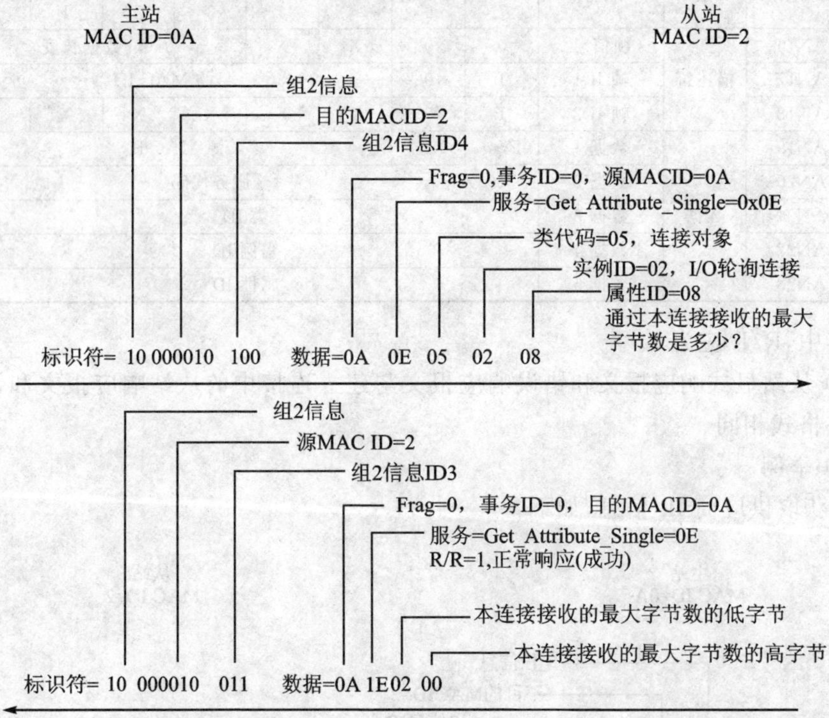

解析：主站通过显式请求报文询问从站的连接对象信息。前文连接配置中举例，张三告诉(配置)李丽说："你把客厅里的冬储白菜搬到厨房，一次最多搬 5 棵(配置属性值)。"主站设置了从站属性值的范围，现在主站要询问从站的具体属性值。

张三询问李丽说："你搬客厅里的冬储白菜时，一次搬几棵呀？"

李丽答道："2 棵"。

主站询问从站 I/O 轮询连接信息非常重要，因为后续主站和从站之间的数据交换就是依据此协定执行。

(2) I/O 报文

I/O 连接建立后,主站收集完从站的信息就可以和从站通过 I/O 连接进行数据交换了。

1) 主站 I/O 轮询报文

传输方向:主站→从站。DeviceNet 协议规定用(组 2 报文,信息 id=5)进行主站 I/O 轮询报文配置如下:

标识位											信息 ID 含义
10	9	8	7	6	5	4	3	2	1	0	
1	0	MAC ID						组 2 信息 ID			组 2 信息
1	0	目的 MAC ID						1	0	1	从站 I/O 轮询命令

该请求报文格式为:

CAN 地址	区	名称	字节的位							
			7	6	5	4	3	2	1	0
CAN16	描述符	帧信息	0	0	X	X	DLC(数据长度,根据连接配置字节数确定)			
CAN17		帧 ID1	1	0	目的 MAC ID					
CAN18		帧 ID2	1	0	1	X	X	X	X	X
CAN19	数据	数据 1	报文数据(Service Data)							
CAN20		数据 2								
CAN21		数据 3								
CAN22		数据 4								
CAN23		数据 5								

2) 从站 I/O 轮询响应报文

传输方向:从站→主站。DeviceNet 协议规定用组 1 报文(信息 ID=7)进行从站 I/O 轮询响应,配置如下:

标识位											信息 ID 含义
10	9	8	7	6	5	4	3	2	1	0	
0	1	组 1 信息 ID			MAC ID						组 1 信息
0	1	1	1	1	源 MAC ID						从站 I/O 轮询响应

该响应报文格式为:

CAN 地址	区	名称	字节的位							
			7	6	5	4	3	2	1	0
CAN16	描述符	帧信息	0	0	X	X	DLC(数据长度,根据连接配置字节数确定)			
CAN17	数据	帧 ID1	0	1	1	1	1	源 MAC ID		
CAN18		帧 ID2	源 MAC ID			X	X	X	X	X
CAN19		数据 1	报文数据(Service Data)							
CAN20		数据 2								
CAN21		数据 3								
CAN22		数据 4								
CAN23		数据 5								

3）举　例

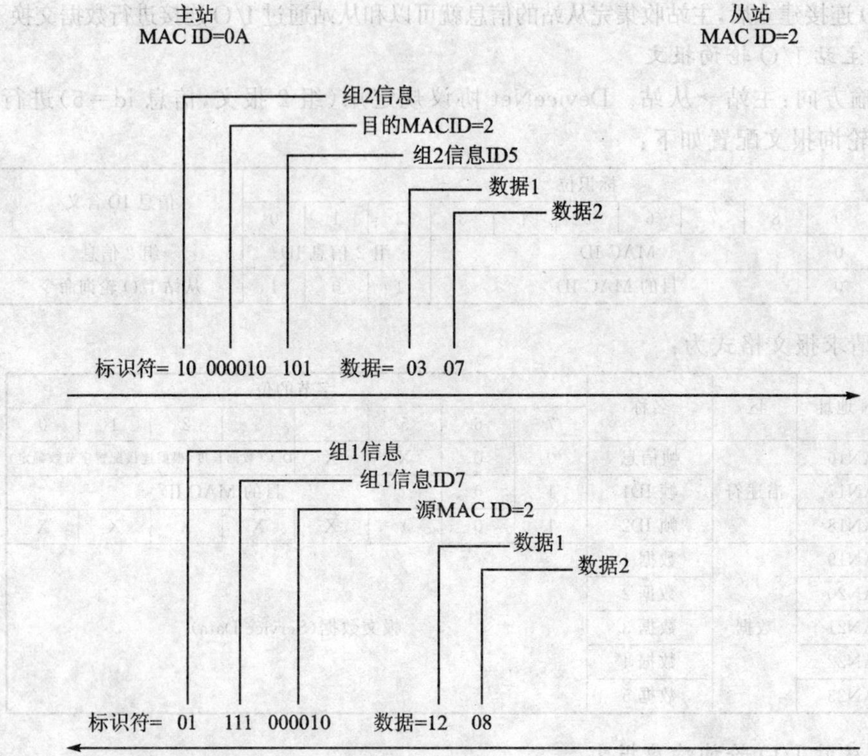

可以看出，I/O 报文用于传输数据。

用途：主站按照建立连接的配置传输数据给从站，例如传输 2 个字节的数据 0x03、0x07 给从站，从站接收此数据用于控制节点的继电器输出；同时，从站上报其 ADC 采集的数据 0x12、0x08 给主站。

4. 释放预定义主/从连接组服务(删除连接)

传输方向：主站→从站。DeviceNet 协议规定用组 2 报文，(信息 ID＝6)进行报文请求，配置如下：

标识位											信息 ID 含义
10	9	8	7	6	5	4	3	2	1	0	
0	1	MAC ID						组 2 信息 ID			
1	0	目的 MAC ID						1	1	0	仅限组 2 非连接显示请求信息

该服务的请求报文格式为：

CAN 地址	区	名称	字节的位							
			7	6	5	4	3	2	1	0
CAN16	描述符	帧信息	0	0	X	X	0x05(数据长度)			
CAN17	数据	帧 ID1	1	0	目的 MAC ID					
CAN18		帧 ID2	1	1	0	X	X	X	X	X
CAN19		数据 1	Frag	XID	源 MAC ID					
CAN20		数据 2	R/R(0)	服务代码(0x4C)						
CAN21		数据 3	对象 ID(3)							
CAN22		数据 4	对象实例 ID(1)							
CAN23		数据 5	释放选择字节							

释放预定义主/从连接组的报文服务代码为 4C hex,释放选择字节的内容与分配选择字节的内容相同。除保留位必须为 0 外,该字节的其他位既可为 1,也可为 0。若释放连接请求位为 1,那么主站请求释放该连接;若释放连接请求位为 0,那么主站不想释放该连接。

从站的正常响应报文和错误响应报文与同类报文相同,不再赘述。举例:

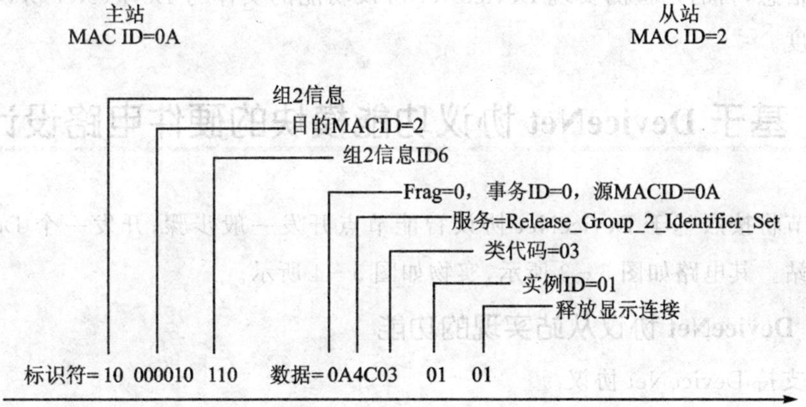

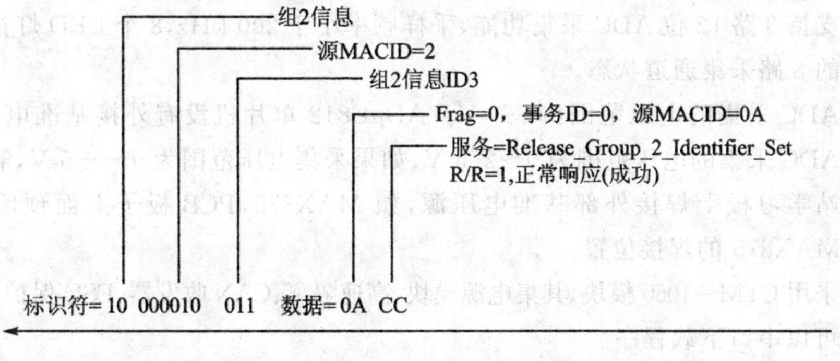

5.2 基于 DeviceNet 协议智能节点开发的一般步骤

① 确定 DeviceNet 节点设备的类型以及节点控制的数字量或者模拟量的具体参数特征。另外，DeviceNet 协议还定义了标准的设备模型，以促进不同厂商设备之间的互操作性。属于同一设备模型的设备支持相同的标识，例如属于同一设备模型的电机控制器、按钮组、传感器是可以互换的。

② 明确节点设备的功能，大多数是具备从机(从站)的功能。因此，需要确定从站和主站的通信方式：循环、状态改变、位选通、查询。

③ 硬件设计：选择 MCU、CAN 总线控制器、CAN 总线收发器、光电隔离模块、设备分接头、电源分接头。

④ 根据设备类型定义建立其对象模型，梳理明确对象模型中的所有对象、类别、实例、属性及其支持的服务。

⑤ 软件设计和实现：根据设备的对象模型编制应用软件，实现其功能。

⑥ 完成 DeviceNet 一致性声明：版本号及日期、协议选项、设备描述选项、供应商附加信息，目的是检测实现 DeviceNet 协议功能的实体与 DeviceNet 协议规范的符合程度。

5.3 基于 DeviceNet 协议功能模块的硬件电路设计

本节将按照基于 DeviceNet 协议智能节点开发一般步骤，开发一个 DeviceNet 协议从站。其电路如图 5-3 所示，实物如图 5-4 所示。

1. DeviceNet 协议从站实现的功能

- 支持 DeviceNet 协议。
- 支持跳键设置从站地址。
- 支持 8 路 12 位 ADC 采集功能，采样频率小于 200 kHz，8 个 LED 灯指示对应的 8 路采集通道状态。
- ADC 采集的电压范围：0～5 V。ADμC812 单片机没有外接基准电压源时，ADC 采集的电压范围为 0～2.5 V；如果采集电压范围为 0～+5 V，需要在从站学习板上焊接外部基准电压源，如 MAX875，PCB 板子上面预留有芯片 MAX875 的焊接位置。
- 采用 CTM-1050 模块，其集电源模块、高速隔离、CAN 收发器、ESD 保护于一体。
- 可以串口下载程序。

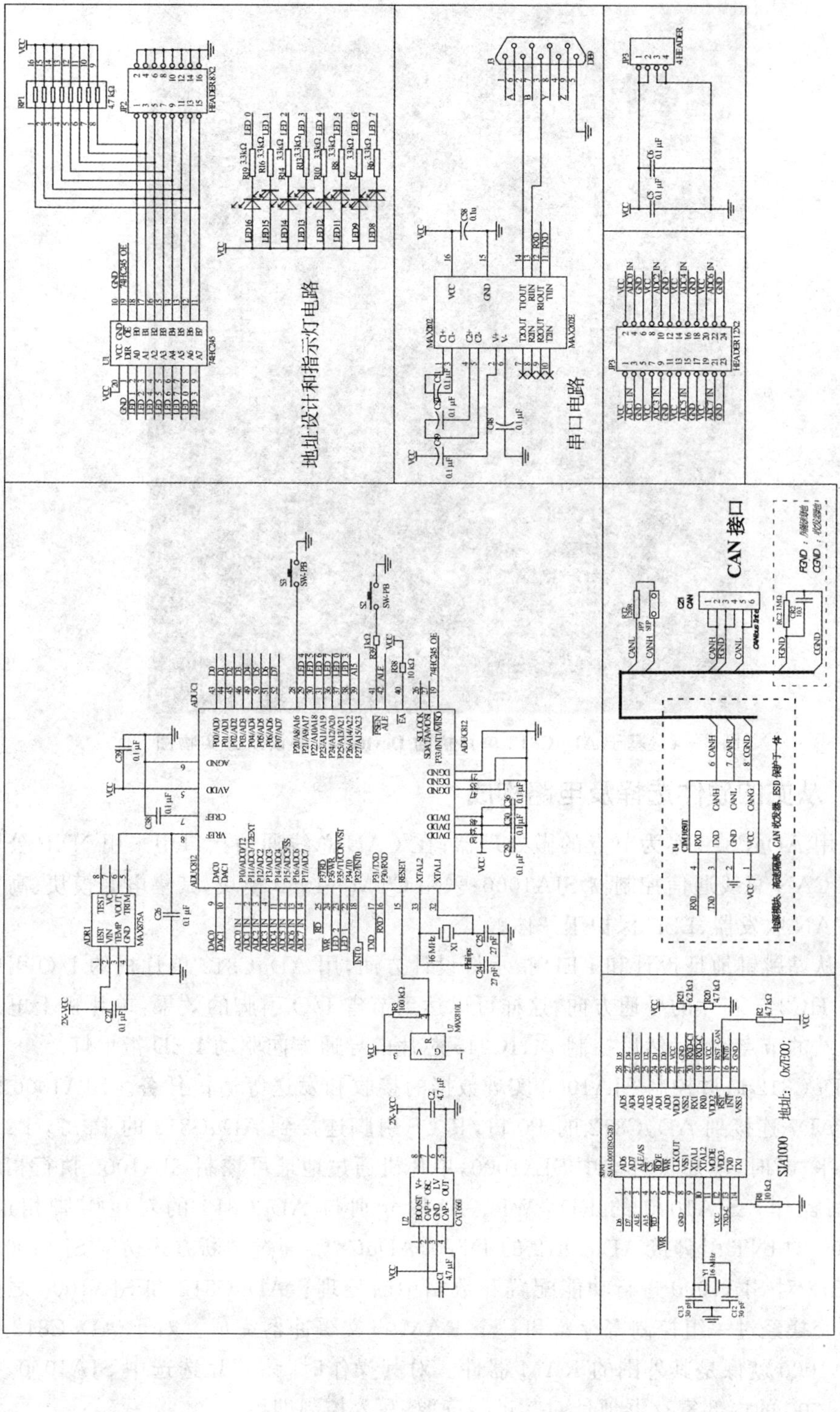

图 5-3 基于ADμC812单片机的DeviceNet协议从站原理图

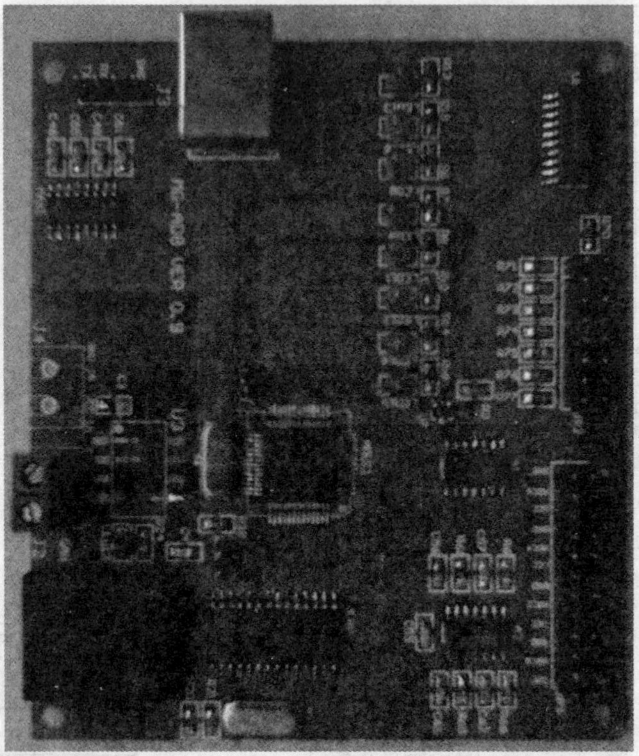

图5-4 基于ADμC812单片机的DeviceNet协议从站实物图

2. 从站的硬件选择及电路构成

采用ADμC812作为节点的微处理器；在CAN总线通信接口中采用NXP公司的独立CAN总线通信控制器SJA1000；采用CTM-1050模块，其集电源模块、高速隔离、CAN收发器、ESD保护于一体。

在从站跳键地址设计和LED指示灯设计方面，用ADμC812单片机的I/O引脚控制74HC245芯片的导通方向，这样可以达到节省I/O引脚的效果：单片机上电后读取从站的节点地址，然后控制74HC245芯片的导通方向驱动LED指示灯。

ADμC812通过控制SJA1000实现数据的接收和发送等通信任务。SJA1000的AD0～AD7连接到ADμC812的P0口，其CS引脚连接到ADμC812的P2.7，P2.7为低电平"0"时，单片机可选中SJA1000，单片机通过地址可控制SJA1000执行相应的读/写操作。SJA1000的RD、WR、ALE分别与ADμC812的对应引脚相连。SJA1000的INT引脚接ADμC812的INT0，ADμC812通过中断方式访问SJA1000。ADμC812对SJA1000进行功能配置和数据中断处理。ADμC812和SJA1000之间的数据交换经过一组控制寄存器和一个RAM报文缓冲器完成。对于ADμC812而言，SJA1000就像是其外围的RAM器件。对其操作时，只须片选选中SJA1000，按照SJA1000的内部寄存器地址对其进行读取、写入控制即可。

串口芯片 MAX202 电路用于从站学习板下载程序以及在线调试程序，也可以实现 CAN 总线转 RS232 串口数据转换功能。

3. DeviceNet 协议从站对象模型

DeviceNet 协议从站对象模型如表 5-27 所列。

表 5-27 DeviceNet 协议从站对象模型列表

对　象	类 ID	实例 ID	属性 ID	含　义	支持的服务
标识	0x01	0x00	—	—	错误响应
		0x01	0x01	供应商 ID	1
			0x02	产品类型	
			0x03	产品代码	
			0x04	版本	
			0x05	状态	
			0x06	序列号	
			0x07	产品名称	
信息路由器	0x02	—	—	—	错误响应
DeviceNet	0x03	0x00	—	—	错误响应
		0x01	0x01	节点地址	1
			0x02	波特率	
			0x05	分配选择和主站 MAC ID	
连接	0x05	0x00	—	—	错误响应
		0x01（显式连接）	0x07	发送的最大字节数	1、2
			0x08	接收的最大字节数	
		0x02（IO 连接）	0x07	发送的最大字节数	
			0x08	接收的最大字节数	
备注	1. Get_Attribute_Single（获取单个属性），服务代码 0x0e； 2. Set_ Attribute_ Single（设置单个属性），服务代码 0x10				

5.4 编程实践——基于 ADμC812 单片机的 DeviceNet 协议的学习板程序

5.4.1 程序头文件定义说明

1. devicenet_def.h 头文件

此头文件用于定义 DeviceNet 协议相关说明，如数据类型、服务代码等。

```
#if ! defined(__DEVICENET_DEF_H__)
#define __DEVICENET_DEF_H__
```

```
#define CYC_INQUIRE       0x02                    //定义CYC_INQUIRE,I/O轮询
#define VISIBLE_MSG       0x01                    //显式信息连接
#define DEVICENET_READ_DATA code
#define DEVICENET_WRITE_DATA pdata
/////////////数据类型//////////////////////
typedef unsigned char BOOL;         //1BYTE
typedef signed char SINT;           //1BYTE
typedef signed int INT;             //2BYTE
typedef signed long DINT;           //4BYTE
typedef struct{signed long a; unsigned long b;} LINT;
typedef unsigned char USINT;        //1BYTE
typedef unsigned int UINT;          //2BYTE
typedef unsigned long UDINT;        //4BYTE
typedef struct{unsigned long a; unsigned long b;} ULINT;
typedef float REAL;                  //4BYTE
typedef double LREAL;                //4BYTE
typedef INT ITIME;
typedef DINT TIME;
typedef DINT FTIME;
typedef LINT LTIME;
typedef UINT DATE;
typedef UDINT TOD;
typedef struct{UINT length; unsigned char * ucdata;} STRING;
typedef struct{UINT length; unsigned int * undata;} STRING2;
typedef     struct{UINT length; unsigned char * ucdata;} STRINGN;
typedef struct{UINT length; unsigned char * ucdata;} SHORT_STRING;
typedef unsigned char BYTE;
typedef unsigned int WORD;
typedef unsigned long DWORD;
typedef struct{unsigned long a; unsigned long b;} LWORD;
typedef struct{BYTE type; BYTE value;} EPATH;
typedef UINT ENGUNITS;
//////////////服务代码定义////////////////////////
#define SVC_Get_Attributes_All                 0x01
#define SVC_Set_Attributes_All                 0x02
#define SVC_Get_Attribute_List                 0x03
#define SVC_Set_Attribute_List                 0x04
#define SVC_RESET                              0x05
#define SVC_START                              0x06
#define SVC_STOP                               0x07
#define SVC_CREATE                             0x08
#define SVC_DELETE                             0x09
#define SVC_Apply_Attributes                   0x0D
#define SVC_Get_Attribute_Single               0x0E
#define SVC_Set_Attribute_Single               0x10
```

```
#define SVC_Find_Next_Object_Instance              0x11
#define SVC_ERROR_RESPONSE                         0x14
#define SVC_RESTORE                                0x15
#define SVC_SAVE                                   0x16
#define SVC_NOP                                    0x17
#define SVC_Get_Member                                    0x18
#define SVC_Set_Member                                    0x19
#define SVC_Insert_Member                                 0x1A
#define SVC_Remove_Member                                 0x1B
#define SVC_MONITOR_PLUSE                                 0x4D
#define SVC_Allocate_Master_Slave_Connection_Set          0x4B
#define SVC_Release_Group_2_Identifier_Set                0x4C
#define SVC_Create_Visible_Connectin_Set                  0x4B
#define SVC_Releas_Connection_Set                         0x4C
////////////////////错误描述////////////////////////////////////////
#define ERR_SUCCESS                       0x00      //成功执行了服务
#define ERR_RES_INAVAIL                   0x02      //对象执行服务的资源不可用
#define ERR_PATH_ERR                      0x04      //不理解路径段标识符或句法
#define ERR_PATH_AMBIGUITY                0x05      //路径错误
#define ERR_CONNECTION_LOSE               0x07      //消息连接丢失
#define ERR_SERVICE_NOT_SUPPORT           0x08      //不支持的服务
#define ERR_PROPERTY_VALUE_INAVAIL        0x09      //无效属性值
#define ERR_PROPERTY_LIST_ERR             0x0A      //属性列表错误
#define ERR_EXISTED_MODE                  0x0B      //已经处于请求的模式/状态
#define ERR_OBJECT_STATE_INFLICT          0x0C      //对象状态冲突
#define ERR_OBJECT_EXISTING               0x0D      //对象已存在
#define ERR_PROPERTY_NOT_SET              0x0E      //属性不可设置
#define ERR_RIGHT_OFFEND                  0x0F      //权利违反
#define ERR_DEVICE_CONFLICT               0x10      //设备当前模式禁止执行请求的服务
#define ERR_RES_DATA_TOO_LARGE            0x11      //准备传送的数据大于分配的缓冲区
#define ERR_LACK_OF_DATA                  0x13      //执行指定操作所需的数据不够
#define ERR_PROPERTY_NOT_SUPPORT          0x14      //不支持请求中指定的数据
#define ERR_DATA_TOO_MUCH                 0x15      //服务提供的数据太多
#define ERR_OBJECT_NOT_EXISTING           0x16      //不存在指定的设备
#define ERR_PROPERTY_NOT_SAVE             0x18      //请求服务前没有保存对象的属性数据
#define ERR_PROPERTY_SAVE_FAILED          0x19      //尝试失败,没有保存对象的属性数据
#define ERR_PROPERTY_LIST_LOSE            0x1C      //缺少执行服务必须的属性
#define ERR_PROPERTY_LIST_INAVAIL         0x1D      //服务返回附带无效属性状态信息的属性列表
#define ERR_PROVIDER_ERR                  0x1F      //设备供应商规定错误
#define ERR_PROPERTY_INAVAIL              0x20      //与请求相关的参数无效
#define ERR_PROPERTY_NO_SET               0x27      //试图设置一个此时无法设置的属性
#define ERR_ID_INAVAIL                    0x28      //在指定的类/实例/属性中
                                                    //不存在指定的 ID
#define ERR_ID_NOT_SET                    0x29      //无法设置请求的成员
#define ERR_GROUP2_ERR                    0x2A      //仅由组 2 服务器报告,且仅在服务
```

```
                                                    //不支持,属性不支持,或属性不可设置时
#define ERR_NO_ADDITIONAL_DESC          0xFF        //无附加描述
//////////标示符结构体//////////////////////////////////////////
struct identifier_object
{
    UINT providerID;    //供应商 ID = 1
    UINT device_type;   //设备类型 ID = 2
    UINT product_code;  //产品代码 ID = 3
    struct{             //版本 ID = 4
        USINT major_ver;
        USINT minor_ver;
    }version;
    WORD device_state;  //设备状态 ID = 5
    UDINT serialID;     //序列号 ID = 6
    SHORT_STRING product_name;    //产品名称 ID = 7
};
//////////对象类结构体//////////////////////////////////////////
struct Def_DeviceNet_class
{
    UINT version;   //ID = 1,分类定义修正版本,当前为 2
};
//////////DeviceNet 对象结构体//////////////////////////////////////////
struct Def_DeviceNet_obj
{
    USINT MACID;    //ID = 1,节点地址,缺省值 63
    USINT baudrate;   //ID = 2,波特率,缺省值 125k
    struct {BYTE select; USINT master_MACID;}assign_info;
//ID = 5,分配信息。支持预定义主从连接,则必须支持该属性
//master_MACID 默认值为 255
};
//////////连接结构体//////////////////////////////////////////
struct connection_obj
{
    USINT state;                            //ID = 1,对象状态
    USINT instance_type;                    //ID = 2,区分 I/O 和显式信息连接
    BYTE transportClass_trigger;            //ID = 3,定义连接行为
    UINT produced_connection_id;            //ID = 4,发送时,放置在 CAN 标识区中
    UINT consumed_connection_id;            //ID = 5,CAN 标识区中的值,指示要接受的数据
    BYTE initial_comm_characteristics;      //ID = 6,定义信息组
    UINT produced_connection_size;          //ID = 7,最大发送字节数
    UINT consumed_connection_size;          //ID = 8,最大接受字节数
    UINT expected_packet_rate;              //ID = 9,与连接有关的定时
    USINT watchdog_timeout_action;          //ID = 12,定义如何处理休眠/看门狗超时
    UINT produced_connection_path_length;
                                            //ID = 13,produced_connection_path 字节数
```

```
    EPATH produced_connection_path[6];     //ID = 14,指定通过该连接生成数据的应用对象
    UINT consumed_connection_path_length;
                                            //ID = 15,consumed_connection_path 字节数
    EPATH consumed_connection_path[6];    //ID = 16,指定通过该连接消费数据的应用对象
    UINT produced_inhibit_time;          //ID = 17,定义产生新数据的最小间隔
};
//////////////供其他模块调用的函数///////////////
extern void CAN_Frame_Filter(BYTE DEVICENET_WRITE_DATA * buf);
extern unsigned char check_MACID(void);
extern void device_monitor_pluse(void);
//////////////供其他模块调用的变量////////////////
extern struct Def_DeviceNet_obj DEVICENET_WRITE_DATA DeviceNet_obj;
extern struct identifier_object DEVICENET_WRITE_DATA identifier_obj;
extern struct connection_obj DEVICENET_WRITE_DATA visible_con_obj;
extern struct connection_obj DEVICENET_WRITE_DATA cyc_inquire_con_obj;
extern BYTE DEVICENET_WRITE_DATA send_buf[10];
extern BYTE DEVICENET_WRITE_DATA ADC_Data[8];
#endif
```

2. sja1000.h 头文件

此头文件用于定义 SJA1000 相关寄存器,这部分详细代码可以参考本书配套资料。

3. timer.h 头文件

此头文件用于定义程序中关于定时器的变量和函数。

```
#if ! defined(__TIMER_H__)
#define __TIMER_H__
//供其他模块使用的变量
extern bit watchdog_flag;                                    //喂狗标志
extern unsigned char adc_time, adc_times,watchdog_time;
//adc 采集变量,喂狗时间变量
//供其他模块使用的函数
extern void start_time(unsigned char timeID);
extern unsigned char query_time_event(unsigned char timeID);
extern void Init_T0_AND_T1(void);
extern void watch_dogs(void);
#endif
```

5.4.2 子函数详解

1. DeviceNet.c 协议子函数

```
#include "devicenet_def.h"
#include "sja1000.h"
#include "timer.h"
```

```
#include<ADuC812.h>
sbit SJA1000_CS = P2^7;            //SJA1000 片选定义
//函数申明
void response_MACID(void);
void visible_msg_service(BYTE DEVICENET_WRITE_DATA * buf);
void cyc_inquire_msg_service(BYTE DEVICENET_WRITE_DATA * buf);
void uncon_visible_msg_service(BYTE DEVICENET_WRITE_DATA * buf);
//连接对象变量
struct connection_obj DEVICENET_WRITE_DATA cyc_inquire_con_obj;
struct connection_obj DEVICENET_WRITE_DATA visible_con_obj;
//DeviceNet 对象变量
struct Def_DeviceNet_class code DeviceNet_class = {2};
struct Def_DeviceNet_obj DEVICENET_WRITE_DATA DeviceNet_obj;
struct identifier_object DEVICENET_WRITE_DATA identifier_obj;
BYTE DEVICENET_WRITE_DATA send_buf[10];//CAN 总线发送数组
BYTE DEVICENET_WRITE_DATA ADC_Data[8];//ADC 采集结果数组
BYTE DEVICENET_WRITE_DATA out_Data[8];//从站输出数组
```

DeviceNet.c 协议子函数主要包括：

1) void DeviceNet_class_service(unsigned char DEVICENET_WRITE_DATA * buf)

* * 功能描述：DeviceNet 分类服务函数
DeviceNet 分类只有一个属性，可选执行 Get_Attribute_Single 服务，响应其版本信息

* * 参数说明：unsigned char DEVICENET_WRITE_DATA * buf，接收报文数组

2) void DeviceNet_obj_service(unsigned char DEVICENET_WRITE_DATA * buf)

* * 功能描述：DeviceNet 对象服务函数

* * 参数说明：unsigned char DEVICENET_WRITE_DATA * buf，接收报文数组

3) void connection_class_service(BYTE DEVICENET_WRITE_DATA * buf)

* * 功能描述：连接类服务函数

* * 参数说明：BYTE DEVICENET_WRITE_DATA * buf，接收报文数组

4) void visible_con_obj_service(BYTE DEVICENET_WRITE_DATA * buf)

* * 功能描述：显式信息连接服务函数

* * 参数说明：BYTE DEVICENET_WRITE_DATA * buf，接收报文数组

5) void cyc_inquire_con_obj_service(BYTE DEVICENET_WRITE_DATA * buf)

* * 功能描述：轮询信息连接实例服务函数

* * 参数说明：BYTE DEVICENET_WRITE_DATA * buf，接收报文数组

6) void identifier_class_service(BYTE DEVICENET_WRITE_DATA * buf)

* * 功能描述：标识符类服务，不支持任何服务，错误响应

＊＊ 参数说明：BYTE DEVICENET_WRITE_DATA ＊buf,接收报文数组

7）void identifier_obj_service(BYTE DEVICENET_WRITE_DATA＊ buf)

＊＊ 功能描述：标识符对象服务函数,响应主站有关标示符的请求

＊＊ 参数说明：BYTE DEVICENET_WRITE_DATA ＊buf,接收报文数组

8）void rountine_class_obj_service(BYTE DEVICENET_WRITE_DATA ＊ buf)

＊＊ 功能描述：信息路由器服务,不支持任何服务,错误响应

＊＊ 参数说明：无

9）void init_visible_con_obj(void)

＊＊ 功能描述：显式信息连接配置函数

10）void init_cyc_inquire_con_obj(void)

＊＊ 功能描述：I/O 轮询连接配置函数

11）void CAN_Frame_Filter(BYTE DEVICENET_WRITE_DATA＊ buf)

＊＊ 功能描述：CAN 信息过滤器函数,提取帧 ID1 和帧 ID2 中的信息,仅限组 2 设备,并对信息进行分类处理

＊＊ 参数说明：BYTE DEVICENET_WRITE_DATA ＊ buf,接收的报文数组

12）void response_MACID(void)

＊＊ 功能描述：检查重复 MACID 响应函数

13）unsigned char check_MACID(void)

＊＊ 功能描述：主动检查重复 MACID 函数

14）void uncon_visible_msg_service(BYTE DEVICENET_WRITE_DATA ＊ buf)

＊＊ 功能描述：非连接显式信息服务函数,主站用该报文命令从站配置连接

＊＊ 参数说明：BYTE DEVICENET_WRITE_DATA ＊ buf,接收的报文数组

15）void visible_msg_service(BYTE DEVICENET_WRITE_DATA＊ buf)

＊＊ 功能描述：显式信息服务函数,执行主站的显示请求响应

＊＊ 参数说明：BYTE DEVICENET_WRITE_DATA ＊ buf,接收的报文数组

16）void cyc_inquire_msg_service(BYTE DEVICENET_WRITE_DATA ＊ buf)

＊＊ 功能描述：I/O 轮询信息服务函数,在主站和从站之间传输数据

＊＊ 参数说明：BYTE DEVICENET_WRITE_DATA ＊ buf,接收的报文数组

17）void device_monitor_pluse(void)

＊＊ 功能描述：设备监测脉冲函数

2. SJA1000. c 子函数

```
#include "sja1000.h"
#include<ADuC812.h>
sbit SJA1000_CS = P2^7;                              //SJA1000 的片选
BYTE volatile DEVICENET_WRITE_DATA frame_buf[11];    //消息帧缓冲区
BYTE volatile DEVICENET_WRITE_DATA receive_buf[64];  //接收缓冲区
```

```
unsigned char message_count;                          //接收 can 报文计数变量
BYTE DEVICENET_WRITE_DATA * receive_ptr;              //接收报文指针
bit err_flag,over_flag;                               //错误中断标志、溢出中断标志
```

SJA1000.c 子函数主要包括:

1) void delay_c(unsigned char cycles)

* * 功能描述:延时函数

* * 参数说明:unsigned char cycles,延时参数

2) unsigned char SJA1000_init(unsigned char baudrate,

BYTE DEVICENET_WRITE_DATA * buf)

* * 功能描述:SJA1000 初始化函数

* * 参数说明:unsigned char baudrate,设置的通信波特率

BYTE DEVICENET_WRITE_DATA * buf,设置滤波器数组

```
//;* 波特率(kbps) BusTimingReg0   BusTimingReg1
//;*      125         03H,            01cH
//;*      250         01H,            01cH
//;*      500         00H,            01cH
```

说明:设置 CAN 控制器 SJA1000 通信波特率。SJA1000 的晶振为必须为 16 MHz,其他晶体的频率的值须自己计算。该子程序只能用于复位模式。

3) unsigned char SJA1000_send(BYTE count, BYTE DEVICENET_WRITE_DATA * buf)

* * 功能描述:CAN 总线发送数据函数

* * 参数说明:BYTE count,发送字节计数;BYTE DEVICENET_WRITE_DATA * buf,发送缓冲区数组

* * 解释说明:SJA1000 寄存器地址

地址	CAN16	CAN17	CAN18	CAN19	CAN20	CAN21	CAN22	CAN23	CAN24	CAN25	CAN26
含义	帧信息	帧 ID1	帧 ID2	数据 1	数据 2	数据 3	数据 4	数据 5	数据 6	数据 7	数据 8

由于 DeviceNet 协议只用到 CAN 标准数据帧,所以在 CAN16(帧信息)写入需要发送的数据长度。本程序在编写过程中约定需要发送的数据长度"count - 2",并且从 * buf 指向的首地址是 CAN17(帧 ID1)。

4) void SJA1000_int_service(void)

* * 功能描述:SJA1000 中断处理函数,读缓冲区

5) unsigned char SJA100_read(void)

* * 功能描述:SJA100 读信息帧函数,查询方式

6) unsigned char extract_frame(BYTE DEVICENET_WRITE_DATA * buf)

* * 功能描述:从接收的 CAN 报文中提取帧 ID 和数据

* * 参数说明:BYTE DEVICENET_WRITE_DATA * buf,将提取的帧 ID

和数据放入 * buf 指向的数组中。

* * 解释说明： 只提取帧 ID 和数据,不要 CAN16(帧信息)

sja1000 寄存器地址：CAN17：帧 ID1；CAN18：帧 ID2；CAN19：数据 1；CAN20：数据 2；CAN21：数据 3；CAN22：数据 4；CAN23：数据 5；CAN24：数据 6；CAN25：数据 7；CAN26：数据 8。

7) void SJA1000_offline(void)

* * 功能描述：SJA1000 掉线函数

8) void SJA1000_reset(void)

* * 功能描述：软复位函数,清除接收缓冲区中的信息帧

3. timer.c 定时器子函数

```
#include "timer.h"
#include<ADuC812.h>
#include <intrins.h>
unsigned char idata time_task_mask;          //定时任务运行掩码
unsigned char idata time_task_event;       //定时任务溢出标志
bit watchdog_flag;//喂狗标志
unsigned char      adc_time, watchdog_time;   //喂狗时间变量
```

timer.c 子函数主要包括：

1) void watch_dogs(void)

* * 功能描述：喂看门狗函数,喂狗时间 150×10 ms=1.5 s

2) void Init_T0_AND_T1(void)

* * 功能描述：初始化定时器 T0 和 T1,16 位定时器

3) void time0_int(void)

* * 功能描述：定时器 T0 中断函数,5 ms 定时器,作为系统基本时钟节拍

4) void time1_int(void)

* * 功能描述：定时器 T1 中断函数,10 ms 定时器,作为喂狗时间和 ADC 采集时间基准

5) void start_time(unsigned char timeID)

* * 功能描述：用定时器 T0 启动一次计时

* * 参数说明：unsigned char timeID,定时长度：timeID×5ms

6) unsigned char query_time_event(unsigned char timeID)

* * 功能描述：查询计时任务是否溢出函数

* * 参数说明：timeID,限定最长定时 210×5 ms=1 050 ms,不超过看门狗时间

由于篇幅所限,关于 DeviceNet.c 协议子函数、SJA1000.c 子函数、timer.c 子函数的详细论述可以参考本书的配套资料。

5.4.3 基于 DeviceNet 协议的从站通信程序流程图

流程如图 5-5 所示。

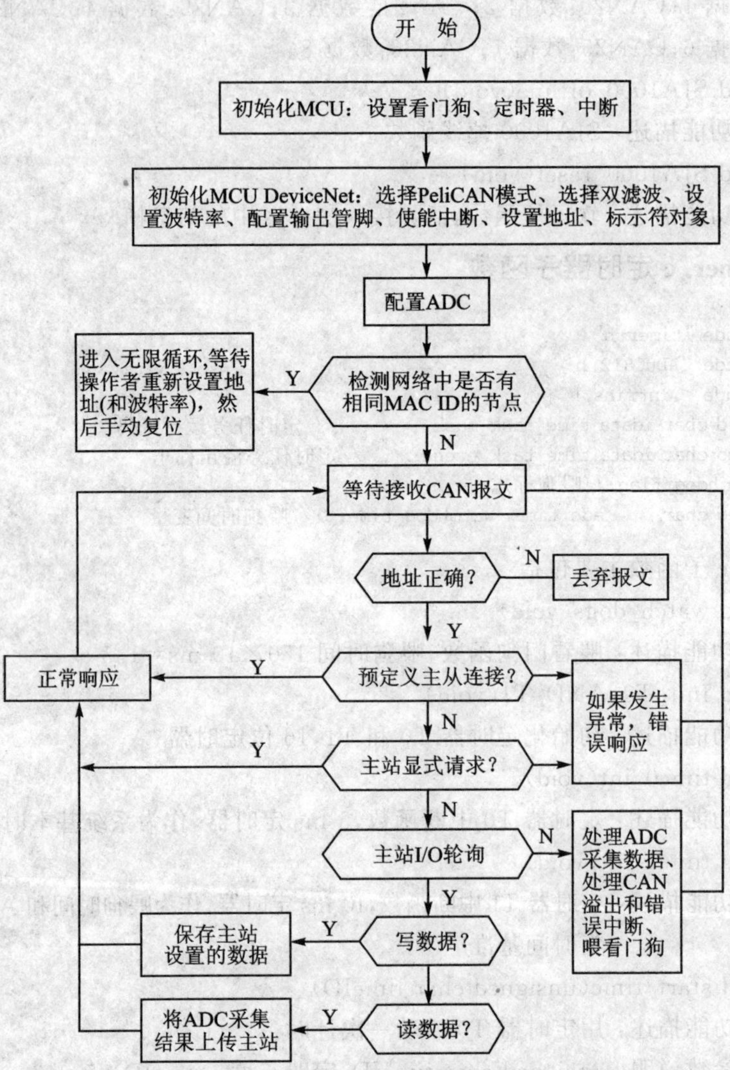

图 5-5 基于 ADμC812 单片机的 DeviceNet 协议从站程序流程图

5.4.4 滤波器设置

DeviceNet 协议规定的报文格式为 11 位标识符的标准帧。DeviceNet 协议从站程序在初始化的时候需要设置滤波器，以 SJA1000 控制器在 PeliCAN 模式下双滤波器模式设置为例详细介绍，如图 5-6 所示。

这种配置可以定义两个短滤波器，由 4 个 ACR 和 4 个 AMR 构成两个短滤波器。总线上的信息只要通过任意一个滤波器就被接收，被定义的两个滤波器是不一样的。

第一个滤波器由 ACR0、ACR1、AMR0、AMR1 以及 ACR3、AMR3 低 4 位组成，11 位标识符、RTR 位和数据场第一字节参与滤波；

第二个滤波器由 ACR2、AMR2 以及 ACR3、AMR3 高 4 位组成，11 位标识符和 RTR 位参与滤波。

为了成功接收信息，在所有单个位的比较时应至少有一个滤波器表示接收。RTR 位置 1 或数据长度代码是 0，表示没有数据字节存在；只要从开始到 RTR 位的部分都被表示接收，信息就可以通过滤波器 1。

如果没有数据字节向滤波器请求过滤，AMR1 和 AMR3 的低 4 位必须被置为 1，即"不影响"。此时，两个滤波器的识别工作都是验证包括 RTR 位在内的整个标准识别码。

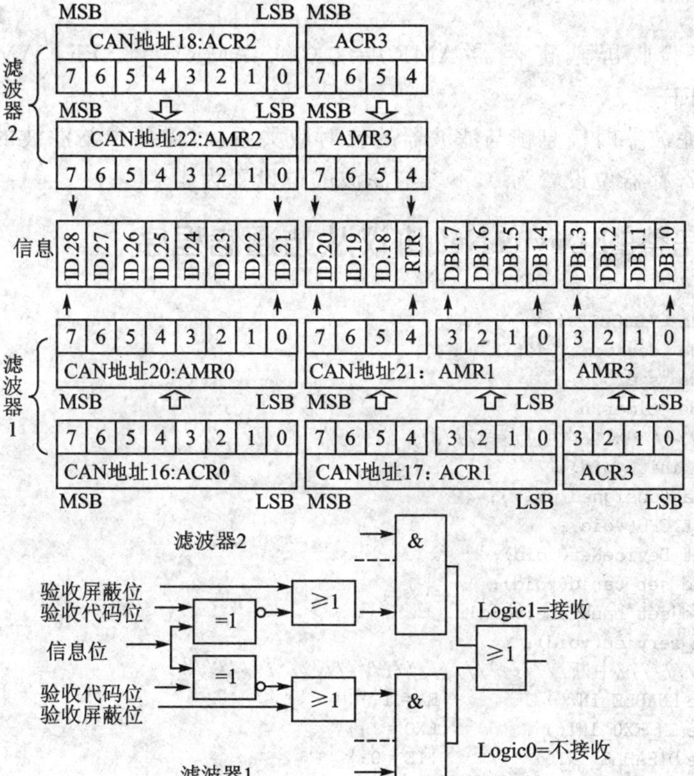

图 5-6 接收标准结构报文时的双滤波器配置

举例：本文开发的从站节点地址为 0x02，并且是仅限组 2 的从站，主站发给从站的报文的地址标识码如下：

定义的位											消息用途
10	9	8	7	6	5	4	3	2	1	0	
1	0	Destination MAC ID						1	0	0	主站显示请求信息
1	0							1	0	1	主站 I/O 轮询命令/状态变化/循环应答消息
1	0							1	1	0	仅限组 2 非连接显示请求信息
1	0							1	1	1	重复 MAC ID 检查信息

可见,地址标识码的 ID.10(PeliCAN 模式下的 ID.28)为 1、ID.9(PeliCAN 模式下的 ID.27)为 0。因此,从站节点接收报文的地址变为 0x82。

如何设置双滤波,使从站接收 CAN 标准帧呢?

答:① 在 SJA1000 复位模式下,设置寄存器 CDR.7 为 1,即设置 CAN 控制器 SJA1000 工作于 PeliCAN 模式。

② 设置模式寄存器的验收滤波器模式位(AFM)为 0,选择双滤波器模式。

③ 设置验收代码寄存器 ACR0=0x82, ACR1=0X00, ACR2=0x82, ACR3=0X00。

④ 设置验收屏蔽寄存器 AMR0=0X00, AMR1=0XFF, AMR2=0X00, AMR3=0XFF。

根据双滤波器时信息帧与滤波器的位对应关系,将需要参与滤波的信息位对应的验收屏蔽寄存器位设置为 0,不参与滤波的位设置为 1。

5.4.5 完整的 DeviceNet 协议从站通信程序

```
#include<ADuC812.h>
#include "devicenet_def.h"
#include "sja1000.h"
#include "timer.h"
/////////////函数声明/////////////////////////////////////////
void adc_init(void);
void Delay(unsigned int x);
void init_CPU(void);
void init_DeviceNet(void);
void read_set_canid(void);
void read_set_baudrate(void);
void can_service(void);
//////////////中断/////////////////////////////////////
#define ENABLE_INT()            {EA = 1;}
#define EN_EX0_INT()            {EX0 = 1;}
#define DISABLE_INT()           {IE = 0;}
#define DIS_TIME0_INT()         {ET0 = 0;}
#define DIS_EX0_INT()           {EX0 = 0;}
//////////////////////////////////////////////////////////////
UINT code providerID = 0X2620;                //供应商 ID
UINT code device_type = 0;                    //通用设备
UINT code product_code = 0X00d2;              //产品代码
```

```
USINT code major_ver = 0X01;
USINT code minor_ver = 0X01;                         //版本
UDINT code serialID = 0x001169BC;                    //序列号
SHORT_STRING code product_name = {8, "ADC4"};//产品名称
////////////////////////////////////////////////////////
unsigned char         BUF_k,BUF_m;                    //adc 采集通道指针
unsigned char data   CHANAL[4] = {0x00,0x01,0x02,0x03};//adc 的 4 个通道数组定义
unsigned int   result_adc0,result_adc1,result_adc2,result_adc3;
                                                      //4 通道 adc 采集结果存储变量
sbit LED4 = P2^1;
sbit LED5 = P2^2;
sbit LED6 = P2^3;
sbit LED7 = P2^4;//通道有无电压信号指示灯
sbit DIR = P3^3;  //74HC245 方向
sbit OE  = P2^0;  //74HC245 使能控制
sbit Baudrate_control_1 = P3^4;   //波特率选择控制 1
sbit Baudrate_control_2 = P3^5;   //波特率选择控制 2
/ * * *  函数原型：void read_set_baudrate(void)
 * *  功能描述：读取跳键设置的波特率,用 P3.5 和 P3.4 跳键设置的波特率
                  P3^5    P3^4   DeviceNet_obj.baudrate        波特率
                    0       1              0                   125 kbps
                    1       0              1                   250 kbps
                    1       1              2                   500 kbps
 * *  参数说明：设置参数 DeviceNet_obj.baudrate 后,在 SJA1000_init()
函数中具体设置波特率
 * *  返回值：         无 * /
void read_set_baudrate(void)
{
DIR = 1;                                      //74HC245 方向为读取跳键方向
OE = 0;                                       //74HC245 使能
if((Baudrate_control_2 == 0)&&(Baudrate_control_1 == 1))
  {DeviceNet_obj.baudrate = 0;}//125Kbit/s
if((Baudrate_control_2 == 1)&&(Baudrate_control_1 == 0))
  {DeviceNet_obj.baudrate = 1;}//250Kbit/s
if((Baudrate_control_2 == 1)&&(Baudrate_control_1 == 1))
  {DeviceNet_obj.baudrate = 2;}//500Kbit/s
OE = 1;                         //74HC245 取消使能,这样就可以控制 LED 指示灯了
}
/ * * 函数原型:void read_set_canid(void)
 * * 功能描述:读取跳键设置的 can 地址,用 P2 口的 P2.1～P2.6 口设置 6 位的从站地址
参数说明:无;返回值:无 * /
void read_set_canid(void)
{
unsigned char          set_canid;
DIR = 1;                                          //74HC245 方向为读取跳键方向
OE = 0;                                           //74HC245 使能
set_canid = P2;
set_canid = set_canid>>1;
DeviceNet_obj.MACID = set_canid&0x3F;  //将设置的从站地址赋值给从站
OE = 1;                              //74HC245 取消使能,这样就可以控制 LED 指示灯了
}
```

```
/* *  函数原型:void adc_int(void)
 * *  功能描述:adc 采集中断函数,完成一次 4 通道 ADC 采集,关闭 ADC 采集,打开定时器 T1
参数说明:无;返回值:无 */
void adc_int(void) interrupt 6    using 2
{unsigned int q;
 ADC_Data[BUF_k] = ADCDATAH;
 ADC_Data[BUF_k + 1] = ADCDATAL;
 BUF_k = BUF_k + 2;
 if(BUF_k> = 8)                       //采集完一组数据
  {
   TR2 = 0;                           //采集完一组数据后,关闭 adc 采集
   EADC = 0;                          //关闭 ADC 中断
   BUF_k = 0;
   ADCCON1 = 0x66;
   ADCCON2 = 0x00;                    //初始选择 adc 通道 0
   TR1 = 1;                           //采集完一组数据后,打开定时器 T1,继续计时
  }
 else
  {
   ADCCON2& = 0xf0;
   BUF_m = BUF_k + 2;
   ADCCON2| = CHANAL[BUF_m/2 - 1];           //选择 adc 通道 01234567

   for(q = 0;q<139;q ++ )
         {;}
  }
}
/ * * *  函数原型: void adc_init(void)
 * *  功能描述: adc 初始化函数,定时器 T2 确定采样频率
     参数说明: 无;  返回值:    无 */
void adc_init(void)
{
 ADCCON1 = 0x66;          //启动 ADC  并使用定时器 2 触发模式
 ADCCON2 = 0x00;          //选择 ADC  通道 0
 RCAP2L = 0x1A;           //设置采样频率为 2K = 2 × T2 reload prd
 RCAP2H = 0xFF ;          // =  2 × (10000h - FF1Ah) * 1.085 μs
 TL2 = 0x1A;              // =  2 × 230 × 1.085 μs
 TH2 = 0xFF;              // = 499.1 μs
 EADC = 1;                //打开 ADC 中断
 BUF_k = 0;               //数组位置
}
/ * * *  函数原型: void Delay(unsigned int x)
 * *  功能描述: 延时函数
 * *  参数说明: unsigned int x,延时参数
 * *  返回值:          无 */
void Delay(unsigned int x)
{
    unsigned int j;
    while(x - - )
     {
       for(j = 0;j<125;j ++ )
```

```
            {;}
        }
    }
    /* * *  函数原型:void EX0_int(void)
    * *  功能描述:外部中断中断,CAN 总线中断;参数说明:无;返回值:无 */
    void EX0_int(void)     interrupt 0
    {
        SJA1000_int_service();                  //can 中断处理
        while(extract_frame(frame_buf))
        {
            CAN_Frame_Filter(frame_buf);
    //extern BYTE volatile DEVICENET_WRITE_DATA frame_buf[10];
        }
        watch_dogs();
    }
    /***函数原型:void init_CPU(void);功能描述:CPU 初始化函数;参数说明:无;返回值:无 */
    void init_CPU(void)
    {
        Init_T0_AND_T1();
    //设置定时器 0 和定时器 1 为模式 1,定时器,定时时间定为 5ms
    /////////////看门狗初始化////////////////////////////////////
        WDCON = 0xe0;       // 2.048 second timeout period   10a11b12c13d14e15f
        WDE = 1;            //enable watchdog timer
        ENABLE_INT();       //开放全局中断
    }
    /* * *  函数原型: void init_DeviceNet(void);功能描述:DeviceNet 初始化函数;参数说
明:无;返回值:无 */
    void init_DeviceNet(void)
    {
    //////////初始化 DeviceNet_obj 对象//////////////////////////////////
        DeviceNet_obj.MACID = 0x02 ;//如果跳键没有设置从站地址,默认从站地址 0x02
        DeviceNet_obj.baudrate = 2;                    //500 kbps
        DeviceNet_obj.assign_info.select = 0;          //初始的配置选择字节清零
        DeviceNet_obj.assign_info.master_MACID = 0x0A;
    //默认主站地址,在预定义主从连接建立过程中,主站还会告诉从站:主站的地址
    //////////////连接对象为不存在状态///////////////////////////
        visible_con_obj.state = 0;
        cyc_inquire_con_obj.state = 0;//状态:没和主站连接,主站还没有配置从站
    ///////////////初始化标识符对象///////////////
        identifier_obj.providerID = providerID; //providerID = 0X2620; 供应商 ID
        identifier_obj.device_type = device_type; //device_type = 0;通用设备
        identifier_obj.product_code = product_code;//product_code = 0X00d2;产品代码
        identifier_obj.version.major_ver = major_ver;  //major_ver = 1;
        identifier_obj.version.minor_ver = minor_ver;  //minor_ver = 1;版本
        identifier_obj.serialID = serialID;    //serialID = 0x001169BC;;序列号
        identifier_obj.product_name = product_name;//product_name = {8, "ADC4"};产品名称
    //////////SJA1000 初始化,用 frame_buf 作缓冲区设置滤波器///////////////
        * frame_buf = 0x80 | DeviceNet_obj.MACID;      // = 0x82
        * (frame_buf + 1) = 0x00;
        * (frame_buf + 2) = 0x80 | DeviceNet_obj.MACID;// = 0x82
        * (frame_buf + 3) = 0x00;
```

```
    *(frame_buf + 4) = 0x00;
    *(frame_buf + 5) = 0xFF;
    *(frame_buf + 6) = 0x00;
    *(frame_buf + 7) = 0xFF;        //ACR:    0x82,  0X00,    0x82,  0X00
                                    //AMR:    0X00   ,0XFF,    0X00   ,0XFF
                                    //标准帧,双滤波器
   if(! SJA1000_init(DeviceNet_obj.baudrate, frame_buf))
                                    //如果 SJA1000 初始化失败,等待看门狗复位单片机
     {    while(1);}
   if(check_MACID())  //重复 MACID 检查,如果网络上有相同的 ID 地址
     {
      while(1)
                    //进入无限循环,等待操作者重新设置地址(和波特率),然后手动复位
        {
          EA = 0;
          read_set_baudrate();//读取跳键设置的波特率
          read_set_canid();//P2 口读取跳键设置的 CAN 地址
          watch_dogs();
          EA = 1;
        }
     }
   SJA1000_reset(); //软复位,清除接受缓冲区
}
/* * *  函数原型:void change_ADC_Data(void)
 * *  功能描述:规范化 ADC 采集的结果,也可以对结果求和平均
 * *  参数说明:无;返回值:无 * /
void change_ADC_Data(void)
{
//////////////通道 0 结果处理//////////////////
result_adc0 = ADC_Data[0]<<8;
result_adc0 = result_adc0 + ADC_Data[1];
result_adc0& = 0x0fff;                //第 ADC0 采集结果
if(result_adc0< = 0x000F)             //如果采集的结果小于 0.01 V,直接输出 0000 结果
  {
   ADC_Data[0] = 0x00;
   ADC_Data[1] = 0x00;
   LED6 = 1;                          //采集通道无电压信号, 关闭指示灯
  }
else if(result_adc0> = 0x0ff8)        //如果采集的结果大于 4.99 V,直接输出 0fff 结果
     {
      LED6 = 0;                       //采集通道有信号,点亮指示灯
      ADC_Data[0] = 0x0f;
      ADC_Data[1] = 0xff;
     }
else
   {LED6 = 0;}                        //采集通道有信号,点亮指示灯
//////////////通道 1 结果处理//////////////////
result_adc1 = ADC_Data[2]<<8;
result_adc1 = result_adc1 + ADC_Data[3];
result_adc1& = 0x0fff;                //第 ADC1 采集结果
if(result_adc1< = 0x000F)             //如果采集的结果小于 0.01 V,直接输出 1000 结果
```

```
  {
    ADC_Data[2] = 0x10;              //1 代表通道号 1
    ADC_Data[3] = 0x00;
    LED7 = 1;
  }
else if(result_adc1>= 0x0ff8)  //如果采集的结果大于 4.99 V,直接输出 1fff 结果
      {
        LED7 = 0;
        ADC_Data[2] = 0x1f;
        ADC_Data[3] = 0xff;
      }
else
    {LED7 = 0;}
//////////////通道 2 结果处理//////////////////
result_adc2 = ADC_Data[4]<<8;
result_adc2 = result_adc2 + ADC_Data[5];
result_adc2&= 0x0fff;          //第 ADC2 采集结果
if(result_adc2<= 0x000F)       //如果采集的结果小于 0.01 V,直接输出 2000 结果
  {
    ADC_Data[4] = 0x20;          //2 代表通道号 2
    ADC_Data[5] = 0x00;
    LED4 = 1;
  }
else if(result_adc2>= 0x0ff8) //如果采集的结果大于 4.99 V,直接输出 2fff 结果
      {
        LED4 = 0;
        ADC_Data[4] = 0x2f;
        ADC_Data[5] = 0xff;
      }
else
    {LED4 = 0;}
//////////////通道 3 结果处理//////////////////
result_adc3 = ADC_Data[6]<<8;
result_adc3 = result_adc3 + ADC_Data[7];
result_adc3&= 0x0fff;          //第 ADC3 采集结果
if(result_adc3<= 0x000F)       //如果采集的结果小于 0.01 V,直接输出 3000 结果
  {
    ADC_Data[6] = 0x30;          //3 代表通道号 3
    ADC_Data[7] = 0x00;
    LED5 = 1;
  }
else if(result_adc3>= 0x0ff8)//如果采集的结果大于 4.99 V,直接输出 3fff 结果
      {
        LED5 = 0;
        ADC_Data[6] = 0x3f;
        ADC_Data[7] = 0xff;
      }
else
    {LED5 = 0;}
}
/*** 函数原型:void can_service(void);功能描述:处理溢出中断和错误中断函数;参数
```

```
说明:无;返回值:无 */
    void can_service(void)
    {
        if(over_flag)
          {
          over_flag = 0;
          EA = 0;                               //总中断开
          CommandReg = CDO_Bit | RRB_Bit;       //清数据溢出状态位,释放接收缓冲区
          EA = 1;                               //总中开
          }
        if(err_flag)
            {    err_flag = 0;
               TR0 = 0;
               TR1 = 0;
    //关闭 5 ms 定时器(系统基本时钟节拍)关闭 10 ms 定时器(喂狗时间和 ADC 采集时间基准)
               TR2 = 0;                         //关闭 adc 采集
               EADC = 0;                        //关闭 ADC 中断
               EA = 0;                          //总中断关
               if(StatusReg&0x80)               //如果总线关闭
                {
                  ModeControlReg &= ~RM_RR_Bit;
    //清除模式寄存器的 MOD.0(MOD.0 = 0),以使 SJA1000 进入正常工作模式
                }
               Delay(5);
               TR0 = 1;
               TR1 = 1;
               TR2 = 1;
               EADC = 1;
               EA = 1;                          //总中断开
            }
    }
    void main(void)
    {
        Delay(1);                          //小延时
        init_CPU();                        //初始化 CPU
        init_DeviceNet();                  //初始化 DeviceNet
        read_set_canid();                  //读取跳键设置的 can 地址
        read_set_baudrate();               //读取跳键设置的波特率
        EN_EX0_INT();                      //使能外部中断 0,CAN 中断
        ENABLE_INT();                      //开放全局中断
        adc_init();                        //设置 MCU 的 ADC 采集功能
        while(1)                           //等待中断:定时器中断、ADC 采集中断、CAN 总线中断
          {
          change_ADC_Data();               //处理 adc 采集结果
          can_service();                   //处理溢出、错误中断
          watch_dogs();                    //喂看门狗
          }
    }
```

第6章

嵌入式开发实例——基于J1939协议的应用设计精讲

6.1 J1939协议

J1939协议由美国汽车工程师协会(SAE)制定，主要应用在以CAN为基础的汽车等交通运输工具的嵌入式网络中。J1939协议详细定义了协议数据单元(PDU)，PDU被封装在一个或多个CAN数据帧中，并通过物理介质传输到其他网络设备。该协议通信层结构如图6-1所示。

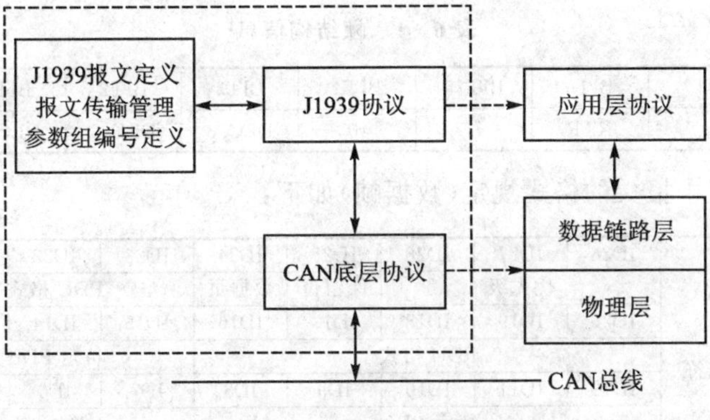

图6-1 J1939协议通信层结构

J1939协议由部分数据链路层协议(J1939传输协议)和应用层协议组成。其中，J1939传输协议由RTS/CTS协议和BAM协议组成，RTS指请求发送报文，CTS指应答发送报文；应用层协议提供PDU的7个域的信息，包括优先级、保留位、数据页、PDU格式、特定PDU、源地址和数据域，同时J1939协议的确认也在应用层中定义。

6.1.1 J1939协议规范中专有名词解释

① 参数组：在一个消息中传送参数的集合，包括命令、数据、请求、应答和否定应答等。

② 参数组编号：3字节，24位，包括保留位、数据页、PDU格式和特定PDU，参数组编号唯一标识一个参数组。

③ 报文:指一个或多个具有相同参数组编号的 CAN 数据帧。

④ 协议数据单元:是一种特定的 CAN 数据帧格式,由 7 个部分组成,分别是优先级、保留位、数据页、PDU 格式、特定 PDU、源地址和数据域。

⑤ 数据页:CAN 数据帧标识符的一位,用来选择两页参数组编号中的某一页。

⑥ 协议数据单元格式:29 位标识符中的一个 8 位数据域,用于识别 PDU 格式,并且用作参数组编号。

⑦ 特定协议数据单元:29 位标识符中的一个 8 位数据域,其具体定义由 PDU 格式的值决定,当为 PDU1 格式时,该域表示目标地址;当为 PDU2 格式时,该域表示组扩展。同时也作为厂家的专用协议数据单元。

6.1.2 J1939 的报文格式

J1939 的报文格式遵循 CAN2.0B 规范,其只针对 CAN2.0B 的扩展帧格式定义了一套完整的标准化通信策略,CAN2.0B 的标准帧格式只用于专用报文。注意,符合 CAN2.0A 规范的硬件一定不能用在本网络中,因为这种硬件禁止扩展帧格式的消息进行通信。

J1939 协议中,对于 CAN 报文的 29 位标识符和报文数据部分的使用都做了详细的规定,而帧结构信息和 CAN2.0B 扩展帧的帧结构信息相同,如表 6-1 所列,对于数据帧,允许的数据字节数为 0～8。

表 6-1 帧结构信息

位	BIT7	BIT6	BIT75	BIT4	BIT3	BIT2	BIT1	BIT0
说 明	1	RTR	r1	r0	DLC.3	DLC.2	DLC.1	DLC.0

J1939 协议中报文的格式规定(数据帧)如下:

帧标识符	ID28	ID27	ID26	ID25	ID24	ID23	ID22	ID21
	优先级			保留位	数据页	PDU 格式		
	ID20	ID19	ID18	ID17	ID16	ID15	ID14	ID13
	PDU 格式					特定 PDU		
	ID12	ID11	ID10	ID9	ID8	ID7	ID6	ID5
	特定 PDU					源地址		
	ID4	ID3	ID2	ID1	ID0	X	X	X
	源地址					未使用(忽略)		
帧数据部分	Byte 0							
	序列编号							
	Byte 1							
	Byte 2							
	Byte 3							
	Byte 4							
	Byte 5							
	Byte 6							
	Byte 7							

其中，帧标识符和帧数据部分构成了 PDU。

1. 报文标识符的分配

报文标识符被分为 6 部分：优先级（P）、保留位（R）、数据页（DP）、PDU 格式（PF）、特定 PDU（PS）、源地址（SA）。

1）优先级（P）

这 3 位在总线传输中用来优化报文延迟，报文优先级可从最高 0（000_2）设置到最低 7（111_2）。所有控制报文的默认优先级是 3，其他报文的默认优先级是 6，优先级域是可重编程的，位定义如表 6－2 所列。与现实生活中邮寄规则类似，比如邮寄的东西需以最快的速度到达目的地，则可以多付钱走加急快递，这时邮寄的东西优先级就高。

表 6－2　优先级（P）

帧 ID 位编号	ID28	ID27	ID26
各位定义	P3	P2	P1

2）保留位（R）

保留此位以备今后开发使用。此位与 CAN 保留位不同，所有报文在传输中将该位设为 0。

3）数据页（DP）

数据页位用来选择参数组描述的页，总共有两页，在分配页 1 的 PGN 之前先分配完页 0 的可用 PGN。与单片机配置数据页类似。

4）PDU 格式（PF）

PF 域占用一个字节，用来定义 PDU 的格式，如表 6－3 所列，包括 PDU1 格式和 PDU2 格式。当 PDU 格式域的值在 0～239 时，报文采用 PDU1 格式，该格式实现 CAN 数据帧定向到特定目标地址的传输。PDU 格式域的值在 240～255 时，报文采用 PDU2 格式，该格式用于不指向特定目标地址的 CAN 数据帧的传输，即采用这种格式的参数组只能作为全局报文进行通信。

表 6－3　PDU 格式（PF）

帧 ID 位编号	ID23	ID22	ID21	ID20	ID19	ID18	ID17	ID16
各位定义	PF8	PF7	PF6	PF5	PF4	PF3	PF2	PF1

5）特定 PDU（PS）

PS 域占用一个字节，它的定义取决于 PF，如表 6－4 所列。当 PF 为 PDU1 格式时，PS 为目标地址；当 PF 为 PDU2 格式时，PS 为组扩展。

特别提示一下：当 PS 为目标地址时，这就类似于邮寄东西的“目的地址”。对于任何设备，如果源地址与接收到的报文的目标地址不相同，应忽略此报文。

表 6－4　特定 PDU（PS）

帧 ID 位编号	ID15	ID14	ID13	ID12	ID11	ID10	ID9	ID8
各位定义	PS8	PS7	PS6	PS5	PS4	PS3	PS2	PS1

6) 源地址(SA)

SA 域占用一个字节,如表 6-5 所列,网络中一个特定源地址只能匹配一个设备,因此,源地址域确保 CAN 标识符符合 CAN 协议中的唯一性要求。这就类似于寄东西时邮寄人自己的地址。

表 6-5 源地址(SA)

帧 ID 位编号	ID7	ID6	ID5	ID4	ID3	ID2	ID1	ID0
各位定义	SA8	SA7	SA6	SA5	SA4	SA3	SA2	SA1

2. 帧数据部分定义

帧的数据区中数据长度可以是 0～8 字节,为便于添加新参数,建议数据区分配 8 字节,不同位置的字节具有不同的功能。

1) Byte0

Byte0 通常作为与设备相关的应用数据,但当报文数据长度大于 8 字节时,无法用单个 CAN 数据帧来传输。为便于拆装和重组,将该字节定义为数据包的序列号。序列号(1～255 的序列编号)是在数据拆装时分配给每个数据包,然后通过网络传送给接收方,当接收方接到后,利用这些编号把数据包重组成原始报文。

2) Byte1～Byte7

报文数据中的字节 Byte1～Byte7 通常为应用层定义的数据。

6.1.3 J1939 地址和参数组编号的分配

J1939 报文的地址包括源地址和目标地址,其中目标地址包括特定目标地址和全局目标地址,在整个系统中可分配的地址数目最大不能超过 256。源地址可以通过依次排列编号来分配,不需要考虑报文的优先级、更新速度或者重要性。

参数组被明确分配为使用 PDU1 或 PDU2 格式,一旦为参数组分配了其中一种格式,则另外一种格式就不可分配给该参数。当报文的参数是用来直接控制某个特定设备时,就要为该报文分配一个带目标地址的参数组编号,此时必须使用 PDU1 格式。否则,应该选择不带目标地址的参数组编号,以使任何设备都能获取报文参数,此时使用 PDU2 格式。PDU1 格式参数组编号如图 6-2 所示,PDU2 格式参数组编号如图 6-3 所示。

PGN 编号时,当 PF 为 PDU1 时,PS 的值为 0;当 PF 为 PDU2 时,PS 的值为组扩展域的值。因此,并非全部的 131 071 种组合都可用于分配,总共可用于分配的组合为 2×[240+(16×256)]=8 672。

J1939 协议目前共支持 5 种类型的报文通信,分别为命令、请求、广播/响应、确认和组功能,报文的具体类型由其配置的参数组编号确定。

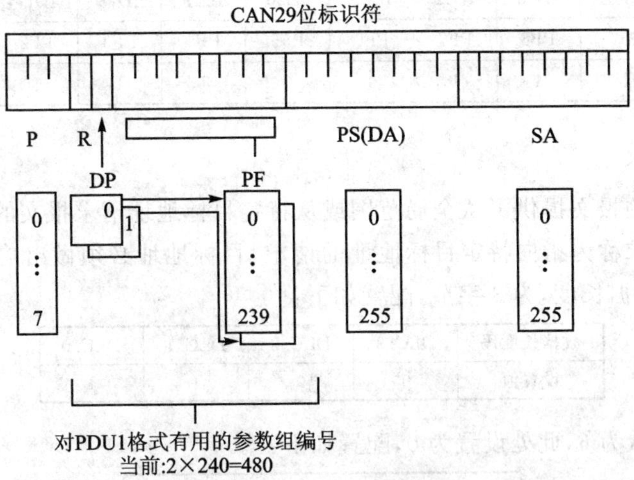

图 6-2　PDU1 格式参数组编号

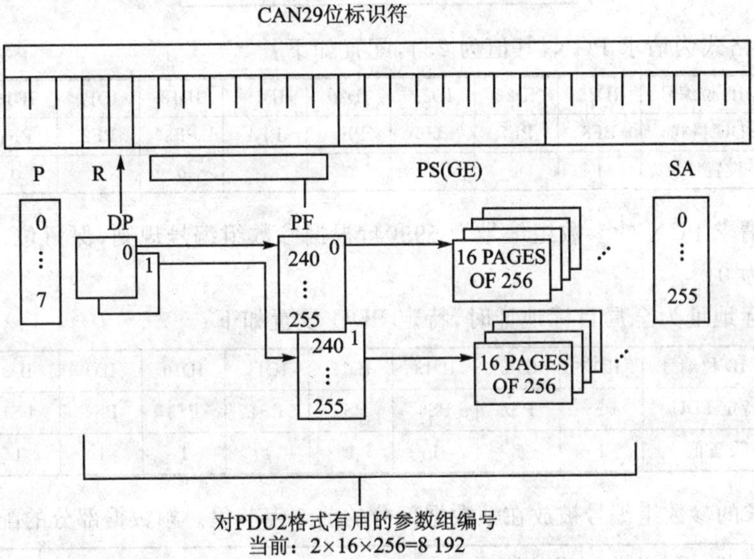

图 6-3　PDU2 格式参数组编号

1. 命　令

命令类型的报文是指那些从某个源地址向特定目标地址或全局目标地址发送命令的参数组，目标地址接收到命令类型的报文后，应根据接收到的报文采取具体的动作。PDU1 和 PDU2 格式都能用作命令。

PDU 格式为命令，值为 207，配置如下：

帧 ID 位编号	ID23	ID22	ID21	ID20	ID19	ID18	ID17	ID16
PDU 格式	PF8	PF7	PF6	PF5	PF4	PF3	PF2	PF1
设置值	1	1	0	0	1	1	1	1

2. 请　求

请求类型的报文提供了从全局范围或从特定目标地址请求报文的能力。对特定目标地址的请求称为指向特定目标地址的请求,目标地址必须做出响应。首先定义请求 PGN 的数据长度,为 3 字节,配置如下:

数据长度码	DLC.3	DLC.2	DLC.1	DLC.0
设置值	0	0	1	1

优先级默认为 6,此处设置为 0,配置如下:

帧 ID 位编号	ID28	ID27	ID26
优先级	P3	P2	P1
设置值	0	0	0

PDU 格式为请求 PGN,其值为 234,配置如下:

帧 ID 位编号	ID23	ID22	ID21	ID20	ID19	ID18	ID17	ID16
PDU 格式	PF8	PF7	PF6	PF5	PF4	PF3	PF2	PF1
设置值	1	1	1	0	1	0	1	0

由于请求 PGN 的参数组编号为 59904,根据参数组编号规则,保留位、数据页各位都设置为 0。

当目标地址为全局目标地址时,特定 PDU 设置如下:

帧 ID 位编号	ID15	ID14	ID13	ID12	ID11	ID10	ID9	ID8
特定 PDU	PS8	PS7	PS6	PS5	PS4	PS3	PS2	PS1
设置值	1	1	1	1	1	1	1	1

被请求的参数组编号被放在帧数据部分的前 3 字节里。帧数据部分的配置如下:

数据部分	Byte 7	Byte 6	Byte 5	Byte 4	Byte 3	Byte 2	Byte 1	Byte 0
设置值	默认值	默认值	默认值	默认值	默认值	请求的参数组编号高 8 位	请求的参数组编号中 8 位	请求的参数组编号低 8 位

3. 广播/响应

此报文类型可能是某设备主动提供的报文广播,也可能是命令或请求的响应。

4. 确　认

确认 ACK 有两种形式。第一种是 CAN2.0B 协议规定的,由一个 ACK 位组成,用来确认一个报文已被至少一个节点接收到，不出现错误帧表明所有开启上电并连接在总线上的设备都正确地接收到了此报文。

第二种形式的确认 ACK 由应用层规定，是对于待定命令、请求或 ACK / NACK 的响应，提供了发送方和接收方之间的一种握手机制。如果是全局请求，当一个节点不支持某个 PGN 时，不能发出 NACK 响应。如果是对特定目标地址的请求，目标地址必须做出响应，对请求的响应取决于该 PGN 是否被支持，若确认 PGN 是正确的，则控制字节置 0 或 2 或 3，其中 0 代表 ACK，2 代表拒绝访问，3 代表无法响应；若不支持该 PGN，响应的设备会发送控制字节值为 1 的确认 PGN，其中，1 代表 NACK。

对于第二种形式的确认，首先定义确认 PGN 的数据长度为 8 字节，配置如下：

数据长度码	DLC. 3	DLC. 2	DLC. 1	DLC. 0
设置值	1	0	0	0

优先级默认为 6，此处设置为 0，配置如下：

帧 ID 位编号	ID28	ID27	ID26
优先级	P3	P2	P1
设置值	0	0	0

PDU 格式为确认，其值为 232，配置如下：

帧 ID 位编号	ID23	ID22	ID21	ID20	ID19	ID18	ID17	ID16
PDU 格式	PF8	PF7	PF6	PF5	PF4	PF3	PF2	PF1
设置值	1	1	1	0	1	0	0	0

由于确认 PGN 的参数组编号为 59392，根据参数组编号规则，保留位、数据页各位都设置为 0。通常情况下，若发送请求到全局地址，则响应也发送到全局地址，若发送请求到特定地址，则发送响应到特定地址。当目标地址为全局目标地址时，特定 PDU 设置如下：

帧 ID 位编号	ID15	ID14	ID13	ID12	ID11	ID10	ID9	ID8
特定 PDU	PS8	PS7	PS6	PS5	PS4	PS3	PS2	PS1
设置值	1	1	1	1	1	1	1	1

帧数据部分的配置如下：

数据部分	Byte 7	Byte 6	Byte 5	Byte 4	Byte 3	Byte 2	Byte 1	Byte 0
设置值	参数组编号的高 8 位	参数组编号的中 8 位	参数组编号的低 8 位	255	255	255	组功能的值	0 到 3

5. 组功能

这种类型的报文用于特殊功能组（如专用功能、网络管理功能、多包传输功能等），每个组功能由其 PGN 识别。

专用功能实现同一制造商构造的节点间的通信,专用功能通信并不是标准的通信模式。专用功能包括专用 A 和专用 B,其中,专用 A 为使用 PDU1 格式的报文,该报文允许制造商将其专用报文发送到特定目标节点,各制造商决定如何使用报文的数据域以及报文数据长度;而专用 B 为使用 PDU2 格式的报文,允许制造商按需定义 PS 域和数据域的内容以及报文数据长度。当为多包时,专用 A 的数据长度最长为 1 785 字节,此处专用 A 的数据长度配置为 8 字节的数据长度,配置如下:

数据长度码	DLC.3	DLC.2	DLC.1	DLC.0
设置值	1	0	0	0

优先级默认为 6,此处设置为 0,配置如下:

帧 ID 位编号	ID28	ID27	ID26
优先级	P3	P2	P1
设置值	0	0	0

PDU 格式为专用 A,其值为 239,配置如下:

帧 ID 位编号	ID23	ID22	ID21	ID20	ID19	ID18	ID17	ID16
PDU 格式	PF8	PF7	PF6	PF5	PF4	PF3	PF2	PF1
设置值	1	1	1	0	1	1	1	1

由于专用 A 的 PGN 参数组编号为 61184,根据参数组编号规则,保留位、数据页各位都设置为 0。

目标地址为特定目标地址,特定 PDU 设置如下:

帧 ID 位编号	ID15	ID14	ID13	ID12	ID11	ID10	ID9	ID8
特定 PDU	PS8	PS7	PS6	PS5	PS4	PS3	PS2	PS1
设置值	0	0	1	1	1	1	1	1

帧数据部分的配置如下:

数据部分	Byte 7	Byte 6	Byte 5	Byte 4	Byte 3	Byte 2	Byte 1	Byte 0
设置值	厂家定义的值	厂家定义的值	厂家定义的值	厂家定义的值	厂家定义的值	厂家定义的值	厂家定义的值	厂家定义的值

专用 B 的配置与专用 A 的配置类似,PDU 格式的值为 255,配置如下:

帧 ID 位编号	ID23	ID22	ID21	ID20	ID19	ID18	ID17	ID16
PDU 格式	PF8	PF7	PF6	PF5	PF4	PF3	PF2	PF1
设置值	1	1	1	1	1	1	1	1

由于专用 B 采用 PDU2 格式,因此 PGN 参数组编号的值为 65 280～65 535,特定 PDU 设置如下:

从配置表:

帧ID位编号	ID15	ID14	ID13	ID12	ID11	ID10	ID9	ID8
特定PDU	PS8	PS7	PS6	PS5	PS4	PS3	PS2	PS1
设置值	0	0	0	0	0	0	0	0

变化到配置表：

帧ID位编号	ID15	ID14	ID13	ID12	ID11	ID10	ID9	ID8
特定PDU	PS8	PS7	PS6	PS5	PS4	PS3	PS2	PS1
设置值	1	1	1	1	1	1	1	1

当报文数据长度大于8字节、无法用单个CAN数据帧来传输时，就用到了传输协议功能，主要包括RTS/CTS和BAM协议、实现多包的数据传输。下面以列表的形式介绍传输协议的连接管理(TP.CM)。

(1) RTS/CTS协议的TP.CM

RTS报文用于通知一个节点，在网络上有一个节点希望和它建立一个连接。CTS报文用于响应请求发送报文，此时认为连接建立起来了。具体配置如下：

关键参数	参数值	
	RTS	CTS
PF	236	236
PS	指定目标地址	指定目标地址
Byte 0(控制字节)	16	17
Byte1	整个报文数据域的大小	可发送的数据包数
Byte2		下一个要发送的数据包编号
Byte3	全部数据包数	255
Byte4	255	255
Byte5	PGN0(参数组编号的LSB)	PGN0
Byte6	PGN1(第二个字节)	PGN1
Byte7	PGN2(参数组编号的MSB)	PGN2

其中，PGN0、PGN1、PGN2为打包报文的参数组编号。

BAM协议的TP.CM用于通知网络上所有节点将要广播一条长消息如下：

关键参数	BAM参数值	关键参数	BAM参数值
PF	236	Byte3	全部数据包数
PS	全局目标地址	Byte4	255
Byte 0(控制字节)	32	Byte5	PGN0(参数组编号的LSB)
Byte1	整个报文数据域的大小	Byte6	PGN1(第二个字节)
Byte2		Byte7	PGN2(参数组编号的MSB)

其中，PGN0、PGN1、PGN2为打包报文的参数组编号。

(2) 指定目标地址的结束连接

EndofMsgAck 报文是由长报文的响应者传送给报文的发送者,表示整个报文已经被接收并正确重组。在最后一个数据传输完成后,响应者可以不马上发送 EndofMsgAck,需要时响应者可以获得重发的数据包。如果报文发送者在最后的数据传输之前接收到此报文,那么发送者将忽略这条应答报文。在发送或接收了 Abort 报文时,必须忽略所有已接收的数据包。对于一个已经建立的连接,响应者只有在已经接收到最后一个来自于前一个 CTS 报文的数据包,或者等待超时时,或者是前一个 CTS 的报文被破坏时,才发送下一条 CTS 报文,如非这样,连续收到多个 CTS 报文,就要关闭连接。EndofMsgAck 和 Abort 报文参数值如下:

关键参数	参数值	
	Abort	EndofMsgAck
PF	236	236
Byte 0(控制字节)	19	255
Byte1	整个报文数据域的大小	255
Byte2		255
Byte3	全部数据包数	255
Byte4	255	255
Byte5	PGN0(参数组编号的 LSB)	PGN0
Byte6	PGN1(第二个字节)	PGN1
Byte7	PGN2(参数组编号的 MSB)	PGN2

其中,PGN0、PGN1、PGN2 为打包报文的参数组编号。

TP. Conn_Abort 可以由发送者或接收者发送,在发送或接收了放弃连接报文后,必须忽略所有已接收的相关数据。但当接收来自同一源地址的关于相同 PGN 的多个 RTS 报文时,那么就要丢弃以前的 RTS 报文,采用最新的 RTS 报文,在这种特殊情况下,无须为那些被丢弃的 RTS 报文发送放弃连接的报文。接下来介绍传输协议的数据传送。

传输协议的数据只能由发送者发送,具体配置如表 6-6 所列。

表 6-6 传输协议的数据配置

关键参数	DT 参数值
PF	235
PS	对 RTS/CTS 为指定目标地址 对 BAM 为全局目标地址
PGN	60160
Byte 0	序列号

续表 6-6

关键参数	DT 参数值
Byte1	报文包数据(7字节),当多包参数组的最后一个包可能不足8个字节数据,没有使用的字节设为0XFF
Byte2	
Byte3	
Byte4	
Byte5	
Byte6	

6.1.4 J1939的通信过程

为实现指定地址间的数据传输,需在两个节点间建立虚拟的连接,包括连接的打开、使用和关闭。如果建立的虚拟连接是一点到多点,则连接不提供数据流控制和关闭的功能。为了便于读者理解,以张三和李四两人用手机通话为例,对比介绍J1939的特定地址间通信过程:

张三和李四通话过程	输入电话号码	拨号	通话	结束通话
两节点间的通信过程	配置目标地址	建立连接	传输报文	关闭连接

1. 输入电话号码(配置目标地址)

张三想要和李四通电话,首先要输入李四的电话号码,然后拨号。众所周知,自己的手机不能拨打自己的电话,否则提示错误。同理,在PDU1格式下配置目标地址,当J1939各节点的源地址不同时,节点间才能正常通信。

2. 拨号(建立连接)

张三拨打李四的电话,首先出现"嘟…嘟…"声,这时拨号就开始了,接通后传来李四"喂,你好"的声音,这时拨号成功。如果李四因开会或其他原因不便接电话,挂断或长时间未接电话,这时电话那头就会传来"你拨打的电话忙"等提示语言,表明张三的这次拨号失败。

同样,当某个节点传送一条请求发送报文(RTS)给一个目标地址时,连接就开始了,其中RTS包括整个报文的字节数、要传送的报文包数、要传送报文的参数组编号。当目的节点一接收到RTS时,就可以选择接收连接或拒绝连接,如果选择了接收连接,目的节点发送一条准备发送消息(CTS),这时就可认为发送者的连接建立起来了,其中CTS包括节点可接收数据包的数目和它想要接收的第一个数据包的序列编号;如果选择拒绝连接,目的节点发送一条放弃连接消息。连接被拒绝可以有很多原因,如缺少资源、缺少存储空间等。

3. 通话(传输报文)

当张三拨通李四电话后,两人在一定的机制下展开通话,如:

张三问道:"下午一块打篮球吧。" (请求)
李四答道:"好的。" (响应)
... ...(两人需要在间隔较短时间内,一问一答通话)
... ...(如果张三问李四"下午几点去打篮球?"等了 3 分钟都听不到李四回答,说明通信中断,张三挂断电话。)(连接关闭)
(需要重新拨号建立连接。) (拨号)

当连接的发送者接收到 CTS 后,5 种类型的报文传输正式开始,同时由响应者负责调整节点间的数据流控制,如果一个连接已打开,响应者想即刻停止数据流,则必须使用 CTS 把它要接收的数据包数目设置为 0。当数据流传输需要停止几秒时,响应者必须每 0.5 s 重复发送一次 CTS,来告知发送者连接没有关闭。而上述的连接关闭是响应节点发生故障导致的连接关闭,是一种传输出错时的关闭连接情形。该情形主要由以下原因造成:在收到一个数据包后等待下一个数据包的时间间隔超过 750 ms;发送一个 CTS 后等待报文的时间超过 1 250 ms;发送完最后一个数据包等待 CTS 或 ACK 的时间超过 1 250 ms;发送保持连接的 CTS 后等待下一条 CTS 的时间超过 1 050 ms,这些都会导致连接的关闭。特别强调一下,如果在连接尚未建立时接收到 CTS 的数据包,那么该 CTS 报文将被忽略。

4. 结束通话(关闭连接)

张三和李四讲完事情后挂断手机,结束通话。同样,当接收到数据流的最后一个数据包时,响应者将发送一个消息结束应答给消息的发送者来关闭连接。上述的结束通话(关闭连接)是在传输没有出错时的结束通话(关闭连接)的情形。

如果连接是一点到多点,除不提供数据流控制和关闭的管理功能外,其他与上述两节点间的通信过程一致。但有一个例外,即多包报文广播,如果某个节点要广播一条多包报文,它首先要发送一条广播公告报文(BAM)给网络上所有的节点,BAM 报文包含了即将广播的长报文的参数组编号、报文大小和被拆装的数据包的数目。准备接收该数据的节点需要分配好接收和重组数据所需的资源,然后使用传输 PGN 来发送相关的数据。

为了更清晰地了解连接模式下的数据传送和广播数据传送,下面分别介绍其传送流程。在通常情况下,数据传送会按照图 6-4 的数据流模式进行,发送者发送 TP.CM_RTS 报文,表明有一个 23 字节的报文被拆装成 4 个数据包进行传送,在传送过程中数据包成员的 PGN 值被统一标识为 65259。接收者通过 TP.CM_CTS 消息回复,表示它已经准备好接收从编号 1 开始的两个数据包。RTS/CTS 的具体配置如表 6-7 所列。

表 6-7 RTS/CTS 具体配置

关键参数	参数值	
	RTS	CTS
PF	236	236
PS	接收者节点的地址	发送者节点的地址
Byte 0(控制字节)	16	17
Byte1	23	可发送的数据包数
Byte2		下一个要发送的数据包编号
Byte3	4	255
Byte4	255	255
Byte5	0xEB	0xEB
Byte6	0xFE	0xFE
Byte7	0x00	0x00

发送方采用 TP. DT 协议发送前两个数据包，然后，接收方发出一条 TP. CM_CTS 报文，此时能接收的数据包数为 0，表示它想保持连接但不能马上接收任何数据。在最长延迟 500 ms 后，它再发一条 TP. CM_CTS 报文，此时，下一个要发送的数据包编号为 3，能接收的数据包数为 2，表示可以接收从编号 3 开始的两个数据包。一旦数据包传送完毕，接收者将再发送一条 TP. EndofMsgACK 报文，表示所有数据接收完毕，现在关闭连接。需要注意，4 号数据包包含 2 个字节的有效数据，那么余下的无效数据都将被设为 255 进行传送，所有数据包的数据长度都是 8 个字节。

在上述传输协议下，当数据传输出现错误时，应对出错的数据包提出重新传输的要求，从而增加传输网络的容错能力。在有传输错误的情况下，数据传送会按照图 6-5 的数据流模式进行。在这种情况下，发送请求与前面的例子相同，此时，前两个数据包被发送了，但接收者认为 2 号数据包中有错误。然后，接收者发送一条 TP. CM_CTS 报文，要求 2 号数据包重新发送一次。此时，发送者重新传送了 2 号数据包。接下来，接收者发出一条“从编号 3 开始传送”两个数据包的请求，发送者开始发送数据包。一旦最后一个数据包被正确接收，则接收者发送一条 TP. EndofMsgACK 报文，表示整个报文已经被正确接收了。特别强调一下，如果传送者在最后的数据传输之前接收到 TP. EndofMsgACK 报文，那么发送者将忽略这条应答报文。

当一个节点想广播公告消息时，发送节点可以采用 TP. CM_BAM 协议实现，图 6-6 显示了广播数据的传送过程。此时，发送者用最大数据包参数限定了响应者要请求发送的数据包的编号，发送者和响应者都支持最大数据包参数。为简单说明问题，本节发动机转速传送基于此协议开发。TP. CM_BAM 协议的配置如表 6-8 所列。

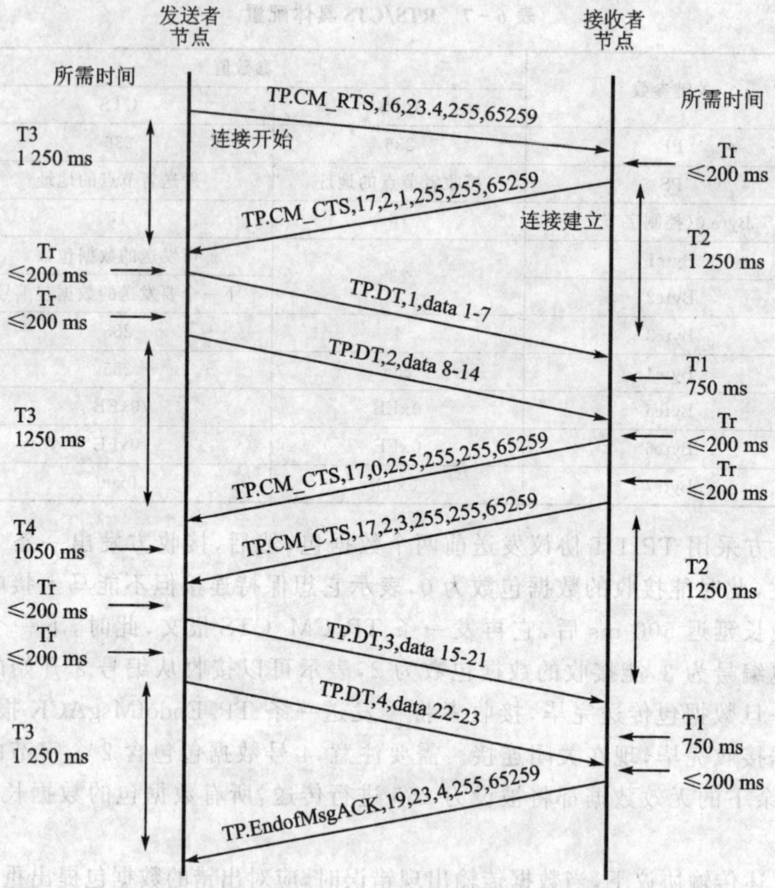

图 6-4 RTS/CTS 协议下无传送错误的数据传输

表 6-8 TP. CM_RAM 协议的配置表

关键参数	BAM 参数值
PF	236
PS	0xFF
Byte 0(控制字节)	32
Byte1	17
Byte2	
Byte3	3
Byte4	255
Byte5	0xEC
Byte6	0xFE
Byte7	0x00

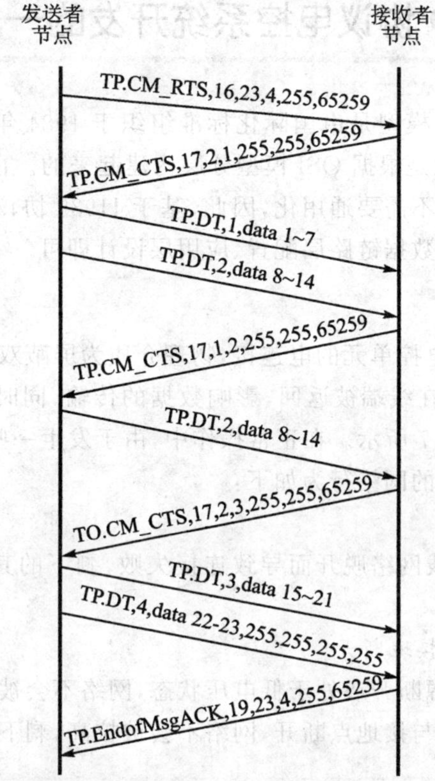

图 6-5 RTS/CTS 协议下有传送错误的数据传输

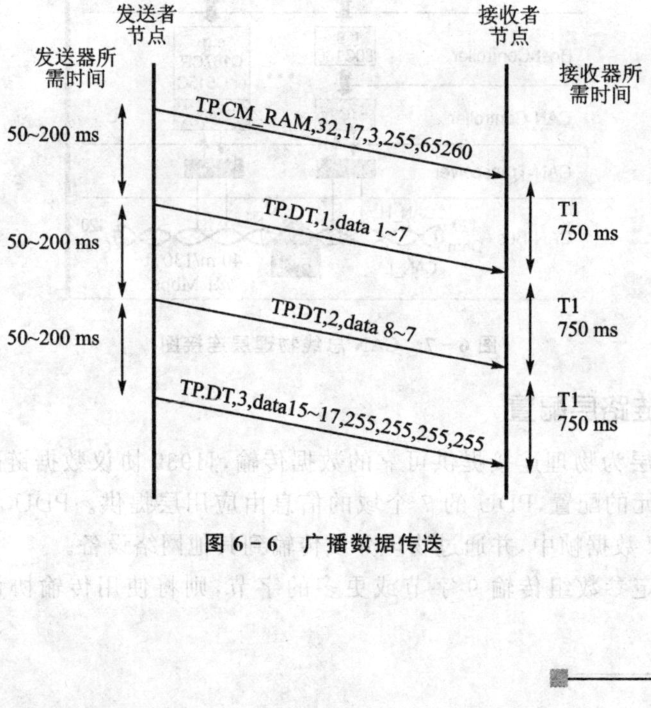

图 6-6 广播数据传送

6.2 基于 J1939 协议电控系统开发的一般步骤

开放系统互连(OSI)模型是由国际化标准组织于 1984 年提出的一个计算机通信体系的模型。J1939 就是根据 OSI 模型分层构建起来的。由于 J1939 网络是一个专门用途的通信系统,而不需要通用化,因此,基于 J1939 协议电控系统(ECU)的开发只须按照物理层搭建、数据链路层配置、应用层设计即可。

1. 物理层搭建

物理层实现网络中电控单元的电连接,物理介质为屏蔽双绞线,双绞线终端电阻为 120 Ω,从而防止数据在线端被返回,影响数据的传输,同时电流对称驱动。CAN 总线物理层连接如图 6-7 所示。在正常操作中,由于发生一些总线故障而导致非正常的操作,故障可能导致的网络行为如下:

1) 网络连接失败

如果一个节点从总线网络脱开而导致连接失败,剩下的其他节点之间应能够继续通信。

2) 节点电源断开或接地断开

如果某个节点与电源断开或处于低电压状态,网络不会被拉低,剩下的节点能够继续通信;如果某个节点与接地点断开,网络不会被拉高,剩下的节点能够继续通信。

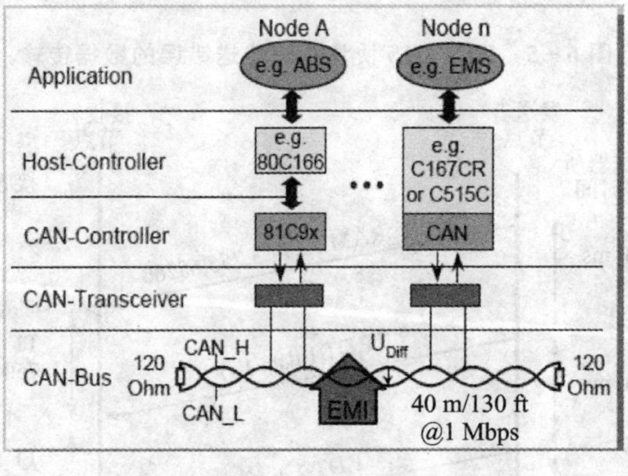

图 6-7 CAN 总线物理层连接图

2. 数据链路层配置

数据链路层为物理连接提供可靠的数据传输,J1939 协议数据链路层配置就是对协议数据单元的配置,PDU 的 7 个域的信息由应用层提供。PDU 将被封装在一个或多个 CAN 数据帧中,并通过物理介质传输到其他网络设备。

如果某特定参数组传输 9 字节或更多的字节,则将使用传输协议功能(RTS/

CTS,BAM)。该协议功能是数据链路层的一部分,可再细分为两个主要功能:消息的拆装、重组以及连接管理。

3. 应用层设计

J1939 应用层包含信号和报文两方面的描述。信号描述使用可疑参数编号(SPN)定义,SPN 为 19 位,用于标识 ECU 相关的特定部件、元素或参数,可以描述部件名称、参数名称、信号类型(测量值或状态值);报文描述用 PGN 定义,包含了参数组名称、传输更新速率、数据长度、PDU 和数据列表。可以简单地说,PGN 描述整个参数组,而 SPN 描述参数组中某个参数,是整体与局部的关系。

发动机控制器通过传感器采集发动机状态数据,经过 CAN 接口发送到上位机,其中状态数据包括进气温度、发动机转速、点火提前角等,下面主要以发动机转速进行介绍。

6.3 发动机转速测量节点的硬件电路设计

本节介绍基于新华龙单片机的 J1939 协议的发动机转速测量硬件电路,其实物如图 6-8 所示,电路如图 6-9 所示。

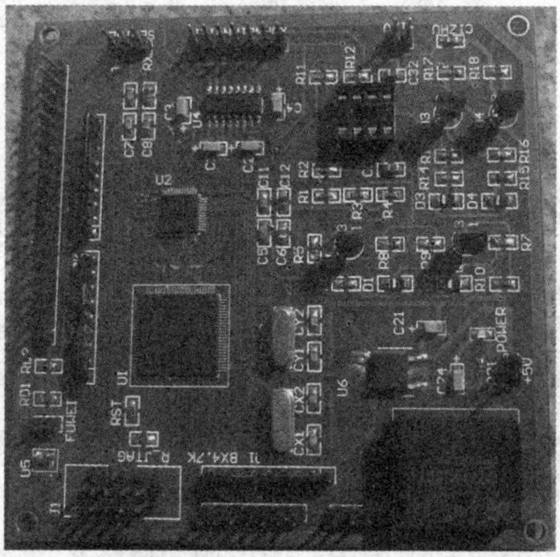

图 6-8 基于 J1939 协议的发动机转速测量电路实物图

1. 硬件电路实现的功能

- 通信协议为 J1939 协议;
- 调理磁电传感器输出信号,通过 J1939 协议传输发动机转速信号;
- CAN 总线波特率为 250 kbps;
- 采用 DC-DC 电源隔离模块 B0505D-1W 实现电源隔离;
- 采用 6N137 光耦隔离;
- JTAG 接口下载程序。

2. 硬件电路的构成

基于 J1939 协议的发动机转速测量硬件电路采用新华龙单片机 C8051F060 作为节点的微处理器;CAN 总线驱动器选用 TJA1040T,DC/DC 电源隔离模块选用 B0505D-1W,高速光电耦合器选用 6N137,串口芯片选用 MAX232,磁电传感器输出信号的调理采用 TIL113 光隔离器和 LM239 电压比较器。

C8051F060 单片机内部集成了 Bosch CAN 控制器,该控制器符合 CAN2.0B 标准,与数据发送和接收有关的所有协议处理均由该控制器完成,不需要 C8051 MCU 的干预,并可使用 J1939 协议实现网络通信。CAN 控制器的原理框图如图 6-10 所示,

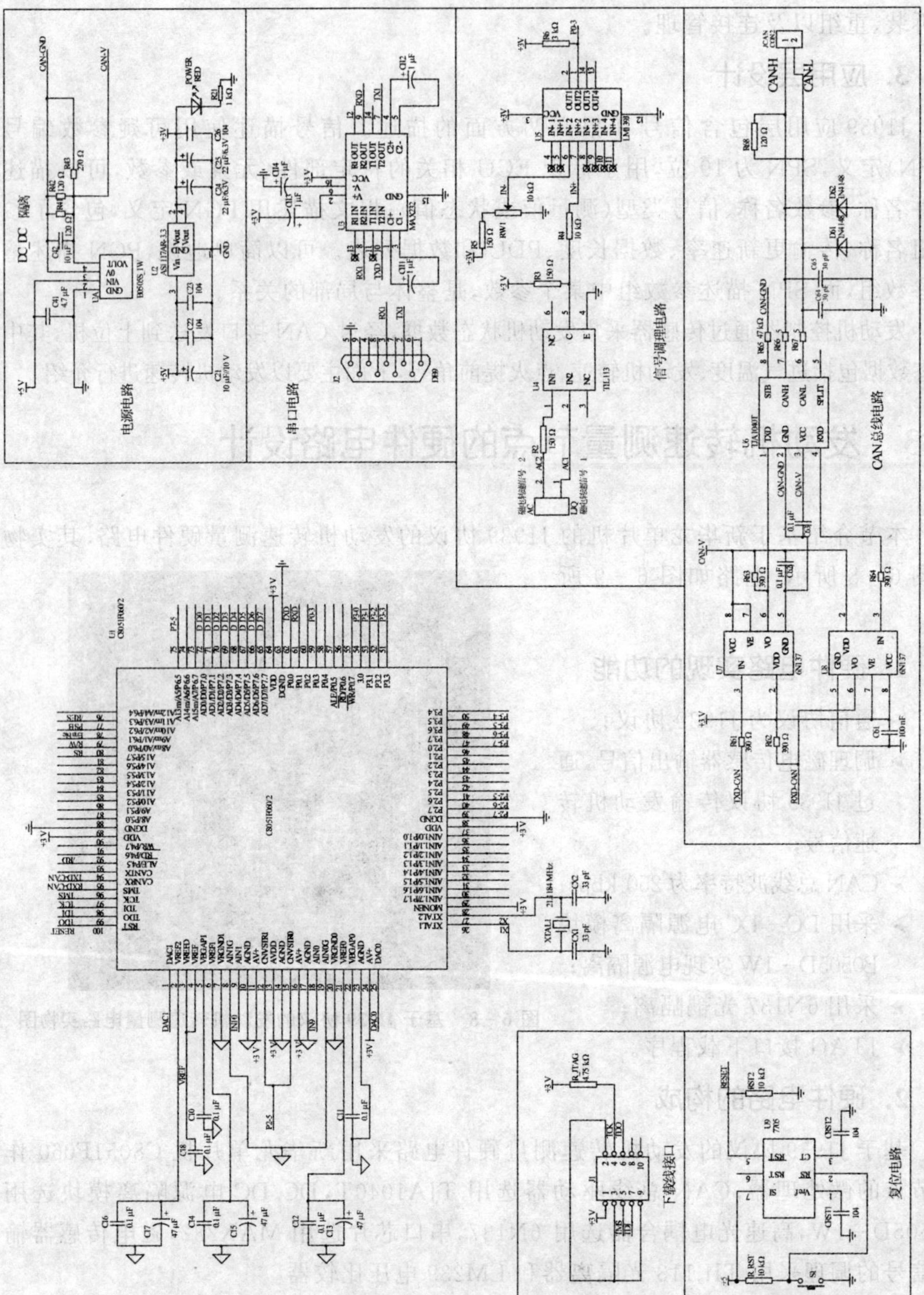

图 6-9　基于J1939协议的发动机转速测量电路

由 CAN 核、消息 RAM、消息处理状态机和控制寄存器组成。由于该控制器不提供物理层驱动，因此选用 TJA1040T 作为总线驱动器，其与 C8051F060 引脚 CANTX 与 CANRX 相连。为了增强 CAN 总线的抗干扰能力，选择高速光耦 6N137、小功率电源 DC－DC 隔离模块（如 B0505D－1W）等，从而提高 CAN 节点的稳定性和安全性。

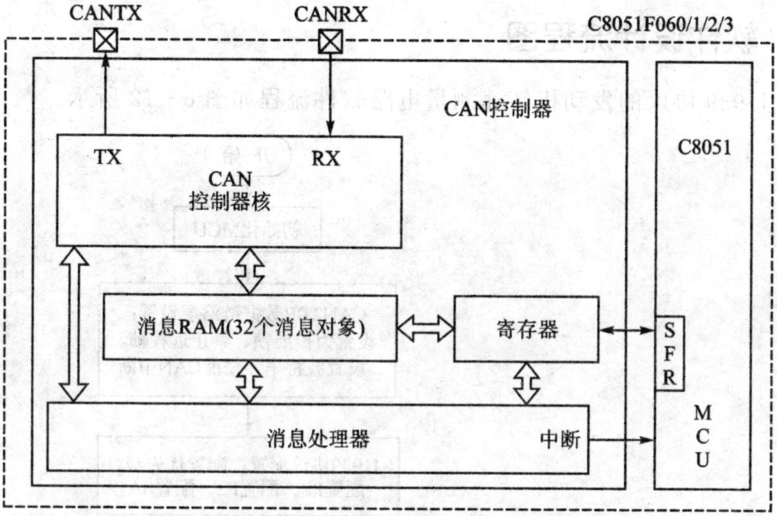

图 6－10　CAN 控制器原理框图

串口芯片 MAX232 电路便于程序调试，JTAG 接口电路用于向 C8051F060 单片机中下载程序。

磁电传感器输出信号的调理电路主要用于将磁电传感器输出的正弦信号调整为单片机可以识别的外部计数脉冲，TIL113 将电信号转为光信号，实现了信号的隔离。调理前后信号对比如图 6－11 所示，示波器记录的正弦信号为调理前信号，记录的方波信号为调理后信号。

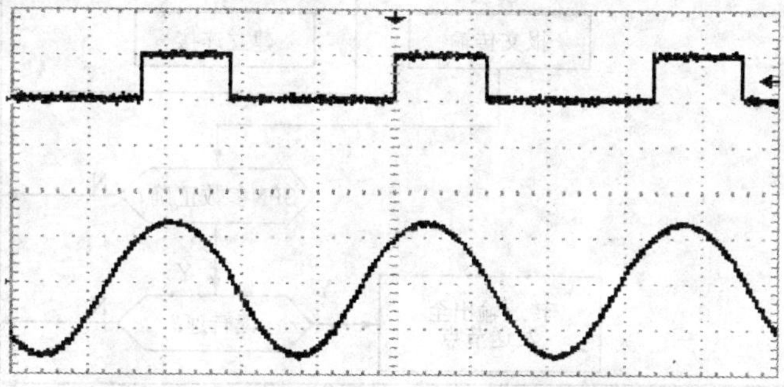

图 6－11　磁电传感器输出信号调理前后对比

6.4 发动机转速测量节点的软件编程

本节涉及 J1939 协议的功能程序,一部分由广州致远电子有限公司提供,并参考了新华龙电子有限公司相关程序,读者可到公司网站交流讨论。

6.4.1 软件设计流程图

基于 J1939 协议的发动机转速测量电路软件流程如图 6-12 所示。

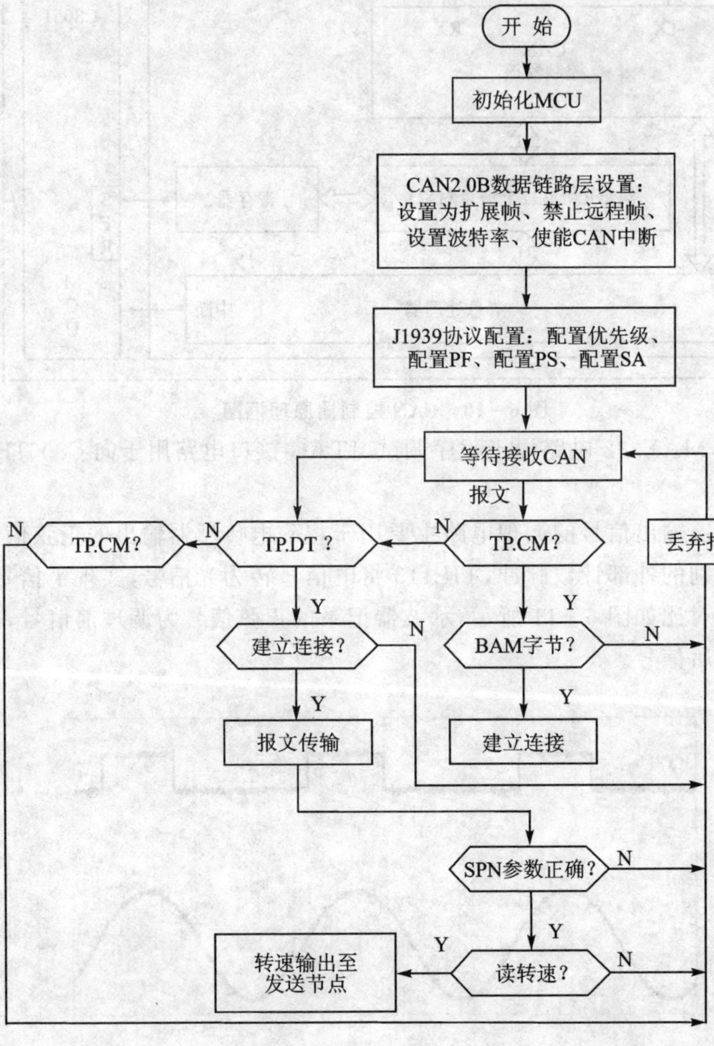

图 6-12 基于 J1939 协议的发动机转速测量电路软件流程图

6.4.2 程序头文件定义说明

1. J1939 头文件

```
// J1939 全局变量
#define J1939_RX_QUEUE_SIZE 2
#define J1939_DATA_LENGTH      8
// J1939 协议数据单元格式，控制字节，参数组编号
#define J1939_PF_REQUEST2                    201          //请求 2
#define J1939_PF_TRANSFER                    202          //传输 PGN
#define J1939_PF_ACKNOWLEDGMENT              232          //确认
#define J1939_ACK_CONTROL_BYTE               0            //肯定确认
#define J1939_NACK_CONTROL_BYTE              1            //否定确认
#define J1939_ACCESS_DENIED_CONTROL_BYTE     2            //拒绝访问
#define J1939_CANNOT_RESPOND_CONTROL_BYTE 3               //无法响应
#define J1939_PF_REQUEST                     234          //请求
#define J1939_PF_DT                          235          //数据传送消息
#define J1939_PF_TP_CM                       236          //传输协议-连接管理
#define J1939_RTS_CONTROL_BYTE               16           //请求发送控制字节
#define J1939_CTS_CONTROL_BYTE               17           //准备发送消息控制字节
#define J1939_EOMACK_CONTROL_BYTE            19           //消息结束控制字节
#define J1939_BAM_CONTROL_BYTE               32           // BAM 控制字节
#define J1939_CONNABORT_CONTROL_BYTE         255          //连接中断控制字节
//请求地址参数组编号声明
#define J1939_PGN2_REQ_ADDRESS_CLAIM         0x00
#define J1939_PGN1_REQ_ADDRESS_CLAIM         0xEA
#define J1939_PGN0_REQ_ADDRESS_CLAIM         0x00
//命令地址参数组编号声明
#define J1939_PGN2_COMMANDED_ADDRESS         0x00
#define J1939_PGN1_COMMANDED_ADDRESS         0xFE
#define J1939_PGN0_COMMANDED_ADDRESS         0xD8
#define J1939_PF_ADDRESS_CLAIMED             238          //地址声明
/* J1939 报文数据结构定义 */
typedef struct
{
  //unsigned int MsgVal                   : 1;
        //unsigned int    Xtd             : 1;
        //unsigned int    Dir             : 1;
        //unsigned int      Priority      : 3;
        //unsigned int      Res           : 1;
        //unsigned int      DataPage      : 1;
        unsigned char IFArbition;                    // IFArbition 定义如上
        unsigned char  PDUFormat;                    //协议数据单元格式
        unsigned char  PDUSpecific;                  //特定协议数据单元
        unsigned char  SourceAddress;                //源地址
        unsigned char  Data[J1939_DATA_LENGTH];      //数据
} J1939_MESSAGE;
/* J1939 标志位定义 */
```

```
typedef struct
{
        unsigned char  GettingCommandedAddress;   //得到命令地址标志
        unsigned char  GotFirstDataPacket;        //第一个数据包标志
} J1939_FLAG;
```

2. CAN2.0B 头文件

该头文件主要介绍 CAN 协议寄存器索引号定义、消息处理寄存器定义等,详见随书配套资料。

6.4.3 CAN 芯片的初始化程序

(1) J1939 的 BAM 传输协议初始化

void J1939_InitBAM(void)

* * 功能描述:J1939 BAM 配置

(2) J1939 的数据传输初始化

void J1939_InitRealDataID(void)

* * 功能描述:J1939 数据传输的 ID 配置

(3) CAN 数据链路层初始化

该部分函数包括:

1)、void clear_msg_objects (void)

* * 功能描述:清空消息对象

2)、void init_msg_object_RX (char MsgNum)

* * 功能描述:初始化数据接收消息对象

* * 参数说明:MsgNum 消息号

3)、void init_msg_object_TX (char MsgNum,J1939_MESSAGE * MsgPtr)

* * 功能描述:初始化数据发送消息对象

* * 参数说明:MsgNum 消息号,* MsgPtr J1939 报文数据结构变量地址

由于篇幅所限,有关 CAN 芯片的初始化函数的详细论述,请读者查看本书的配套资料。

6.4.4 子函数详解

1. 消息发送子函数

```
/* * 函数原型:void transmit_protoldata (char MsgNum,J1939_MESSAGE * MsgPtr)

* * 功能描述:发送协议数据到其他节点
* * 参数说明:MsgNum   消息号,* MsgPtr   J1939 报文数据结构变量地址
* * 返回值:           无 * /
void transmit_protoldata (char MsgNum,J1939_MESSAGE * MsgPtr)
```

```
{
  SFRPAGE = CAN0_PAGE;                                    //转到配置页
  CAN0ADR = IF1CMDMSK;                                    //指向 IF1 命令掩码寄存器
  CAN0DAT = 0x0087;                                       //配置为写 CAN RAM
  CanTxData[0] = MsgPtr->Data[1];
  CanTxData[0] = CanTxData[0]<<8;
  CanTxData[0] = CanTxData[0] + (MsgPtr->Data[0]);
  CanTxData[1] = MsgPtr->Data[3];
  CanTxData[1] = CanTxData[1]<<8;
  CanTxData[1] = CanTxData[1] + (MsgPtr->Data[2]);
  CanTxData[2] = MsgPtr->Data[5];
  CanTxData[2] = CanTxData[2]<<8;
  CanTxData[2] = CanTxData[2] + (MsgPtr->Data[4]);
  CanTxData[3] = MsgPtr->Data[7];
  CanTxData[3] = CanTxData[3]<<8;
  CanTxData[3] = CanTxData[3] + (MsgPtr->Data[6]);
  CAN0ADR = IF1DATA1;                                     //指向第一个数据地址
  CAN0DAT = CanTxData[0];
  CAN0DAT = CanTxData[1];
  CAN0DAT = CanTxData[2];
  CAN0DAT = CanTxData[3];
  CAN0ADR = IF1CMDRQST;
  CAN0DATL = MsgNum;
}
/** 函数原型:void transmit_realdata (char MsgNum)
** 功能描述:发送实际数据到其它节点;参数说明:MsgNum  消息号;返回值:无 */
void transmit_realdata (char MsgNum)
{
  SFRPAGE = CAN0_PAGE;
  CAN0ADR = IF1CMDMSK;
  CAN0DAT = 0x0087;                                       //配置为写 CAN RAM
  CAN0ADR = IF1DATA1;                                     //指向第一个数据地址
  CAN0DAT = CanTxRealData[0];
  CAN0DAT = CanTxRealData[1];
  CAN0DAT = CanTxRealData[2];
  CAN0DAT = CanTxRealData[3];
  CAN0ADR = IF1CMDRQST;
  CAN0DATL = MsgNum;
}
```

2. 消息接收子函数

```
/ * *  函数原型:void receive_data (unsigned int MsgNum)
* *  功能描述:从 IF2 缓冲区接收数据;参数说明:MsgNum 消息号;返回值:无 * /
void receive_data (unsigned int MsgNum)
{
  unsigned char num;
  SFRPAGE = CAN0_PAGE;
  CAN0ADR = IF2CMDRQST;                              //指向 IF2 命令请求寄存器
  CAN0DAT = MsgNum;
  CAN0ADR = IF2ARB1;                                 //指向仲裁寄存器
  OneMessage.SourceAddress = CAN0DATL;
  OneMessage.PDUSpecific = CAN0DATH;
  OneMessage.PDUFormat = CAN0DATL;
  OneMessage.IFArbition = CAN0DATH;
  CAN0ADR = IF2DATA1;
  for(num = 0;num<4;num ++ )
   {
     ReceiveData[num] = CAN0DAT;
   }
  OneMessage.Data[0] = ReceiveData[0];
  OneMessage.Data[1] = ReceiveData[0]>>8;
  OneMessage.Data[2] = ReceiveData[1];
  OneMessage.Data[3] = ReceiveData[1]>>8;
  OneMessage.Data[4] = ReceiveData[2];
  OneMessage.Data[5] = ReceiveData[2]>>8;
  OneMessage.Data[6] = ReceiveData[3];
  OneMessage.Data[7] = ReceiveData[3]>>8;
  switch( OneMessage.PDUFormat )
   {
    case J1939_PF_TP_CM:
    temp = 1;
    if ((OneMessage.Data[0] == J1939_BAM_CONTROL_BYTE) &&
        (OneMessage.Data[5] == J1939_PGN0_COMMANDED_ADDRESS) &&
        (OneMessage.Data[6] == J1939_PGN1_COMMANDED_ADDRESS) &&
        (OneMessage.Data[7] == J1939_PGN2_COMMANDED_ADDRESS))
     {
        J1939_Flags.GettingCommandedAddress = 1;
```

```
        CommandedAddressSource = OneMessage.SourceAddress;
        temp = 2;
    }
    break;
    case J1939_PF_DT:
    if ((J1939_Flags.GettingCommandedAddress == 1) &&
        (CommandedAddressSource == OneMessage.SourceAddress))
    {
            if ((! J1939_Flags.GotFirstDataPacket) &&
                        (OneMessage.Data[0] == 1))
              {
                RXQueue[0] = OneMessage;
              }
             else if((J1939_Flags.GotFirstDataPacket) &&
                        (OneMessage.Data[0] == 2))
              {
                RXQueue[1] = OneMessage;
                J1939_Flags.GotFirstDataPacket = 0;
                J1939_Flags.GettingCommandedAddress = 0;
              }
    }
    break;
    case J1939_PF_REQUEST:
    if ((OneMessage.Data[0] == J1939_PGN0_REQ_ADDRESS_CLAIM) &&
        (OneMessage.Data[1] == J1939_PGN1_REQ_ADDRESS_CLAIM) &&
        (OneMessage.Data[2] == J1939_PGN2_REQ_ADDRESS_CLAIM))
     {
     }
    break;
    case J1939_PF_ADDRESS_CLAIMED:
    break;
    default:
    break;
    }
}
```

6.4.5 中断的处理

CAN0 中断处理功能在 void ISRname (void) interrupt 19 函数中实现，主要通

过中断的方式接收和发送数据,并处理错误中断。读者可以在本书的配套资料中查看详细的函数描述。

6.4.6 完整的 J1939 协议发动机转速测量节点程序

```
#include <c8051f060.h>
#include"J1939.H"
#include<stdio.h>
#include<math.h>
#include<INTRINS.H>
/* 16 位特殊功能寄存器的定义 */
sfr16 RCAP2     = 0xCA;                       //定时器 2 重载值
sfr16 TMR2      = 0xCC;                       //定时器 2
/* 全局常量与变量定义 */
#define BAUDRATE        9600                  //串口波特率(bps)
#define SYSTEMCLOCK     22118400L             //系统时钟频率(Hz)
#define SPN             16                    //可疑参数号码
#define LINE 8                                //数据存储数组数
unsigned char InBuffer[LINE];                 //串口接收数据存储数组
unsigned char * rdata = InBuffer;             //指向数据存储的指针
unsigned char CommandedAddressSource;
J1939_MESSAGE Msg1,Msg2,OneMessage,RXQueue[J1939_RX_QUEUE_SIZE];// J1939 消息变量
J1939_FLAG J1939_Flags;                       // J1939 标志变量
unsigned int temp = 0;                        //临时变量
unsigned int ReceiveData[4],CanTxData[4],CanTxRealData[4]; // 接收与发送数组
unsigned int CanTxID[2];                      // ID 发送数组
/*CAN 协议寄存器索引号定义 * */
#define CANCTRL              0x00             //控制寄存器
#define CANSTAT              0x01             //状态寄存器
#define ERRCNT               0x02             //错误计数寄存器
#define BITREG               0x03             //位定时寄存器
#define INTREG               0x04             //中断寄存器
#define CANTSTR              0x05             //测试寄存器
#define BRPEXT               0x06             // BRP 扩展寄存器
/*IF1 接口寄存器 */
#define IF1CMDRQST           0x08             // IF1 命令请求寄存器
#define IF1CMDMSK            0x09             // IF1 命令掩码寄存器
#define IF1MSK1              0x0A             // IF1 掩码 1
#define IF1MSK2              0x0B             // IF1 掩码 2
#define IF1ARB1              0x0C             // IF1 仲裁 1
#define IF1ARB2              0x0D             // IF1 仲裁 2
#define IF1MSGC              0x0E             // IF1 消息控制寄存器
#define IF1DATA1             0x0F             // IF1 数据 A1 寄存器
#define IF1DATA2             0x10             // IF1 数据 A2 寄存器
#define IF1DATB1             0x11             // IF1 数据 B1 寄存器
#define IF1DATB2             0x12             // IF1 数据 B2 寄存器
/* IF2 接口寄存器 */
#define IF2CMDRQST           0x20             // IF2 命令请求寄存器
#define IF2CMDMSK            0x21             // IF2 命令掩码寄存器
```

```
#define IF2MSK1         0x22                        //IF2 掩码 1
#define IF2MSK2         0x23                        //IF2 掩码 2
#define IF2ARB1         0x24                        //IF2 仲裁 1
#define IF2ARB2         0x25                        //IF2 仲裁 2
#define IF2MSGC          0x26                       //IF2 消息控制寄存器
#define IF2DATA1        0x27                        //IF2 数据 A1 寄存器
#define IF2DATA2        0x28                        //IF2 数据 A2 寄存器
#define IF2DATB1        0x29                        //IF2 数据 B1 寄存器
#define IF2DATB2        0x2A                        //IF2 数据 B2 寄存器
/*消息处理寄存器*/
#define TRANSREQ1       0x40                        //发送请求 1 寄存器
#define TRANSREQ2       0x41                        //发送请求 2 寄存器
#define NEWDAT1         0x48                        //新数据 1 寄存器
#define NEWDAT2         0x49                        //新数据 2 寄存器
#define INTPEND1        0x50                        //中断标志 1 寄存器
#define INTPEND2        0x51                        //中断标志 2 寄存器
#define MSGVAL1         0x58                        //消息有效 1 寄存器
#define MSGVAL2         0x59                        //消息有效 2 寄存器
char MsgNum;                                        //消息号变量
char status;                                        //状态变量
int i;
sfr16 CAN0DAT = 0xD8;                               // CAN0DAT 的地址定义
/** 函数原型:void delayus(int us)
 ** 功能描述:延时(微秒)
 ** 参数说明:us 延时数量 */
void delayus(int us)
{
    while(us--)
    { unsigned char i;
      for (i = 0; i < 11; i++);
    }
}
/** 函数原型:void Delayms(unsigned int ms)
 ** 功能描述:延时(毫秒)
 ** 参数说明:ms 延时数量 */
void Delayms(unsigned int ms)
{
     while(--ms)
    { delayus(250); delayus(250); delayus(250); delayus(250);}
 }
void main (void)
{
  //关闭看门狗
  WDTCN = 0xde;
  WDTCN = 0xad;
  external_osc();                                   //转到外部晶振
  config_IO();                                      //配置输入/输出端口
 T0_Init ();                                        //配置定时器 0
  UART0_Init ();                                    //配置串口 0
  J1939_InitBAM();                                  //广播公告消息
```

```
  J1939_InitRealDataID();                               //发送数据的 ID
/*配置 CAN 通信：IF1 通过主函数调用来发送数据；IF2 通过中断函数用于接收数据*/
  clear_msg_objects();                                  //清空消息对象
  init_msg_object_TX (0x01,&Msg1);                      //初始化发送消息对象
  init_msg_object_TX (0x03,&Msg2);
  init_msg_object_RX (0x02);                            //初始化接收消息对象
  EIE2 = 0x20;                                          //使能 CAN 中断
  start_CAN();                                          //启动 CAN
  ET0 = 1;                                              //使能定时器 0 中断
  EA = 1;
  while (1)
    {
        if(RXQueue[0].Data[0] == SPN)
        {
        transmit_protoldata(0x03,&Msg2);                // TP.CM_BAM,32,9,2,255,65260
        delayus(100);
        CanTxRealData[0] = 0x0001;
        CanTxRealData[1] = ZhuanSu ();
        CanTxRealData[2] = 0x0000;
        CanTxRealData[3] = 0x0000;
        transmit_realdata(0x01);
        delayus(100);
        CanTxRealData[0] = 0x0002;
        CanTxRealData[1] = 0x0000;
        CanTxRealData[2] = 0xFFFF;
        CanTxRealData[3] = 0xFFFF;
        transmit_realdata(0x01);
        delayus(100);
        RS232_SendData(temp);
    }
    }
}
/** 函数原型：void external_osc (void)
** 功能描述：转到外部晶振*/
void external_osc (void)
{
  int n;
  SFRPAGE = CONFIG_PAGE;                                //转到晶振配置页
  OSCXCN = 0x77;                                        //启动外部晶振；22.1 MHz
  for (n = 0;n<255;n++);                                //延时 1 ms
  while ((OSCXCN & 0x80) == 0);                         //等待晶振稳定
  CLKSEL |= 0x01;                                       //转到外部晶振
}
/** 函数原型：void config_IO (void)
** 功能描述：输入/输出端口配置*/
void config_IO (void)
{
  SFRPAGE = CONFIG_PAGE;                    //转到输入/输出端口配置页
  XBR0     = 0x04;                          //使能串口 0
  XBR1     = 0x02;                          //使能 T0 为 P0.3
```

```
  XBR2      = 0x40;                          //使能交叉开关和弱上拉
  XBR3      = 0x80;                          //配置 CAN TX 为推挽方式输出
  P0MDOUT | = 0x01;
 }
/** 函数原型:void T0_Init(void)
** 功能描述:配置定时期 0
** 说明:        设置为计数器,工作于模式 1 记 65536 个脉冲 */
void T0_Init(void)
{
  char SFRPAGE_SAVE = SFRPAGE;               //保存当前特殊功能寄存器配置页
  SFRPAGE = TIMER01_PAGE;                    //转到 T0/T1 配置页
  TMOD = 0x05;                               //设置为计数器,工作于模式 1
  CKCON = 0x04;                              //计数器使用系统时钟
  TH0 = 0x00;                                //计数器 0 的高字节初始值
  TL0 = 0x00;                                //计数器 0 的低字节初始值
  TR0 = 1;                                   //启动计数器 0
  SFRPAGE = SFRPAGE_SAVE;
}
/** 函数原型:void UART0_Init (void)
** 功能描述:配置串口
** 说明:        波特率 9600,无校验位,数据位 8,停止位 1 */
void UART0_Init (void)
{
   char SFRPAGE_SAVE = SFRPAGE;              //保存当前特殊功能寄存器配置页
   SFRPAGE = TMR2_PAGE;                      //转到 Timer2 配置页
   TMR2CN = 0x04;                            // 16 位自动重载模式
   TMR2CF = 0x08;
   RCAP2 = - ((long) SYSTEMCLOCK/(2 * BAUDRATE)/16);
   TMR2 = RCAP2;
   TR2 = 1;                                  // Timer2 启动
   SFRPAGE = UART0_PAGE;
   SCON0 = 0x50;
   SSTA0 = 0x15;                             //利用 Timer2 作为串口 0 的时钟源
   ES0 = 1;
   IP | = 0x10;
   SFRPAGE = SFRPAGE_SAVE;
}
/** 函数原型:void J1939_InitRealDataID(void)
** 功能描述:J1939 数据传输的 ID 配置   */
void J1939_InitRealDataID(void)
{
  Msg1.SourceAddress = 0x01;                 //源地址
  Msg1.PDUSpecific = 0xFF;                   //特定 PDU 段
  Msg1.PDUFormat = J1939_PF_DT;              // PDU 格式为数据传输
  Msg1.IFArbition = 0xFC;                    // MsgVal = 1 消息经过处理器处理
                                             // Xtd = 1 扩展帧,Dir = 1 消息发送
                                             // Priority = 7,数据页为 0
}
/** 函数原型:void J1939_InitBAM(void)
** 功能描述:J1939 BAM 配置     */
```

```
void J1939_InitBAM(void)
{
  Msg2.SourceAddress = 0x01;                  //源地址
  Msg2.PDUSpecific = 0xFF;                    //特定 PDU 段
  Msg2.PDUFormat = J1939_PF_TP_CM;            // PDU 格式为连接管理消息
  //MsgVal = 1  经过处理器,Xtd = 1  扩展帧,Dir = 1 消息发送 ,Priority = 7,数据页为 0
  Msg2.IFArbition = 0xFC;
  Msg2.Data[0] = J1939_BAM_CONTROL_BYTE;// BAM 控制字节
  Msg2.Data[1] = 9;                           //数据长度
  Msg2.Data[2] = 0;
  Msg2.Data[3] = 2;                           //数据包数
  Msg2.Data[4] = 0xFF;                        //保留给 CATARC 设定使用
                                              //设为 0xFF
  Msg2.Data[5] = 0xEC;                        // Data[5] - Data[7]参数组编号
  Msg2.Data[6] = 0xFE;
  Msg2.Data[7] = 0x00;
}
/* *  函数原型: void clear_msg_objects (void)
* *  功能描述: 清空消息对象   */
void clear_msg_objects (void)
{
  SFRPAGE = CAN0_PAGE;
  CAN0ADR = IF1CMDMSK;                        //指向 IF1 命令掩码寄存器
  CAN0DATL = 0xFF;                            //写所有指向消息对象的接口寄存器
  for (i = 1;i<33;i ++ )
   {
     CAN0ADR = IF1CMDRQST;                    //重置所有消息对象
     CAN0DATL = i;
   }
}
/* *  函数原型: void init_msg_object_RX (char MsgNum)
* *  功能描述: 初始化数据接收消息对象
* *  参数说明: MsgNum   消息号 */
void init_msg_object_RX (char MsgNum)
{
  SFRPAGE = CAN0_PAGE;
  CAN0ADR = IF2CMDMSK;                        //指向 IF2  命令掩码寄存器
  CAN0DAT = 0x00B8;                           //除 ID  掩码和数据位外,写入其他数据位
  CAN0ADR = IF2ARB1;                          //指向仲裁 1 寄存器
  CAN0DAT = 0x0005;                           //接收消息为扩展帧
  CAN0DAT = 0xC0EC;
 CAN0DAT = 0x0480;                            //接收中断使能,远程帧禁止
  CAN0ADR = IF2CMDRQST;                       //指向 IF2  命令请求寄存器
  CAN0DATL = MsgNum;                          //写入消息号
}
/* *  函数原型: void init_msg_object_TX (char MsgNum,J1939_MESSAGE * MsgPtr)
* *  功能描述: 初始化数据发送消息对象
* *  参数说明: MsgNum   消息号, * MsgPtr   J1939 报文数据结构变量地址 */
void init_msg_object_TX (char MsgNum,J1939_MESSAGE * MsgPtr)
{
```

```
    SFRPAGE = CAN0_PAGE;
    CAN0ADR = IF1CMDMSK;                          //指向 IF1 命令掩码寄存器
    CAN0DAT = 0x00B3;                             //除 ID 掩码外,写入其他数据位
    CanTxID[0] = MsgPtr->PDUSpecific;
    CanTxID[0] = CanTxID[0]<<8;
    CanTxID[0] = CanTxID[0] + (MsgPtr->SourceAddress);
    CanTxID[1] = MsgPtr->IFArbition;
    CanTxID[1] = CanTxID[1]<<8;
    CanTxID[1] = CanTxID[1] + (MsgPtr->PDUFormat);
    CAN0ADR = IF1ARB1;                            //指向仲裁 1 寄存器
    CAN0DAT = CanTxID[0];
    CAN0DAT = CanTxID[1];
// MsgVal = 1  经过处理器,Xtd = 1  扩展帧,Dir = 1 消息发送 ,Priority = 0,数据页为 0
 //设置数据长度为 8, 禁止远程帧
    CAN0DAT = 0x0088;
    CAN0ADR = IF1CMDRQST;                         //指向 IF1 命令请求寄存器
    CAN0DAT = MsgNum;                             //写入消息号
}
/* *  函数原型: void start_CAN (void)
 * *  功能描述: 启动 CAN
/*  计算 CAN 位时间:
    CAN 系统时钟频率   f_sys = 22.118 4 MHz/2 = 11.059 2 MHz
    CAN 系统时钟周期   t_sys = 1/f_sys = 90.422 454 ns.
    CAN 时间量子       tq = 4 × t_sys (当波特率分频器 BRP = 2)
    设定的波特率为 250 kbps,则位时间为 4 000 ns.
    实际的位时间为 11 tq = 3 978.587 976 ns
    实际的波特率为 251.345 453 7 kbps
    CAN 总线的长度为 10 m, 信号延迟为 5 ns/m.
    传播延迟时间为 : 2 × (transceiver loop delay  +  bus line delay) = 400 ns
      Prop_Seg = 5 tq = 452 ns ( >= 400 ns).
    Sync_Seg = 1 tq
    Phase_seg1 + Phase_Seg2 = (11 - 6) tq = 5 tq
    Phase_seg1 <= Phase_Seg2, =>  Phase_seg1 = 2 tq and Phase_Seg2 = 3 tq
    SJW = (min(Phase_Seg1, 4) tq = 2 tq
    TSEG1 = (Prop_Seg + Phase_Seg1 - 1) = 4
    TSEG2 = (Phase_Seg2 - 1)                  = 2
    SJW_p = (SJW - 1)                         = 1
    Bit Timing Register = BRP + SJW_p × 0x0040 = TSEG1 × 0x0100 + TSEG2 × 0x1000 = 2643 */
void start_CAN (void)
{
    SFRPAGE = CAN0_PAGE;
    CAN0CN |= 0x41;
    CAN0ADR = BITREG;                             //设置波特率
    CAN0DAT = 0x2643;                             //波特率设置为 1 Mbps
    CAN0ADR = IF1CMDMSK;                          //指向 IF1 命令掩码
    CAN0DAT = 0x0087;                             // IF1 配置为发送
    CAN0ADR = IF2CMDMSK;                          //指向 IF2 命令掩码
    CAN0DATL = 0x1F;                              // IF2 配置为接收
    CAN0CN  |= 0x06;                              //使能所有中断
    CAN0CN  &= ~0x41;
```

```
}
/ * *  函数原型: void transmit_protoldata (char MsgNum,J1939_MESSAGE * MsgPtr)
 * *  功能描述: 发送协议数据到其他节点
 * *  参数说明: MsgNum   消息号, * MsgPtr  J1939 报文数据结构变量地址 * /
void transmit_protoldata (char MsgNum,J1939_MESSAGE * MsgPtr)
{
  SFRPAGE = CAN0_PAGE;                          //转到配置页
  CAN0ADR = IF1CMDMSK;                          //指向 IF1  命令掩码寄存器
  CAN0DAT = 0x0087;                             //配置为写 CAN RAM
      CanTxData[0] = MsgPtr - >Data[1];
  CanTxData[0] = CanTxData[0]<<8;
  CanTxData[0] = CanTxData[0] + (MsgPtr - >Data[0]);
  CanTxData[1] = MsgPtr - >Data[3];
  CanTxData[1] = CanTxData[1]<<8;
  CanTxData[1] = CanTxData[1] + (MsgPtr - >Data[2]);
  CanTxData[2] = MsgPtr - >Data[5];
  CanTxData[2] = CanTxData[2]<<8;
  CanTxData[2] = CanTxData[2] + (MsgPtr - >Data[4]);
  CanTxData[3] = MsgPtr - >Data[7];
  CanTxData[3] = CanTxData[3]<<8;
  CanTxData[3] = CanTxData[3] + (MsgPtr - >Data[6]);
  CAN0ADR = IF1DATA1;                           //指向第一个数据地址
  CAN0DAT = CanTxData[0];
  CAN0DAT = CanTxData[1];                       //地址自动加 1
  CAN0DAT = CanTxData[2];
  CAN0DAT = CanTxData[3];
  CAN0ADR = IF1CMDRQST;
  CAN0DATL = MsgNum;
 }
/ * *  函数原型: void transmit_realdata (char MsgNum)
 * *  功能描述: 发送实际数据到其他节点
 * *  参数说明: MsgNum   消息号 * /
void transmit_realdata (char MsgNum)
{
  SFRPAGE = CAN0_PAGE;
  CAN0ADR = IF1CMDMSK;
  CAN0DAT = 0x0087;                             //配置为写 CAN RAM
  CAN0ADR = IF1DATA1;                           //指向第一个数据地址
  CAN0DAT = CanTxRealData[0];
  CAN0DAT = CanTxRealData[1];                   //地址自动加 1
  CAN0DAT = CanTxRealData[2];
  CAN0DAT = CanTxRealData[3];
 CAN0ADR = IF1CMDRQST;
  CAN0DATL = MsgNum;
 }
/ * *  函数原型: void receive_data (unsigned int MsgNum)
 * *  功能描述: 从 IF2  缓冲区接收数据
 * *  参数说明: MsgNum   消息号   * * /
void receive_data (unsigned int MsgNum)
{
```

```
unsigned char num;
SFRPAGE = CAN0_PAGE;
CAN0ADR = IF2CMDRQST;                    //指向 IF2 命令请求寄存器
CAN0DAT = MsgNum;
CAN0ADR = IF2ARB1;                       //指向仲裁寄存器
OneMessage.SourceAddress = CAN0DATL;
OneMessage.PDUSpecific = CAN0DATH;
OneMessage.PDUFormat = CAN0DATL;
OneMessage.IFArbition = CAN0DATH;
CAN0ADR = IF2DATA1;
for(num = 0;num<4;num ++ )
 {
   ReceiveData[num] = CAN0DAT;
 }
OneMessage.Data[0] = ReceiveData[0];
OneMessage.Data[1] = ReceiveData[0]>>8;
OneMessage.Data[2] = ReceiveData[1];
OneMessage.Data[3] = ReceiveData[1]>>8;
OneMessage.Data[4] = ReceiveData[2];
OneMessage.Data[5] = ReceiveData[2]>>8;
OneMessage.Data[6] = ReceiveData[3];
OneMessage.Data[7] = ReceiveData[3]>>8;
switch( OneMessage.PDUFormat )
 {
  case J1939_PF_TP_CM:
  temp = 1;
  if ((OneMessage.Data[0] == J1939_BAM_CONTROL_BYTE) &&
      (OneMessage.Data[5] == J1939_PGN0_COMMANDED_ADDRESS) &&
      (OneMessage.Data[6] == J1939_PGN1_COMMANDED_ADDRESS) &&
      (OneMessage.Data[7] == J1939_PGN2_COMMANDED_ADDRESS))
  {
      J1939_Flags.GettingCommandedAddress = 1;
      CommandedAddressSource = OneMessage.SourceAddress;
      temp = 2;
  }
  break;
  case J1939_PF_DT:
  if ((J1939_Flags.GettingCommandedAddress == 1) &&
      (CommandedAddressSource == OneMessage.SourceAddress))
  {
         if ((! J1939_Flags.GotFirstDataPacket) &&
                     (OneMessage.Data[0] == 1))
          {
            RXQueue[0] = OneMessage;
          }
          else if((J1939_Flags.GotFirstDataPacket) &&
                     (OneMessage.Data[0] == 2))
          {
            RXQueue[1] = OneMessage;
            J1939_Flags.GotFirstDataPacket = 0;
```

```
                J1939_Flags.GettingCommandedAddress = 0;
            }
        }
        break;
        case J1939_PF_REQUEST:
        if ((OneMessage.Data[0] == J1939_PGN0_REQ_ADDRESS_CLAIM) &&
            (OneMessage.Data[1] == J1939_PGN1_REQ_ADDRESS_CLAIM) &&
            (OneMessage.Data[2] == J1939_PGN2_REQ_ADDRESS_CLAIM))
         { }
        break;
        case J1939_PF_ADDRESS_CLAIMED:
        break;
        default:
        break;
        }
}
/** 函数原型:void ISRname (void) interrupt 19
** 功能描述:CAN0 中断处理函数 */
void ISRname (void) interrupt 19
{
  unsigned int intregister,MessageNum;
  status = CAN0STA;
  if ((status&0x10)!= 0)                      //当是接收时,RxOk 被置 1
    {
      CAN0STA = (CAN0STA&0xEF)|0x07;          //重置 RxOk = 0
      SFRPAGE = CAN0_PAGE;
      CAN0ADR = INTREG;
      intregister = CAN0DAT ;
      temp = intregister;
      if((intregister!= 0x8000)&(intregister!= 0x0000))
      {
       CAN0ADR = IF2CMDMSK;                   //指向 IF1 命令掩码寄存器
       CAN0DATL = 0x1F;                       //配置为读消息
       MessageNum = intregister;
       receive_data (MessageNum);
      }
    }
  if ((status&0x08) != 0)                     //当是发送时,TxOk 被置 1
    {
      CAN0STA = (CAN0STA&0xF7)|0x07;          //重置 TxOk = 0
    }
  if (((status&0x07) != 0)&&((status&0x07) != 7)) //当是错误时
    {
      CAN0STA = CAN0STA|0x07;
    }
}
/** 函数原型: void RS232_SendData(unsigned char sdata)
** 功能描述:串口发送子程序
** 参数说明:sdata 发送数据 */
void RS232_SendData(unsigned char sdata)
```

```
{
    SFRPAGE = UART0_PAGE;
    SBUF0 = sdata;                              //发送数据
    while(TI0 == 0);                            //等待发送完毕
    TI0 = 0;                                    //清除发送结束标志}
/** 函数原型：void UART0_Interrupt (void) interrupt 4
 ** 功能描述：串口接收子中断   */

void UART0_Interrupt (void) interrupt 4  //串行中断服务程序
{
   SFRPAGE = UART0_PAGE;
   if(RI0)                                      //判断是接收中断产生
     {
      RI0 = 0;                                  //标志位清零
       * rdata = SBUF0;                         //读入缓冲区的值
      rdata ++ ;
      if(rdata == InBuffer + LINE) rdata = InBuffer;
     }
   if(TI0)                                      //如果是发送标志位,清零
     TI0 = 0;
}
/** 函数原型：void T0_COUNT (void) interrupt 1
 ** 功能描述：定时器 T0 的计数中断子程序   */
void T0_COUNT (void) interrupt 1
{
    SFRPAGE = TIMER01_PAGE;                     //转到 T0/T1 配置页
    TH0 = 0x00;
    TL0 = 0x00;
}
/** 函数原型：unsigned int ZhuanSu(void)
 ** 功能描述：转速求解程序    **/
unsigned int ZhuanSu(void)
{
    unsigned char t;                            //更新时间间隔
    unsigned int f;                             //频率
    unsigned int RPM;                           //转速
     unsigned int Temp1 = 0x0000;
       t = 1;                                   //更新时间间隔为 1 s
    SFRPAGE = TIMER01_PAGE;
    TH0 = 0x00;
    TL0 = 0x00;
    Delayms(1000);
    Temp1 = TH0;
    Temp1 = Temp1<<8;
    Temp1 = Temp1 + TL0;
    f = Temp1/t;
    //计算得到转速(转/分),60 为测试的齿轮数
    RPM = 60 * f/60;
    return RPM;
 }
```

第 7 章

CANopen 协议与应用

7.1 CANopen 协议

尽管前几章已经介绍了一些相关的 CAN 总线应用层的协议，这里再强调一下 CAN2.0A 或者 CAN2.0B 与 CANopen 之间的区别，从而帮助初学者能够很好地理解 CANopen，并设计满足 CANopen 协议的节点及组建 CANopen 网络。图 7－1 描述了它们的关系。图中可以清晰地看到 CANopen 是应用层的网络协议，而 CAN2.0A(B)是为 CANopen 协议提供接口的一层，CAN2.0A(B)主要负责解决数据的收发，并为 CANopen 提供软件的驱动接口，也就是封装好收发以及错误处理等相关的函数。

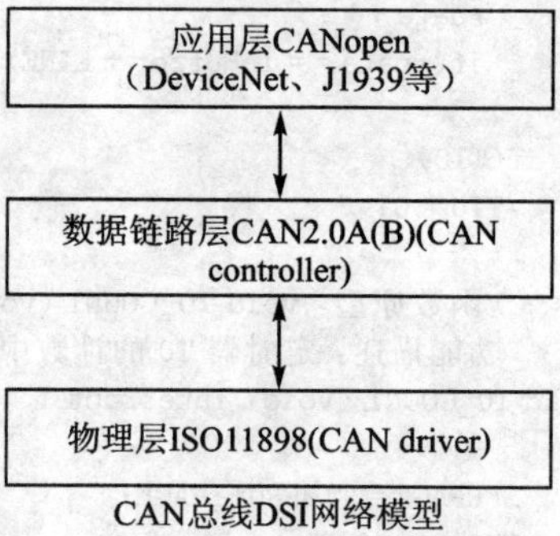

图 7－1　CAN2.0A(B)与 CANopen 之间的关系图

7.1.1 CANopen 协议的历史发展

CANopen 是一种架构在 CAN 总线之上的应用层通信协议，由非营利组织 CiA 进行标准的起草及审核工作。1992 年 5 月，CiA 组织正式成立。从 1993 年起，由 Bosch 领导的欧洲协会研究出一个 CAN 总线的应用层协议原型 CANopen，它是一个基于 CAL 的子协议，一般用于产品部件的内部网络控制。该项目完成后，CANopen 规范被移交给 CiA 组织维护与发展。1994 年 CiA 组织发布了完整版的 CANopen 协议，该协议被称作 CAL-based communication profile version 1.0。1995 年、1996 年分别发布了 version2.0 和 version3.0，在 1999 年、2000 年、2002 年 CiA 组织陆续对此前的 CANopen 协议进行修订，增加心跳报文、NMT 服务等内容，并且从 1999 年开始在 DS301 的基础上增加子协议 DSP4x 系列，子协议针对特殊的行业、应用设计等规定对象字典的相关内容。对象字典是 CANopen 的难点之一，后面会专门讲解，也可以查阅 CiA 官方网站 www.CAN－org。

DS301 协议是 CANopen 协议的基础协议，也是所有满足 CANopen 协议的网络都必须遵循的。但是 DSP4x 只是各个行业的特殊的一些规范，比如电机控制、变频器等需要用到一类参数集。因此，在开发 CANopen 设备之前，首先需要确定我们开发的设备是否满足 DSP4x 中现有的子协议。如果满足，那么设备开发时需要增加相应的子协议；如果不满足，那么在满足 DS301 基础协议的基础上，开发者可以自行设计设备协议。除了 DS301 规定的通信协议外，DS302、DS303、DS304、DS305、DS306 分别规定了 CANopen 设备的框架（主要是流程图）、线束以及单位和指示、安全等。设备子协议包括 DS401、DS402、DS404、DS405 等，其中，DS401 是通用输入输出设备的子协议，DS404 用于测量设备以及闭环控制器，DS408 用于比例阀与液压传动系统。

CANopen 是 CAL 的一个子协议，在 CAL 中已经定义了网络管理服务的架构。但 CAL 并没有具体定义这些架构具体有哪些内容，或者说这些架构的具体实现。（而 CANopen 中定义了“CAL 中的网络管理的概念”的具体对象及应用）。CAL 里定义的 4 种应用层服务元素包括 CMS、NMT、DBT 和 LMT。这些元素的概念也将继承到 CANopen 里面，但是 CANopen 却在更大的程度上将 CAL 中的这些元素的概念弱化了，通过新对象这种新的描述方式使得协议的整体性增强了。

7.1.2 CANopen 协议中的几个概念

为了方便读者理解枯燥的概念，这里先举一个例子，以便把下面要阐述的几个概念形象地展示出来。比如，小明约小强一起打篮球。很简单的一句话、一件事，但是包括的信息不少：小明、小强是人，篮球是运动器材，反映到 CANopen 中就是类型与对象，人与运动器材是类型；小明、小强与篮球就是类型的具体的对象。事实上，除了小明、小强还有可能有小张、小李、羽毛球、乒乓球等，这些具体的实例在 CANopen 中就是通信对象，这些对象的集合就是对象字典。

邀请别人是一个对话的过程，不管是打电话、写信，还是发短信。通信取得成功的前提是大家都能够理解通信的内容，因此语言是通信的基础，具体一点就是汉字及其组成的词语。这些汉字与词语并不是现场学了再用的，而是在我们的脑海里。把这些词语、汉字寄存在脑子里的过程，相当于 CANopen 中的 EDS 文件，将一些基本信息记录下来，便于应用软件的使用。邀请别人的时候要做一些准备工作，比如写信件需要有收信人的地址、打电话需要事先知道对方的手机号码、准备好一部电话等，这就是 CANopen 的启动。

1. 编码规则与数据类型

(1) 编码规则

为了在 CAN 网络中能够交换数据，通信对象的生产者和消费者必须能够知道数据的形式以及数据的意义。编码规则定义了数据类型值代表的意思，值通过二进制位来表示。通常以字节的方式来传递位，在 CANopen 中是以小端(little－endian)方式来排放数据的。表示如下：

字节号	1	2	…
	b7…b0	b15…b8	…

例如：

Bit9	Bit8	Bit7	Bit6	Bit5	Bit4	Bit3	Bit2	Bit1	Bit0
1	0	0	0	0	1	1	1	0	0
0x02		0x01				0x0C			

结果为 0x021C。存放的规则是：1Ch 存放在第一个字节(或者前面的字节)，02h 则存放在第二个字节(或者后面紧挨着的字节)。

(2) 数据类型

1) 基本数据类型

NIL：与 C++里的 NULL 不同，NULL 是一个宏定义，值为 0，nil 表示无值；

BOOLEAN：布尔类型；

VOID：无类型，常用在函数的参数类型、返回值、函数中指针类型进行声明；

UNSIGNED INT：无符号整型；

SIGNED INT：有符号整型；

FLOAT：浮点数。

在使用 C 语言编程的情况下，这些基本类型都可以直接用编译器自带的关键字，当然为了统一也可以使用 typedef 将基本类型统一重新定义。

2) 复合数据类型

除了基本的数据类型，CANopen 中还定义了一些复合数据类型来满足不同的应用。例如 VISIBLE_STRING 、TIME_OF_DAY 等。显然这些符合类型都是需用用户自己定义的。

复合数据类型只是由基本数据类型组成的一种新的数据类型，包括数组与结构体。CANopen 中还支持扩展数据类型，扩展数据类型是由基本数据类型与复合数据类型组合而成的，包括：

① 字符串类型：由多个字符(无符号 8 位整数)组成，格式如下：

ARRAY[length] OF UNSIGNED8　　　　　OCTET_STRINGlength

其中 length 就是字符串的长度。

② 可见字符串：由多个可见字符(VISBLE_CHAR，可以在屏幕上显示的字符)组成的字符串，这种字符串的特点就是可以显示。数码对应的字符符合 ISO646—1973 标准，一般可见字符的取值范围为 0h 和 20h～7Eh。

```
UNSIGNED8       VISIBLE_CHAR
ARRAY[length] OF VISIBLE_CHAR    VISIBLE_STRINGlength
```

需要 0h 作为整个字符串的结束符。

③ 双字节串：由多个 16 位无符号整形数组成的数组。

```
ARRAY[length] OF UNSIGNED16      UNICODE_STRINGlength
```

这种字符串不需要 0h 作为结束符。

④ 时间类型：可以表示实际时间的一种结构体数据类型。这种类型在实际使用中非常有用，可以实时地记录数据，为后期的分析作保障。

```
STRUCT OF
        UNSIGNED28    ms
        VOID4         reserved
        UNSIGNED16    days
TIME_OF_DAY
```

其中，ms 是午夜十二点后开始记录毫秒数，days 是从 1984 年 1 月 1 号起直到现在的天数。

⑤ 时差类型：是两个时间类型变量差的一种类型，定义与时间类型一样。

```
STRUCT OF
        UNSIGNED28    ms
        VOID4         reserved
        UNSIGNED16    days
TIME_DIFFERENCE
```

其中，ms 是两次时间差的毫秒数，days 是两次时间差的天数。

⑥ 域类型：主要用来传输大量的数据块，这种类型根据应用来定，不属于 CANopen 协议的定义范畴。

注意，这里所有的数据类型只是进行描述性说明，并不是代码中的实际类型定义。根据不同的语言、不同的集成开发环境以及不同的应用场合，数据类型的定义也有相应变化，这些是由开发者灵活变换的。

2. 通信方式

通信方式是指通过什么样的方式发起和结束一次通信的机制。不同的通信方式需要不同的通信对象、通信服务，以及不同的可能触发对象传输的模式。通信方式中有些支持消息的同步传输，有些支持消息的异步传输。

使用 SYNC 对象和 TIME 对象可以获得通信同步，同步传输的一个好处就是可以有序地进行整个网络的调度。基于潜在的通信机制中事件的特性（比如有防止“饿死”要求），我们可以给通信对象定义禁止时间。禁止时间是定义两次相同的通信对象之间最少的间隔时间。时间的大小可以根据不同的应用需求来定。一般情况下我们认为有 3 种通信机制：

(1) 主/从方式

任何情况下，网络上有且只有一个主机，其余设备都是从机。主机请求某个从机,被请求的从机给出相应的应答。

有些情况下,某次通信只是主机因内部产生的某个事件或者定时地给从机发送数据。从机本身只需要从网络上抓取数据,并给出相应的标志而不需要给主机相应的应答(告诉主机谁用了数据),这种方式称作无应答式主从通信,如图 7-2 所示。

有些情况下,某次通信可能是主机向特定的从机请求数据,从机需要在接收到主机的请求后给出相应的应答和数据,如图 7-3 所示。

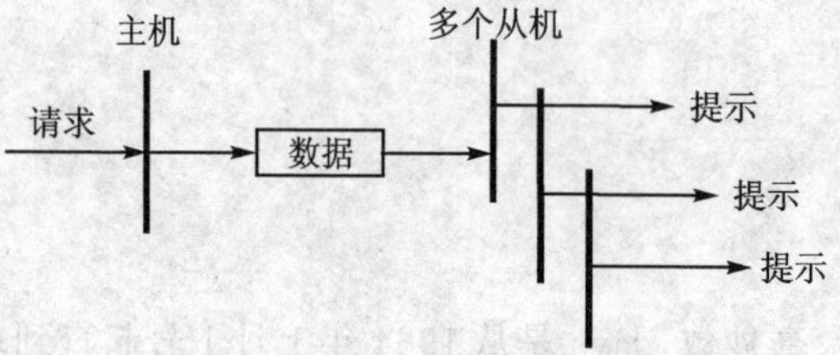

图 7-2　无应答式主从通信

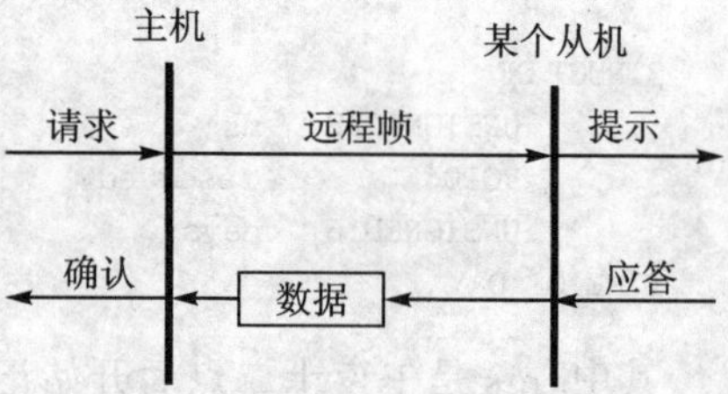

图 7-3　应答式主从通信

(2) 用户/服务器方式

用户/服务器方式下完成一次通信需要两次数据包通信,用户给出请求触发服务器执行相应的任务,服务器做完相应的任务后给出应答,并让用户确认执行得是否满足用户的要求,如图 7-4 所示。

(3) 生产者/消费者方式

生产者/消费者模式中包含一个生产者,可以有 0 个或者多个消费者,也分需要应答和不需要应答两种。与主从式不同的是,需要应答的回拉模式是由消费者产生请求。推换模式及回拉模式示意图如图 7-5 和图 7-6 所示。

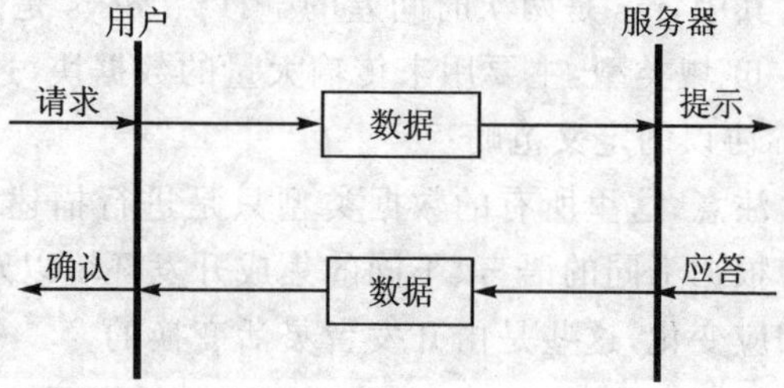

图 7-4　用户/服务器方式

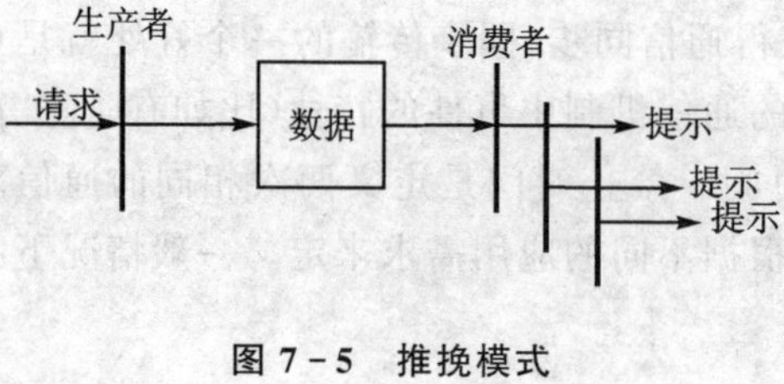

图 7-5　推换模式

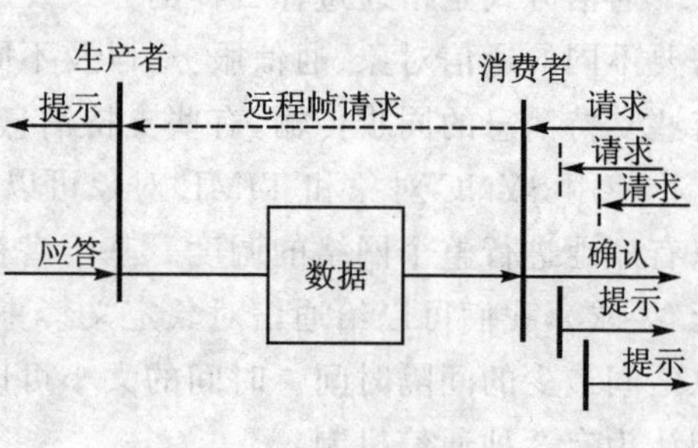

图 7-6　回拉模式

3. 通信对象

通信对象是具体某个服务可能需要用到的参数或者参数集，大多是以结构体形式存在，并且在结构体中包括了更多的关于该参数的信息，如数据类型、对象编码、读/写权限等。CANopen 协议中一共定义了 4 种通信对象：

(1) 管理对象

管理对象主要负责完成底层管理 LMT 服务、网络管理 NMT 服务和 COB－ID 分配 DBT 服务。当然，这些服务都是建立在主从式通信上，包括 NMT 模块控制对象、NMT 节点监护、心跳报文 NMT 模块控制只适用于主机，由主机来负责整个网络的调度，所以消息的发出者只能是主机，报文如下：

COB－ID	Byte0	Byte1
000h	命令码	节点号

命令码是主机对从机操作的服务代码有 5 种，如表 7－1 所列。

表 7－1　命令码

命令码	NMT 服务含义	命令码	NMT 服务含义
1	启动节点	129	复位节点
2	关闭节点	130	复位通信
128	进入与运行态		

注意，复位节点与复位通信不同，复位节点是复位整个节点，复位通信只是复位 CAN 通信。

节点号如果是 0，那么代表主机将对所有节点进行 NMT 控制服务，否则只对相应节点号的节点进行 NMT 控制服务。NMT 节点监护主要是监测节点当前的操作状态，这个服务很有用，因为有些从节点并不是一直给主机发数据，比如从机进入低功耗状态。那么在通信之前，主机需要监测从节点的当前状态，才能启动一次数据的传输。

一次完整的 NMT 节点监护服务如下：

主机给从机发送远程帧（不带数据场的 CAN 帧）：

COB－ID
700h＋Node－ID

从机作如下应答：

COB－ID	Byte0
700h＋Node－ID	bit7：反转位，bit6－0：从机状态

从机状态如下:

值	含 义	值	含 义
0	初始化中	4	停止
1	掉线 *	5	运行态
2	连接中 *	127	预运行态
3	准备中 *		

注:一般带 * 不用于简单的 CANopen 网络中。

心跳报文也是一种监测从节点的机制,与 NMT 节点监护功能不能并存,二者选一。心跳报文的生产者一般是从机,消费者是执行 NMT 服务的主机。从机周期性地发送带有从机状态的报文给主机,主机为从机的心跳报文设备一个超时时间,用以监测从机是否还在网络上。这类似于两人 QQ 聊天,短时间内(如 8 s)发一条信息进行通信。如果发了一条信息,对方 3 分钟都没有回答,说明对方已经不再计算机旁边了。

从机发给主机的报文如下:

COB - ID	Byte0
700h+Node - ID	从机状态

从机状态如下:

从机状态值	含义	从机状态值	含义
0	启动	5	运行态
4	停止	127	预运行态

完成初始化后的从机将会发送报文:

700h+Node - ID	0

给主机,表明从机已经启动,并进入了预运行态。

(2) 服务数据对象(SDO)

一个 SDO 提供了一种访问者可以访问其他设备对象字典的能力,访问者称为用户,被访问的对象字典的设备叫服务器。SDO 服务的 CAN 消息帧中的每个字节的数据都会被使用(尽管有些位或者字节被保留不起任何作用),用户与服务器之间采用用户/服务器通信方式,每一次通信用户总会得到服务器的应答。

SDO 传输有 3 种机制,快速传输、段传输、块传输。快速传输主要用来做一些对象字典的访问,比如读/写相关设备的对象字典,或者当某个设备的对象字典的相关对象需要进行一些修改与配置的时候。快速传输相当方便,但是一次最多只能传送 4 个字节的数据,另外的 4 个字节作为协议的开销。段传输适用于大量数据的传输,由一个启动报文引导本次大量数据的传输。启动报文最多携带 4 字节的数据,其余作为协议开销。紧接着的报文每次只使用第一个字节作为协议开销,因而每个报文可以实现 7 个字节的传输。块传输使用海量数据的传输,这种方式一般在工业控制中很少用,这里不做介绍。

SDO 有用户 SDO(CSDO)和服务器 SDO(SSDO)两种。有时候用户 SDO 也叫接收 SDO(RSDO),服务器 SDO 也叫发送 SDO(TSDO)。参数结构如表 7-2 所列。

表 7-2 SDO 的参数结构

子索引	通信参数结构中的变量	数据类型
0h	变量参数个数	Unsigned8
1h	用户到服务器消息的 COB-ID	Unsigned 32
2h	服务器到用户消息的 COB-ID	Unsigned 32
3h	SDO 服务的节点号	Unsigned8

下面给出 SDO 应用于修改设备对象字典的例子。假设将 Node-ID 为 3 号的设备对象字典中(索引为 1801h,子索引为 2h)的对象入口参数修改为 8h。使用快速传输方式传输这一个字节的数据,那么用户发给服务器的消息为:

COB-ID	字节					
	0	1	2	3	4	5~7
603h	2Bh	01h	18h	02h	8h	—

服务器返回给用户的消息为:

COB-ID	字节					
	0	1	2	3	4	5~7
583h	60h	01h	18h	02h	—	—

两次数据中的第一个字节为命令码,包含信息由上传/下载、服务方式(快速、段传输、块传输)、消息中包含的字节数以及反转位等。紧接着的 3 个字节是对象索引号(1801h)和子索引号(2h),再后面的是数据。

- 上传:是指用户通过 SDO 从服务器获取数据,上传是针对被操作的节点,这里是服务器。
- 下载:是指用户通过 SDO 把数据传送到服务器,下载是针对被操作的节点,这里是服务器。

可以看出,上传还是下载是针对 SDO 将要操作的节点,这一点读者需小心。关于命令码的解读,请参考附录 C 和附录 D。

(3) 过程数据对象(PDO)

PDO 用来传输实时数据,最多可以利用 8 个字节的数据,没有应用层协议的开销。每个 PDO 需要对象字典中的两个对象来描述:一个是 PDO 通信参数,主要是描述通信的具体消息的 COB-ID、传输类型、禁止时间和时间周期、触发方式等;另一个是 PDO 映射参数,将具体设备需要用到的参数或者参数集映射到对应的内存中。PDO 的内容可以预先定义,也可以在网络启动的过程中进行配置。

通过 PDO 通信参数(0020H)和 PDO 映射参数(0021H)两种数据类型结构来描述 PDO。对于 PDO,匹配的通信参数与映射参数都是必要的,两者的参数结构如表 7-3 及表 7-4 所列。

表 7-3 通信参数结构

索引	子索引	通信参数结构中的变量	数据类型
0020h	0h	结构中变量(入口)的个数	Unsigned 8
	1h	通信对象 ID(COB-ID)	Unsigned 32
	2h	传输类型	Unsigned 8
	3h	禁止时间	Unsigned 16
	4h	保留	Unsigned 8
	5h	定时器	Unsigned 16

表 7-4 映射参数结构

索引	子索引	通信参数结构中的变量	数据类型
0021h	0h	结构中变量(入口)的个数	Unsigned 8
	1h	第 1 个要映射的对象	Unsigned 32
	2h	第 2 个要映射的对象	Unsigned 32
	……	……	……
	……	……	……
	40h	第 64 个要映射的对象	Unsigned 32

PDO 有两种使用方式:一种是用来发送数据,一种是用来接收数据。用来发送数据的 PDO 叫 TPDO,用来接收数据的 PDO 叫做 RPDO。支持 TPDO 的设备称为 PDO 生产者,支持 RPDO 的设备称作 PDO 消费者。

PDO 的传输类型分为同步和异步两种。

同步传输:一般使用同步对象(SYNC,特殊功能对象的一种)来使得设备同步。同步传输还可以进一步分为周期性同步传输、非周期性同步传输。周期性同步传输要求同步对象根据同步应用需求周期性地发送,因此同步对象也可以看作网络上的时钟信号。在同步对象之间周期性发送地 PDO,我们叫同步 PDO(见表 7-5)。这种周期是可变的,可以是每个 SYNC 产生一次传输,也可以是每两个 SYNC 产生一次传输,最大可以是 240 个 SYNC 产生一次周期性同步传输。非周期性同步传输也使用 SYNC 对象,但是传输是由远程帧请求或者某个异步事件触发产生了 SYNC 对象而导致的一次非周期性同步传输。

异步传输:异步传输产生的两种机制:一种是通过远程帧实现的一次异步传输;另一种是通过某个与设备相关的事件来触发异步传输,例如,温度/湿度的改变或者 I/O 口电平的变化。

表 7-5 CANopen 中 PDO 传输类型

传输类型	触发 PDO 传输的条件(B=这两个触发条件都需要,O=触发条件至少一个)			PDO 传输
	SYNC	RTR	EVENT	
0	B	—	B	非周期性同步
1~240	O	—	—	周期性同步
241~251	—	—	—	保留
252	B	B	—	同步(RTR)
253	—	O	—	异步(RTR)
254	—	O	O	异步(制造商相关事件)
255	—	O	O	异步(设备协议相关的事件)

注:SYNC 为同步对象,RTR 为远程帧请求,EVENT 为值得改变以及时间中断等事件。

通信参数比较好理解，这里举个 TPDO 在对象字典中映射的例子：假设 8 位数字量输入和 16 位的模拟量输入映射在 2#TPDO 中，采用预定义方式，映射如下：

1A01h#对象：2#TPDO 映射		
子索引	值	含义
0	2	2 个对象映射到这个 PDO 中
1	60000208	在对象 6000h 的 2#子索引下包含 8 位数字量输入
2	60410110	在对象 6041h 的 1#子索引下包含 16 位模拟量输入

如果这样的一个 TPDO 被发送(定时或者事件触发)，报文的信息形式如下：

COB-ID	Byte0	Byte1	Byte2
280h+Node_ID	8 bit 数字量	16 bit 模拟量低 8 位	16 bit 模拟量高 8 位

注：低 8 位在高 8 位前是前面介绍的小端数据编码规则。

(4) 特殊功能对象

特殊功能对象包括同步对象、时间戳、紧急对象和网络管理对象。

1) 同步对象(SYNC)

同步对象由对象产生者(一般是主机)周期性地发送到网络上，这种同步对象可以看作是网络时钟，每两个同步对象之间的时间由标准参数通信周期——对象字典中的 1006h 对象定义。这个时间在系统启动的时候可以由 SDO 配置。当然，由于 CAN 总线本身的总裁机制原因，下一个同步对象并不一定都会准时出现，但是这个时间误差是可控范围内的。而且为了确保网络负载很大的时候不会出现同步对象“饿死”的现象，一般同步对象的标识符优先级都会很高。在对象字典的 1005h 对象中我们会定义同步对象的标志符，同步对象不带任何数据，因此同步对象的数据长度为 0。

2) 时间戳(TIME)

该对象可以给设备提供时间参数，对象内部包含了一个 TIME_OF_DAY 类型的值。时间对象的传输符合生产者/消费者推送模式，消费时间戳对象的可以是生产者也可以是消费者。

3) 紧急对象(EMCY)

紧急对象一般是由设备内部错误的产生而触发的，并由设备上的紧急对象生产者传送。紧急对象适用于中断类型的错误警告，每一次错误事件只会传送一次的紧急对象，消费者可以没有或者有多个，这是由应用决定的，规范中定义紧急错误码和错误寄存器，设备相关的额外信息以及哪些是紧急条件是由应用决定的。

4. 对象字典

在 CANopen 的 DS301 协议中提到了对象字典这个概念，对象字典顾名思义是一种集合，是通信对象的集合，这个概念是整个 CANopen 中最重要的概念。简单说，对象字典就是一个设备的接口，并且每个设备都必须包含这样的接口，这样才能便于别的设备读懂该设备的内容。

从数据库的角度讲,对象字典就是参数集。该参数集描述该设备的所有功能参数与通信参数,这种描述都是预定义的,当然也可以使用 SDO 服务进行配置。

对象字典里面的对象用一个 16 位的索引来寻址。索引下面是各个参数的入口,也叫变量,由于同一个对象下面可能包含多个入口,因此子索引可以有多个,如表 7-6 所列。

表 7-6　设备对象字典的总体分配表

索引(16 进制)	对　象	索引(16 进制)	对　象
0000	不用	00A0～0FFF	保留
0001001F	静态数据类型	1000～1FFF	通信协议区
0020～003F	复杂数据类型	2000～5FFF	设备商特定协议区
0040～005F	设备商规定的复杂数据类型	6000～9FFF	标准设备协议区
0060～007F	设备协议规定的静态数据类型	A000～BFFF	标准接口协议区
0080～009F	设备协议规定的复杂数据类型	C000～FFFF	保留

静态数据类型:包含像布尔型、整型、浮点数、字符串等标准数据类型;复杂数据类型:预定义的结构体类型,该结构体类型都是由标准数据类型构成的;设备商特定复杂数据类型:结构体类型,但是该类型对于某个设备是特定的;设备协议规定的静态数据类型:根据不同的设备定义特定的静态数据类型;设备协议规定的复杂数据类型:根据设备协议需要定义的结构体类型;通信协议区:对于 CANopen 设备开发工作来说,关注最多的是 1000～1FFF 这段通信协议区,这一区域的对象入口对于网络中的所有设备都是相同的;设备商特定协议区:这是留给开发设备的一些不对外公开的协议区,使用者不能编辑这一区域;标准设备协议区:对象字典中的索引 6000～9FFF 段描述了设备的参数以及设备的功能,通过这一段索引可以从网络来访问这一类相似的设备。这一段索引可以分配给多设备模块。

多设备模块是由多个设备组成的一个模块整体,对外以一个整体出现,对内由多个设备组成。一共可以分配给 8 组模块,如下:

6000h～67FFh	设备 0	8000h～87FFh	设备 4
6800h～6fFFh	设备 1	8800h～8fFFh	设备 5
7000h～77FFh	设备 2	9000h～97FFh	设备 6
7800h～7fFFh	设备 3	9800h～9fFFh	设备 7

开发过程中的 COB-ID 分配一般采用预定义主从标识符分配,分配表如下:

对象	功能码 bit10～7	COB～ID	通信参数(PDO 映射参数)
NMT 模块控制	0000	000h	—
SYNC	0001	080h	1005h、1006h、1007h
TIME STAMP	0010	100h	1012h、1013h
EMERGENCY	0001	081h～0FFh	1015h、1024h
PDO1(TX)	0011	181h～1FFh	1800h
PDO1(RX)	0100	201h～27Fh	1400h
PDO2(TX)	0101	281h～2FFh	1801h
PDO2(RX)	0110	301h～37Fh	1401h
PDO3(TX)	0111	381h～3FFh	1802h
PDO3(RX)	1000	401h～47Fh	1402h
PDO4(TX)	1001	481h～4FFh	1803h
PDO4(RX)	1010	501h～57Fh	1403h
SDO(TX)	1011	581h～5FFh	1200h
SDO(RX)	1100	601h～67Fh	1200h
NMT 错误控制	1110	701h～77Fh	1016h,1017h

如果需要动态的分配，那么可以在与操作态下，主站与从站之间采用 SDO 服务对从站的对象的 COB－ID 进行修改。有些 COB－ID 是被限制开发者使用的，这些 COB－ID 都有固定的用途，因此开发者不能给那些可以配置的通信对象使用。这些限制的 COB－ID 如表 7－7 所列。

表 7－7 限制的 COB－ID 列表

COB－ID	使用的对象	COB－ID	使用的对象
000h	NMT	601h～67Fh	默认的 RSDO
001h	保留	6E0h	保留
101h～180h	保留	701h～7FFh	NMT 错误控制
581h～5FFh	默认的 TSDO	780h～7FFh	保留

下面介绍对象字典的一般结构。所有设备对象字典的结构和入口都是相似的，一般对象字典的入口如下：

索引(16 进制)	对象符号名称	名称	数据类型	访问权限	是否必须

索引就是某一个具体对象的 16 进制地址，对象符号名称是通过不同的编码代替的对象种类，一共有 7 种：

对象种类名称	解 释	对象编码
NULL	只有入口但是没有任何数据	0
DOMAIN	数据块类型，例如可执行代码段	2
DEFTYPE	类型定义	5
DEFSTRUCT	定义一种新的 record 类型	6
VAR	单一数值	7
ARRAY	数组，必须由相同类型的变量连接在一起	8
RECORD	结构体类型，可以由不同的类型变量组合在一起	9

名称就是用简单的文本字符给对象命名。数据类型是 7.1.2 小节中介绍的数据类型。访问权限定义了该对象的读/写权限,一般有表 7-8 所列的几种。

表 7-8 访问权限

权 限	描 述	权 限	描 述
Rw=read and write	具有读/写权限	ro=read only	只读权限
wo=write only	只写权限	const	只读权限,值是常量

"是否必须"规定了在开发设备 CANopen 协议时该对象是否必须要包含在该对象,一般分为必选、可选以及有条件 3 种。通信协议区是整个设备对象字典设计时最重要的部分,也是开发者最需要了解的部分。通信协议区可以利用的索引为 1000H~1FFFH,是 CANopen 协议规定必须要有的对象,也是整个设备最基本的通信协议区的对象。

一般通信协议对象的描述方法由对象描述和入口描述两部分组成。对象描述是对象字典中对象一般结构的简化,一般由索引、名称对象编码、数据类型和是否必须组成;入口描述是对象字典中对象的具体变量的描述。二者的结构如表 7-9 及表 7-10 所列。

表 7-9 一般通信协议对象描述

索 引	通信协议索引号	索 引	通信协议索引号
名 称	参数名称	数据类型	数据类型分类
对象符号名称	变量分类	是否必须	可选或必须

表 7-10 一般通信协议对象入口描述

参 数	说 明
子索引	子索引数目(只用于数组,记录和结构体类型)
名称	子索引名称(只用于数组,记录和结构体类型)
数据类型	数据类型分类(只用于记录和结构体类型)
入口是否必须	可选、必须或者条件
访问权限	只读、读写、只写、常量
是否 PDO 映射	可选:对象可以映射到 PDO 默认:对象是原始映射的一部分 No:对象不能映射到 PDO
取值范围	可选值得范围,或者可选整个范围,则取该数据类型的名称
默认值	No:未定义 值:设备初始化后的原型数值

5. EDS 文件

从前面的介绍可以看出 CANopen 系统的复杂性,为了解决这种复杂性,我们可以利用一些软件工具来帮助我们规划好所需要的通信参数、配置参数等。这里不讨论如何开发这些软件工具，着重介绍与 CANopen 相关的概念。我们需要一个电子文档来描述前面提到的对象字典，并且在字典中将参数入口赋值。

EDS(Electronic Data Sheet)正是描述 CANopen 协议中参数的一种标准的电子文档，另外 CANopen 还提供 DCF(device configuration file)电子文件。DCF 文件与 EDS 文件的结构一样，只是比 EDS 多一些设备具体的(DS4XX)中定义的参数入口。

具体讲，EDS 是生产商设备的一个模板，而 DCF 是具体描述对象字典中的对象及其参数值的文件。此外，DCF 文件中还会涉及设备的波特率以及设备的模块 ID 号。CANopen 组网的设备中，如果设备自己没有可用的 EDS 文件，那么主机会分配一个默认的 EDS 文件给设备，但是由于默认 EDS 与实际 EDS 存在差错，该默认 EDS 显然会给应用该设备带来很大的风险。

EDS 文件包括以下 3 类信息：EDS 文件本身的信息、设备基本信息、对象字典描述。

EDS 文件本身的信息描述以下信息：EDS 文件名(文件名的使用与主机使用的操作系统有关，必须是该 OS 能够使识别的文件名)、EDS 版本号、EDS 修订号、EDS 描述、创建时间(时分)、创建日期(年月日)、EDS 文件创建人、修改时间(时分)、修改日期(年月日)、EDS 文件修改人。例子：

```
[FileInfo]
FileName = vendor1.eds
FileVersion = 1
FileRevision = 2
Description = EDS for simple I/O - device
CreationTime = 09:45AM
CreationDate = 10 - 15 - 2013
CreatedBy = Chuck Yang
ModificationTime = 08:30PM
ModificationDate = 10 - 30 - 2013
ModifidBy = Chuck Yang
```

注：文件中的标识符是描述 EDS 文件的关键字，不是用户自定义的，并且改变关键字的顺序不会影响 EDS 文件的正常工作。

设备基本信息描述以下信息：制造商名称、制造商代号、设备名称、设备代号、设备修订、设备序列号、波特率、启动主机功能、启动从机功能、设备可虚拟模块数目、动态通道、多 PDO、RXPDO 数目、TXPDO 数目、设备版本、LSS 功能、设备功能。例子：[DeviceInfo]

```
VendorName = Nepp Ltd.
VendorNumber = 156678
ProductName = CAN - device
ProductNumber = 45570
ProductRevision = 1
OrderCode = 177/65/0815
LSS_Supported = 0
BauRate_50 = 1
```

```
BauRate_250 = 1
BauRate_500 = 1
BauRate_1000 = 1
SimpleBootUpSlave = 1
SimpleBootUpMaster = 0
NrOfRxPdo = 1
NrOfTxPdo = 2
```

对象分为必须、可选、设备制造商特定,对象字典描述包含以下信息:对象字典支持哪些对象、参数值的上下限、默认值、数据类型、附加信息。

对象的描述分为以下几个部分:

① 对象清单。例子:

```
[OptionalObjects]
SupportedObjects = 10
1 = 0x1003;序号 = 对象的索引号
2 = 0x1004
3 = 0x1005
4 = 0x1008
5 = 0x1009
6 = 0x100A
7 = 0x100C
8 = 0x100D
9 = 0x1010
10 = 0x1011
```

② 对象清单。例如,对象字典没有子索引时:

```
[1000];索引号,16 进制,不加 0x
ParameterName = Device Type;参数名
ObjectType = 0x7;对象类型
DataType = 0x0007;数据类型
AcessType = ro;访问权限
DefaultValue = ;默认值,如果为空表示 No
PDOMapping = 0;是否支持 PDO 映射
```

对象字典有子索引:

```
[1003]
SubNumber = 2
ParameterName = Pre - defined Error Field
ObjectType = 0x8
[1003sub0]
ParameterName = Number of Errors
ObjectType = 0x7
DataType = 0x0005
AcessType = ro
DefaultValue = 0x1
PDOMapping = 0
[1003sub1]
```

```
ParameterName = Standard Error Field
ObjectType = 0x7
DataType = 0x0007
AcessType = ro
DefaultValue = 0x0
PDOMapping = 0
```

原则上，索引的子索引可以不连续，此时子索引 0 中总是保存最大的子索引号的值。例子：

```
[1010]
SubNumber = 2
ParameterName = Store Parameters
ObjectType = 8
[1010sub0]
ParameterName = largest Sub - Index supported
ObjectType = 0x7
DataType = 0x0005
AcessType = ro
DefaultValue = 0x4
PDOMapping = 0
[1010sub4]
ParameterName = save manufacturer defined parameters
ObjectType = 0x7
DataType = 0x0007
AcessType = rw
DefaultValue = 0x0
PDOMapping = 0
```

③ 特殊标志。参数入口 ObjFlags 为软件工具定义了如何处理对象的特定动作。例如，一个典型的配置软件就是下载可配置 DCF 文件，如果没有特别确认哪些是特殊的对象，则将会导致像 1010H(存储参数)这样的对象要么是无效的数值，要么是乱序的。首先对象 1000H～100FH 被修改并写入，然后执行“存储参数”，然后再改写别的参数，这样将会导致前面叙述的两种情况中的一种，通过标记的方法可以解决该问题：将这些特殊的对象在 EDS 和 DCF 文件中标记出来，采用一个 32 位的整型数，最低位 bit0 代表“下载时禁止写操作”，次低位 bit1 代表“扫描时拒绝读操作”，其他位均保留，且均为 0。CANopen 建议当且仅当 bit0 或者 bit1 有不为 0 的值时才有必要存在该参数，否则将会增加 EDS 或者 DCF 文件的大小。

④ 压缩存储。

对于那些有很多对象特别是很多数组的设备，EDS 文件将会变得很大，这对于嵌入式系统的存储器是个挑战。同时，下载与存储 EDS 文件变得非常缓慢，令人难以接受。CANopen 中有些规定帮助缩小 EDS 或者 DCF 文件。

1) PDO 定义

绝大部分的 PDO 基本类似，对于一个设备而言最重要的是要知道该设备需要的 RXPDO 和 TXPDO 的个数。而对于具体的 PDO 的描述可以省去,为了标识应用了该压缩方式,在 DeviceInfo 块中使用一个布尔变量 CompactPDO,值为 1 时,表示使用该压缩方式。

2) 数　组

很多情况下数组的子索引块除了名字不同其他基本相同,所以可以在对象中描述一个数组单元的模板,因此引入一个 8 位 unsigned 类型的变量入口,如果该变量的值不为 0,那么:

- 如果假设名字为 XXXn,其中 XXX 为对象的名称,n 是十进制的子索引号,子索引 0 的名称为 NrOfObjects。
- 假设对象的类型为 VAR。
- 除子索引 0 和 255 外,其他子索引的数据类型均在入口 DataType 中给出。子索引 0 的数据类型总是 unsigned8。
- 假设数据值没有上下限。
- 除子索引 0 和 255 外,其他子索引的访问权限均在入口 AccessType 中给出。假设子索引 0 的访问权限是只读。
- 除子索引 0 和 255 外,其他子索引的默认值均在入口 DefaultValue 中给出。假设子索引 0 的默认值是由 CompactSubObj 给出。
- 除子索引 0 和 255 外,其他子索引的 PDO 映射均在入口 PDOMapping 中给出。假设子索引 0 没有 PDO 映射。
- 假设子索引都是连续的,子索引之间不存在间隙。如果使用了 CompactSubObj 参数且不为 0,那么参数 SubNumber 就不再支持了,要么参数为 0 或者空,要么就不存在该参数。

如果默认的名字不是很直观有效,那么可以在[XXXXName]块中定义一个名称表,块的 NrOfEntries 是名称表的名称个数,子索引从 1 开始。例如:

```
[2050Name]
NrOfEntries = 3
1 = NameOfSubIndex1
2 = NameOfSubIndex2
15 = NameOfSubIndex15
```

3) 网络参数

可编程设备动态参数数组的描述不在 EDS 文件中,所有的必要信息已经在 DynamicChannels 块,为了确保一致性,EDS 文件不再描述网络动态参数。对于网络参数不被当作是动态参数的(DynamicChannelsSupported＝0),可以在 EDS 文件中用 CompactSubObj 机制来完成。

下面介绍对象链接。为了使配置工具的开发更加简单,可以把相关的对象联系在一起,通过关键字 ObjectLinks 实现:

```
[<Index>ObjectLinks]
ObjectLinks = <链接的对象数目>
1 = <第一个链接的对象的索引>
2 = <第二个链接的对象的索引>
3 = <第三个链接的对象的索引>
…
```

可以通过 Comments 块向 EDS 文件中添加注释，该块只包括注释的行数和内容。例子：

```
[Comments]
Lines = 3
Line1 = |--------------------------------------|
Line2 = |    don  Not panic        |
Line3 = |--------------------------------------|
```

6. DCF 文件

DCF 文件是记录设备需要配置的对象的电子文件，与 EDS 文件有相同的结构，与 EDS 不同的是有些其他的入口。DCF 文件如果存储在主机中，在网络启动时，主机需要根据 DCF 文件对各个设备以及设备对象字典中的相关对象进行配置。下面介绍参数值的标准描述。

参数值，也就是对象的值（在对象类型和数据类型中定义），例如，对象 1006 的值，其 DCF 描述如下：

```
[1006]
SubNumber = 0
ParameterName = Commuication Cycle Period
ObjectType = 0x7
DataType = 0x0007
LowLimit = 50
HightLimit = 1000
DefaultValue = 100
AccessType = ro
ParameterValue = 75
PDOMapping = 0
```

这里提到两个值，一个是参数默认值，也就是如果设备 DCF 文件中没有给出该值的设定值，配置时将使用默认值；另一个是实际参数值，如果设备设定了该值，配置时将使用实际参数值代替默认值。

在具体的应用中使用 DCF 文件时，给对象分配一个特定的名字是非常有用的，可以减少文件的大小，并且可以更方便地了解该对象的作用与意义。这可以通过重新命名参数名实现或者可以通过把修改后的名称存储到一个变量（Denotation）中。例如：

在 EDS 文件中的变量：

```
[6000sub1]
ParameterName = AnalogeInput
…
```

在 DCF 文件中参数名被修改：

```
[6000sub1]
ParameterName = AppSpecificName1
…
```

另外的一种方法：

```
[6000sub1]
ParameterName = AnalogeInput
Denotation = AppSpecificName1
```

除了与 EDS 相关的参数配置外,DCF 文件还需要设置设备调试相关信息。设备调试西信息中包括节点号、节点名称、波特率、网络号、网络名、CANopen 主机等,例如：

```
[DeviceComissioning]
NodeID = 3
NodeName = Device3
Baudrate = 500
NetNumber = 14
NetWorkName = Subnet
```

7. CANopen 的启动过程

基于 CANopen 的网络支持最小启动过程和扩展启动过程,其中,扩展启动过程是可选的,但是最小启动过程是每个设备必须支持的。这里仅讨论最小启动过程,这也是设计 CANopen 节点时最常用的。CANopen 节点的状态转换图如图 7-7 所示。

说明:从机状态转换通过 NMT 服务,其中服务内容存放在第二个数据字节中。

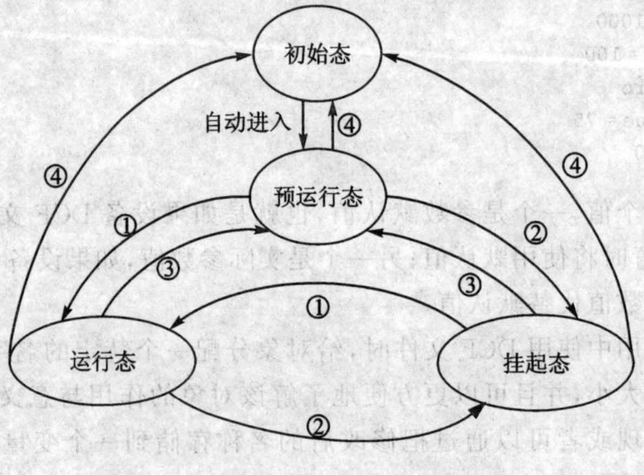

① 启动从机(0x01);② 停止从机(0x02);③ 进入预运行状态(0x80);④ 复位到初始态(0x81)

图 7-7 CANopen 节点的状态转换图

7.1.3 CANopen 开发遵循的几个注意点

① CANopen 协议一般使用 11 位标准帧标识符，但并不是说不可以使用 29 位的扩展帧标识符，实际上两种标识符都可以使用，只不过为了考虑兼容性，设计者应该在设计 CANopen 节点时做一些优化处理。

② 禁止时间的作用是防止高优先级的 PDO 连续发送报文而占用大量的总线资源。设置禁止时间后，只有当 PDO 发送完成后间隔一个禁止时间才能发送下一个 PDO。因此在设计禁止时间的长短上应该多加计算，在满足性能的基础上禁止时间尽可能长，避免出现“饿死”情况，同时也不会出现总线带宽不够的情况。

③ PDO 与 SDO 的选用应当恰到好处。显然，SDO 更适合一些参数的设置与数据块的传输，而 PDO 更适合及时的少量数据快速传输。

④ 开发的 CANopen 设备应当尽可能选用子协议规定好的对象字典，如果开发的设备在 CANopen 子协议中还没有相应的子协议，可以自行对对象字典进行规定，前提是必须满足 DS301 这个基础。

7.2 基于 CANopen 协议从节点开发的一般步骤

CANopen 从站开发流程如图 7－8 所示。开发一个从节点一定是为了满足相应的功能，因此，必须首先分析好从机在控制系统需要完成的功能，这种功能也称作需求。一旦需求确定，我们需要选择尽可能满足需求的集成元件，比如 MCU，集成度越高，对于硬件的开发周期更短，对于不能集成在 MCU 上的器件，我们需要设计适当的外围电路，满足其接口性能要求。硬件设计实际上不仅仅是完成某项功能，从产品的角度来看，更多的时候还需要考虑到造型、安全与稳定，合理地分布接口的位置。诸如产生热量的原件是否需要加散热装置、大电流与小电流的分开走线、模拟量与数字量的隔离等问题，都是在这个阶段需要考虑的。

在设计硬件的同时就可以启动软件的设计，软件的设计分为 3 部分：底层驱动代码、协议栈代码和功能代码。底层驱动代码为协议栈代码与功能代码提供接口。这样设计的优点是在以后的开发中可以重复使用，或者新手接入项目时可以不用再去研究底层寄存器级的操作。协议栈代码是实现 CANopen 网络协议的代码，这部分的代码可以使用开源的资料，也可以根据 CANopen 协议自行设计满足该协议的协议栈，功能代码通常包含在一个 main 函数内，主要实现设备需要实现的功能。

软件与硬件设计完成后需要进行模块调试，不同的模块之间尽量不要耦合，对于调试中发现的问题，如果是软件问题，那么需要修改软件；如果是硬件问题，看是否软件能弥补，否则只能重新开发硬件。

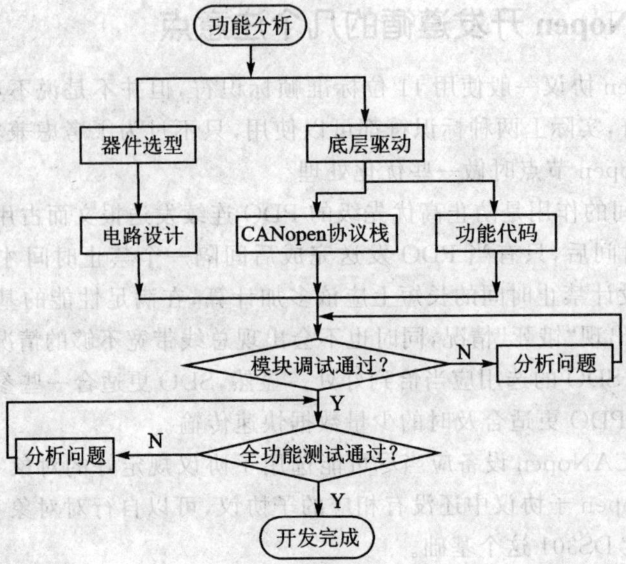

图 7-8　开发流程图

7.3　CANopen 从站开发

本节以下肢外骨骼助力系统为例介绍 CANopen 从站的开发。下肢外骨骼助力系统由一套控制系统、液压执行机构、传感器以及能源动力组成,设计框架如图 7-9 所示。其中的控制系统由一台工业小主板作为主机,6 台嵌入式设备作为从机来控制下肢外骨骼的 6 个关节。主从机之间采用 CAN 总线组网,应用层协议采用 CANopen 协议。其中,主机对从机进行参数配置,从机通过传感器系统实时获取人体下肢运动数据,主机经过复杂的算法处理后给出关节转动角度,并发送给给从机,从机获取主机数据后,经过 D/A 转换,功率放大电路驱动执行机构运动。关节运动如表 7-11 所列。

表 7-11　下肢外骨骼助力系统关节运动数值范围

名　称	值	名　称	值
髋关节前屈/后伸运动范围	前屈 30°～后伸－30°	踝关节背伸/趾屈运动范围	背伸 10°～趾屈－20°
髋关节外摆/内收运动范围	髋关节运动范围内自由	踝关节内翻/外翻运动范围	踝关节运动范围内自由
膝关节屈曲/伸展运动范围	屈曲 90°～伸展 0°		

注:对于自由运动的自由度不需要驱动。

关节控制器主要完成的任务是对关节各类传感器的数据采集并发送给以工控机为处理机的主机,同时接收来自主机的关节运动量并做相应的关节控制。由于关节采用 PID 控制算法,因此调节 P、I、D、T 参数非常重要,从机的设计满足 DSP401(通

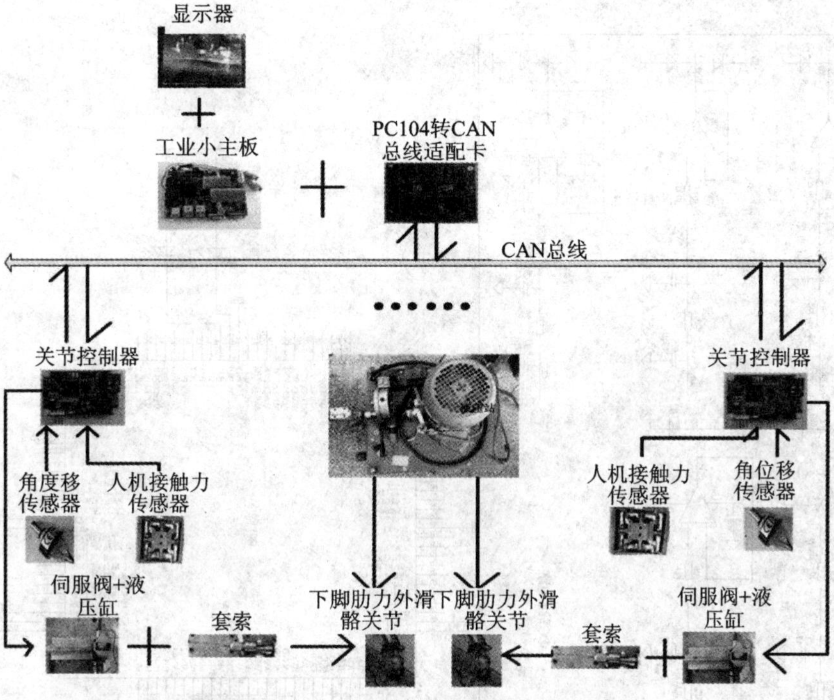

图 7-9　下肢外骨骼助力系统设计框架图

用输入输出模块协议)。

7.3.1　CANopen 从站硬件设计

MCU 选用新华龙公司的 C8051F040,供电电压范围为 2.7～3.6 V,集成了一个内部振荡器和外部振荡器驱动电路。如果使用外部时钟,需要有外部时钟源,例如,石英晶体振荡器、陶瓷谐振器、电容或者 RC 网络。C8051F040 内部自带 13 路 12 位和 8 位的 A/D 转换电路、2 路 12 位的 D/A 转换电路、5 路通用 16 位定时/计数器,集成了 Bosch 公司的 CAN 控制器,内部有 64 KB Flash 和 4 KB RAM,处理速度可达 25 MIPS,支持在线调试,数字 I/O 资源相当丰富。该芯片价格低廉、功能齐全、功耗低,完全符合工业级标准。同时安装相应的插件便可在 KEIL 下编程调试,集成的功能模块大大简化了我们控制器的设计与开发。下肢助力外骨骼关节控制总体设计如图 7-10 所示,电路如图 7-11 所示,实物如图 7-12 所示。

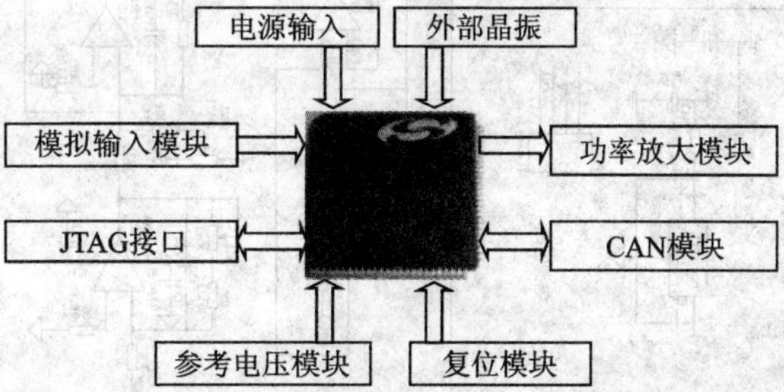

图 7-10　下肢助力外骨骼关节控制器总体设计图示

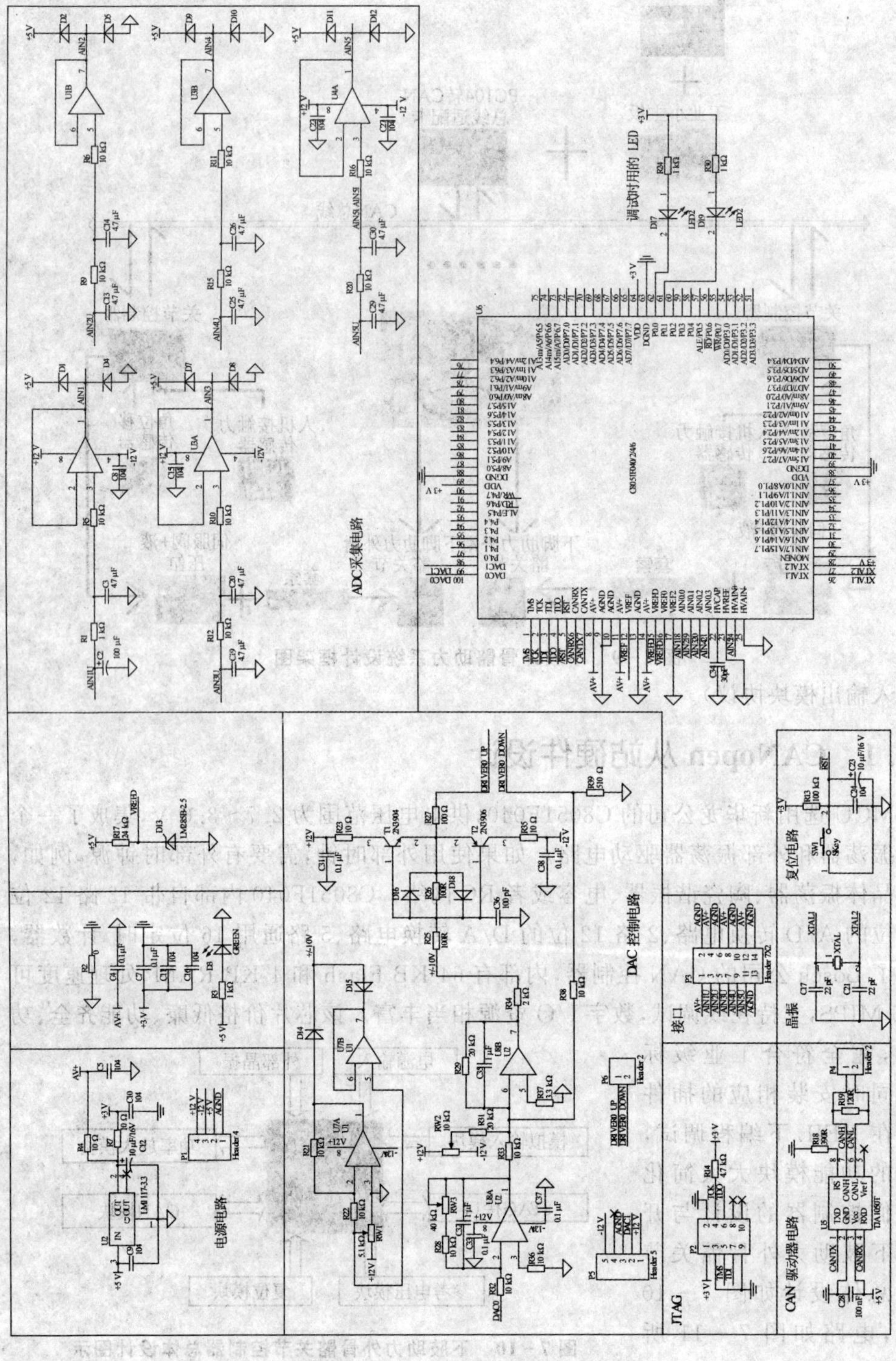

图 7-11 基于CANopen协议的下肢外骨骼助下系统原理图

关节控制器实物尺寸为 60 mm×40 mm。

图 7－12　下肢助力外骨骼关节控制器实物图

7.3.2　CANopen 从站相关硬件与驱动代码设计

1. 模拟前向通道设计

前向通道主要功能是对信号滤波(如图 7－13 所示)，其采用电压跟随电路(如图 7－14 所示)将电信号精确地加载到模拟通道上。模拟通道驱动代码包括初始化和转换：

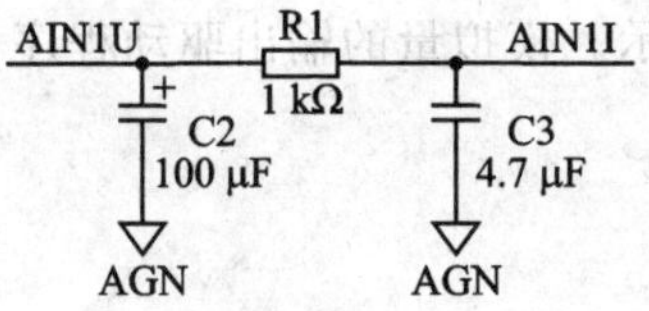

图 7－13　Π 型滤波电路

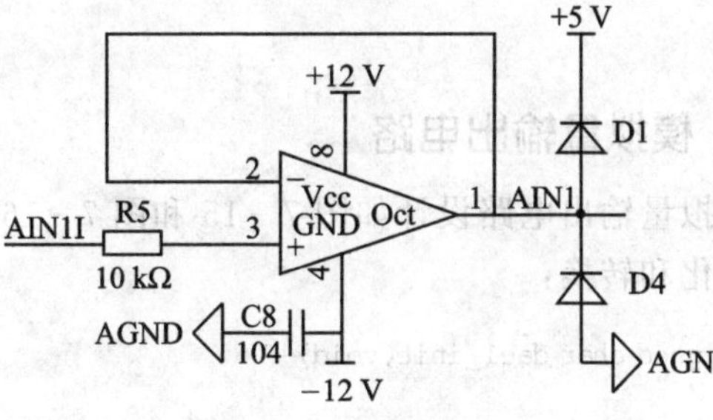

图 7－14　电压跟随电路

```
//初始化工作
unsigned char adc0_init(unsigned char ref_voltage,unsigned char alignment)
{
```

```
char data SFRPAGE_SAVE = SFRPAGE;
    SFRPAGE     =    ADC0_PAGE;              //point to the right page
    AMX0CF = 0x00;                           //4 通道都是单端输入
    ADC0CF = 0x58;                           //2 MHz 的转换速度
    switch(ref_voltage)
    {
    ……．参考电压
    }
switch(alignment)
    {
    ……数据对齐方式
    }
    AD0EN = ADC_TURN_ON;                     //ADC_TURN_ON == 1 启动 AD
……
}
//启动转换
unsigned int adc0_convert(unsigned char channel)
{
unsigned int i;
……
switch(channel)
    {
    case ANALOG_CHANNEL_0:
        AMX0SL = ANALOG_CHANNEL_0;
        for(i = 0;i<20;i++);                 //等待通道切换稳定
        AD0INT = OFF_CONVERT;                //OFF_CONVERT == 0 软件清转换结束位
        AD0BUSY = START_CONVERT;             //START_CONVERT == 1 启动转换
        while(! AD0INT); //等待转换结束
        adc_data[ANALOG_CHANNEL_0].bytes.low = ADC0L;
        adc_data[ANALOG_CHANNEL_0].bytes.high = ADC0H;
        return adc_data[ANALOG_CHANNEL_0].tempval;       //返回 12 位转换值
        break;//0 号通道
    case ANALOG_CHANNEL_1:                   ……//同 0 号通道
    case ANALOG_CHANNEL_2:                   ……//同 0 号通道
    case ANALOG_CHANNEL_3:                   ……//同 0 号通道
……
}
```

2. 模拟量输出电路

模拟量输出电路设计如图 7－15 和图 7－16 所示。模拟量的输出驱动程序也包括初始化和转换：

```
unsigned char dac1_init(void)
{
char data SFRPAGE_SAVE = SFRPAGE;
   SFRPAGE = DAC1_PAGE;   //point to the right page
   DAC1CN = 0x80;          //启动 dac0  更新数据方式为写 DACH   数据对齐方式为右对齐
SFRPAGE = SFRPAGE_SAVE;
return 1;
}
```

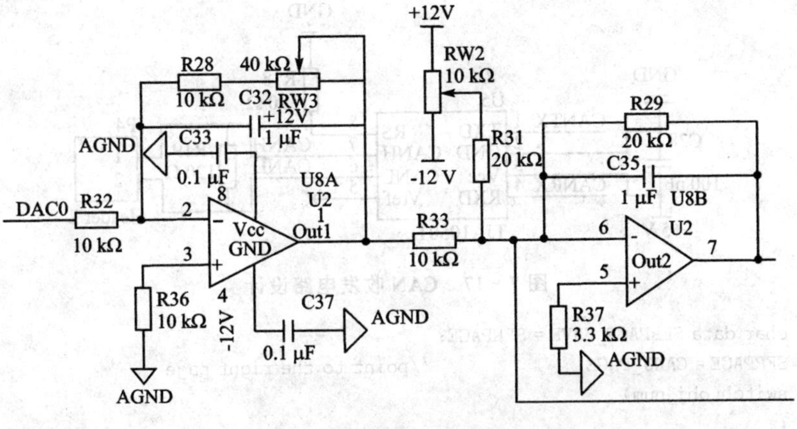

图 7－15　电压放大电路设计

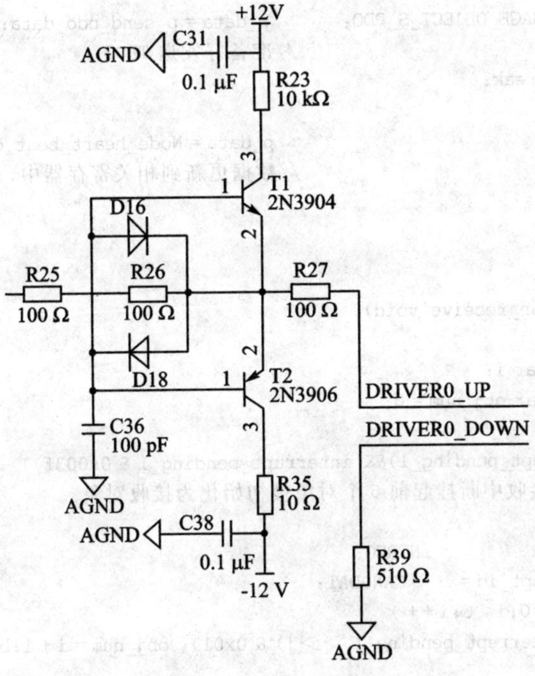

图 7－16　电流放大电路

3. CAN 通信电路

CAN 通信的部分(如图 7－17 所示)驱动程序如下：

(1) 发送函数

```
unsigned char can_transmit( unsigned char obj_num,int_2char * p_data)
{
unsigned char i;
```

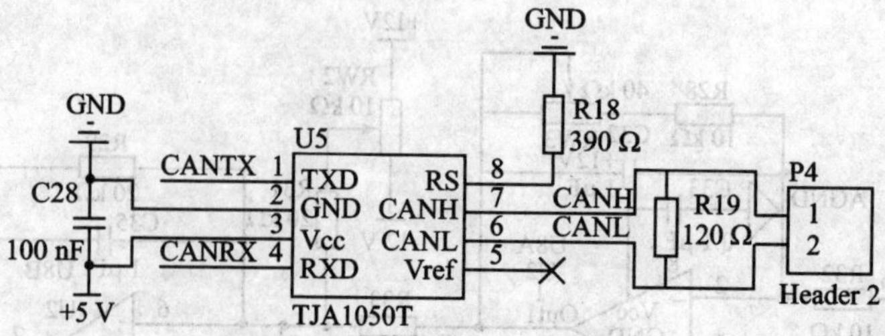

图 7-17　CAN 收发电路设计

```
  char data SFRPAGE_SAVE = SFRPAGE;
  SFRPAGE = CAN0_PAGE;                    //point to the rignt page
  switch(obj_num)
  {
    case MESSAGE_OBJECT_S_HEART:  //心跳报文相关处理
    ……
    case MESSAGE_OBJECT_S_PDO:            p_data = p_send_pdo_data;
    break;                                //准备好发送 TPDO
  default : break;
  }
                                          //p_data = Node_heart_beat_data.tempval;
  ……                                      //数据更新到相关寄存器中,并将消息发送出去
}
```

(2) 接收函数

```
unsigned char can_receive(void)
{
    unsigned char i;
    unsigned char obj_num = 0;
    ……
    if((interrupt_pending_1)&&(interrupt_pending_1 & 0x003f))
     //说明有接收中断挂起前 6 个对象被初始化为接收对象
    {
        CAN0ADR        = INTREG;
        interrupt_id =    CAN0DAT;
        for(i = 0;i<6;i++)
        if((interrupt_pending_1 >>i) & 0x01){ obj_num = i + 1;break;}
    }
    ……
    /* 与 CANopen 相关的配置 */
    CAN0ADR = IF2ARB2; //读 ID 号进行 message  分类处理
    id_temp = CAN0DAT;
    id_temp     = (id_temp & 0x1fff) >> 2;
    switch((id_temp & 0x780) >> 7) //CANoPEN func 码
    {
      case NMT_MODUL_CONTROL :  //主机的 NMT  模块控制消息
    ……
      case SYNC                        :         //同步帧
```

```
        ……
        transmit_pdo_flag = 1;          //下位机给上位机发 PDO
      ……
  case PDO1_RECEV:                      //对应于 RPDO
    ……
//数据场存储到临时内存中,等待存储到相应的 RPDO 中
for(i = 0;i<4;i ++ )receive_pdo1_data[i].tempval =    CANODAT;
pdo1_new_data_flag = 1;                 //通知更新 RPDO 中的数据
……
                                        //接收上位机发来的 P、I、D、T 参数
    case SDO_RECEV:                     //对应于 RSDO
//数据场存储到临时内存中,等待存储到相应的 RSDO 中
for(i = 0;i<4;i ++ ) receive_sdo_data[i].tempval =    CANODAT;
sdo_new_data_flag = 1;                  //通知更新 RSDO 中的数据
  break;
  ……
  }
  ……
}
```

7.3.3 编程实践——基于 C8051F040 的 CANopen 协议学习板程序

控制过程:首先,主站通过 NMT 服务启动所有的关节控制从站,从站接收到主站的启动命令后进行相关的状态转换,直到进入运行状态。在运行状态型下,每个关节传感器的数据是周期性地发送给上位机。由于传输的数据量不大,但实时性要求高,因此选择 TPDO 方式传输。上位机经过一定的控制算法得出每个关节的控制量,然后发送给下位机,上位机也采用 TPDO 的方式来进行数据传输,因而是生产者与消费者的模型。对于每一个关节控制从机而言,TPDO 与 RPDO 都需要使用。

1. 程序头文件定义说明

(1) 系统相关的头文件定义

```
#ifndef SYS_CONFIG_H
#define SYS_CONFIG_H
#endif
    //函数声明
#ifdef SYS_CONFIG_PROT
unsigned char sysclk_init (void);
unsigned char port_init (void);
#else
extern unsigned char sysclk_init (void);
extern unsigned char port_init (void);
    #endif
```

说明:系统时钟设置和端口设置,主要是针对 C051F040 单片机一些特性进行的

参数设置,对于实现单片机的功能很重要。

(2) 定时器相关的头文件定义

```
/ * C8051F040 博世 CAN 控制器中的消息对象号 * /
#define    MESSAGE_OBJECT_NTM        1
#define    MESSAGE_OBJECT_SYCN       2
#define    MESSAGE_OBJECT_M_PDO1     3
#define    MESSAGE_OBJECT_M_PDO2     4
#define    MESSAGE_OBJECT_M_PDO3     5
#define    MESSAGE_OBJECT_M_PDO4     6
#define    MESSAGE_OBJECT_M_HEART    7
#define    MESSAGE_OBJECT_S_HEART    8
/ * C8051f040 使用的对象数 * /
#define  MESSAGE_OBJECT_USE_NUM      8
```

说明:C8051F040 中的博世 CAN 控制器中可以存放 32 个 CAN 消息,既可以用作接收,也可以用作发送。

```
/ * 定时长度 * /
#define SETTIME_200US    0
#define SETTIME_1MS      1
#define SETTIME_10MS     2
#define SETTIME_50MS     3
/ * 定时器开关位 * /
#define    TIMER_ON        1
#define TIMER_OFF          0
```

说明:定时器使用外部 24 MHz 晶振分频来作为时钟周期,这里给出几个时间长度作为同步帧的时钟 tick。同时设置了使用该定时器的开关位,如果用户不使用同步帧,则可以将将硬件定时器关闭,减少功耗。

(3) 模拟量相关的头文件

```
#ifndef    AD_DA_H
#define AD_DA_H
#include"main.h"
/ * 模拟通道的开关量声明 * /
#define ADC_TURN_ON        1
#define ADC_TURN_OFF       0
#define ON_CONVERT         1
#define OFF_CONVERT        0
#define START_CONVERT      1
#define CLOSE_CONVERT      0
```

说明:启动 ADC 与启动转换使用不同的位控制,因此需要不同的定义,另外还定义了 ADC 的状态。

```
/＊定义参考电压方式、定义 AD 数据对齐方式＊/
#define OUTSIDE_REF    0
#define INSIDE_REF     1
#define RIGHT_ALIGN    0
#define LEFT_ALIGN     1
```

说明：ADC 转换时的参考电压可以使用外部输入的参考电压，也可以使用内部的参考电压，电路板中使用的是外部参考电压。

```
/＊定义通道号＊/
#define ANALOG_CHANNEL_0     0
#define ANALOG_CHANNEL_1     1
#define ANALOG_CHANNEL_2     2
#define ANALOG_CHANNEL_3     3
```

说明：C8051F040 直接可以使用的模拟量输入有 5 路，其中，4 路是小电压输入，还有一路大电压输入，这里的信号量都是小电压，且每个节点只需要 3 路。

```
/＊定义伺服阀速度为零的参考值＊/
#define VAVLE_STOP             2048
#endif
#ifdef AD_DA_PROT
/＊模拟量相关数据变量定义＊/
xdata   int_2char adc_data_ref[2];          //存储 2 路 adc 中的 12 bit 数据
int_2char   ＊p_adc_data_ref = &adc_data_ref[0];
xdata   int_2char adc_data[2];              //存储 2 路 adc 中的 12 bit 数据
int_2char   ＊p_adc_data = &adc_data[0];
xdata   unsigned int dac0_data;             //存储 dac0 中的 12 bit 数据
xdata   unsigned int dac1_data;             //存储 dac1 中的 12 bit 数据
/＊模拟量相关函数定义＊/
    unsigned char adc0_init(unsigned char ref_voltage,unsigned char alignment);
    unsigned int  adc0_convert(unsigned char channel);
    unsigned char dac0_init(void);
    unsigned char dac1_init(void);
    unsigned char dac0_updata(unsigned int dac0_data_temp);
    unsigned char dac1_updata(unsigned int dac1_data_temp);
#else
    extern xdata   int_2char adc_data_ref[2];   //存储 2 路 adc 中的 12 bit 数据
    extern int_2char   ＊p_adc_data_ref ;
    extern xdata  int_2char adc_data[2];        //存储 2 路 adc 中的 12 bit 数据
    extern int_2char   ＊p_adc_data;
    extern xdata  unsigned int dac0_data;       //存储 dac0 中的 12 bit 数据
    extern xdata  unsigned int dac1_data;       //存储 dac1 中的 12 bit 数据
    extern unsigned char adc0_init(unsigned char ref_voltage,unsigned char alignment);
    extern unsigned int  adc0_convert(unsigned char channel);
    extern unsigned char dac0_init(void);
    extern unsigned char dac1_init(void);
    extern unsigned char dac0_updata(unsigned int dac0_data_temp);
    extern unsigned char dac1_updata(unsigned int dac1_data_temp);
    #endif
```

说明:上面两块是数据变量的定义和函数定义,如果在相关的 C 文件中,则使用内部变量,否则作为外部变量或函数。

(4) CAN 相关的头文件

```
/*CAN 的所有寄存器的定义*/
#define CANCTRL      0x00    //控制寄存器
#define CANSTAT      0x01    //状态寄存器
#define ERRCNT       0x02    //错误计数器
#define BITREG       0x03    //位时钟寄存器
#define INTREG       0x04    //中断寄存器
#define CANTSTR      0x05    //测试寄存器
#define BRPEXT       0x06    //扩展分频波特率寄存器
#define IF1CMDRQST   0x08    //IF1 命令请求寄存器
#define IF1CMDMSK    0x09    //IF1 命令掩码寄存器
#define IF1MSK1      0x0A    //IF1 掩码寄存器 1
#define IF1MSK2      0x0B    //IF1 掩码寄存器 2
#define IF1ARB1      0x0C    //IF1 仲裁场寄存器 1
#define IF1ARB2      0x0D    //IF1 仲裁场寄存器 2
#define IF1MSGC      0x0E    //IF1 消息控制寄存器
#define IF1DATA1     0x0F    //IF1 数据场 A1
#define IF1DATA2     0x10    //IF1 数据场 A2
#define IF1DATB1     0x11    //IF1 数据场 B1
#define IF1DATB2     0x12    //IF1 数据场 B2
#define IF2CMDRQST   0x20    //IF2 命令请求寄存器
#define IF2CMDMSK    0x21    //IF2 命令掩码寄存器
#define IF2MSK1      0x22    //IF2 掩码寄存器 1
#define IF2MSK2      0x23    //IF2 掩码寄存器 2
#define IF2ARB1      0x24    //IF2 仲裁场寄存器 1
#define IF2ARB2      0x25    //IF2 仲裁场寄存器 2
#define IF2MSGC      0x26    //IF2 消息控制寄存器
#define IF2DATA1     0x27    //IF2 数据场 A1
#define IF2DATA2     0x28    //IF2 数据场 A2
#define IF2DATB1     0x29    //IF2 数据场 B1
#define IF2DATB2     0x2A    //IF2 数据场 B2
#define TRANSREQ1    0x40    //发送请求寄存器 1
#define TRANSREQ2    0x41    //发送请求寄存器 2
#define NEWDAT1      0x48    //新数据标志寄存器 1
#define NEWDAT2      0x49    //新数据标志寄存器 2
#define INTPEND1     0x50    //中断挂起寄存器 1
#define INTPEND2     0x51    //中断挂起寄存器 2
#define MSGVAL1      0x58    //消息有效标志寄存器 1
#define MSGVAL2      0x59    //消息有效标志寄存器 2
```

说明:这部分是博世 CAN 控制器的寄存器定义,包括控制寄存器、中断寄存器、标识符、数据场等。

```
/*C8051F040 的 32 个 CAN 消息对象使用定义*/
#define     MESSAGE_OBJECT_NTM          1
#define     MESSAGE_OBJECT_SYCN         2
```

```
#define    MESSAGE_OBJECT_M_PDO1        3
#define    MESSAGE_OBJECT_M_PDO2        4
#define    MESSAGE_OBJECT_M_PDO3        5
#define    MESSAGE_OBJECT_M_PDO4        6
#define    MESSAGE_OBJECT_M_HEART       7
#define    MESSAGE_OBJECT_M_SDO         8
#define    MESSAGE_OBJECT_S_PDO         9
#define    MESSAGE_OBJECT_S_HEART       10
//主机节点号
#define  NODE_MASTER_ID_1              1
//c8051f040 消耗的对象数
#define  MESSAGE_OBJECT_USE_NUM         10
/* CANopen  的相关的头文件定义 */
//定义波特率常量
#define BAUNDRATE_1000K      1000        //波特率 1000k   已测可用
#define BAUNDRATE_500K       500         //波特率 500k   已测可用
#define BAUNDRATE_250K       250         //波特率 250k   已测可用
#define BAUNDRATE_125K       125         //波特率 125k   已测可用
#define BAUNDRATE_100K       100         //波特率 100k   已测可用
#define BAUNDRATE_50K        50          //波特率 50k    已测可用
//定义 CANopen 的状态机状态,只采用标准的 CANopen 状态机模型
#define CANOPEN_RESET               0
#define CANOPEN_PREOPERATION        127
#define CANOPEN_STOP               4
#define CANOPEN_OPERATION          5
//主机 NMT 服务
#define NODE_START                     0X01
#define NODE_STOP                      0X02
#define ENTER_PREOPERATION_STATE       0X80
#define NODE_RESET                     0X81
#define COMMUNICATION_RESET            0X82
//从机编号,目前只用 4 个节点,主机编号为 1,数字 0 被主机用来寻址所有的从机
#define SLAVE_ID_2                 2
#define SLAVE_ID_3                 3
#define SLAVE_ID_4                 4
#define SLAVE_ID_5                 5
//NMT 功能
#define NMT_MODUL_CONTROL          0x00
//同步帧功能
#define SYNC                           0x01
//定义预定义集中的 PDO 功能码,实际只使用其中一个 PDO 服务,一个为 TPDO,一个为 RPDO
#define PDO1_TRANS                    0x03      //ID 为 180 开头 16 进制
#define PDO2_TRANS                    0x05      //ID 为 280 开头 16 进制
#define PDO3_TRANS                    0x07      //ID 为 380 开头 16 进制
#define PDO4_TRANS                    0x09      //ID 为 480 开头 16 进制
#define PDO1_RECEV                    0x04      //ID 为 200 开头 16 进制
#define PDO2_RECEV                    0x06      //ID 为 300 开头 16 进制
#define PDO3_RECEV                    0x08      //ID 为 400 开头 16 进制
#define PDO4_RECEV                    0x0a      //ID 为 500 开头 16 进制
/* 默认的 CANopen 的 COB - ID/
```

```
    #define CO_ID_NMT_SERVICE    0x000
    #define CO_ID_SYNC            0x080
    #define CO_ID_EMERGENCY      0x080              //暂时不用
    #define CO_ID_TIME_STAMP     0x100              //暂时不用
    #define CO_ID_TPDO0          0x180
    #define CO_ID_RPDO0          0x200
    #define CO_ID_TPDO1          0x280
    #define CO_ID_RPDO1          0x300
    #define CO_ID_TPDO2          0x380
    #define CO_ID_RPDO2          0x400
    #define CO_ID_TPDO3          0x480
    #define CO_ID_RPDO3          0x500
    #define CO_ID_TSDO            0x580
    #define CO_ID_RSDO            0x600
    #define CO_ID_HEARTBEAT      0x700
//从机心跳报文,周期性地发送给主机
extern xdata   int_2char node_heart_beat_preop[4];      //从机预操作态
extern int_2char *     p_node_heart_beat_preop;
extern xdata   int_2char node_heart_beat_op[4];         //从机操作态
extern int_2char *     p_node_heart_beat_op;
extern xdata   int_2char node_heart_beat_stop[4];       //从机停止态
extern int_2char *     p_node_heart_beat_stop;
```

(5) 数据类型定义

```
//为了支持浮点数的通信,减轻从机在浮点数方面的消耗,设计浮点数据类型的存放定义
typedef    union FLOAT
    {
    float  float_temp;          //浮点数
    struct  {
                                                    //两个 16 位的浮点数表示
        unsigned int int_1;
        unsigned int int_2;
    }ints;
    struct  {
                                                    //4 个 8 位的浮点数表示
    unsigned char   char_1;
    unsigned char   char_2;
    unsigned char   char_3;
    unsigned char   char_4;
    }bytes;
}FLOAT;
        //一个 16 位数据用两个 8 位字节表示的类型定义,用来方便模拟量的存储与传输
typedef union int_2char
{
    unsigned int tempval;
    struct {unsigned char high;unsigned char low;}bytes;
}int_2char;
```

2. 从站对象字典的实现

对于一些比较简单的 CANopen 节点设备，实际上有时候并不需要专门花很大的功夫来实现通用的对象字典。由 DS301 及 DSP401 协议可知，大量对象字典中的对象都不是必需的，或者说不是强制需要的，对象字典的概念仅仅留在逻辑的层面上。通常，对象字典都是通过数组或者链表的方式实现的。数组的优势在于可以通过索引快速访问对象下面的条目，但是通常扩展性不好，而且对于存储器紧张的设备，想实现通用型、完整型的对象字典常常是不可思议的。而链表的实现方式恰恰相反，其对于对象字典的访问却要从表头开始搜索。

下面将介绍本应用中对象字典的实现过程。本应用实现的功能相对简单，因此采用数组的方式将应用过程中需要的对象直接分配到内存中。由于对象字典中最小单元是子索引条目，因此首先建立子索引的结构形式：

```
typedef struct od_entry{
unsigned char access_type;    //子索引的访问权限
unsigned char data_type;      //子索引的数据类型
unsigned char size;           //数据占用的字节数，一般使用运算符 sizeof()求得
void * p_ob_data;             //该子索引所在对象的数据入口地址
)ODENTRY;
```

其中，访问权限的宏定义如下：

```
#define READ_ONLY        1    /*  只读 */
#define WRITE_ONLY       2    /*  只写 */
#define READ_AND_WRITE   3    /*  读写 */
```

再定义对象字典中对象条目的结构形式：

```
typedef struct index_table{
ODENTRY * p_entry;                 //指向子索引条目
unsigned char sub_index_count;     //子索引的个数
unsigned int index;                //索引号
}INDEXLIST;
```

利用 ODENTRY 结构体可以构建对象的部分数据内容，利用 INDEXLIST 可以构建设备的对象字典。例如，对于索引为 1000h(设备类型)的对象：

```
const unsigned long device_type = 0x000C401A;
那么可以定义 1000h 定义为：
ODENTRY od_index_1000[] = {RO,UNIT32,sizeof(unsigned long),(void *)&device_type
};//这里定义为数组的好处是方便 INDEXLIST 结构体中对该结构的使用
```

同理，利用 INDEXLIST 结构体可以定义对象字典的实体，并且进行初始化：

```
INDEXLIST object_dict[] = {
{od_index_1000,1,0x1000},
{od_index_1001,1,0x1001},
```

```
……
{od_index_1401,5,0x1401},      //2＃RPDO 通信参数
{od_index_1601,1,0x1601},      //2＃RPDO 映射参数
{od_index_1801,5,0x1801},      //2＃TPDO 通信参数
{od_index_1A01,3,0x1A01},      //2＃TPDO 映射参数
……
};
```

这里涉及存储类型的问题，尽管存储器可能足够大，但是从通用的角度讲，应该尽量将 RO 类型安排在 Flash 中，将不需要掉电保存的数据保存在 RAM 中。

3. 从站对主站的 NMT 服务支持软件实现

NMT 服务是一种由一个主站来管理网路的方式，因而从节点必须对主站的 NMT 服务进行支持，这种服务的支持通常是从节点的内部状态机实现的。CANopen 设备的内部状态机模型是一个系统性的概述，描述了状态机的状态以及状态之间的转换，下面给出在实验中状态机的实现，也是满足对主站 NMT 服务支持的代码实现。

该状态机在 main 函数中实现，采用开关语句方式，由程序判断当前的 CANopen 从节点的状态，实现不同状态下的功能，部分程序如下：

```
void main(void)
{
while(1)
  {
    switch(caNopen_statmachine_status)
                                   //该变量用来判断当前的 CANopen 从节点的状态
    {
    case  CANoPEN_RESET :          //按照前面的流程图做一系列的初始化过程
    break;
    case CANoPEN_PREOPERATION:
                                   //50 ms 发送一次心跳报文，与主站保持通信，确保通信正常
    break;
    case  CANoPEN_STOP:
                                   //CAN 通信故障，以 LED 灯显示
    break;
    case  CANoPEN_OPERATION:
                                   //与主站正常通信，实现关节运动控制功能
    break;
    default : break;
    }
  }
}
```

具体的每个状态以程序流程图的形式如图 7-18～图 7-21 所示。

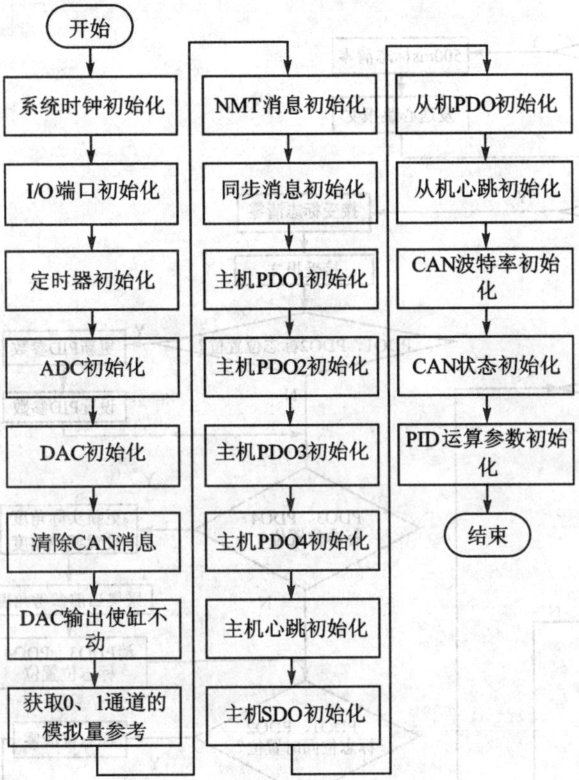

图 7-18　初始态程序设计流程图

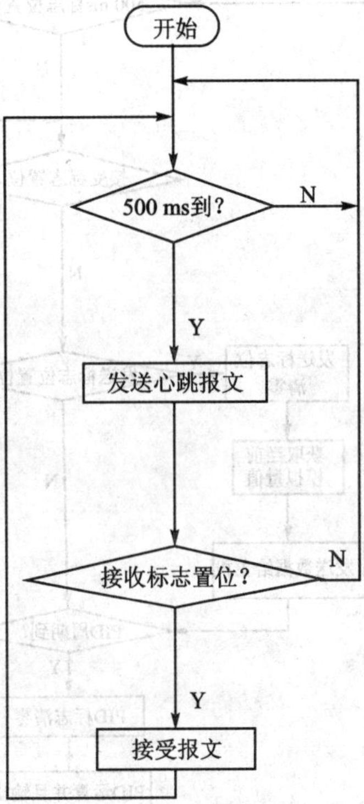

图 7-19　预运行态程序设计流程图

4. 从站 PDO 服务软件实现

从节点的每个关节自由度不一样，因而需要采集的关节角度信息是不一样的。这里仅以膝关节为例介绍，关节需要做屈曲、伸展运动，因而需要一个角位移传感器，还需要一个能获取外骨骼与人体的在 X、Y 方向上相对位置的传感器，因而膝关节控制器需要 3 路 ADC。C8051F040 是 12 bit 的 ADC，因此存储膝关节的角度信息只需要 6 字节。由于 MCU 是 12 bit 的 DAC，因而膝关节控制器主机接收的 CAN 总线发送来的期望角度信息是两个字节的信息。

PDO 的映射可以由软件自动生成，也可以由有经验的开发者在开发不是很复杂的设备时候手动分配。根据 DSP401 协议，模拟量输入的 TPDO 安排在第 2＃、3＃、4＃的 TPDO 中，这里只需要用到 3 组 16 bit 的模拟量输入，因此只需要使用 2 号 TPDO 即可，如表 7-12 所列。

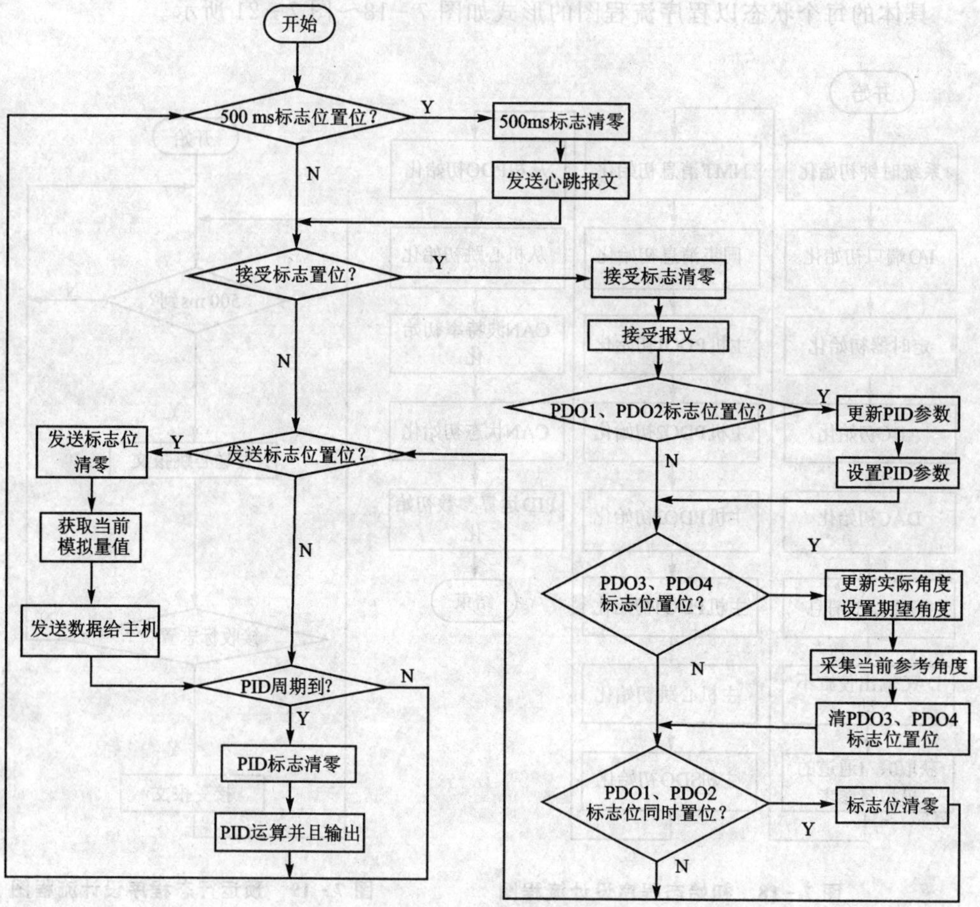

图 7-20　运行态程序设计流程图

表 7-12　2＃TPDO 通信参数表

索　引	子索引	内　容	值
1801h	0h	最大支持的子索引	
	1h	COB-ID	280h+1h(节点号)
	2h	传输类型	1
	3h	禁止时间	0
	4h	保留(兼容性需求)	—
	5h	事件定时器	0

注:① 节点号就是 CAN 网络中的第几个节点(一般是第几个设备),本实验中未将 280h 进行宏定义,读者如果觉得这样的代码可读性不好,可以将预分配 COB-ID 进行宏定义,从而提高代码可读性。

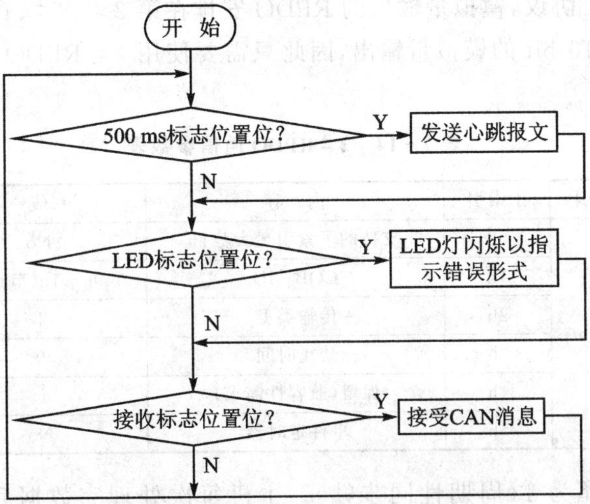

图 7-21 停止态程序设计流程图

② 实验中的传输类型=1,说明从站每接收到主站的一个周期性同步帧后,关节控制器节点将发送一个 TPDO。

③ 由于使用周期性的同步帧来触发 TPDO 的发送,因而不需要使用事件定时器。本实验同步帧的周期已经足够大,所以不考虑禁止时间。

在程序中用宏定义来说明不同的传输类型,代码如下:

定义 TPDO 的传输类型:

```
#define TRANS_EVERY_N_SYNC(n)     (n)      /*n=1 ~ 240 */
#define TRANS_SYNC_ACYCLIC        0        /* 非周期性同步 */
#define TRANS_SYNC_MIN            1        /* 周期性同步帧最小值 */
#define TRANS_SYNC_MAX            240      /* 周期性同步帧最大值 */
#define TRANS_RTR_SYNC            252      /* 由同步帧与 RTR 请求传输 */
#define TRANS_RTR                 253      /* 由 RTR 请求的传输 */
#define TRANS_EVENT_SPECIFIC      254      /* 特定事件触发传输 */
#define TRANS_EVENT_PROFILE       255      /* 协议默认的传输(中断)*/
```

其中,64010110h 的含义是:映射参数(如表 7-13 所列)对应模拟量通道的值存储在 6401h 对象的子索引 01h 里,存储值是 16 bit。因此,64010110h 分为 3 个部分:6401h(索引号)-01h(子索引)-10h(16 bit)。

表 7-13 2#TPDO 映射参数表

索 引	子索引	内 容	值
1A01h	0h	映射对象的个数	3
	1h	模拟量 1 号输入通道	64010110h
	2h	模拟量 2 号输入通道	64010210h
	3h	模拟量 3 号输入通道	64010310h

根据 DSP401 协议，模拟量输出的 RPDO 安排在第 2＃、3＃、4＃RPDO 中，这里只需要用到一组 16 bit 的模拟量输出，因此只需要使用 2＃RPDO 即可，如表 7－14 所列。

表 7－14 2＃RPDO 通信参数表

索 引	子索引	内 容	值
1401h	0h	支持的子索引最大数目	No
	1h	COB－ID	300h＋1h(节点号)
	2h	传输类型	1
	3h	禁止时间	0
	4h	保留(兼容性需求)	—
	5h	事件定时器	No

传输类型选择为 1(周期性同步帧)。主机每次处理完数据后，在一个同步帧(SYNC)后面向关节控制器发送期望的关节角度数据。关节控制器采用中断的方式接收主机的 TPDO，并存储在 RPDO 中。中断接收函数如下：

```
void CAN_ISR(void) interrupt 19
{
  canbus_status = CAN0STA;
if ((canbus_status&0x10) != 0)
   {
                                        // RxOk 置位，接收引起的中断
    CAN0STA = (CAN0STA&0xEF)|0x07;
                                        //复位 RxOk
                                        //read message number from CAN INTREG
    can_rec_flag = 1;                   //置位接收标志位
      //具体的数据处理放在主函数中处理，这里仅记录一个标志。这样的好处是可以减
//少中断服务程序时间，如果中断进入时关闭中断，那么此做法可以减少中断关闭时间防止错
//过别的中断
 ...
   }
if ((canbus_status&0x08) != 0)
   {
 ...
                                        //发送中断处理，如果开放了发送中断的话
   }
if (((canbus_status&0x07) != 0)&&((canbus_status&0x07) != 7))
   {
 ...
                                        //错误引发的中断，如果开放该中断的话
    }
    CAN0STA = CAN0STA|0x07;             // 保持 LEC 不变
}
```

模块只有一个模拟量的输出，按照 DSP401 协议，安排在索引为 6411h，子索引 1

中映射了节点控制器的模拟量输出，如表 7 - 15 所列。

表 7 - 15　2＃RPDO 映射参数表

索　引	子索引	内　容	值
1601h	0h	映射对象的个数	1
	1h	模拟量 1 号输出通道	64110110h

TPDO 与 RPDO 都是在 CANopen 系统中的运行态下实现的，一旦收到主站的同步帧（每一个同步帧通知从节点发送 PDO 给主机），节点中的发送 PDO 标志位 transmit_pdo_flag 将置位，本实验中的 TPDO 的部分程序如下：

```
    if(1 == transmit_pdo_flag)                //上位机向下位机节点要数据
    {
    transmit_pdo_flag = 0;                    //标志位清零
                                              //作用:采集 ADC
    adc_data[ANALOG_CHANNEL_0].tempval = adc0_convert(ANALOG_CHANNEL_0);
    adc_data[ANALOG_CHANNEL_1].tempval = adc0_convert(ANALOG_CHANNEL_1);
adc_data[ANALOG_CHANNEL_2].tempval = adc0_convert(ANALOG_CHANNEL_2);
                          //将 ADC 采集好的数据打包到 TPDO 中,并发送到 CAN 网络上
if(adc_data_to_can(p_send_pdo_data,p_adc_data))
can_transmit(MESSAGE_OBJECT_S_PDO,p_send_pdo_data);
}
```

函数 adc_data_to_can()会将采集的数字量存储到之前定义的对象字典中的 2＃TPDO 映射参数中，并根据 2＃TPDO 通信参数设置好对应的 COB - ID。函数 can_transmit()会将打包好的 TPDO 发送到网络上，实现周期性同步的 TPDO 的发送。

同样，节点的 RPDO 接收是在接收到同步帧标志的同时，接收中断的标志置位后开启 RPDO 的传输，并将接收到的 RPDO 保存到 2＃RPDO 映射参数规定的内存空间中，再通过调用 dac0_updata()函数来实现读取 2＃RPDO 数字量，最后再经过 PID 运算后进行模拟量的输出。由于 PID 运算是有一定周期性的，所以需要等到 PID 运算周期标志位置位后才可以执行 dac0_updata()。

具体代码如下：

```
if(1 == can_rec_flag){
      can_rec_flag = 0;        //标志位清零
      can_receive();           //底层将 CAN 消息接收,并保存到相应的 RPDO 中
……
}
if(1 == timer_pidcycle_flag)
{
timer_pidcycle_flag = 0;       //标志位清零
dac0_updata(position_pid(get_actaul_angle_data()));
                        }
```

7.4 CANopen 主站原理

7.4.1 CANopen 主站的特点

CiA 实际上并没有明确地规定什么是主站、什么是从站，但是人们还是习惯性地把具有 NMT 功能的 CANopen 设备称作主站。此外，为了使主站能够访问网络中所有的从站，主站还应当具备 SDO 客户端功能。DS302 协议中要求 CANopen 主站有网络管理者(NMT Master)、配置管理者(Configuration Manager)、过程数据对象管理(PDO Manager)和服务数据对象管理(SDO Manager)或层设置服务主站(Layer Setting Services)的功能，能够对整个网络进行统一管理和配置，并监控从站的运行状态。此外，主站也可以是同步对象和时间戳的生产者，当然这不是必须的，网络中的任何节点都可以实现该功能。从这几个方面看，CANopen 主站的软件开发非常类似于操作系统的内核开发，实际上 CANopen 主站的一些设计思想就是借鉴 OS 内核开发的思路来完成的。

DS302 协议中特别强调：要想成为 CANopen 主站，那么它至少要实现 NMT 管理功能。此外，还需要实现 SDO 管理与配置管理两个服务中的至少一个。当然，DS302 描述的除了 DS301 规定的对象以外的对象都不是必须的。也就是说，开发者可以根据自身的需求来决定到底是否使用这些对象。

CANopen 主站设计时需要考虑以下 3 方面的特性，这是评判一个 CANopen 主站设计好坏的标准：

① 实时性。这是所有 CANopen 节点都必须满足的特性。因此，在设计 CANopen 主站时需要充分发挥 CAN 总线高速率的特性，理论上数据场为 8 字节的标准帧在 1 Mbps 速率下传输时间约为 110 μs，注意这里只是一个标准帧的传输时间。

② 动态灵活性。由于 CANopen 从设备的不确定性，在网络被完全确定之前或者即使网络已经确定，出于某种其他原因网络需要继续增加节点，CANopen 主站无法确定从站 PDO 和 SDO 数量。为了避免内存空间的浪费，主站动态地分配资源以确定其需要分配的 PDO 和 SDO 数量。

③ 并发事件处理能力。CiA 的 DS302 协议要求 CANopen 主站能够在网络启动时并行启动网络中的所有节点。一旦网络进入运行状态(Operation)，主站需要对各个从站的 PDO、心跳报文、同步信号的生成、时间戳的发送等一系列的事件进行并行处理。对于从节点开发而言，并发事件处理是主站独有的特性。

7.4.2 CANopen 主站特有的对象

1. 与 NMT 主站服务相关的对象

(1) NMT 启动

索引	对象编码	名称	类型	访问权限	是否必须
1F80h	VAR	NMT 启动	Unsigned32	读/写	可选

32 位值中的低 7 位被使用，其余的值保留，并且总是 0，如表 7－16 所列。

表 7－16 32 位值中的低 7 位描述

位	值	定 义
bit0	0	设备不是 NMT 主机
	1	设备是 NMT 主机
bit1	0	只启动明确规定需要启动的从机
	1	启动所有从节点
bit2	0	自动进入运行态
	1	禁止自动计入运行态，在预运行态与运行态之间有其他应用
bit3	0	允许使用 NMT 服务启动从节点
	1	不允许使用 NMT 服务启动从节点，由应用来启动
bit4	0	一旦遇到从节点的错误事件，单独对该从节点处理
	1	一旦遇到从节点的错误事件，服务所有节点，包括主机
bit5	0	不参与主站服务转让管理过程
	1	参与主站服务转让管理过程
bit6	0	一旦遇到从节点的错误事件，根据 bit4 来处理
	1	一旦遇到从节点的错误事件，停止所有节点，包括主机

如果应用中不支持某些功能，那么对应的位访问权限为只读。1F80h 对象是一个主机配置类型的对象，因此安全级别较高，内部的状态转换不应该修改该对象的内容。

该对象定义了最大启动时间(如表 7－17 所列)，单位 ms。该时间到达之前主站会一直等待所有需要启动的从机启动，一旦超时则将产生错误码。如果启动时间设置为 0，意味着主站将一直等下去，直到所有需要启动的从机启动。也就是说没有启动时间的限制，参数默认值是 0。

表 7－17 VAR 对象描述

索 引	对象编码	名 称	类 型	访问权限	是否必须
1F80h	VAR	启动时间	Unsigned32	读写	可选

(2) 网络表

这里的对象也是在节点作为 CANopen 主站时才会用到。对象主要用于哪些节点需要被管理、如何启动以及错误控制事件产生后的对应的措施，如表 7 - 18 所列。

表 7 - 18　网络表描述

索　引	对象编码	名　称	类　型	访问权限	是否必须
1F83h	ARRAY	启动时间	Unsigned32	读/写	可选
1F84h	ARRAY	启动时间	Unsigned32	读/写	可选
1F84h	ARRAY	启动时间	Unsigned32	读/写	可选
1F84h	ARRAY	启动时间	Unsigned32	读/写	可选
1F84h	ARRAY	启动时间	Unsigned32	读/写	可选
1F84h	ARRAY	启动时间	Unsigned32	读/写	可选

(3) 错误控制

NMT 主站需要同时满足能够管理 DS301 V3 版和 V4 版的设备。具体说就是需要一个机制，其能够决定使用“节点守护或者心跳报文”来控制错误，流程如图 7 - 22 所示。再进一步就是 DS302V2 版中的对象 1F80h～1F83h 是能够相互兼容的。

如果产生错误，启动节点过程将重新启动，并可以执行一些和应用相关的工作，如图 7 - 23 所示。

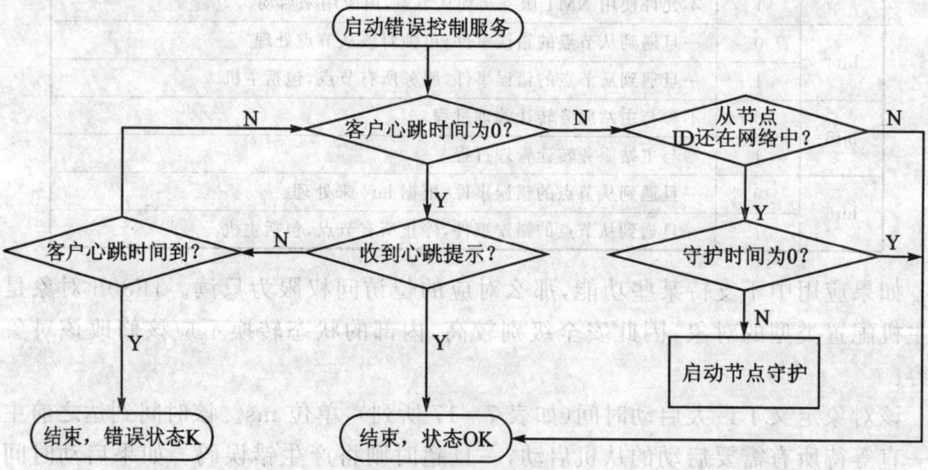

图 7 - 22　错误控制

(4) NMT 请求

网络中仅有主站可以执行 NMT 服务，这是因为 CAN 节点不允许不同的设备使用相同 ID 发送 CAN 消息帧；如果非主站改变从节点的状态，那么主站将会检测到错误。因此，NMT 请求正是解决一个从节点希望改变另一个从节点状态的手段如表 7 - 19～表 7 - 22 所列。

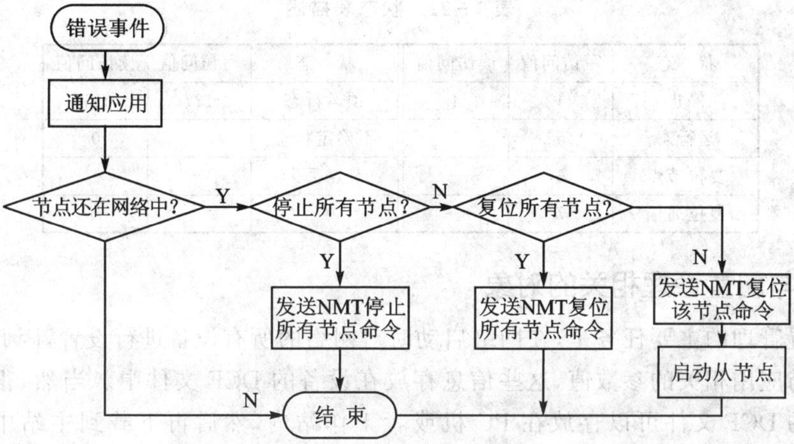

图 7-23　节点过程重新启动

表 7-19　NMT 请求

索　引	对象编码	名　称	类　型	访问权限	是否必须
1F82h	ARRAY	NMT 请求	Unsigned8	子索引 0:只读 子索引 1～127:读写 子索引 128:只写	可选

子索引 0 中是值为 128,子索引 1～127 中存放的是请求 NMT 服务的节点号,子索引 128 为所有节点请求 NMT 服务。

表 7-20　守护请求

索　引	对象编码	名　称	类　型	访问权限	是否必须
1F83h	ARRAY	守护请求	Unsigned8	子索引 0:只读 子索引 1～127:读写 子索引 128:只写	可选

子索引 0 中是值为 128,子索引 1～127 中存放的是请求节点守护的节点号,子索引 128 为所有节点请求节点守护。

表 7-21　启动/关闭守护数值数

值	写访问	读访问
0	启动守护	从节点正被守护
1	关闭守护	从节点未被守护

对该对象的“写”访问,写进去的是希望该节点的状态;如果是“读”访问,那么读出来的是该节点当前的实际状态。

状态表如表 7-22 所列。

表 7-22　状态表描述

状　态	写访问值	读访问值	状　态	写访问值	读访问值
停止	4	4	预运行态	127	127
运行态	5	5	不确定状态	—	0
复位节点	6	—	节点丢失	—	1
复位通信	7	—			

2. 与配置管理相关的对象

配置管理的主要任务是,在网络启动时对网络的所有设备进行设置,因此主站需要知道与应用相关的参数值,这些信息存放在设备的 DCF 文件中。当然,很多情况下设备的 DCF 文件可以存放在 PC 机或者工作站内,然后再下载到主站中。如果 DCF 文件本身就存在于主站中,那么仅需要将 DCF 文件名传递给主站即可;如果 DCF 文件存在其他设备中,那么需要通过 CANopen 协议将文件下载到主站中。

配置管理功能有效的前提是该设备支持 NMT 服务,并且 NMT 服务处于活动状态。如果 NMT 服务不处于活动状态,那么虽然本次对象字典的入口可配置,但是一旦复位,该配置功能将消失。

(1) DCF 存储

索　引	对象编码	名　称	类　型	访问权限	是否必须
1F20h	ARRAY	DCF 存储	域	读/写	可选
1F21h	ARRAY	存储格式	Unsigned8	读/写	可选

1F20h 的子索引 0 存放入口数目,且最大值只能达到 127,即节点的最大数目。其余子索引指向 DCF 文件存放设备的 Node-ID。从主站向 DCF 配置工具里面下载 DCF 文件需要对对象 1F20h 进行读操作,从配置工具向主站上传 DCF 文件需要对对象进行写操作。

1F21h 存放的是 DCF 文件存储格式,因为有可能为了节约资源使用压缩的文件格式进行 DCF 文件传输。一般使用 ASCII 码形式传输 DCF 文件。如果某个设备里面并没有存储 DCF 文件,那么对设备的 SDO 读请求将产生错误故障码 08000024h——“数据空”。

(2) 简单配置存储

这种配置是一种用于不可能存储整个 DCF 文件时候的一种简单的配置存储方式。存储的信息主要是一些对象字典的入口参数:

索　引	对象编码	名　称	类　型	访问权限	是否必须
1F22h	ARRAY	简易 DCF	域	读/写	可选

1F22h 的子索引 0 存放入口数目,且最大值只能达到 127,即节点的最大数目。其余子索引指向 DCF 文件存放设备的 Node-ID。

(3) 配置过程校验

索引	对象编码	名称	类型	访问权限	是否必须
1F26h	ARRAY	期望配置数据	Unsigned32	读写	可选
1F27h	ARRAY	期望配置时间	Unsigned32	读写	可选

DS301 定义对象 1020h 为校验对象。如果一个设备可以将参数存储在非易失性存储器中，那么网络配置工具或者 CANopen 主站可以使用 1020h 对象来校验复位后设备的配置是否正确，并判断是否需要重新进行配置。配置工具需要将存储的数据与时间保存在对象中，并复制到 DCF 文件中。设备通过向 1010h 对象子索引 1 中写入"save"值来配置保存。设备复位后自动或者通过请求恢复最后一次保存的配置，如果有任何别的命令修改了启动配置文件的值，那么 1020h 对象的值清 0。校对流程如图 7-24 所示。

两个对象的子索引 0 中保存参数 NrOfSupportedObjects =127。子索引 i 中保存了对应 Node-ID 的从节点的配置数据与时间。

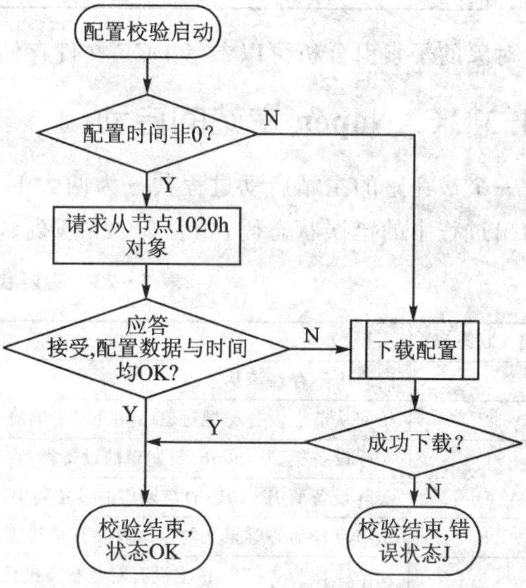

图 7-24 校验过程

(4) 请求配置

有些情况下需要在网络已经在运行时对从节点进行配置，比如某个从节点掉线并重新启动，主站将进行识别并给应用程序反馈。还有种情况就是有新的从节点的加入，应用程序也应该能够为新的节点进行配置管理：

索 引	对象编码	名 称	类 型	访问权限	是否必须
1F25h	ARRAY	从节点配置	Unsigned32	Sub0：只读 Sub1～128：只写	可选

子索引 0 中保存参数 NrOfSupportedObjects=128。子索引 i(1～127)中保存了请求重新配置的节点的 Node-ID。子索引 128 请求重新配置所有节点，也可以用作软件复位所有节点。

(5) EDS 存储

某些设备可能本身存储了设备的 EDS 文件，这样有几个优点：

➤ 设备商没必要给每个设备专门使用一张光碟来存放 EDS 文件；

➢ 管理不同版本的 EDS 文件也变得相对容易,专门的 EDS 文件对应专门的设备;
➢ 网络配置变得相对容易,使用网络工具分析、配置网络更加方便,对用户来说也更加透明。

对应本身没有存储 EDS 文件的设备主站需要完成相应的任务:

索 引	对象编码	名 称	类 型	访问权限	是否必须
1F23h	ARRAY	从机 EDS 存储	域	读/写	可选
1F24h	ARRAY	存储格式	Unsigned8	读/写	可选

对象的子索引分析可以参考 DCF 文件存储。

7.4.3 CANopen 主站的启动

一个最完整的主站启动过程共分为两大部分:主站自启动和启动从节点。这里先给出过程中的错误状态码,如表 7-23 所列。

表 7-23 错误状态码

错误状态码	描 述
A	网络中不存在该从节点
B	访问从节点设备类型对象(1000h)No 响应
C	实际设备类型(1000h)与期望的设备类型(1F84h)不符合
D	实际设备商 ID(1018h)与期望的设备商 ID(1F85h)不符合
E	从节点作为心跳报文的生产者没有对其状态进行响应
F	从节点作为 NMT slave 没有对其状态进行响应
G	期望的应用软件版本号时间日期没有在对象 1F53h 和 1F54h 中有相应的设置
H	期望的应用软件版本号时间日期(1F53h、1F54h)与实际的版本号时间日期(1052h)不符合,软件自动更新禁止
I	期望的应用软件版本号时间日期(1F53h、1F54h)与实际的版本号时间日期(1027h)不符合,软件自动更新失败
J	自动配置下载失败
K	在启动错误控制服务时从节点未发送心跳报文,而此时从节点是心跳报文的生产者
L	从节点一上电就处于运行态
M	期望的产品代号(1F86h)与实际的产品代号(1018h)不符合
N	期望的修订号(1F87h)与实际的修订号(1018h)不符合
O	期望的序列号(1F88h)与实际的序列号(1018h)不符合

在主站中,使用多个对象来完成原来在“从站对象字典的对象的子索引”的一些功能,如 M、N、O 等。

CANopen 主机会在上电后开始启动并执行 DS301 中规定的状态机转换模型中的状态。从预运行到运行态,主机需要启动所有对应的从机。整个网络的启动流程如图 7－25 所示，简化后的整个网络启动过程如图 7－26～图 7－29 所示。

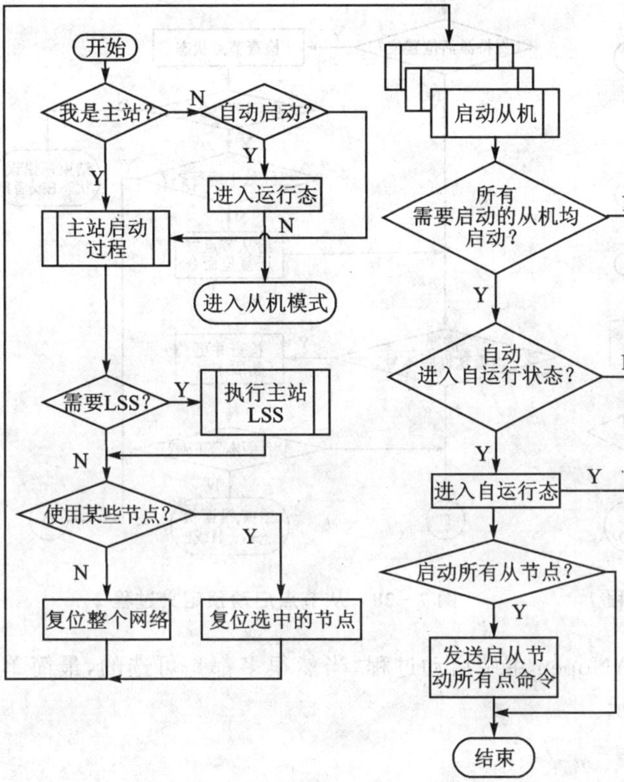

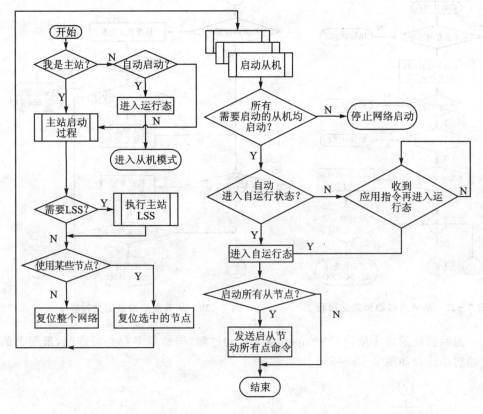

注：该流程图是启动从机的过程，实际应用时可以相应简化。

图 7－25　网络启动

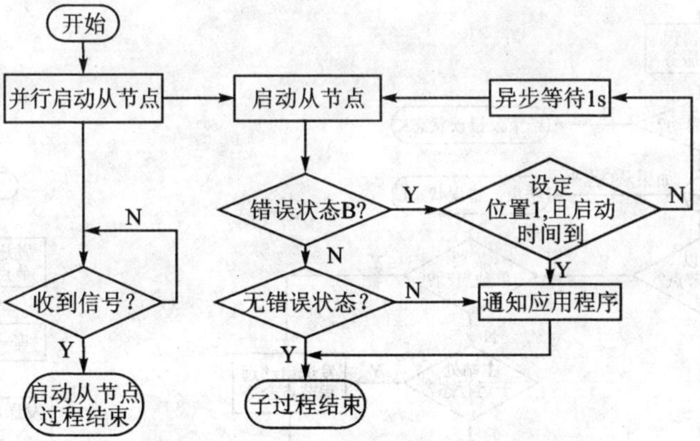

图 7－26　简化后的网络启动

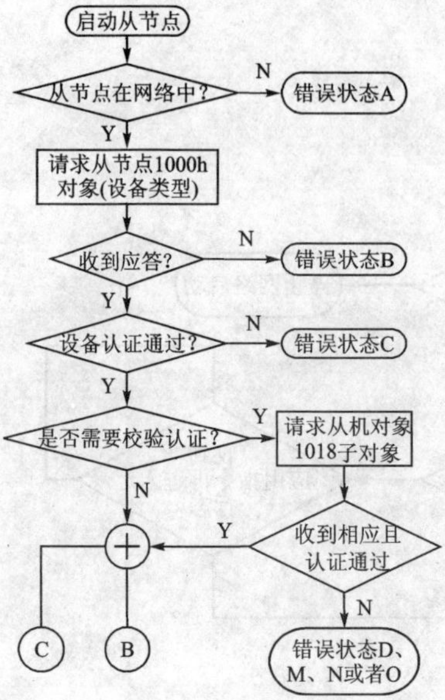

图 7-27　从节点启动预定义过程 1

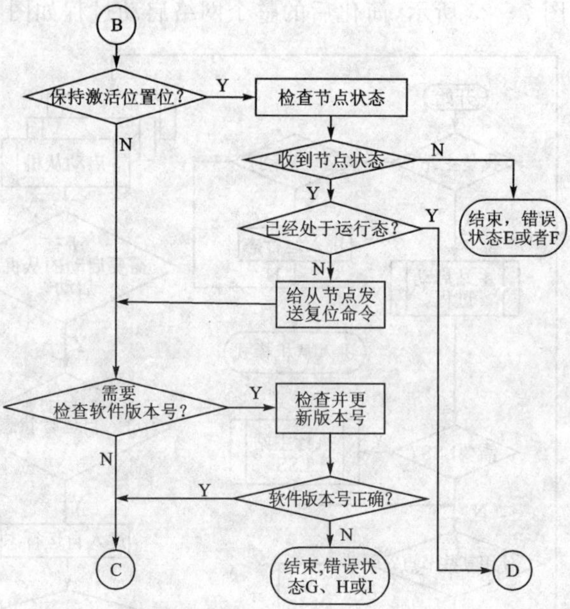

图 7-28　从节点启动预定义过程 2

前面叙述的是完整的 CANopen 主站启动过程，当然很多都是可选的，最简单的主站启动流程如图 7-30 所示。

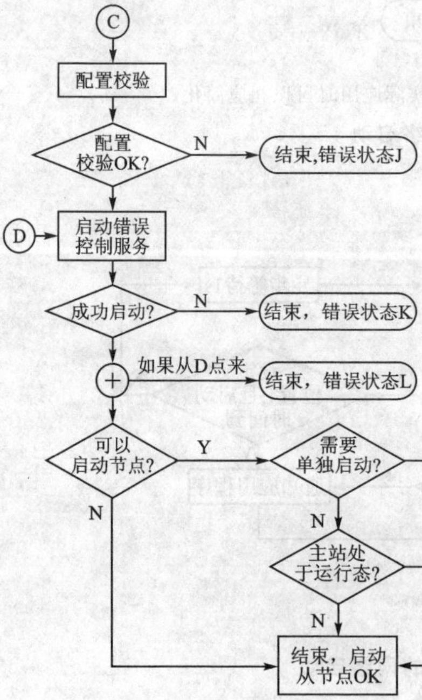

图 7-29　从节点启动预定义过程 3

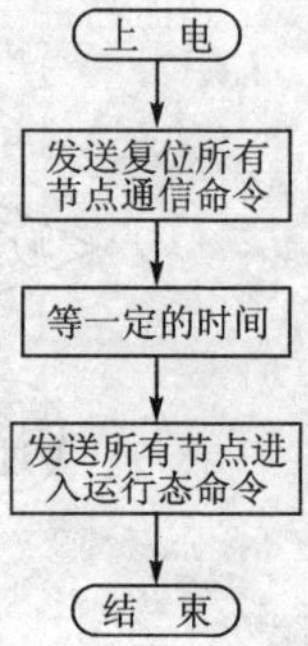

图 7-30　最简启动过程

实际应用中，可以设计专用的 CANopen 主站而省去某些服务，如果要设计通用的 CANopen 主站，那么必须设计完整服务的 CANopen 主站。

7.4.4 CANopen 主站的两种实现方式比较

(1) 基于 PC 或工控机开发的 CANopen 主站

- 成本较高，价格较贵；
- 没有相应的 CAN 接口，需要购买 CAN 卡；
- 供应商一般会提供比较全的接口，或者是 EDS、DCF 文件，不需要用户自行开发；
- 适合二次开发，关注应用层的设计。

(2) 基于 ARM 开发的嵌入式 CANopen 主站

- 成本相对较低，但需要自行设计硬件电路；
- 一般会有相应的 CAN 接口；
- 没有接口函数，需要自行编写或者从网络上搜寻相似的进行修改；
- 一般用于设计 CAN 主站的底层开发设计，满足 CANopen 主站设计要求；而对应用层而言，只是预留相应的接口。

附录 A

CAN 总线故障诊断与解决

撰写本附录的主要目的是指导 CAN 总线的研发与测试人员排查 CAN 总线常见的故障，并且提出相应的解决方案，弥补国内此类文章的空白。本书所有测试与分析都是基于广州致远电子股份有限公司生产的专业版 CAN 总线分析仪——CANScope。分析排查步骤与解决方案是笔者数年 CAN 总线研发与现场支持的经验总结。

A.1 测试设备简介

CANScope 分析仪是 CAN 总线开发与测试的专业工具，集海量存储示波器、网络分析仪、误码率分析仪、协议分析仪及可靠性测试工具于一身，并把各种仪器有机地整合和关连；重新定义 CAN 总线的开发测试方法，可对 CAN 网络通信正确性、可靠性、合理性进行多角度全方位的评估。实物如附图 A-1 所示。测量原理如附图 A-2 所示，即将信号分为模拟通道和数字通道进行处理，然后再结合后存储，并提供给上位机软件分析。

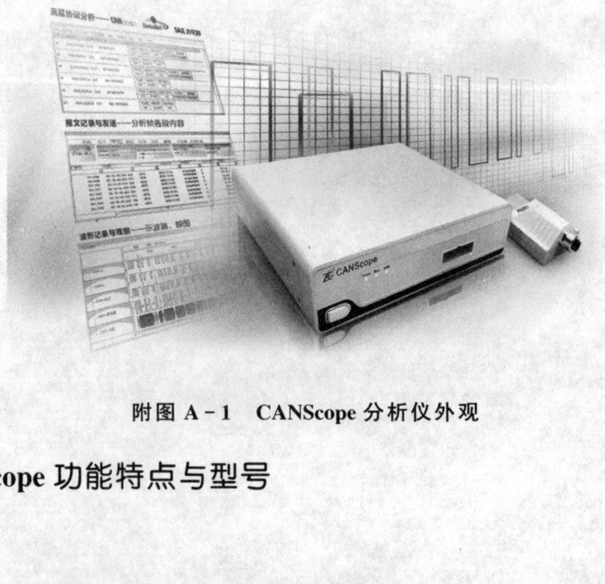

附图 A-1　CANScope 分析仪外观

1. CANScope 功能特点与型号

特点如下：

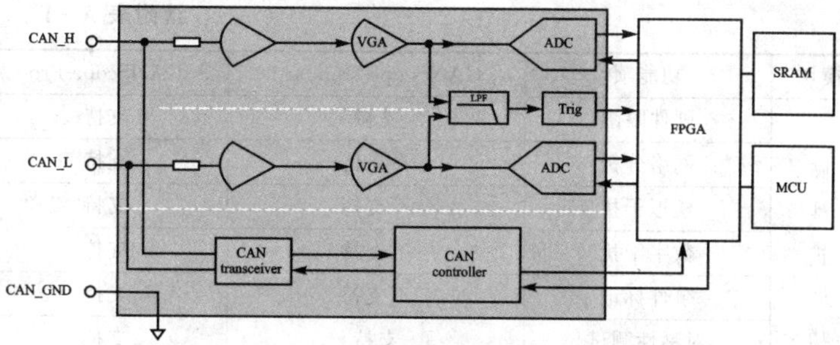

附图 A-2　CANScope 分析仪原理图

- 100 MHz 示波器，实时显示总线状态，并且能 13 000 帧波形存储；
- 所有报文（包括错误帧）的记录、分析，全面把握报文信息；
- 强大的报文重播，精确重现总线错误；
- 强大的总线干扰与测试，有效测试总线抗干扰能力；
- 支持多种高层协议，图形化仿真各种仪表盘；
- 实用的事件标记，最大限度存储用户关心的波形；
- 从物理层、协议层、应用层对 CAN 总线进行多层次分析；
- 支持软硬件眼图，辅助评估总线质量，并且能通过眼图准确定位问题节点。

分类如附表 A-1 所列。

附表 A-1　CANScope 分类

模块	功能项	CANScope-standard	CANScope-Pro
硬件基本功能	测量通道	1 个	1 个
	通信接口	480 Mbps	480 Mbps
	示波器采样率	100M	100M
	示波器存储容量	2 KB	8 KB
	波形存储容量	512 MB	512 MB
	波形记录个数	13 000 个	13 000 个
	模拟带宽	60 MHz	60MHz
	垂直测量范围	1～50 V	1V～50 V
	实时示波器	支持	支持
	报文接收	支持	支持
	报文发送	支持	支持
	任意序列发送	支持	支持
	终端电阻开关	支持	支持
	自动侦测波特率	支持	支持

续附表 A-1

模块	功能项	CANScope-standard	CANScope-Pro
硬件扩展功能	硬件眼图	支持	支持
	网络分析	不支持	支持
	模拟干扰	不支持	支持
	数字干扰	不支持	支持
	事件标记	不支持	支持
	对称性测试	支持	支持
	终端电阻可调	不支持	支持
	网络负载电容可调	不支持	支持
软件功能	SDK 开放	支持	支持
	帧统计	支持	支持
	流量分析	支持	支持
	总线利用率	支持	支持
	报文重播	支持	支持
	高层协议分析	支持	支持
	自定义协议分析	支持	支持
	网络共享	支持	支持
	虚拟硬件	支持	支持
	软件眼图	不支持	支持

软件主界面如附图 A-3 所示,包括报文串口、实时波形窗口、记录波形窗口、眼图窗口。所以 CANScope 相当于 CAN 接口卡、示波器、逻辑分析仪三者合一的综合分析仪器,能解决 CAN 总线绝大部分的问题。

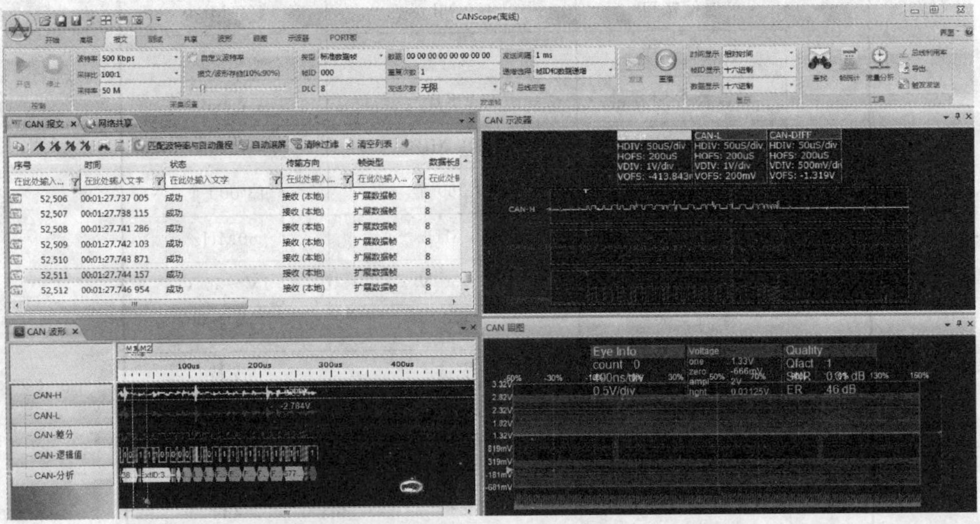

附图 A-3　主界面

2. 报文界面

CANScope 的 CAN 报文界面(如附图 A－4 所示)可以容纳无数个 CAN 帧,只要 PC 内存足够大,就可以一直保存下去,并且有导出功能。这个 CAN 报文界面与那些带控制器的设备(比如 USBCAN)不同,它可以实时捕获总线错误状态,就是说可以记录错误帧。比如在“状态”栏里面输入“错误”即可以将所有错误帧筛选出来,并可以很方便地进行报文发送(重播)。还有一个重要的选项,就是总线应答,如果不选中,则 CANScope 作为一台只听设备,不会应答总线上的报文;如果选中,则 CANScope 能作为一台标准的 CAN 节点工作,可以发送数据。

附图 A－4 报文界面

3. 示波器界面

CANScope 集成 100 MHz 实时示波器,界面如附图 A－5 所示。开机后即可自动进行匹配波特率。可以对 CANH、CANL、CAN 差分进行分别测量,获得位宽、幅值、过冲、共模电压等常规信息。另外还能对波形进行实时傅里叶变换(FFT),将不同频率的信号分离出来,从而达到发现干扰源的目的。

4. 波形界面

由于实时示波器只能看即时窗口的波形,所以为了更好地发现总线上面的物理问题,CANScope 自带 512 MB 超大波形存储,可以将波形数据存储 1 万帧作为分析数据。并且在分析时,已经将模拟、数字、协议都按时间解析好,方便工程师对应查看故障所在。比如某个 CAN 协议出错,但这个错误是什么波形,就可以一目了然,如附图 A－6 所示。

5. 波形与报文联动观察界面

报文和波形不是割裂开的,按照测试习惯,为了方便查看和分析,CANScope 还

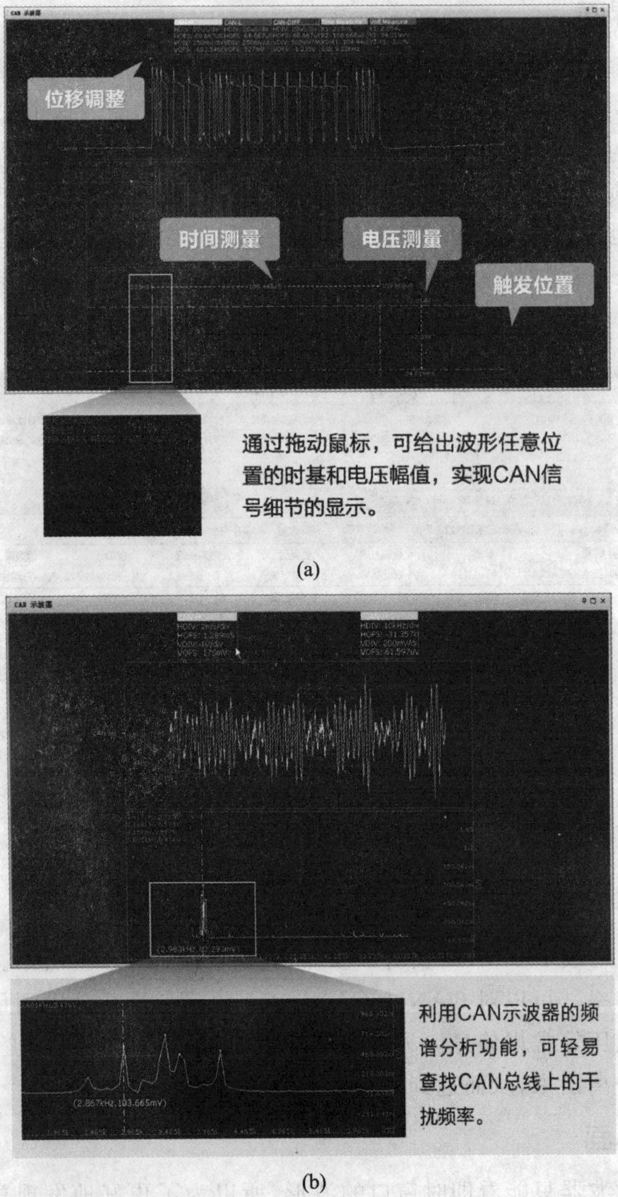

位移调整
时间测量
电压测量
触发位置
通过拖动鼠标，可给出波形任意位置的时基和电压幅值，实现CAN信号细节的显示。
(a)
利用CAN示波器的频谱分析功能，可轻易查找CAN总线上的干扰频率。
(b)

附图 A－5　示波器界面

可以同步建立水平选项卡，这样就可以同步查看报文与对应波形，如附图 A－7 所示。当然，最重要的不是用来看正常的报文，只要在筛选框中输入错误即可筛选出错误报文，然后单击即可查看到错误帧的波形。

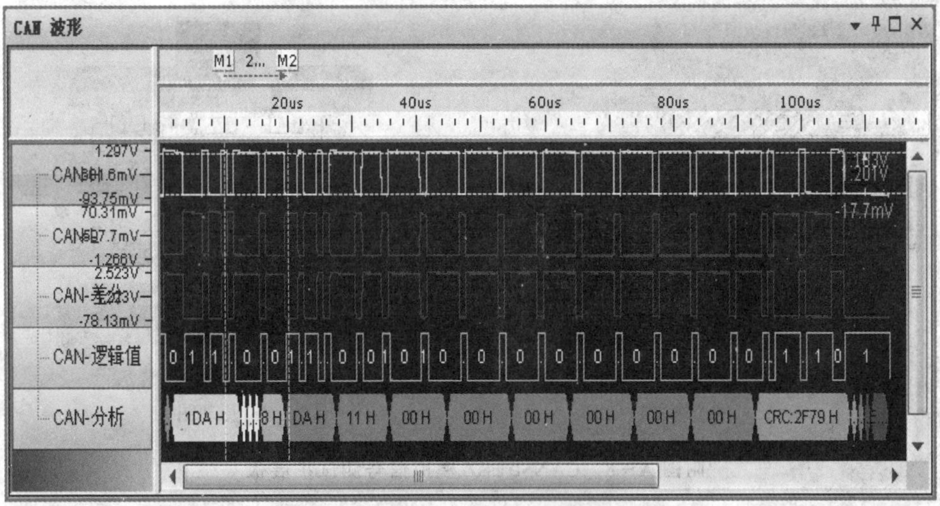

附图 A－6　波形界面

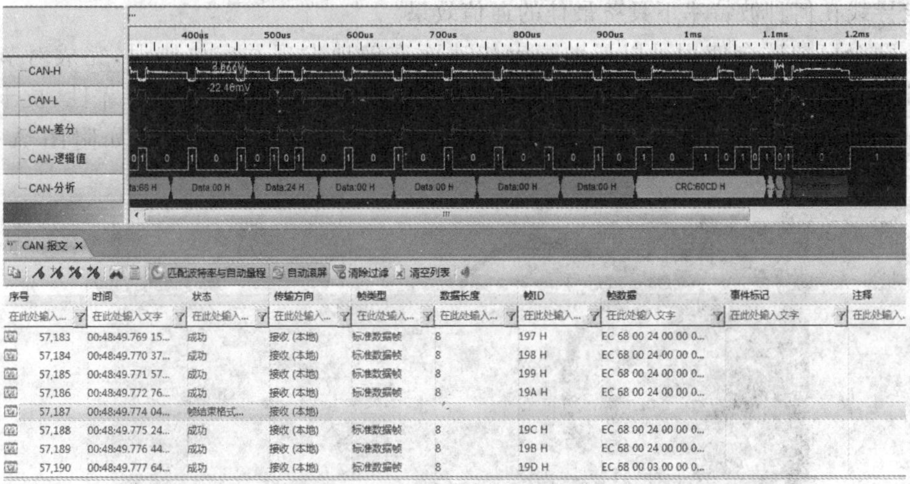

附图 A－7　波形与报文联动观察界面

6. CANStressZ 模拟信号测试扩展板

CANStressZ 是配套 CANScope 专业版 CAN 总线分析仪的扩展板，外观及原理如附图 A－8 所示。CANStressZ 内部集成了 CAN 总线压力测试模块和网络线缆分析模块。

压力测试模块包括模拟干扰（数字干扰在 CANScope 已标配），CAN 总线应用终端的工作状态模拟、错误模拟能力；可以在物理层上进行 CAN 总线短路、总线长度模拟、总线负载以及终端电阻匹配等多种测试，可以完整地评估出一个系统在信号

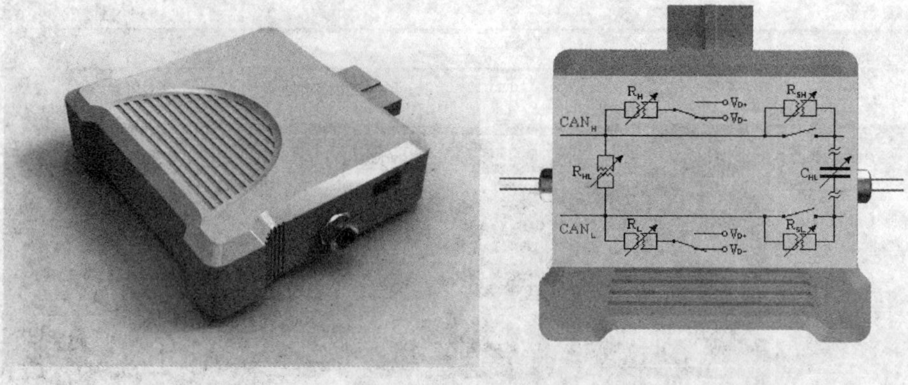

(a) 外观　　　　(b) 原理图

附图 A-8　CANStressZ 模拟信号测试扩展板

干扰或失效的情况下是否仍能稳定可靠地工作。网络线缆分析模块具有无源二端网络的阻抗测量分析的能力,可以测试导线在不同频率下的匹配电阻、寄生电容、电感。标定导线在何种波特率下具备最佳的通信效果。

两个模块联合使用可以帮助读者快速而准确地发现并定位错误,完成对节点的性能评估与验证,大大缩短开发周期,方便实现网络系统稳定性、可靠性、抗干扰测试和验证等复杂工作。和 CANScope 设备连接后的测量连接图如附图 A-9 所示。

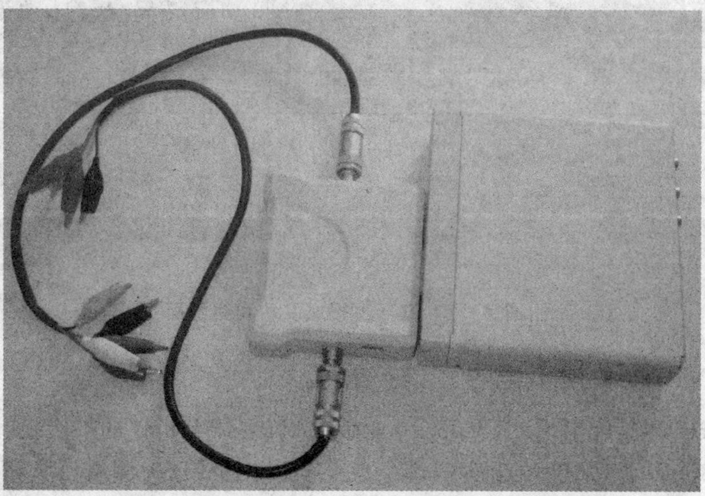

附图 A-9　CANStressZ 和 CANScope 设备连接图

A.2 测试前的准备工作

使用 CANScope 测试前需要做一下准备工作，避免测试设备本身影响总线。

1. 操作方法

① 去掉仪器自带的终端电阻，避免影响总线。打开软件，启动设备，单击 PORT 板子，将启用终端电阻选项去掉（如附图 A-10 所示），保证 CANScope 本身自带的 120 Ω 终端电阻不并到总线上。

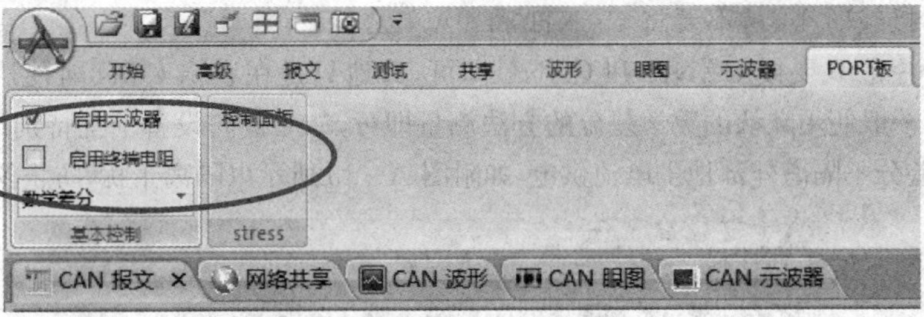

附图 A-10 去掉启用终端电阻选项

② 如果加有 StressZ 模拟扩展板，则需要打开控制面板恢复初始状态。即在如附图 A-11 这个状态选择"模拟干扰→开启"菜单项，则保证处于一种不干扰总线状态。注意，一般不可将 RHL 使能后设置为 0，因为这是一种短路状态。

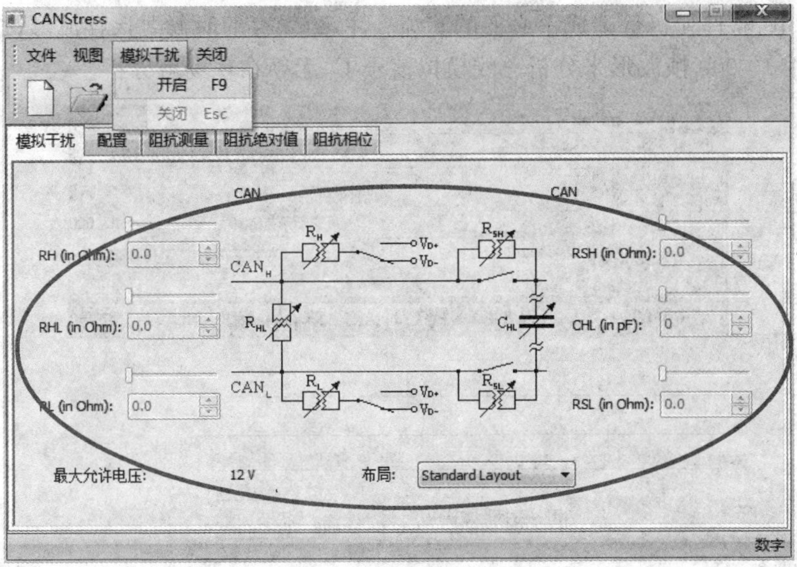

附图 A-11 恢复初始状态

③ 保证 CANScope 处于只听状态，在 CAN 报文界面，去掉总线应答选项，如附图 A－12 所示。

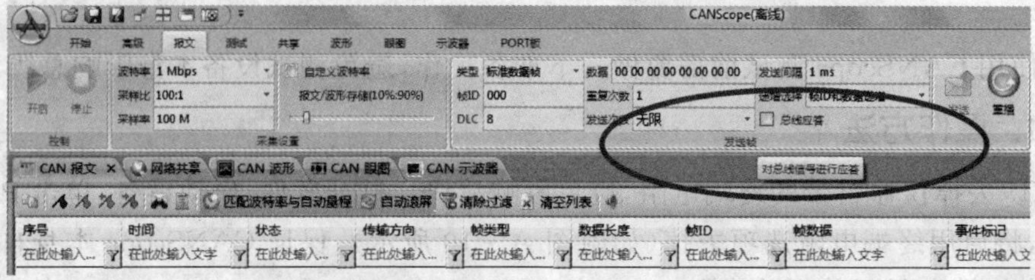

附图 A－12　去掉总线应答界面

④ 接线时小心，不要将 CANH 和 CANL 接反。

⑤ 一般只要接 CANH 和 CANL 即可，共地只是在容错 CAN 时使用。

⑥ 一般使用默认的数学差分的方法测量即可，如果被测设备干扰特别严重，必须使用硬件差分＋隔离外部地＋电池供电，如附图 A－13 所示以隔离干扰，防止仪器损坏。

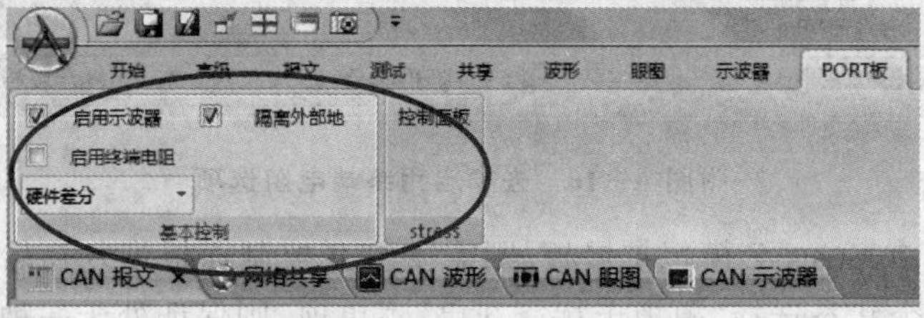

附图 A－13　硬件差分界面

⑦ 如附图 A－14 所示，收到一定的样本数据，先单击“保存”再分析，避免计算机死机、掉电、软件死机等造成不必要的麻烦。注意：保存的时候要保存波形，这样就可以离线用 10 000 帧波形来分析总线模拟信号了，无须在现场就分析。

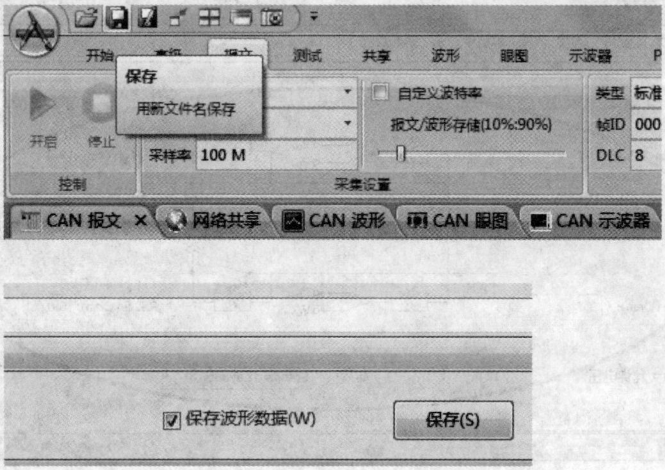

附图 A－14　保存波形数据界面

A.3　排查步骤 1——排查位定时异常节点

波特率(也称位定时,就是信号位的最小脉宽)是 CAN 总线通信的最基本要素。如果波特率不匹配或者波特率有所偏差,则会导致识别信号的错误,造成无法通信或者通信异常。所以任何情况下,对异常的 CAN 总线测试,首先都要测试波特率的准确性。波特率发生差别主要发生在:使用了非整数值的晶振(比如 11.059 2 MHz)、极端温度导致晶振偏差、CAN 控制器内部波特率发生器偏差等情况。CANScope 具备自动匹配与统计波特率的功能,可以直观地反映总线上的波特率状况。

1. 操作方法

将 CANScope 的 CANH、CANL 接入总线,打开软件,在 CAN 报文界面等待一段时间,则 CANScope 自动匹配波特率结果,如附图 A－15 所示。

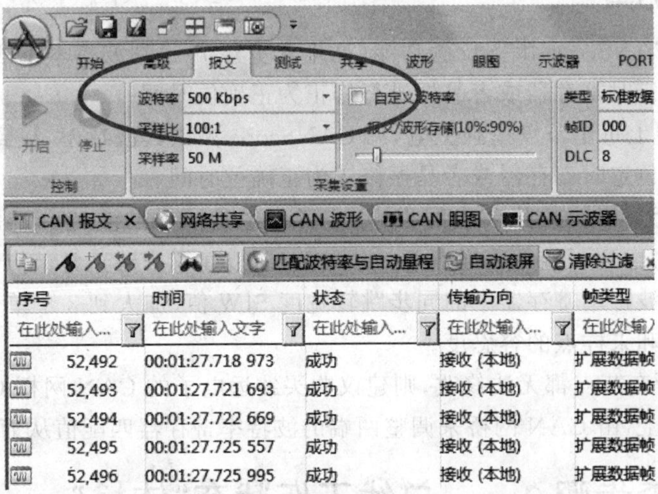

附图 A－15　CANScope 自动匹配波特率界面

2. 典型案例(125 kbps 的波特率偏差)

这个号称 125 kbps 波特率的总线上,CANScope 测出 125.4 kbps 的波特率,如附图 A－16 所示。因为这个波特率是仪器通过大量的位宽平均统计出来的,排除了由于测量误差造成的偏差。这个值是真实可靠的,所以我们可以肯定是总线上某些节点的波特率有所偏差。一旦波特率有偏差,就会导致出错的概率大大增加、重发的无效数据次数增多、数据传输延迟等现象。降低了 CAN 重同步纠错能力,所以保证准确的波特率是 CAN 通信中最重要的。这里选择 125 kbps 为例,是因为这是最经常出问题的波特率。

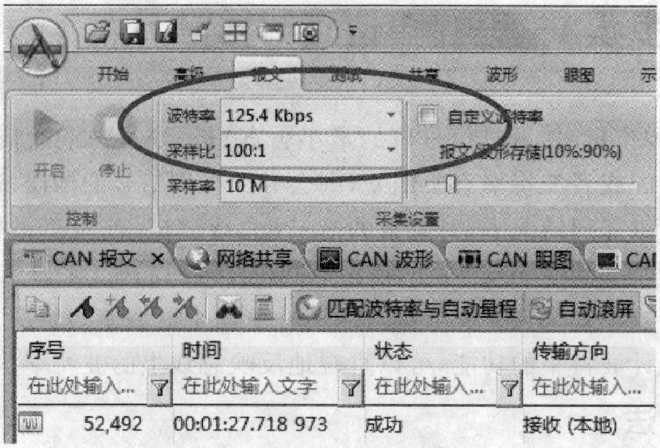

附图 A-16　CANScope 实际测出的波特率

3. 解决方案

① 通过 CANScope 眼图反溯功能(见排查步骤 7)找到波特率不匹配的节点,对其程序中的位定时寄存器或者晶振进行修正为正确位时间;

② 将总线上每个节点单独上电,用 CANScope 测试其波特率,找到故障节点,亦对其程序中的位定时寄存器或者晶振修正为正确位时间。

③ 如果无法修改故障节点的程序,或者已经是同样的波特率但是无法正常通信,这时需要考虑到可能是采样点不一致导致,所以建议修改正常节点的程序。需要提高正常节点波特率寄存器中的同步跳转宽度 SJW 值(加大到 3 个单位时间),则可以加大位宽度和采样点的容忍度。

④ 如果所有节点都无法修改,则建议购买致远电子的 CAN 网桥 CANbridge 串联在故障节点上,由 CAN 网桥来调整两端的波特率寄存器匹配值从而保证通信。

A.4　排查步骤 2——总线工作状态“体检”

评价一个 CAN 总线到底工作状况如何是我们检查的基本步骤。以前即使对于正常工作的节点,我们也只能模糊地回答“从通信上看是正常的”或者“偶尔不正常”,这时心里也是没底的。所以可以使用 CANScope 的报文统计功能定量评价总线概况,就像医院通过各种常规检查来评价一个人是健康还是亚健康,还是疾病。

1. 操作方法

① 打开 CANScope,在 CAN 报文界面单击“开启”,这时 CANScope 默认进行一次匹配波特率和示波器自动量程。用户可以切换到 CAN 示波器界面,等待自动量程结束。

为了保证数据正确性(因为自动匹配时可能会有异常数据),需要再切换到 CAN

报文界面，如附图A－17所示，单击“停止”，然后再单击“启动”，以清除刚才的异常数据。记录一定时间的报文时，推荐记录1万～10万帧作为一个评价基数。然后单击“停止”，进行下面的统计工作。

附图A－17　CAN报文界面图

② 单击报文界面右上角的帧统计功能，则弹出如附图A－18所示对话框对所有收到的报文进行分类。比如这个总线的成功CAN帧占83.8%，其他的都是错误的，每种错误类型和百分比都一目了然，这样就可以量化评价一个总线好坏。评价描述如下：

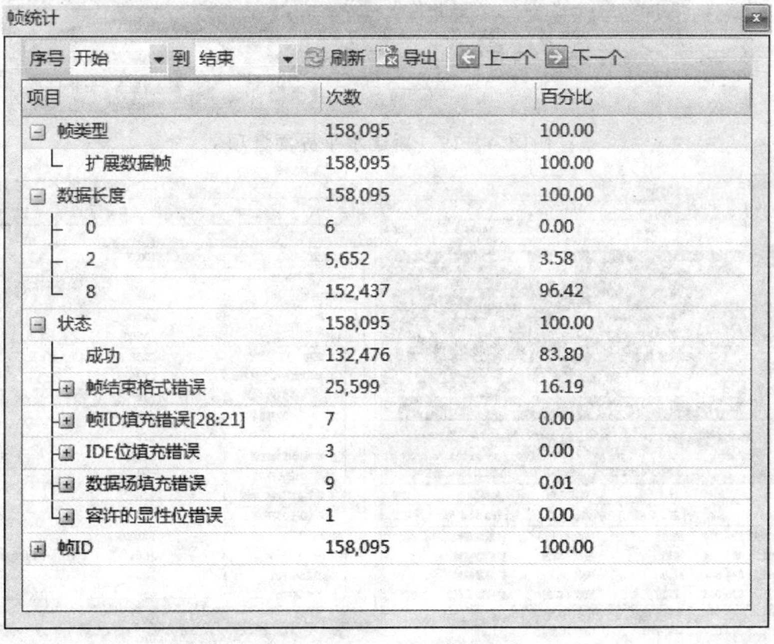
帧统计

序号 开始 到 结束 刷新 导出 上一个 下一个

项目	次数	百分比
⊟ 帧类型	158,095	100.00
└ 扩展数据帧	158,095	100.00
⊟ 数据长度	158,095	100.00
├ 0	6	0.00
├ 2	5,652	3.58
└ 8	152,437	96.42
⊟ 状态	158,095	100.00
├ 成功	132,476	83.80
⊞ 帧结束格式错误	25,599	16.19
⊞ 帧ID填充错误[28:21]	7	0.00
⊞ IDE位填充错误	3	0.00
⊞ 数据场填充错误	9	0.01
⊞ 容许的显性位错误	1	0.00
⊞ 帧ID	158,095	100.00

附图A－18　报文分类界面图

成功率	状　态
80%以下	基本不能工作(信号延迟、丢失等情况非常严重)
80%～90%	亚健康待整改(信号经常有延迟、丢失等情况)
90%～95%	可工作(信号偶尔有延迟、丢失等情况)
97%以上	工作状况较好(总线错误对通信影响较小)

CAN 的校验机制保证了错误不会被 CAN 节点接收,但错误的报文也会占用总线时间,导致正确的报文延时或者总线堵塞。所以,提高传输成功率就是保证系统工作正常。

2. 典型案例(整改成果量化统计)

平时做 CAN 的测试和整改工作时,如何反映整改效果呢?怎么才能体现出我们的努力?所以必须用报文统计功能来导出报表,量化整改成果。比如,整改之前先统计一下报表,发现成功率只有 83.3%,而整改后提高到 99.9%,可见整改工作是有效的。

3. 解决方案

帧统计中如果发现有错误,则双击这个错误即可在报文上面定位到这一帧,然后在选项卡右边右击,在弹出的如附图 A-19 所示的级联菜单中选择“新建水平选项卡组”。然后就可以查看对应的波形,从而发现问题所在,如附图 A-20 所示。

附图 A-19　新建水平界面选项

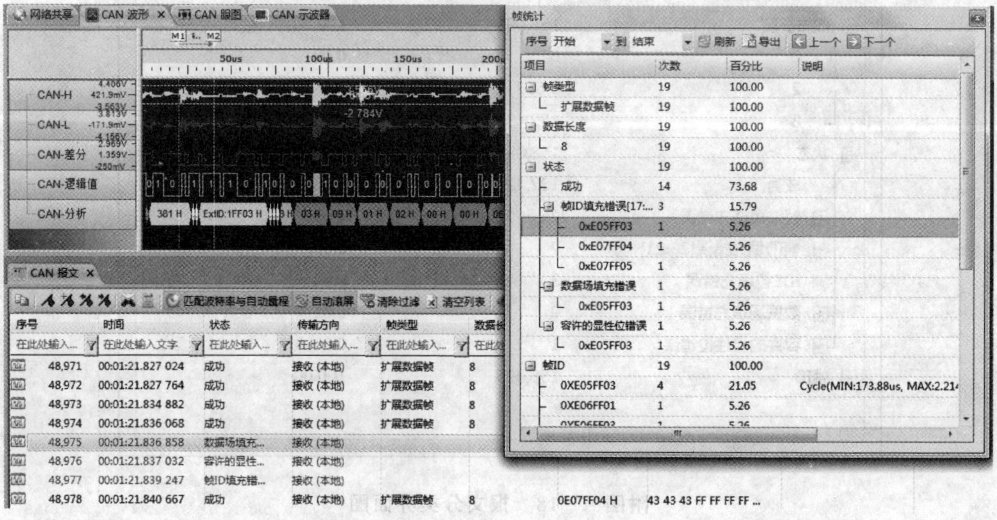

附图 A-20　波形图界面

A.5　排查步骤 3——排查总线传输堵塞故障

CAN 总线本质上还是半双工通信，就是"单行道"，即一个节点发送的时候其他节点无法发送数据。虽然 CAN 报文 ID 有优先级的区分，但如果高优先级一直占用总线，导致低优先级的节点无法发出数据，这就是堵塞现象。所以控制流量、防止堵塞是总线健康正常通信的基本要素。

1. 操作方法

① CANScope 能正常接收报文后，打开总线利用率（如附图 A－21 所示）即可获得目前总线的基本流量概况（如附图 A－22 所示）。

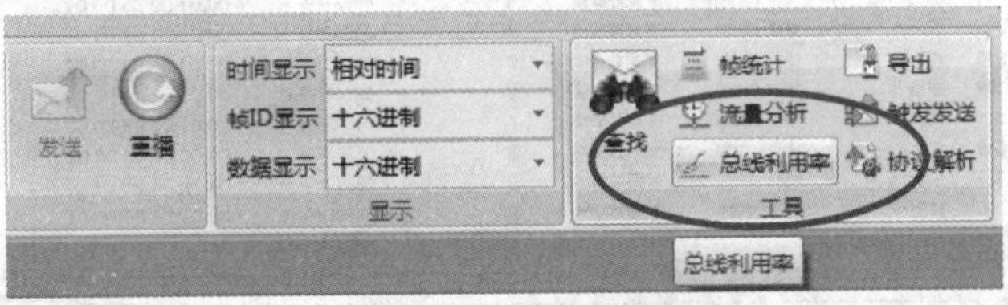

附图 A－21　流界分析界面

单击如附图 A－22 所示的刷新时间，改为"较快"，观察一段时间：

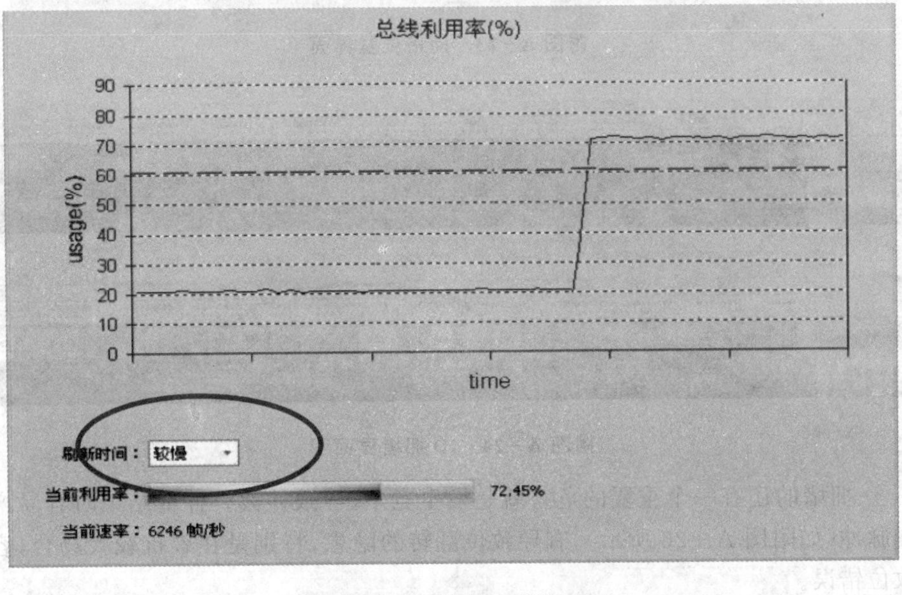

附图 A－22　总线利用率界面

➢ 如果利用率都没有超过 30%，则说明总线流量较好，没有明显的拥堵情况；
➢ 如果有利用率突发超过 70%，则说有堵塞情况，建议进行下面流量分析的排查。

➢ 如果平均利用率都在 70%以上,则说明总线严重拥堵,必须进行流量分析整改。

② 与排查步骤 2 类似,先取 1 万～10 万帧的评价基数。然后单击如附图 A－21 所示的“流量分析”,则 CAN 报文下面生成以时间轴排列的 CAN 报文时序图,这样就可以发现有拥堵的位置,如附图 A－23 所示。可以按住 CTL,按住鼠标左键放大查看对应区域,看看是哪些 ID 导致了堵塞,如附图 A－24 所示。可以将鼠标停在帧之间自动测量帧间隔宽度,如附图 A－25 所示。

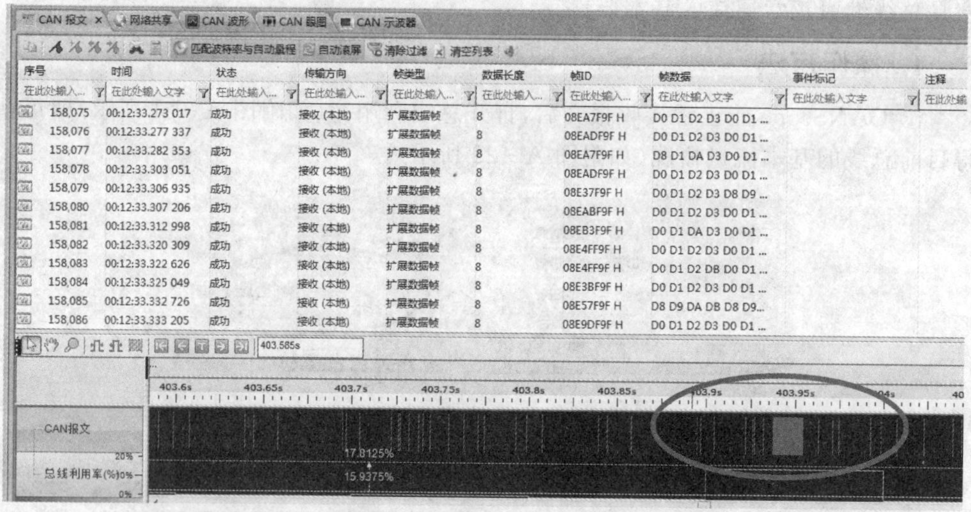

附图 A－23　拥堵位置界面

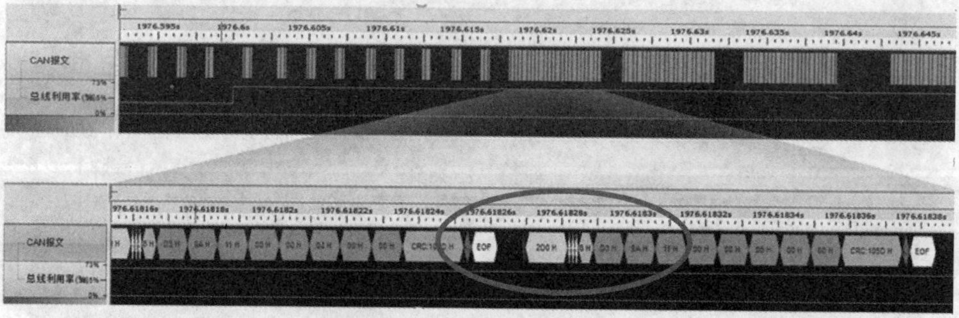

附图 A－24　ID 拥堵界面图

③ 拥堵的还有一个重要的危害就是发生竞争,导致仲裁。仲裁结束时容易产生尖峰脉冲(如附图 A－26 所示),有导致位翻转的隐患,特别是在容抗较大场合,容易导致位错误。

2. 典型案例(矿山瓦斯监测数据堵塞问题)

由于煤矿通信的距离很远,所以波特率通常都是设置为 5 kbps,每秒的最大带

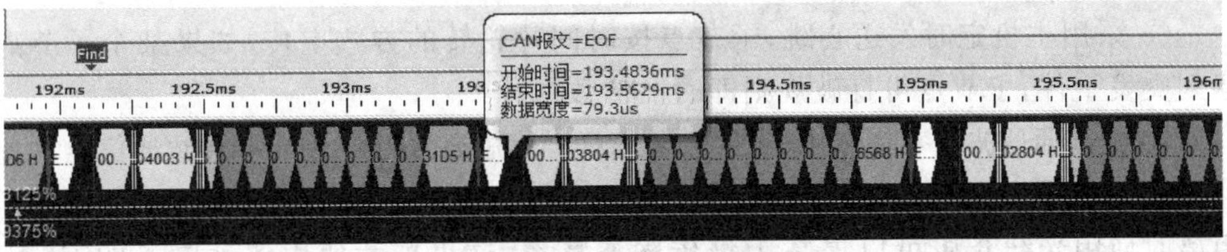

附图 A-25　自动测量帧间宽度界面图

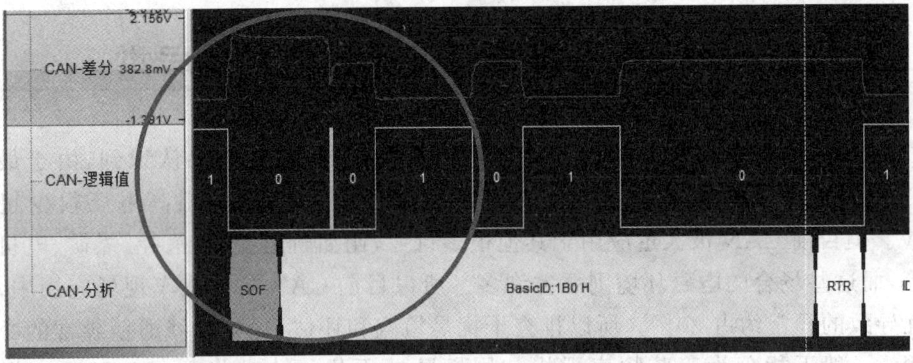

附图 A-26　尖峰脉冲界面

宽只有 40 帧/秒，因此如果同时有 50 个节点平均 1 秒各发 1 帧数据，肯定有 10 个低优先级的节点数据发不出来。实际情况是当节点数量超过 30 以后就经常有节点上传延迟，如附图 A-27 所示。

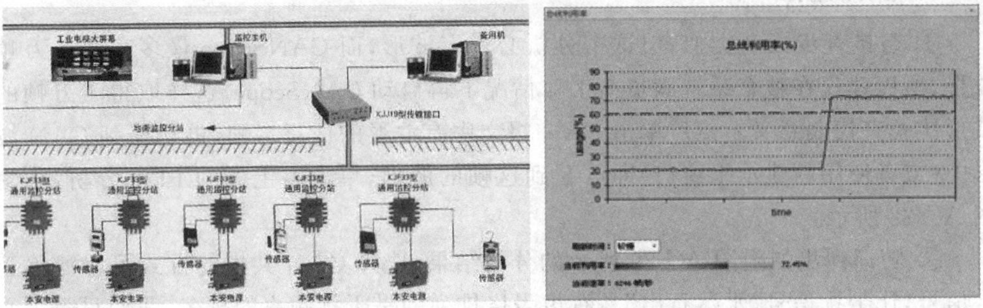

附图 A-27　矿山瓦斯监测数据系统示意图

3. 解决方案

主要是要修改通信协议：

① 子节点拉大定时上传周期，比如这里可以将所有节点的上传周期改为 2 秒。

② 采用“平时主机轮询式通信，突发事件子节点上传数据”的方式，保证了正常

通信秩序与突发事件的实时响应速度。

③ 采用主机定时发送心跳,子节点按时间片轮转的方式上传,如果某个子节点遇到突发事件,子节点可打破规则即时上传数据。

④ 提高通信波特率,提高传输带宽,但这样会缩短通信距离,有可能导致通信异常。

⑤ 采用光纤传输,提高传输带宽。因为光纤传输延迟是双绞线的 1/2,所以同样距离时使用光纤介质可以提高 1 倍传输波特率,这里推荐使用致远电子的 CAN-HUB-AF1S1 光纤转换器,其特色是在光纤上面依然保持 CAN 链路层信号,获得最佳的带宽和实时性。

A.6 排查步骤 4——排查干扰导致的通信异常

CAN 总线虽然有强大的抗干扰和纠错重发机制,但我们要认识到,由于最早 CAN 是被应用于汽车行业,而汽车内部的电磁环境并不恶劣,最高电压很少超过 36 V。但目前 CAN 被大量应用于其他很多行业,比如轨道交通、医疗、煤矿、电机驱动等,而这些场合的电磁环境则恶劣许多。所以目前 CAN 的非汽车现场应用中,被干扰导致的异常约占 30%。所以排查干扰是检查和评估 CAN 总线通信异常的必需步骤。一般干扰分为正弦频率干扰与周期脉冲干扰。针对前者,CANScope 提供 FFT 分析,即傅里叶变换,把信号进行频域分解,并且能滤除正常信号,从而很方便地看出干扰频率。如果是周期脉冲干扰,则需要人工在波形中发现与测量,这个多发生在有电磁阀、继电器、或者电流周期通断的场合。变化的时候产生很强的耦合信号会导致 CAN 通信中断。

1. 操作方法

① 与排查步骤 2 类似,但这个分析必需有波形,而 CANScope 最多存储 1 万帧波形,所以建议在整个系统满负荷工作情况下再启动 CANScope,这样取得 1 万帧的波形比较有代表意义。然后单击 CAN 报文中有波形的任意一帧,再切换到 CAN 波形中(或者使用新建水平窗口)即可看到这帧的波形,单击右上方的 FFT 分析,如附图 A-28 所示。

② 随即弹出如附图 A-29 所示的分析结果,选择 CAN 共模的方式可以滤除正常信号,让干扰信号“水落石出”。右边表格排列的是干扰频率的排名,我们只需关心最高频率即可。可见,这个波形主要受到 1 275 kHz 左右的正弦频率干扰,幅值可高达 130 mV。一般来说,如果超过 200 mV 即有影响正常通信的风险(CAN 显性电平为 0.9 V,一般需要高于 1.1 V 才能保证基本的通信)。找到干扰频率后,我们需要查看系统中哪些部件是这个频率,从而做出解决方案。

③ 如果是周期脉冲性干扰,那在 FFT 变化后由于不是正弦的信号,所以大部分能量还是集中在 0 Hz,如附图 A-30 所示,这时需要人工测量。可见这个周期性的

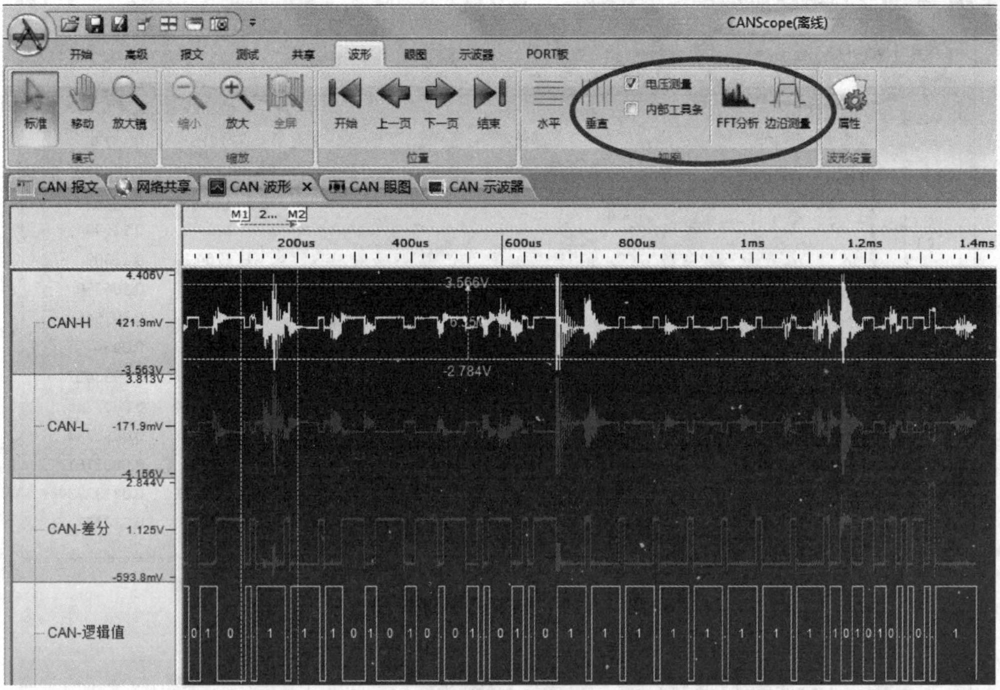

附图 A-28　FFT 选择分析界面

脉冲是 20 kHz，FFT 的结果是看不出来的，如附图 A-31 所示。

2. 典型案例(新能源汽车的困惑)

新能源汽车通常是指纯电动汽车或者混合动力汽车，与传统汽车不同，其是使用电池、电容来存储能量，然后通过逆变的方式变成交流，带动电动机驱动车辆。这种汽车带来的就是复杂的电磁环境。

作为国家大力发展的方向，基本各大车厂都有自己的新能源汽车产品，其控制总线仍然延续用 CAN 总线，国家标准协议为 J1939 协议及衍生自定义，从而实现车辆控制与充电管理。主要问题：逆变产生的巨大电流形成强干扰，串扰到 CAN 总线上会导致控制器死机、损坏或者通信延迟及中断，车辆运行不稳定。用户观察到的现象是仪表显示滞后，显示错误，从而导致司机判断延迟与错误，影响交通安全。

通过将 CANScope 接入电动车的 CAN 总线进行 FFT 分析可以发现，原有的波形在逆变打开后(或者加速踏板踩下后)即有干扰产生。如附图 A-32 所示，正常的波形被干扰后目测即可看出有干扰频率。

然后进行 FFT 分析，选择 CAN 共模，则找到是 1 275 kHz 的干扰频率，如附图 A-33 所示。

可以发现，这个正弦频率与系统中电动机的频率吻合，从而可断定出是电动机的

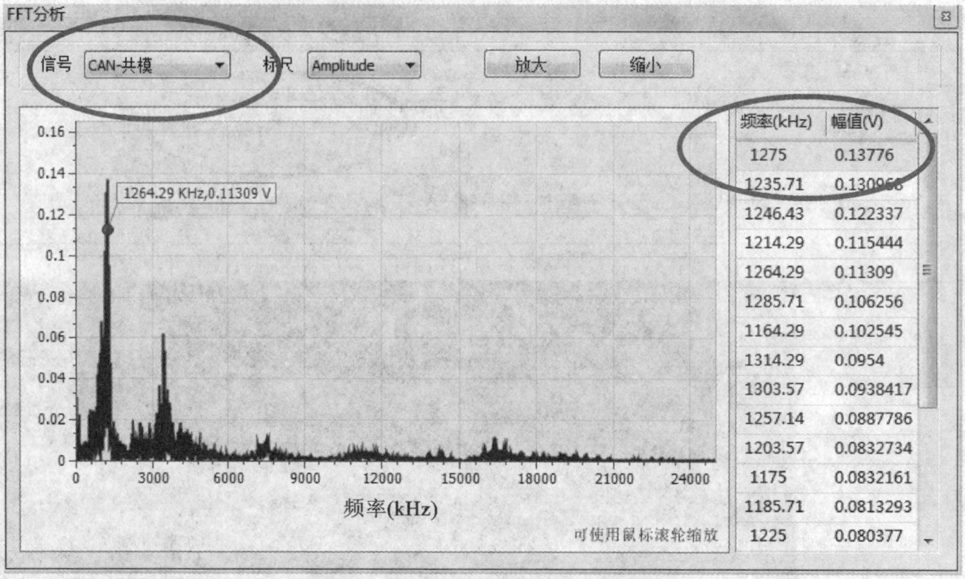

附图 A－29　FFT 分析选择配置图

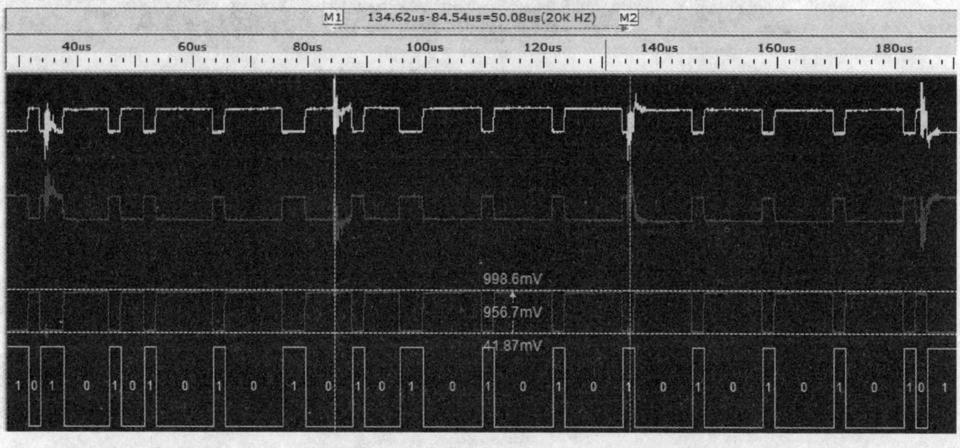

附图 A－30　能量聚集在 0 Hz 时的界面

动力线缆与 CAN 总线靠得太紧,导致磁耦合,产生脉冲群,如附图 A－34 所示。干扰导致帧错误增加,重发频繁,正确数据不能及时到达,所以如何定位干扰与消除干扰是每个制造厂商与维护商必须要处理的。

3. 解决方案

① 由于强电流产生的是空间磁干扰,所以屏蔽层效果很小,应该将 CAN 线缆双绞程度加大,即 2 线靠得更紧点,保证差模信号被干扰的程度减小,这对于周期正弦干扰有很强的抑制性。

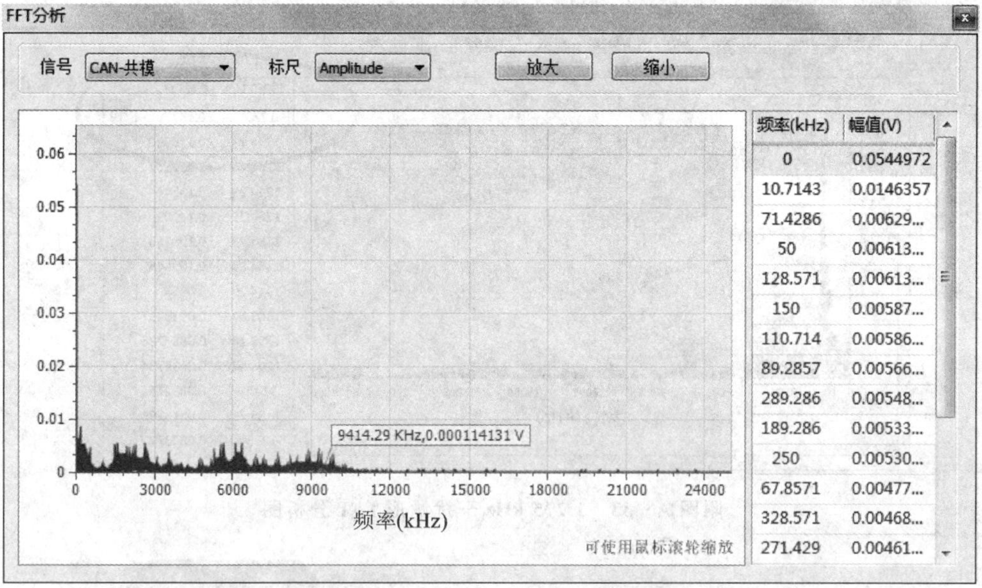

附图 A－31　FFT 无结果时的图形

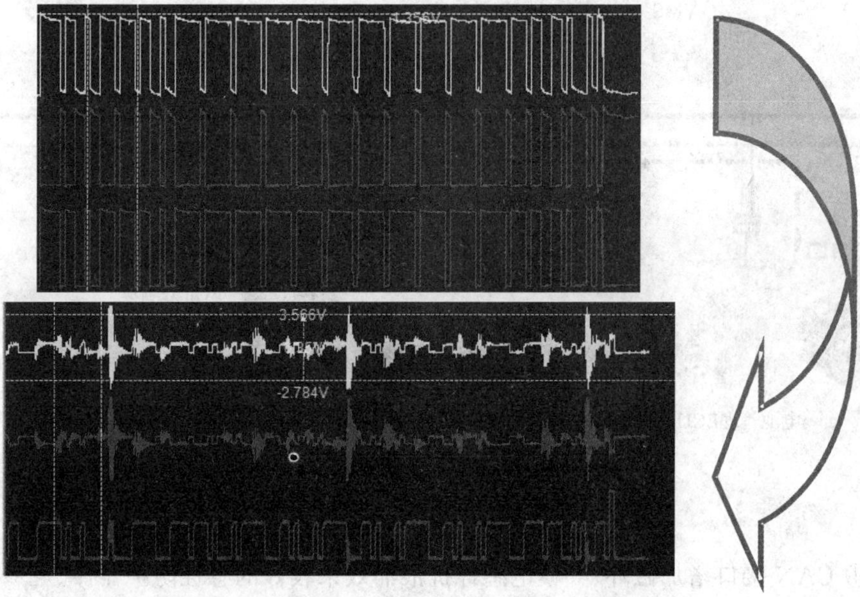

附图 A－32　干扰波形图示

② 将动力线缆与 CAN 线缆远离，最近距离不得小于 0.5 m，这对于抑制周期脉冲干扰是最有效的。

③ CAN 接口设计采用 CTM1051 隔离收发器隔离、限幅，防止 ECU 因为强干扰

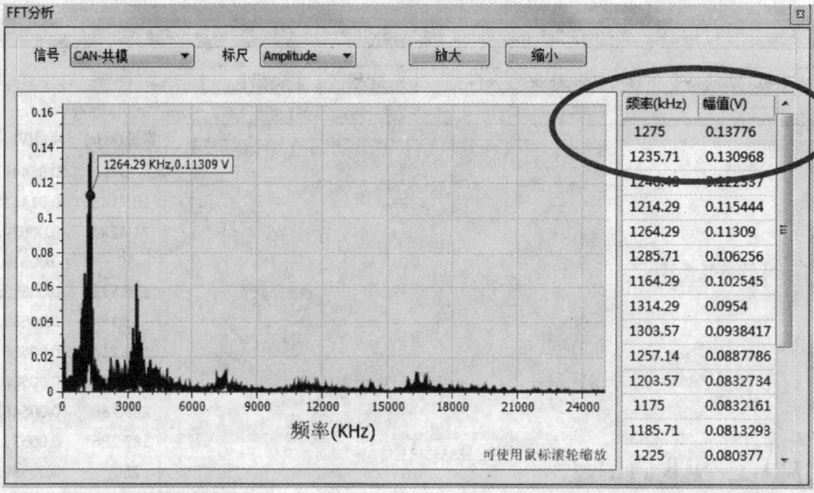

附图 A-33　1 275 kHz 干扰滤形 FFT 分析图

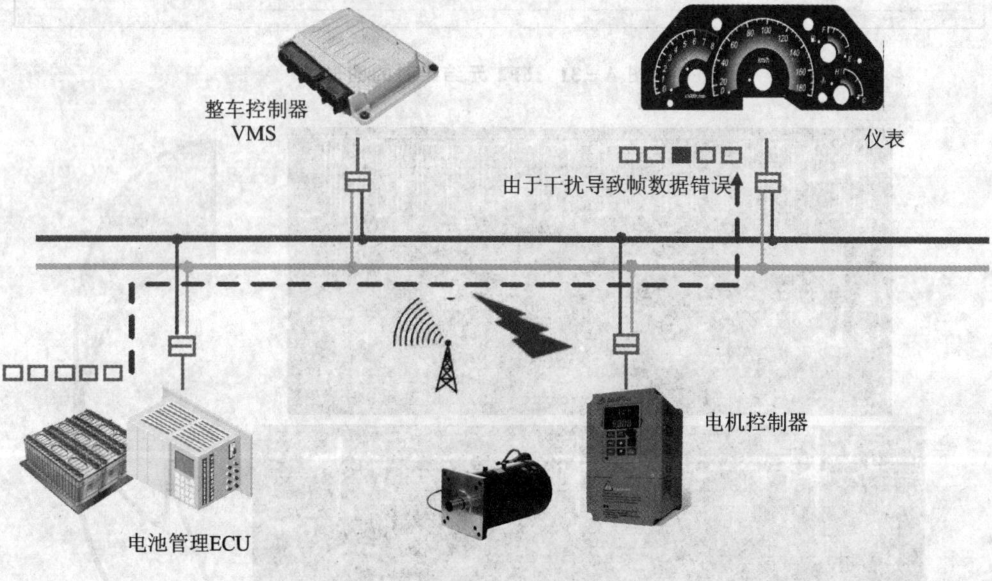

附图 A-34　干扰源图示

死机。

④ CAN 接口增加磁环、共模电感等抗浪涌效果较好的感性防护器件。

⑤ 外接专用的信号保护器消除干扰,如选用 ZF-12Y2 消耗干扰强度和 CAN-bridge 网桥做隔离。

⑥ 采用光纤传输,比如致远电子的 CANHUB-AF1S1,可完全隔绝干扰。

⑦ 程序做抗干扰处理,通常在监测到总线关闭 50 ms 后重新复位 CAN 控制器,清除错误计数。连续复位 10 次后,这个时延长到 1 s。

A.7　排查步骤5——排查长距离或非规范线缆导致的异常

CAN总线上面的信号幅值是接收节点能正确识别逻辑信号的保证。一般来说，差分电平(CANH－CANL)的幅值只有大于0.9 V才能被100％识别成显性电平；同理，如果幅值低于0.9 V就有被识别出隐形电平的可能，如附表A－2所列。

附表A－2　差分电平与逻辑值

差分电平幅值/V	识别成的逻辑值
＞0.9	显性电平(0)
0.5～0.9	不确定区域
＜0.5	隐形电平(1)

附表A－2中的0.5～0.9 V是不确定区域，这个根据不同收发器而异，与温度也有关系。所以检查通信中幅值最小的那个(那些)节点是进行问题排查的重要步骤。因为如果幅值过低容易导致时通时断等现象。

1. 操作步骤

为了更清晰地统计所有位的幅值，所以需要用到CANScope的眼图功能。眼图就是将总线上所有位叠加，然后观察是否有异常位。步骤如下：

① 启动CANScope后，与排查步骤2类似，先进入可以正常采集的状态。然后进入CAN眼图界面，确保通道为CAN－DIF，然后单击“开启”就可以生自动成眼图，如附图A－35所示。

② 可以调用CAN眼图窗口的自动测量来测量位的脉宽和幅值，并且可以拖动这些测量线对关心值进行测量，比如上升时间之类附图A－36所示。

这张眼图是实验室测量出来的，可以获得非常漂亮的CAN波形，所以生成的眼图也很好看，传输的每个位都很规整，节点距离也不远，幅值都差不多。而在实际现场捕捉到的眼图由于每个节点的距离不同，导线分压等原因造成传输到测试点的幅值不同，所以产生了很多条亮线，如附图A－37所示。

所以现场要对这样的眼图进行分析。如果现场做出来的眼图很模糊，可以单击“眼图轮廓”来清晰化。如果还是很乱，说明干扰非常严重，那么就要使用排查步骤9的软件眼图来进行分析。

2. 典型案例(煤矿长距离通信问题)

煤矿的瓦斯监测、人员定位(如附图A－38所示)等都属于长距离CAN通信的典型应用，通常的布线都在1公里以上，最高可达6～8公里，而且拓扑结构非常复杂。远距离通信带来的就是导线阻抗无法忽略的问题。

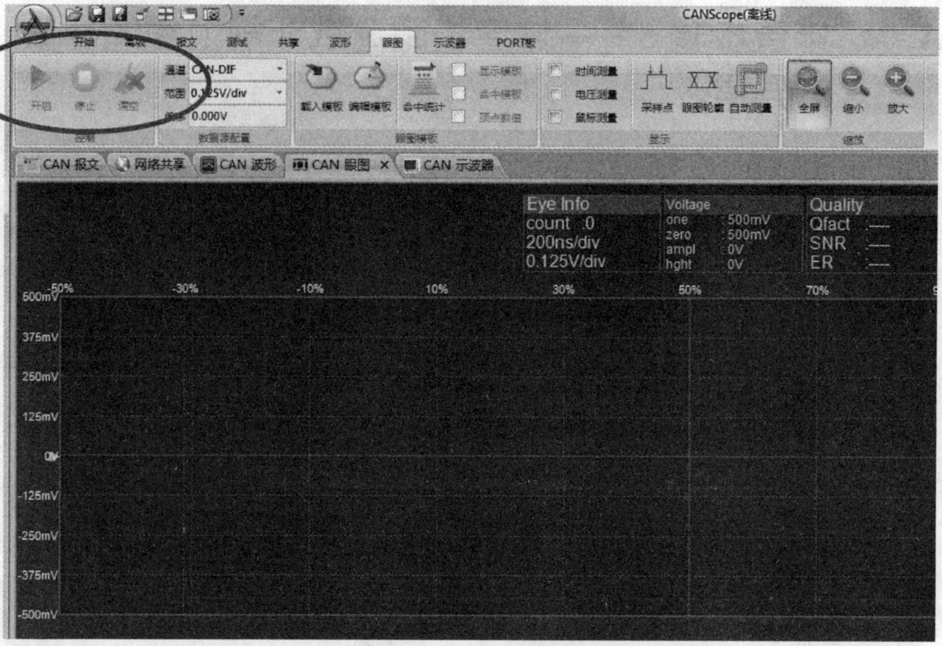

附图 A-35　眼图界面

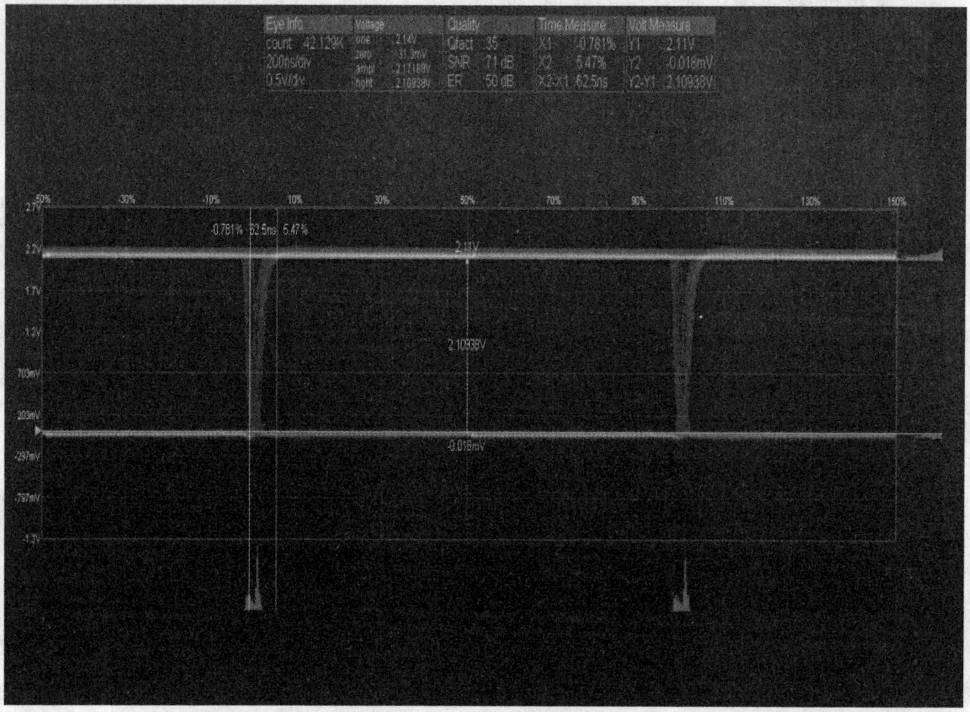

附图 A-36　眼图的自动测量界面

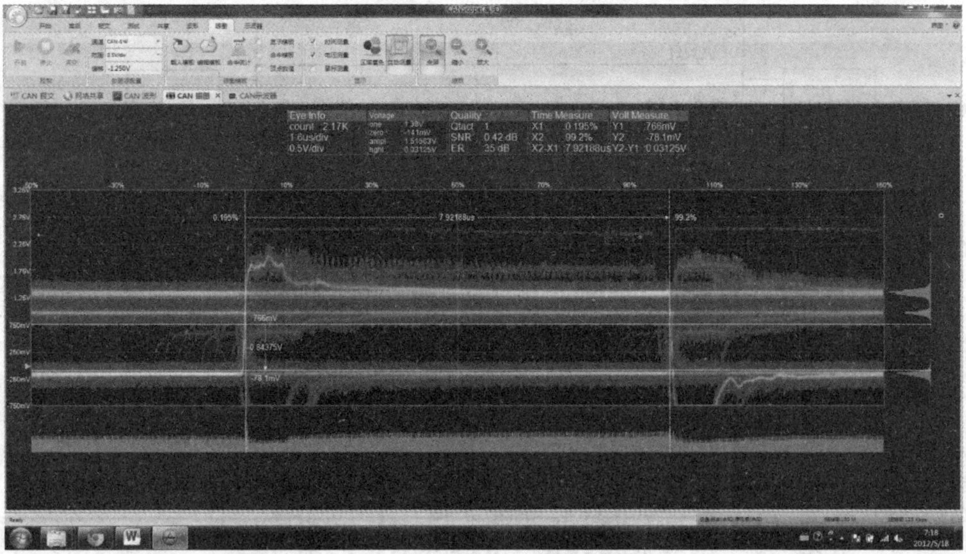

附图 A－37　有多条亮线的眼图

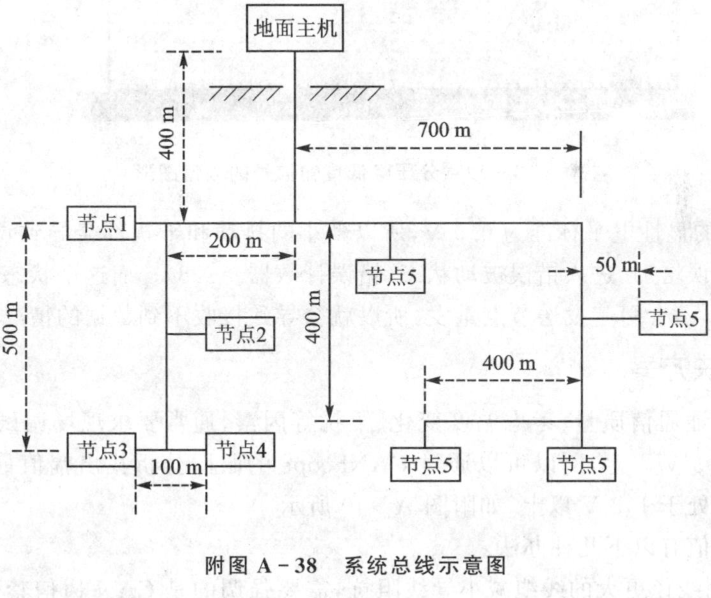

附图 A－38　系统总线示意图

如果采用常规的 120 Ω 终端电阻方式，则导线的分压将会降低传输信号的幅值。比如标准的 1.5 mm^2 屏蔽双绞线，每公里的每根是 12.8 Ω 的直流阻抗。所以 5 公里的传输距离上与 120 Ω 电阻分压，最终将 2 V 的差分电平削减到 1 V，如附图 A－39 所示。

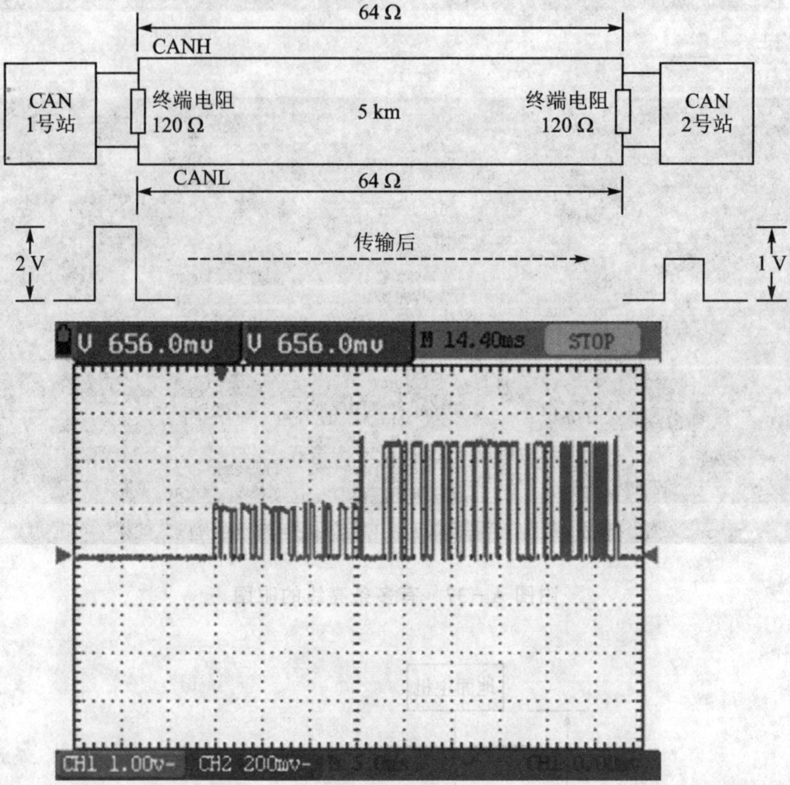

附图 A-39 分压降低传输信号的幅值图形

CAN 的显性电平标准为 0.9 V，所以微小的抖动和干扰都会导致位错误，从而导致节点错误增加，进入错误被动状态(错误计数器＞128)。而这个状态发送的错误帧是隐形的，不会引起发送节点重发，所以就会导致接收不到数据的情况。

3. 解决方案

为了保证通信质量，考虑温度变化、干扰等因素，通常要求现场调试 CAN 的差分幅值在 1.3 V 以上，所以可以通过 CANScope 的眼图分析找出幅值最小的亮线，保证调整后处于 1.3 V 以上，如附图 A-40 所示。

提高幅值有以下几种办法：

① 使用线径更大的线缆减小导线阻抗，需要强调的是 CAN 通信禁止使用网线和电话线，因为其阻抗极大，100 m 就相当于 1 000 m 的标准距离。

② 调整终端电阻值，提高幅值。1.5 mm^2 线缆的匹配值如附表 A-3 所列。

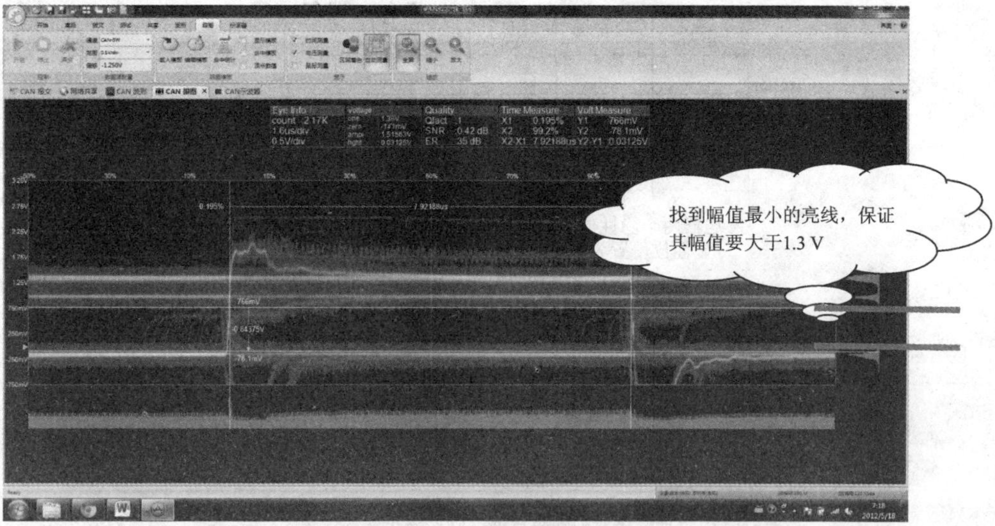

附图 A－40　眼图分析出幅值最小的亮线

附表 A－3　1.5 mm^2 线缆区配值附表

通信距离/km	终端电阻值/Ω	通信距离/km	终端电阻值/Ω
1	120	6	270
2	120	7	300
3	160	8	330
4	220	9	360
5	240	10	390

A.8　排查步骤 6——排查总线延迟导致的通信异常

CAN 总线主要制约其传输距离，即总线传输延迟，因为导线通常延时为 5 ns/m，再加上隔离器件的延时，所以应答位破坏了发送节点预定的应答界定符，从而导致位错误，制约了通信距离。

延时有各方面的原因，包括导线材质（镀金的 0.2 mm^2 线相当于 1.0 mm^2 的铜线）、CAN 收发器与隔离器件（比如光耦的延时高达 25 ns，而磁隔离只有 3～5 ns）。附图 A－42 为一个由于延时导致的错误。ACK 界定符被前面的应答场严重压缩，所以被某个节点识别为显性（原本是隐性），这个识别错误的节点后面发出了错误帧进行全局通知，让发送节点重新发送。因此，控制延迟、留有裕量是保证 CAN 通信质量很重要的因素。

1. 操作步骤

很简单，只要在记录好的 CAN 报文界面中选定某个有波形的 CAN 帧，在 CAN 波形界面中单击“传输延迟测量”（如附图 A－43 所示），即可读取到一个延迟的范围

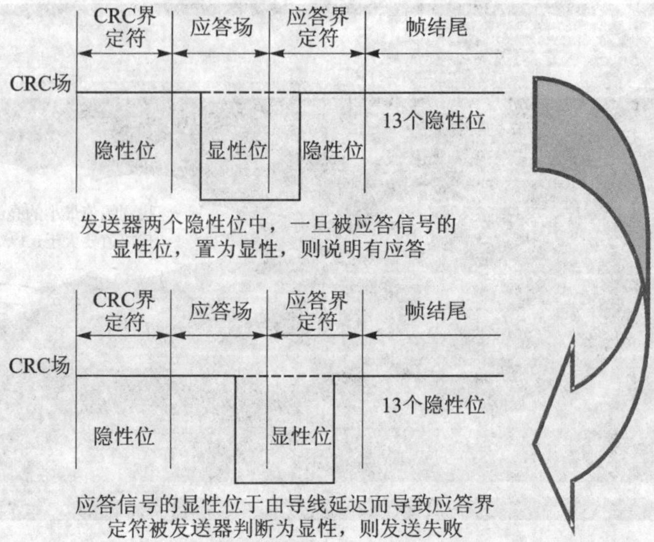

附图 A-41 导致延迟的失败发送示意图

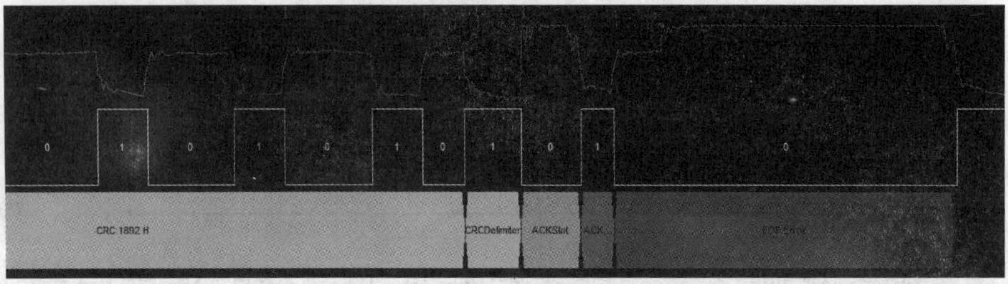

附图 A-42 延迟导致的错误图示

(如附图 A-44 所示)。这个范围中，最大值是指在此测量点测到的最大延迟节点的传输延迟，要控制小于 0.245 倍位时间，比如 1 Mbps 波特率要控制最大值小于 245 ns，否则会有应答错误风险。

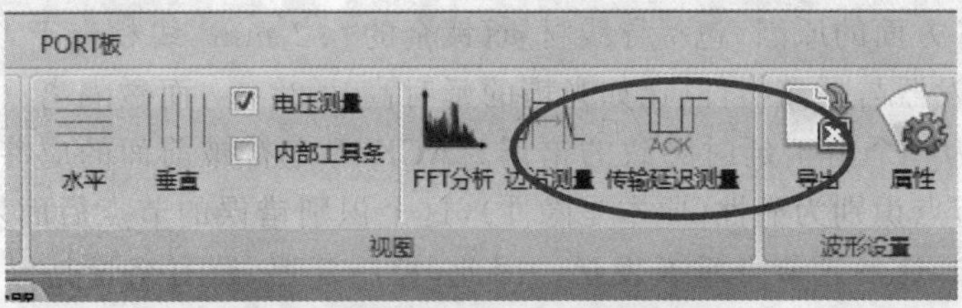

附图 A-43 选择"传输延迟测量"

0.245 这个值是这样算的：因为传输是来回，所以按 CAN2.0B 协议规定，传输延迟如果达到 0.5 倍的位时间，这时的传输距离是理论上的最大传输距离。为了保证可靠，要控制在 70%的理论传输距离。但一般每个节点上面都加了隔离，所以即使

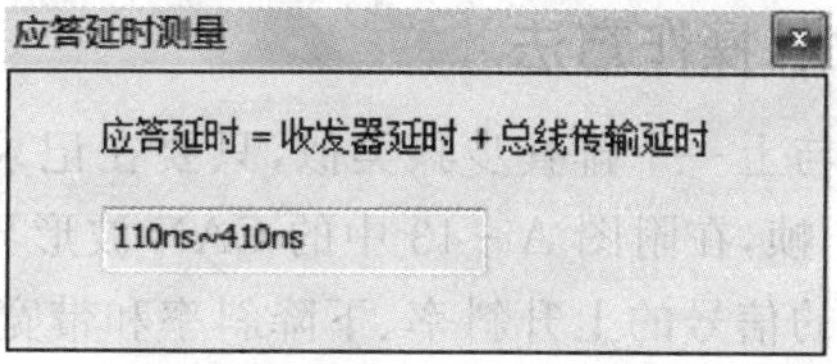

附图 A－44　应答延时测量图

发送节点发出来的报文，就已经带有延时了，所以就要 0.5×0.7×0.7＝0.245 才能保证一个稳定运行状态。

由于总线上面挂接的节点距离测试点都不同，所以引起的延时都不一样。为了检测出总线最大的延迟，建议测试点放在总线最远两端，测试的对象也是总线最远两端的两个节点发出来的报文。这样可以研究到总线的最大延迟。例如：假定测量延时的这个帧是最左边节点发出的，测量点如果在发送节点这端，则最大应答延迟为整体导线延迟＋最远端节点（即最右端）的电路延迟（包括隔离器件与收发器延迟）；测量点如果在最右端，则最大应答延迟只包含这个最右端节点的电路延迟（包括隔离器件与收发器延迟）。所以用这个方法也可以测量某个节点的电路延迟。

2. 典型案例（高速铁路）

在高速铁路的列控系统中，由于实时性要求，通常都是在 500 kbps 以上的波特率传输，甚至到 1 Mbps 波特率，而这样的波特率下对于总线延迟有着严格的要求。同样的导线，使用不同的隔离器件的延迟会影响传输距离，如附表 A－4 所列。

附表 A－4　不同隔离器件对传输距的影响

使用隔离器件	1 Mbps 最大通信距离/m
无	40
6N137 等光耦	27
CTM1051 等磁隔离收发器	36

3. 解决方案

为了减小延时、增加通信距离和降低通信错误率，需要采取以下措施：

① 采用磁隔离的 CTM1051 方案设计接口收发电路；

② 用越粗（线径越大）的导线，延迟越小，标准的 1.5 mm^2 线缆延迟为 5 ns/m；

③ 使用镀金或者镀银的线缆；

④ 增加网桥中继设备 CANBridge 延长通信距离；

⑤ 采用光纤传输，如致远电子的 CANHUB－AF1S1，同等波特率可以延长一倍通信距离。

A.9　排查步骤 7——通过带宽测量排查导线是否匹配

前面几个排查步骤我们知道，线缆等传输介质对于 CAN 通信有重大影响，但如何非常直观地体现出线缆是否匹配传输呢？可以使用 CANScope 的带宽测量功能。

1. 操作方法

与上一个排查步骤类似,只要在记录好的 CAN 报文界面中选定某个有波形的 CAN 帧,在附图 A－43 中的 CAN 波形界面中单击“边沿测量”。然后就可以看到这个帧的信号的上升斜率、下降斜率和带宽情况,如附图 A－45 所示。

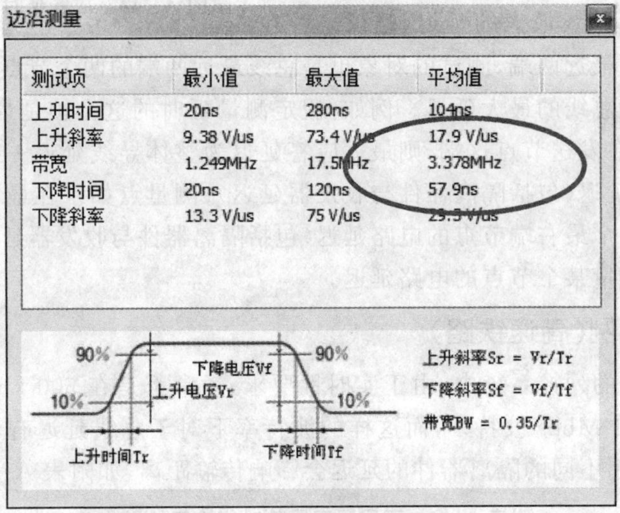

附图 A－45 边沿测量结果

比如,总线的波特率是 500 kbps,测出来的带宽是 3.378 MHz,说明带宽大于 5 倍的波特率(通常的指标),所以这个网络状况是适合 500 kbps 传输的。

2. 典型案例(门禁行业 CAN 通信问题)

门禁行业对于成本要求很高,所以线缆也是经常被“省”,最经常遇到的就是用网线替代正常的双绞线来跑 CAN 信号。如附图 A－46 所示的 CANScope 的波形已经比较难看了,主要体现在下降沿非常缓,这是因为网线的分布电容很大,显性电平回到隐性电平需要的放电时间加大。对信号来说就是会缩短隐性电平时间,容易导致位错误。

这个总线的波特率是 10 kbps,单击“边沿测量”,查看其结果,从边沿测量可以看出,带宽只有 29 kHz,只有 3 倍的波特率,所以这样的导线是不符合这个波特率传输的。

这里补充一个 CAN 知识。由于 CAN 收发器结构,从隐形变成显性有晶体管驱动,所以都是很陡的,但从显性回到隐形却需要终端电阻来放电,否则就会由于导线分布电容,缓慢放电,导致位宽错误。所以所谓的近距离、低波特率 CAN 总线不加终端电阻的做法,都是错误的。

3. 解决方案

如果现场已经布了不符合传输的线缆则只有 3 个解决方案:

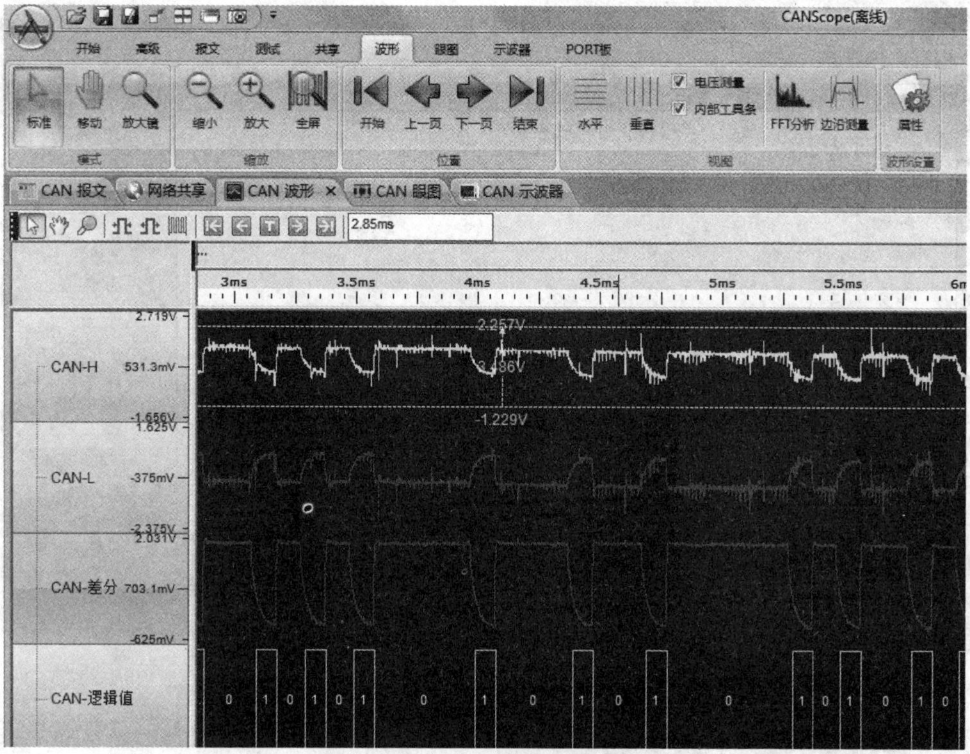

附图 A-46 CAN 波形测量界面

① 换线;

② 减小终端电阻值,降低幅值,从而加快放电速度,减小分布电容的影响。

③ 增加中继设备,比如 CANBridge。

A.10 排查步骤 8——利用软件眼图追踪故障节点

前面 7 个排查步骤是现场分析的必须方法。如果在现场无法分析出来原因,可以先把波形记录下来,保存到 PC 上面,回到驻地再使用软件眼图的方法重构现场情况,从而追踪故障节点。也就是说,软件眼图是离线分析的重要方法。

测试步骤:

步骤 1:采集报文和波形。将总线上的信号采集回来,并且进行保存波形。

步骤 2:对原始的波形做眼图。选择"测试→软件眼图"菜单项,则弹出如附图 A-47 所示对话框,单击"第一步:添加配置"。在眼图设置中建议选中"过滤 ACK 区域对应的波形",如附图 A-48 所示,因为 ACK 一般幅值很高而且有延时。然后单击"设置"眼图模版。在弹出的眼图模版对话框中任意选择一个,比如 Temp120605 等。然后单击"生成眼图"(如附图 A-49 所示),然后单击"查看",则能在 CAN 眼图界面(如附图 A-50 所示)看到与刚才导入模版的碰撞情况。

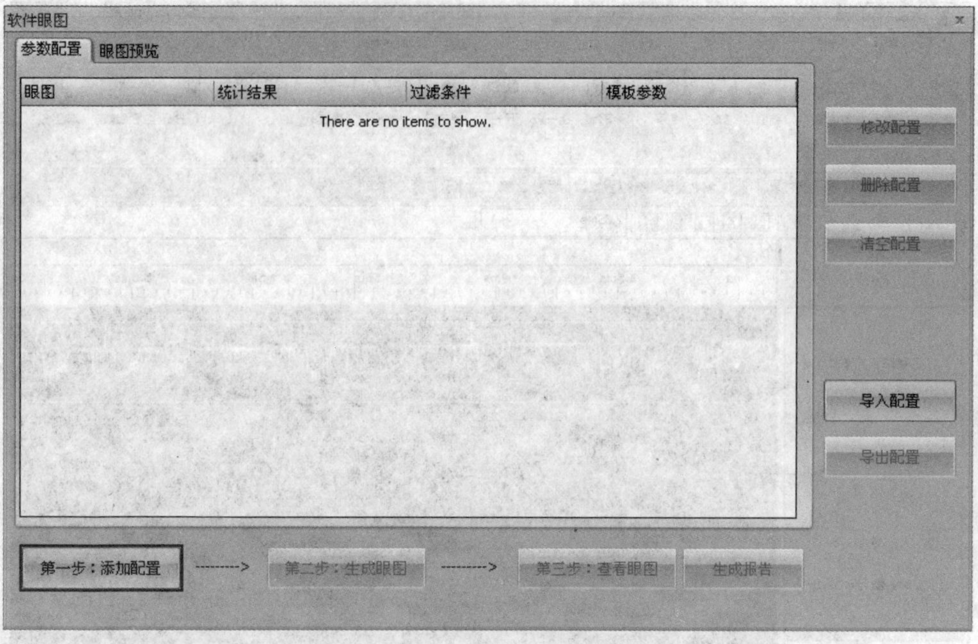

附图 A－47　软件眼图添加配置

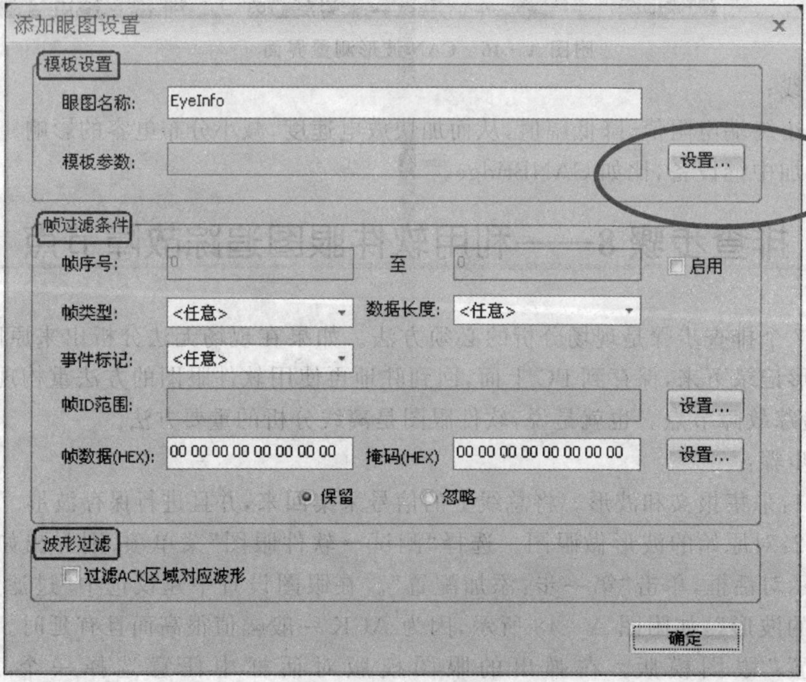

附图 A－48　设置眼图模板

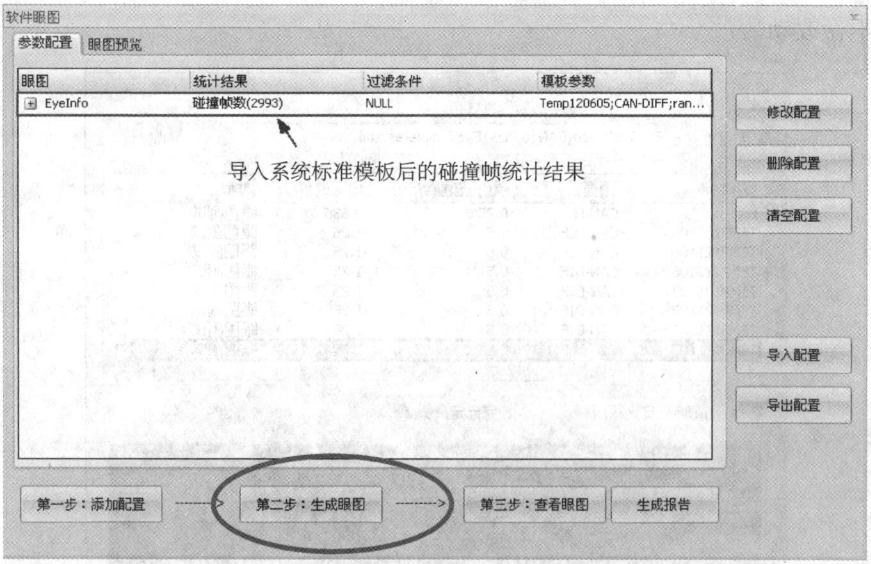

附图 A-49　参数配置界面

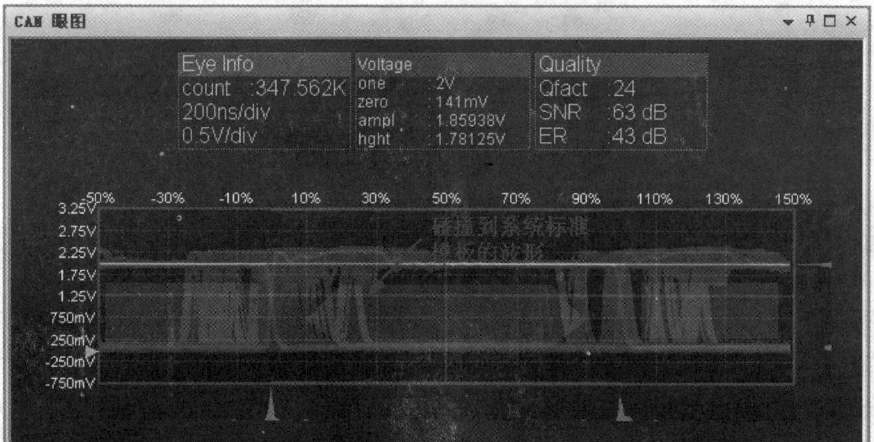

附图 A-50　眼图界面

步骤 3：新建自定义模板。在 CAN 眼图的界面中单击“编辑模版”，然后单击刚才导入的模版，删除多边形。然后在异常区域添加多边形，将异常区域包围起来。编辑完成后，在“导出模板”界面输入模板名称，单击“确定”。

步骤 4：导入自定义模板。返回附图 A-49 所示软件眼图，选中 EyeInfo 眼图，单击配置区内的“修改配置”项，再在弹出的“修改配置”对话框对眼图重新进行配置。修改眼图设置对话框和“添加眼图设置”对话框类似。

在“修改配置”对话框导入在异常位置处新建的模板,如附图 A－51 所示,其他配置不做改动。

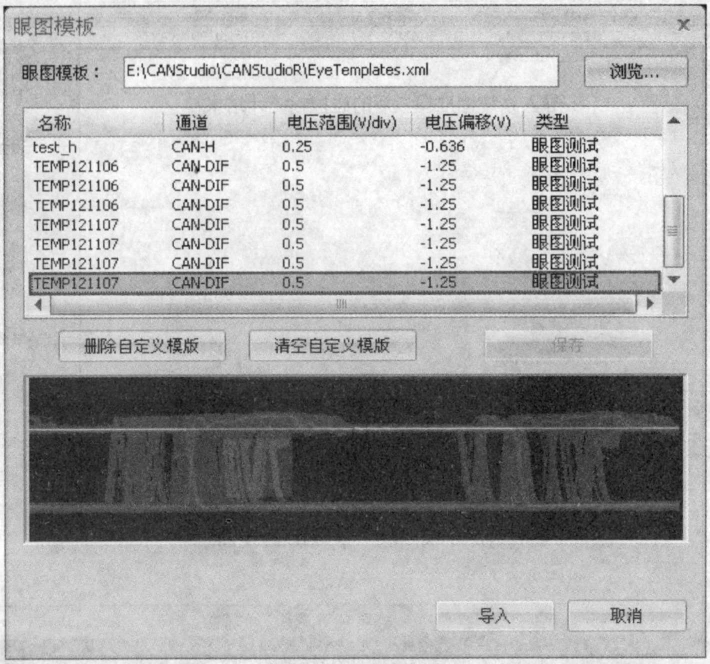

附图 A－51　导入新建模板界面

新模板导入之后返回“修改眼图设置”对话框,单击“确定”即可。

步骤 5:对异常帧波形做眼图。

修改眼图设置完成后返回软件眼图的视图区,单击附图 A－49 中的“第二步:生成眼图”按钮。

步骤 6:查看出错帧眼图。

附图 A－52 是重新做眼图后定位到的异常帧统计结果。

步骤 7:查看出错报文与波形。

如附图 A－53 所示,对异常帧重新做眼图之后,软件眼图视图区给出碰撞帧的统计结果。通过双击选中某一个异常碰撞帧,返回 CAN 报文,即可查看对应的报文(系统自动定位到该帧)。

CAN 报文的 CAN 波形中都自动定位到异常报文和此报文波形的异常区域,如附图 A－54 所示。

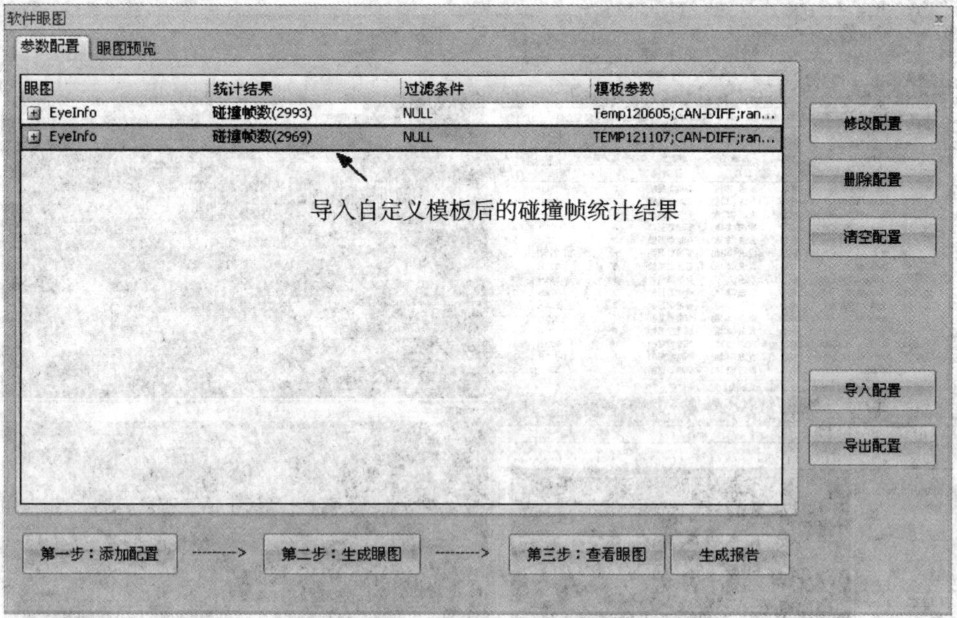

附图 A－52 查看眼图界面

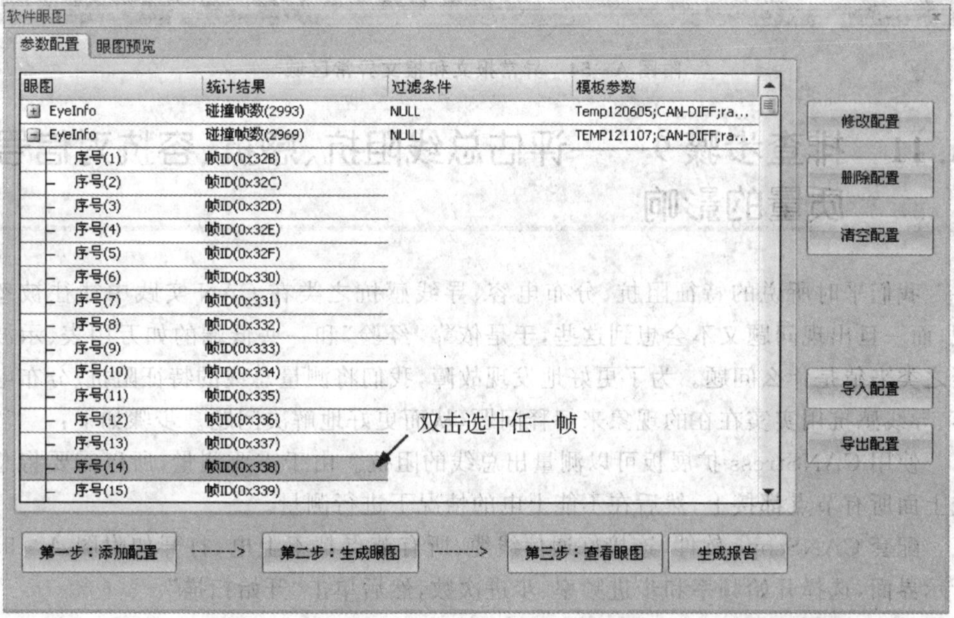

附图 A－53 碰撞帧的统计结果

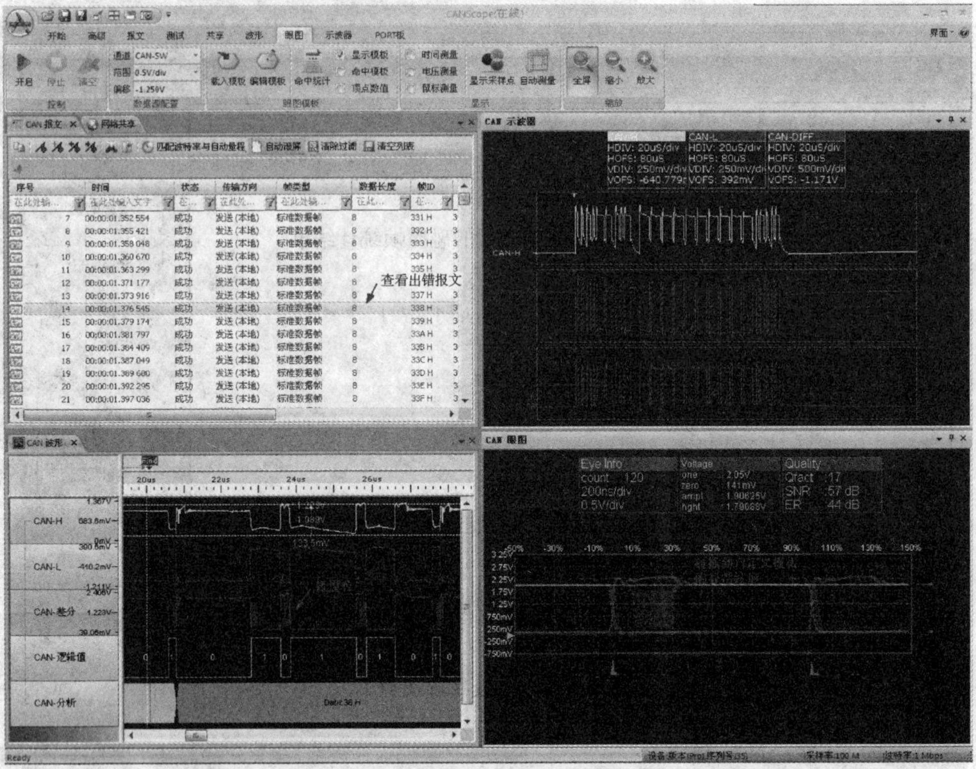

附图 A－54　异常报文和报文异常区域

A.11　排查步骤 9——评估总线阻抗、感抗、容抗对信号质量的影响

我们平时所说的特征阻抗、分布电容、导线感抗之类在 CAN 实践中往往被忽视，而一旦出现问题又不会想到这些，于是依靠“经验”和一些低端的如万用表、示波器之类来猜是什么问题。为了更好地发现故障，我们将测量总线的特征阻抗、分布电容、导线感抗用实实在在的现象来解释问题，从而更好地解决问题。步骤如下：

使用 CANStress 扩展板可以测量出总线的阻抗。由于需要测量，所以需要将总线上面所有节点都接上，然后在不能上电的情况下进行测量。

配套 CANScope 软件，连接好通信线缆，所有节点都不上电，打开如附图 A－55 所示界面，选择开始频率和步进频率、步进次数，然后单击“开始扫描”。

终端电阻为 60 Ω 的 CAN 网络的幅频特性及相频特性，如附图 A－56 及 A－57 所示。

寄生电容为 104 的 CAN 网络的幅频特性及相频特性如附图 A－58 及 A－59 所示。15 mH 电感的 CAN 网络的幅频特性及相频特性如附图 A－60 及 A－61 所示。

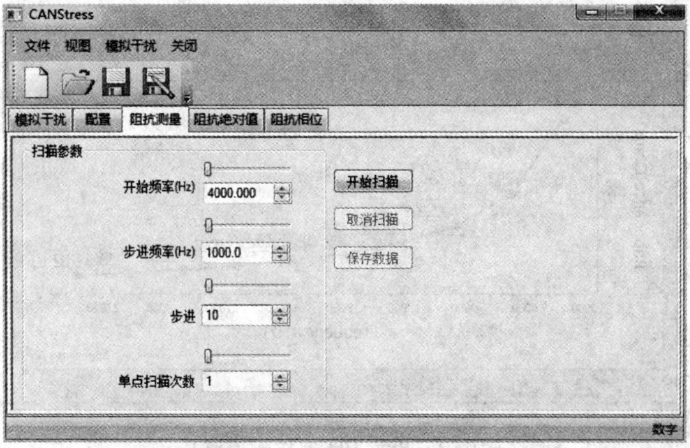

附图 A-55 阻抗测量界面

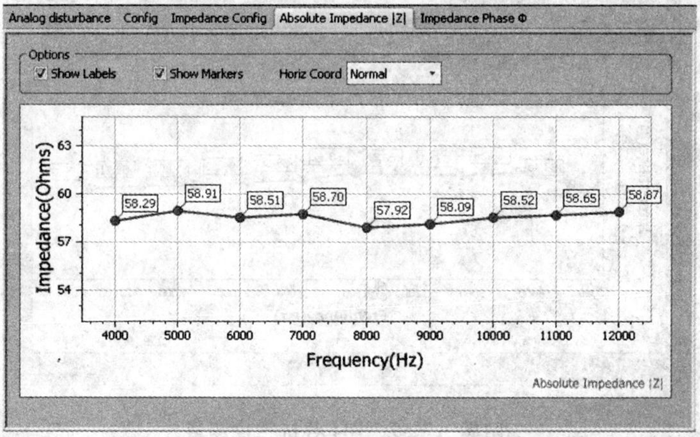

附图 A-56 60 Ω 终端电阻幅值测量

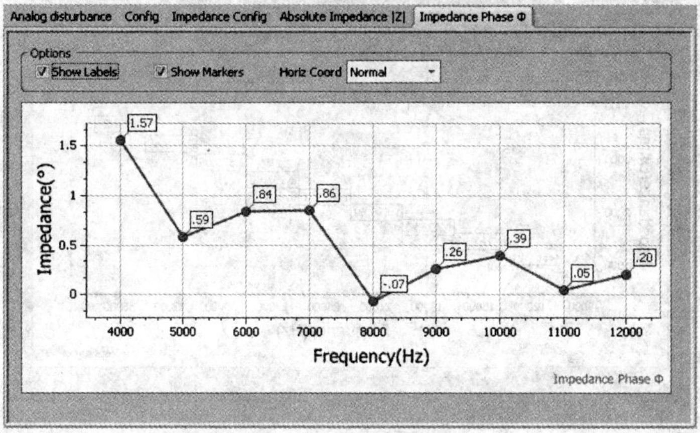

附图 A-57 60 Ω 终端电阻相位测量

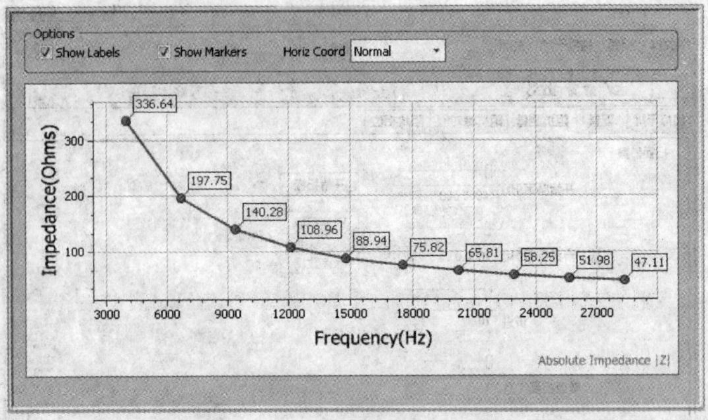

附图 A－58　104 容抗幅值测量

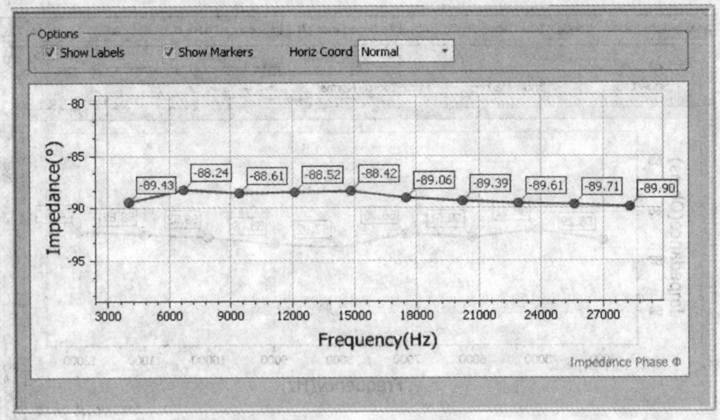

附图 A－59　104 容抗相位测量

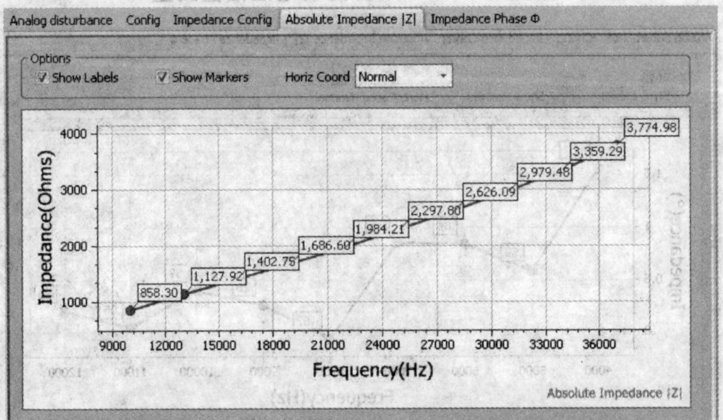

附图 A－60　15 mH 感抗幅值测量

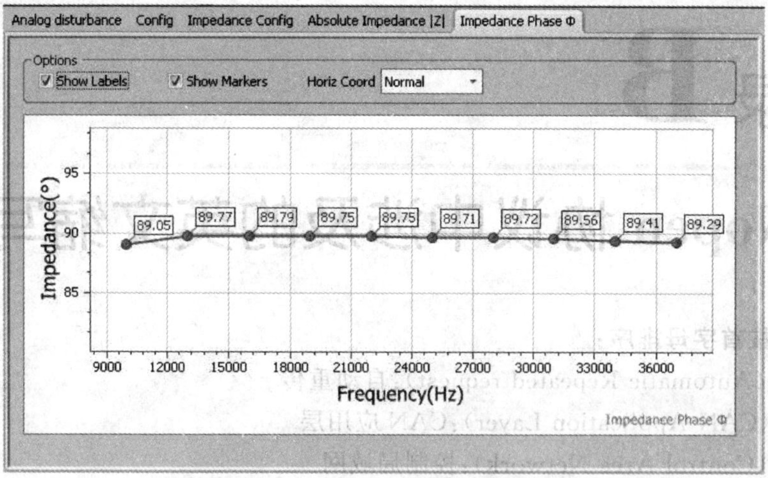

附图 A－61　15 mH 感抗相位测量

A.12　排查步骤 10——排查环境影响因素

这个步骤主要是排查一些偶尔出现的故障，就是通过模拟调整总线阻抗，测试是否是由于温度或者环境导致的通信介质异常。操作方法如下：使用 CANStress 扩展板，如附图 A－62 所示，调整上面的 RHL（匹配电阻）、CHL（分布电容）、RSH 和 RSL（导线阻抗）即可模拟不同的导线情况。

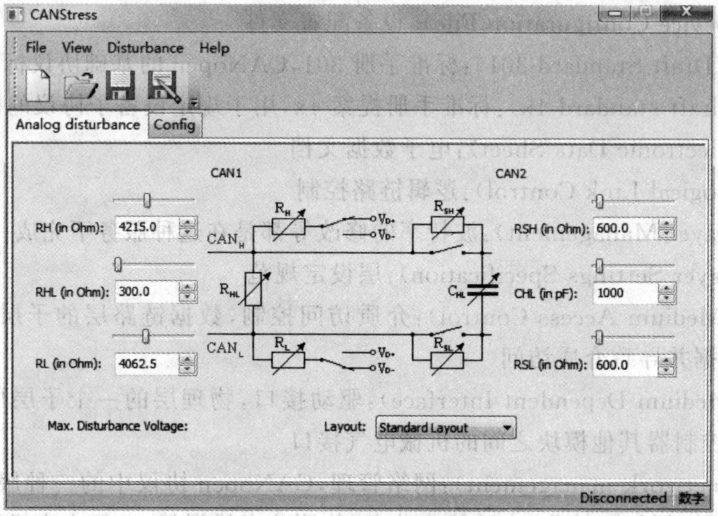

附图 A－62　模拟导线配置界面

附录 B

CANopen 协议中涉及的英文缩写

缩写按首字母排序：

ARQ(Automatic Repeated request)：自动重传

CAL(CAN Application Layer)：CAN 应用层

CAN(Control Area Network)：控制局域网

CiA(CAN in AutomaionCAN)：协议组织

CMS(CAN-based Message Specification)：实际上就是为 CANopen 的应用提供变量、函数等接口的规范

COB(communication object)：通信对象

COB-ID(COB identifier)：通信对象标识符

CRC(Cyclic Redundancy Check)：循环冗余校验

CSDO(Client SDO)：顾客 SDO

DBT(DistriBuTor)：动态分配通信节点的 COB - ID，当然这种分配就必须体现在一种主从式网络构架上

DCF(Device Configuration File)：设备配置文件

DS301(Draft Standard 301)：标准手册 301，CANopen 的基础协议标准

DS4x(draft standard 4x)：标准手册提案 4x，用于规定设备子协议的标准协议

EDS(Electronic Data Sheet)：电子数据文档

LLC(Logical Link Control)：逻辑链路控制

LMT(layer Management)：波特率的修改等都是在这种服务下完成

LSS(Layer Settings Specification)：层设定规范

MAC(Medium Access Control)：介质访问控制，数据链路层的子层，用来控制谁要发送数据并导致介质访问

MDI(Medium Dependent Interface)：驱动接口，物理层的一个子层用来描述介质与 CAN 控制器其他模块之间的机械电气接口

NMT(network management)：网络管理，CANopen 协议中的一种服务，可以对网络进行配置，例如初始化、启动停止节点、侦测节点错误等，一般由主机实现

Node-ID(Node identifie)：节点标识符 CANopen 网络从机的节点必须分配唯一的标识符或者为 0，如果是 0，那么网络主机将访问网络中所有的从机

OSI(Open System Interconnection):开放系统互联

PDO(Process Data Object):过程数据对象,用于实时传输过程中产生的大量数据的对象

PLS(Physical Layer Signaling):物理层信号物理层的一个子层,用来描述位的表示、波特率设置以及位同步

RPDO(receive PDO):接收用 PDO

Remote COB:远程通信对象(一个设备的数据传输由另一个设备启动,一般使用 CAN2.0 标准中的远程帧)

SDO(Service Data Object):服务数据对象

SSDO(server SDO):服务器 SDO

SYNC(synchronization object):同步对象

TPDO(transmit PDO):发送用 PDO

附录 C

DS301 协议中的部分对象描述

1. 1000h 对象

作用：设备类型，对象中包含了设备的类型和功能信息，它由两个 16 位的数据组成，前面的 16 数据描述设备使用的协议，后面的 16 位数据描述了设备的可选功能。

(1) 1000h 对象描述

索引	1000h	索引	1000h
名称	设备类型	数据类型	UNSIGNED32
对象编码	VAR	是否必须	必须

(2) 1000h 入口描述

访问权限	只读	取值范围	UNSIGNED32
PDO 映射	No	默认值	No

其中，32 位数值的高 16 位存放的是额外信息，低 16 位存放设备协议号。

2. 1001h 对象

作用：该对象用来存放各种设备内部错误信息，该对象属于必须的，并且也是紧急对象(Emergency object)的一部分。

(1) 1001h 对象描述

索引	1001h	索引	1001h
名称	设备类型	数据类型	UNSIGNED8
对象编码	VAR	是否必须	必须

(2) 1001h 入口描述

访问权限	只读	取值范围	UNSIGNED8
PDO 映射	可选	默认值	No

对应于这 8 位的错误寄存器结构如下：

位	是否必须	含义	位	是否必须	含义
0	必须	一般错误	4	可选	通信错误(溢出、错误状态)
1	可选	电流	5	可选	设备协议规定的错误
2	可选	电压	6	可选	保留(总是 0)
3	可选	温度	7	可选	制造商规定的错误

如果某一位置为 1,那么相应的错误也就发生了,唯一必须的就是一般错误位,任何一个错误产生一般错误位都会置为 1,因此,一般错误位也可以看作所有错误或的结果。

3. 1002h 对象

作用:制造商状态寄存器,主要用于制造商特殊需求。

(1) 1002h 对象描述

索引	1002h	索引	1002h
名称	制造商状态寄存器	数据类型	UNSIGNED32
对象编码	VAR	是否必须	可选

(2) 1002h 入口描述

访问权限	只读	取值范围	UNSIGNED32
PDO 映射	可选	默认值	No

4. 1003h 对象

作用:预定义的错误帧,主要用于设备产生的错误记录,由紧急对象来提供消息。子索引范围从 0h~FEh。其中,子索引 0 中记录了从子索引 1 开始的错误链表中实际产生的错误个数,每个新的错误都会被记录在索引 1 中,之前的错误将会依次向后挪动一个子索引空间。如果向子索引 0 中写入“0”,则清空所有错误记录。大于 0 的整数不允许写入到子索引 0 中,如果写入大于 0 的整数,将会产生一个中止消息,错误代码为 06090030h,所以子索引 0 是有条件的写入。该对象的 32 位数据高 16 位是制造商相关的错误信息,低 16 位是错误代码。如果设备支持该对象,那么至少需要两个入口,子索引 0 和子索引 1。其中子索引 0 包含错误个数,子索引 1 描述错误。

(1) 1003h 对象描述

索引	1003h	索引	1003h
名称	预定义的错误帧	数据类型	UNSIGNED32
对象编码	ARRAY	是否必须	可选

(2) 1003h 入口描述

子索引	0h	PDO 映射	No
描述	错误个数	取值范围	0～254
是否必须	必须	默认值	0
访问权限	可读/写,写有条件		

子索引	01h	PDO 映射	No
描述	标准错误帧	取值范围	UNSIGNED32
是否必须	可选	默认值	No
访问权限	只读		

子索引 01h～FEh 都是用来描述错误的变量,结构完全相同且能组成链表。

子索引	02～FEh	PDO 映射	No
描述	标准错误帧	取值范围	UNSIGNED32
是否必须	可选	默认值	No
访问权限	只读		

5. 1005h 对象

作用:同步对象标识符,同时也定义该设备是否会产生同步对象(位 30)。

(1) 1005h 对象描述

索引	1005h	数据类型	UNSIGNED32
名称	预定义的错误帧	是否必须	可选或者必须(支持基于同步对象的 PDO 传输)
对象编码	VAR		

(2) 1005h 入口描述

访问权限	读/写	取值范围	UNSIGNED32
PDO 映射	No	默认值	80h 或者 80000080h

(3) 32 位数据结构

31	30	29	28～11	10～0
X	0/1	0	18 个 0	11 位 ID
X	0/1	1	29 位 ID	

位 30 如果是 0,表示该设备不能产生同步消息,或者说不是同步对象的生产者;如果是 1,该设备可以产生同步消息,或者说该设备是同步对象的生产者。位 29 如果是 0,表示该同步帧的标识符是标准 ID,11 位,遵循 CAN2.0A;如果是 1,表示该同步帧的标识符是扩展 ID,29 位,遵循 CAN2.0B。

位 30 和位 29 都是设备开发后不能改变的。如果该设备不是同步对象的生产者，却试图将位 30 设置为 1，那么将产生一个中止消息（中止代码：06090030h），支持标准 ID 的设备要么忽略试图将位 28～位 11 进行修改，要么产生中止消息。一旦将位 30 置为 1，那么同步对象将在第一个时间周期内发送，且在位 30 置 1 期间不能修改位 29 到位 0 的值。

6. 1006h 对象

作用：定义同步对象之间的时间间隔，时间单位为 μs。如果设备不是同步对象的生产者，那么该对象的值为 0；如果同步对象之间的时间间隔改变，且不为 0，那么新的时间间隔将在一个新的时间间隔内被使用。

(1) 1006h 对象描述

索引	1006h	数据类型	UNSIGNED32
名称	同步对象时间间隔	是否必须	可选或者必须（设备是同步对象的生产者）
对象编码	VAR		

(2) 1006h 入口描述

访问权限	读/写	取值范围	UNSIGNED32
PDO 映射	No	默认值	0

7. 1007h 对象

作用：定义了同步窗口，PDO 只能在 SYNC 之后进行传输，该同步窗口收到 SYNC 消息和传输 PDO 之间所允许的最大时间间隔，时间单位 μs。

(1) 1007h 对象描述

索引	1007h	数据类型	UNSIGNED32
名称	同步窗口长度	是否必须	可选
对象编码	VAR		

(2) 1007h 入口描述

访问权限	读/写	取值范围	UNSIGNED32
PDO 映射	No	默认值	0

8. 1008h 对象

作用：设备名称。

(1) 1008h 对象描述

索引	1008h	数据类型	Visible String
名称	设备名称	是否必须	可选
对象编码	VAR		

(2) 1008h 入口描述

访问权限	常量	取值范围	No
PDO 映射	No	默认值	No

9. 1009h 对象

作用:硬件版本号。

(1) 1009h 对象描述

索引	1009h	数据类型	Visible String
名称	设备名称	是否必须	可选
对象编码	VAR		

(2) 1009h 入口描述

访问权限	常量	取值范围	No
PDO 映射	No	默认值	No

10. 100Ah 对象

作用:硬件版本号。

(1) 100Ah 对象描述

索引	100Ah	数据类型	Visible String
名称	硬件版本号	是否必须	可选
对象编码	VAR		

(2) 100Ah 入口描述

访问权限	常量	取值范围	No
PDO 映射	No	默认值	No

11. 100Ch 对象

作用:守护时间。单位:ms。

(1) 100Ch 对象描述

索引	100Ch	数据类型	UNSIGNED16
名称	守护时间	是否必须	可选或必须(未使用心跳报文)
对象编码	VAR		

(2) 100Ch 入口描述

访问权限	读写或者只读(未使用心跳报文)	取值范围	UNSIGNED16
PDO 映射	No	默认值	0

12. 100Dh 对象

作用:生命周期因子,守护时间的整数倍。生命周期规定了生命守护协议的守护周期,如果数值为 0,那么该协议不被使用。

(1) 100Dh 对象描述

索引	100Dh	数据类型	UNSIGNED8
名称	生命周期因子	是否必须	可选或必须(未使用心跳报文)
对象编码	VAR		

(2) 100Dh 入口描述

访问权限	读写或者只读(未使用心跳报文)	取值范围	UNSIGNED8
PDO 映射	No	默认值	0

13. 1010h 对象

作用:参数保存,将设备制造商一些重要参数保存在非易失性存储器中。通过读访问,我们可以知道设备存储能力的相关信息。

参数分为以下几组并保存在子索引中:子索引 0 最大支持的子索引的数目;子索引 1 涉及所有能被存储到该设备上的参数;子索引 2 涉及通信相关的参数(对象字典索引 1000h～1FFFh 设备制造商相关的通信参数);子索引 3 涉及应用相关的参数(对象字典索引 6000h～9FFFh 设备制造商相关的应用参数);子索引 4～127 中设备制造商可以单个存放所选参数。子索引 128～254 保留以后使用。

(1) 1010h 对象描述

索引	1010h	数据类型	UNSIGNED32
名称	参数存储	是否必须	可选
对象编码	ARRAY		

(2) 1010h 入口描述

子索引号	0
描述	最大支持的子索引个数
是否必须	必须
访问权限	只读
PDO 映射	No
取值范围	1h～7Fh
默认值	No

子索引号	1h
描述	保存所有参数
是否必须	必须
访问权限	读/写
PDO 映射	No
取值范围	UNSIGNED32()
默认值	No

子索引号	2h
描述	保存所有通信参数
是否必须	可选
访问权限	读写
PDO 映射	No
取值范围	UNSIGNED32()
默认值	No

子索引号	3h
描述	保存所有应用参数
是否必须	可选
访问权限	读写
PDO 映射	No
取值范围	UNSIGNED32()
默认值	No

为了防止出现存储失误或者非法存储，只有在向相应的子索引中写入密钥的情况下，该存储操作才能被执行，该写访问密钥为 ASCII 码“save”。

MSB　　　　LSB

e	v	a	s
65h	76h	61h	73h

一旦相应的子索引收到正确的密钥，设备执行存储参数同时允许 SDO 传输；如果存储失败，设备将中止 SDO 传输信息(中止代码:06060000h)。如果密钥错误，设备不响应该次存储并中止 SDO 传输(中止代码:0800002xh)。对该设备相应的子索引进行读访问，设备将提供该子索引存储的相关信息，信息格式如下：

位 31～2	位 1	位 0
保留(=0)	0/1	0/1

位	值	解释
31～2	0	保留(=0)
1	0	设备不会自动存储参数
	1	设备会自动存储参数
0	0	设备不会响应存储参数命令
	1	设备会响应存储参数命令

注:这里的自动存储参数是指即使没有用户的请求，设备也会自动将相应的参数存储到非易失性存储器中。

14. 1011h 对象

作用:恢复参数默认值，利用该对象可以将通信或者设备协议相关的参数恢复默认值。通过读访问可以知道设备恢复这些值功能的相关信息。参数分为以下几组并保存在子索引中:子索引 0 最大支持的子索引数目；子索引 1 恢复所有参数默认值；子索引 2 涉及通信相关的参数(对象字典索引 1000h～1FFFh 设备制造商相关的通信参数)；子索引 3 涉及应用相关的参数(对象字典索引 6000h～9FFFh 设备制造商相关的应用参数)；子索引 4～127 中设备制造商可以单个恢复所选参数。子索引 128～254 保留以后使用。

(1) 1011h 对象描述

索引	1011h	数据类型	UNSIGNED32
名称	参数默认值恢复	是否必须	可选
对象编码	ARRAY		

(2) 1011h 入口描述

子索引号	0
描述	最大支持的子索引个数
是否必须	必须
访问权限	只读
PDO 映射	No
取值范围	1h～7Fh
默认值	No

子索引号	1h
描述	恢复所有参数默认值
是否必须	必须
访问权限	读/写
PDO 映射	No
取值范围	UNSIGNED32(图)
默认值	No

子索引号	2h
描述	恢复所有通信参数默认值
是否必须	可选
访问权限	读/写
PDO 映射	No
取值范围	UNSIGNED32()
默认值	No

子索引号	3h
描述	恢复所有应用参数默认值
是否必须	可选
访问权限	读/写
PDO 映射	No
取值范围	UNSIGNED32()
默认值	No

为了防止错误的恢复参数的默认值(用户并不是想恢复默认值,而是执行了一次错误操作),只有在向相应的子索引中写入密钥的情况下,恢复默认值才能被执行,该写访问密钥为 ASCII 码“load”。

MSB　　　　　　　　LSB

d	a	o	l
64h	61h	6Fh	6Ch

一旦相应的子索引收到正确的密钥,则设备恢复参数默认值,同时允许 SDO 传输。如果参数默认值恢复失败,则设备将中止 SDO 传输信息(中止代码:06060000h)。如果密钥错误,设备不响应恢复默认值的操作并中止 SDO 传输(中止代码:0800002xh)。默认值将在设备重新复位或者上电后有效(复位节点的话,子索引 1h～7Fh 都将有效,如果只复位通信那么只有子索引 2 有效)。过程如下:

默认值恢复操作 → 复位/重新上电 → 默认值有效

如果读设备相应的子索引,则获得设备能否提供恢复参数默认值操作的信息,格式如下:

MSB	LSB
31～1	0
保留	0/1

位	值	含 义
31～1	0	保留值(=0)
0	0	设备不能恢复参数默认值
	1	设备可以恢复参数默认值

15. 1012h 对象

作用:时间戳对象的 COB-ID,同时也定义了该设备是时间戳的消费者还是时间戳的生产者。对象结构如下:

MSB				LSB
31	30	29	28～11	10～0
0/1	0/1	0	18 个 0	11 标识符
0/1	0/1	1	29 位标识符	

位	值	解释
31	0	设备不消费时间消息
	1	设备消费时间消息
30	0	设备不生产时间消息
	1	设备生产时间消息
29	0	ID 为 11 位标准标识符
	1	ID 位 29 位扩展标识符
28～11	0	Bit29=0
	X	Bit29=1(29 位时间戳标识符的高 18 位)
10～0	X	时间戳标识符

(1) 1012h 对象描述

索引	1012h	数据类型	UNSIGNED32
名称	时间戳消息 COB-ID	是否必须	可选
对象编码	VAR		

(2) 1012h 入口描述

访问权限	读/写	取值范围	UNSIGNED32
PDO 映射	No	默认值	100h

如果设备不产生时间消息,那么位 30 置位将会产生中止消息(中止代码 06090030h);如果设备只支持标准标识符,那么将位 29 置位也会产生中止消息(06090030h)。如果该对象生产时间戳对象,那么不能修改 COB-ID。

16. 1013h 对象

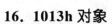

作用:高精度时间戳,精度可达 1 μs。该时间戳可以映射到 PDO 来产生一个高精度时间戳。

(1) 1013h 对象描述

索引	1013h	数据类型	UNSIGNED32
名称	高精度时间戳	是否必须	可选
对象编码	VAR		

(2) 1013h 入口描述

访问权限	读/写	取值范围	UNSIGNED32
PDO 映射	可选	默认值	No

17. 1014h 对象

作用:应急对象 COB-ID,对象结构如下:

MSB LSB

31	30	29	28~11	10~0
0/1	0/1	0	18个0	11 标识符
0/1	0/1	1	29 位标识符	

位	值	解释
31	0	应急对象有效
	1	应急对象无效
30	0	保留
29	0	ID 为 11 位标准标识符
	1	ID 位 29 位扩展标识符
28~11	0	Bit29=0
	X	Bit29=1(29 位应急对象标识符的高 18 位)
10~0	X	应急对象标识符

如果设备只支持标准标识符,那么将位 29 置位也会产生中止消息(06090030h);如果该对象生产时间戳对象,那么不能修改 COB-ID。

(1) 1014h 对象描述

索引	1014h	数据类型	UNSIGNED32
名称	应急对象 COB~ID	是否必须	带条件 必须(支持应急对象)
对象编码	VAR		

(2) 1014h 入口描述

访问权限	只读 读写(条件)	取值范围	UNSIGNED32
PDO 映射	No	默认值	80h+Node-ID

18. 1015h 对象

作用:应急对象禁止时间。该对象可以写访问,时间是 100 μs 的整数倍。

(1) 1015h 对象描述:

索引	1015h	数据类型	UNSIGNED16
名称	应急对象禁止时间	是否必须	可选
对象编码	VAR		

(2) 1015h 入口描述

访问权限	读/写	取值范围	UNSIGNED16
PDO 映射	No	默认值	0

19. 1016h 对象

作用:消费者心跳时间。该对象定义了心跳周期,消费者心跳时间比相应的生产者心跳时间优先级要高,心跳时间是 1 ms 的整数倍。消费者一旦接收到第一个心跳报文,就一直监视网络,如果心跳时间设置为 0,该对象功能不能被使用。

(1) 1016h 对象描述

索引	1016h	数据类型	UNSIGNED32
名称	消费者心跳时间	是否必须	可选
对象编码	VAR		

(2) 1016h 入口描述

子索引号	0
描述	最大支持的子索引个数
是否必须	必须
访问权限	只读
PDO 映射	No
取值范围	1h～7Fh
默认值	No

子索引号	1h
描述	消费者心跳时间
是否必须	必须
访问权限	读写
PDO 映射	No
取值范围	UNSIGNED32(图)
默认值	0

子索引号	2h～7Fh	子索引号	2h～7Fh
描述	消费者心跳时间	PDO 映射	No
是否必须	可选	取值范围	UNSIGNED32()
访问权限	读写	默认值	No

20. 1017h 对象

作用:生产者心跳时间。该心跳时间是 1 ms 的整数倍,如果心跳时间设置为 0,该对象功能不能被使用。

(1) 1017h 对象描述

索引	1017h	数据类型	UNSIGNED16
名称	生产者心跳时间	是否必须	条件必须 (如果不支持节点监护)
对象编码	VAR		

(2) 1017h 入口描述

访问权限	读/写	取值范围	UNSIGNED16
PDO 映射	No	默认值	0

21. 1018h 对象

作用:身份对象,用来说明设备。子索引 1h 包含了分配给每个供应商的唯一值。子索引 2h 包含了制造商特定的产品代码,该产品代码包括了产品版本。子索引 3h (制造商特定的版本号)。

(1) 1018h 对象描述

索引	1018h	数据类型	UNSIGNED16
名称	生产者心跳时间	是否必须	条件必须 (如果不支持节点监护)
对象编码	VAR		

(2) 1018h 入口描述

访问权限	读/写	取值范围	UNSIGNED16
PDO 映射	No	默认值	0

22. 1029h 对象

作用:该对象用来说明当遇到错误时,设备程序应当进入何种状态。

(1) 1029h 对象描述

索引	1029h	数据类型	UNSIGNED8
名称	错误行为	是否必须	可选
对象编码	ARRAY		

(2) 1029h 入口描述

子索引号	0
描述	最大支持的子索引个数
是否必须	必须
访问权限	只读
PDO 映射	No
取值范围	1h～7Fh
默认值	No

子索引号	1h
描述	通信错误
是否必须	必须
访问权限	读/写
PDO 映射	No
数据类型	UNSIGNED8
取值范围	0～2

其中,0 代表进入预操作态,1 代表状态不变,2 代表进入停止状态。

子索引 2h～Feh 存放的是设备子协议或者设备制造商定义的错误,结构同子索引 1h。

23. 1200h～127Fh 对象

作用:该对象用来定义服务器 SDO 参数。SDO 的数据类型由索引 22h 的对象定义。子索引 0h 定义了最大支持的 SDO 的个数,子索引 1h 和 2h 定义了服务器 SDO 的 COB－ID。当且仅当两个子索引中的对象有效标志位都是 0 时,该 SDO 才是有效的。向一个仅支持标准帧的设备写 29 位的扩展帧将产生中止消息(中止代码:06090030h)。

MSB　　　　　　　　　　LSB

31	30	29	28～11	10～0
0/1	0/1	0	18 个 0	11 标识符
0/1	0/1	1	29 位标识符	

位	值	解释
31	0	应急对象有效
	1	应急对象无效
30	0	保留
29	0	ID 为 11 位标准标识符
	1	ID 位 29 位扩展标识符
28～11	0	Bit29＝0
	X	Bit29＝1(29 位时间戳标识符的高 18 位)
10～0	X	应急对象标识符

索引	1200h～127Fh	是否必须	条件索引 1200h; 条件索引 1201h～127Fh; 必须(支持服务器 SDO 的设备)
名称	服务器 SDO 参数		
对象编码	RECORD		
数据类型	SDO 参数		

子索引号	0
描述	最大支持的子索引个数
是否必须	必须
访问权限	只读
PDO 映射	No
取值范围	索引 1200h:2 索引 1201h～127Fh:2～3
默认值	No

子索引号	1h
描述	服务器对象接受消息 COB～ID(RX)
是否必须	必须
访问权限	索引 1200h:只读 索引 1201h～127Fh:读/写
PDO 映射	No
取值范围	UNSIGNED32(图)
默认值	索引 1200h:600h＋Node～ID 索引 1201h～127Fh:禁用

子索引号	2h
描述	服务器对象发送消息 COB～ID(TX)
是否必须	必须
访问权限	索引 1200h:只读 索引 1201h～127Fh:读写
PDO 映射	No
取值范围	UNSIGNED32()
默认值	索引 1200h:580h＋Node－ID 索引 1201h～127Fh:禁用

子索引号	3h
描述	客户 SDO 的 Node～ID
是否必须	可选
访问权限	读/写
PDO 映射	No
取值范围	1h～7Fh
默认值	No

24. 1280h～12FFh 对象

作用:这些对象包括客户 SDO 的参数,所有的客户 SDO 默认无效(无效位为 1)。

对象描述:

索引	1280h～12FFh	索引	1280h～12FFh
名称	客户 SDO 参数	数据类型	SDO 参数
对象编码	RECORD	是否必须	条件; 必须(支持客户 SDO 的设备)

子索引号	0
描述	最大支持的子索引个数
是否必须	必须
访问权限	只读
PDO 映射	No
取值范围	索引 1200h:2 索引 1201h～127Fh:2～3
默认值	No

子索引号	1h
描述	服务器对象接受消息 COB～ID(RX)
是否必须	必须
访问权限	索引 1200h:只读 索引 1201h～127Fh:读/写
PDO 映射	No
取值范围	UNSIGNED32(图)
默认值	索引 1200h:600h＋Node～ID 索引 1201h～127Fh:禁用

子索引号	2h
描述	服务器对象发送消息 COB～ID(TX)
是否必须	必须
访问权限	索引 1200h:只读 索引 1201h～127Fh:读/写
PDO 映射	No
取值范围	UNSIGNED32()
默认值	索引 1200h:580h＋Node～ID 索引 1201h～127Fh:禁用

子索引号	3h
描述	客户 SDO 的 Node～ID
是否必须	可选
访问权限	读/写
PDO 映射	No
取值范围	1h～7Fh
默认值	No

25. 对象 1400h～15FFh

作用:设备接收的 PDO 通信参数,该通信参数的类型已经在索引 20h 中定义了,子索引 0 中包含了有效的通信参数个数,该值至少为 2;如果设备支持禁止时间,那么该值至少为 3。子索引 1 中包含了接受 PDO 的 COB－ID。

MSB　　　　　　　　　　　　LSB

31	30	29	28～11	10～0
0/1	0/1	0	18 个 0	11 标识符
0/1	0/1	1	29 位标识符	

位	值	解释
31	0	PDO 有效
	1	PDNo 效
30	0	允许 RTR 服务
	1	不允许 RTR 服务
29	0	ID 为 11 位标准标识符
	1	ID 位 29 位扩展标识符
28～11	0	Bit29＝0
	X	Bit29＝1(29 位时间戳标识符的高 18 位)
10～0	X	COB～ID 的 11 位

一旦 PDO 有效时,那么不能修改 bit0～bit29,子索引 2 中定义了传输的类型,传输类型已经在通信对象这一小节给出,不再重复。

对象描述:

索引	1400h～15FFh	是否必须	条件; 必须 (支持 PDO 的设备)
名称	接受 PDO 参数		
对象编码	RECORD		
数据类型	PDO CommPar		

子索引号	0h
描述	最大支持的子索引个数
是否必须	必须
访问权限	只读
PDO 映射	No
取值范围	2～5

子索引号	1h
描述	PDO 的 COB～ID(RX)
是否必须	必须
访问权限	只读； 读写(PDO 支持 COB-ID 可变)
PDO 映射	No
取值范围	UNSIGNED32
默认值	索引 1400h:200h+Node-ID 索引 1401h:300h + Node-ID 索引 1402h:400h + Node-ID 索引 1403h:500h+Node-ID 索引 1404h～15FFh:禁用

子索引号	2h
描述	传输类型
是否必须	必须
访问权限	只读； 读/写(支持可变传输类型)
PDO 映射	No
取值范围	UNSIGNED8
默认值	与设备协议相关

子索引号	3h
描述	禁止时间(不用于 RPDO)
是否必须	可选
访问权限	读/写
PDO 映射	No
取值范围	UNSIGNED16
默认值	No

子索引号	4h
描述	用于兼容的入口
是否必须	可选
访问权限	读写
PDO 映射	No
取值范围	UNSIGNED8
默认值	No

子索引号	5h
描述	时间定时器
是否必须	可选(不用于 RPDO)
访问权限	读写
PDO 映射	No
取值范围	0——不被使用 UNSIGNED16
默认值	No

26. 对象 1600h～17FFh

作用:接受 PDO 参数映射,参数类型已经在前面定义。子索引 0 包含了映射参数的个数,子索引 1h～40h 包含了映射应用的变量。结构如下:

MSB　　　　　　　　LSB

索引(16 位)	子索引(8 位)	对象长度(8 位)

如果要对已经映射的 PDO 进行修改,那么首先要将 PDO 删除,同时将子索引 0 清零。

PDO 映射如下图:

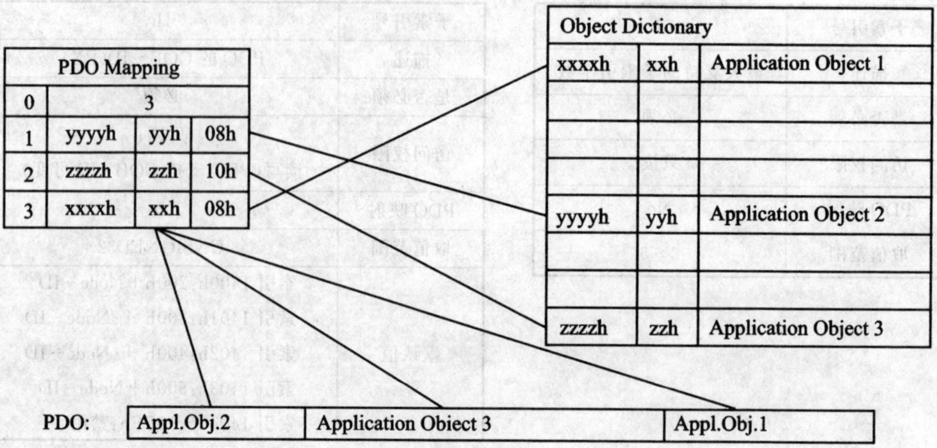

对象描述:

索引	1600h～17FFh	是否必须	条件;必须 (支持 PDO 的设备)
名称	接受 PDO 映射		
对象编码	RECORD		
数据类型	PDO 映射		

子索引号	0h
描述	PDO 中映射应用对象的个数
是否必须	必须
访问权限	只读; 读写(支持 PDO 动态映射)
PDO 映射	No
取值范围	0:禁用;1～64:使用
默认值	由设备协议定义

子索引号	1h～40h
描述	第 N 个 PDO 应用对象的映射
是否必须	条件(由 PDO 映射 的个数和大小决定)
访问权限	读/写
PDO 映射	No
取值范围	UNSIGNED32
默认值	由设备协议定义

27. 对象 1800h～19FFh

作用:发送 PDO 参数,参数类型已经在前面定义,定义与接收 PDO 参数相对应。

对象描述:

索引	1800h～19FFh	是否必须	条件;必须 (支持 PDO 的设备)
名称	接受 PDO 映射		
对象编码	RECORD		
数据类型	PDO CommPar		

子索引号	0h
描述	最大支持的子索引个数
是否必须	必须
访问权限	只读
PDO 映射	No
取值范围	2～5

子索引号	1h
描述	PDO 的 COB-ID(TX)
是否必须	必须
访问权限	只读； 读写(PDO 支持 COB-ID 可变)
PDO 映射	No
取值范围	UNSIGNED32
默认值	索引 1800h:200h + Node-ID 索引 1801h:300h + Node-ID 索引 1802h:400h + Node-ID 索引 1803h:500h+Node-ID 索引 1804h～18FFh:禁用

子索引号	2h
描述	传输类型
是否必须	必须
访问权限	只读； 读写(支持可变传输类型)
PDO 映射	No
取值范围	UNSIGNED8
默认值	与设备协议相关

子索引号	3h
描述	禁止时间(不用于 RPDO)
是否必须	可选
访问权限	读写
PDO 映射	No
取值范围	UNSIGNED16
默认值	与设备协议相关

子索引号	4h
描述	保留
是否必须	可选
访问权限	读写
PDO 映射	No
取值范围	UNSIGNED8
默认值	No

子索引号	5h
描述	时间定时器
是否必须	可选
访问权限	读写
PDO 映射	No
取值范围	0:不被使用 UNSIGNED16
默认值	与设备协议相关

28. 对象 1A00h～1BFFh

作用:发送 PDO 参数映射,参数类型已经在索引 21h 中定义。

对象描述:

索引	1A00h～1BFFh	是否必须	条件;必须 (支持 PDO 的设备)
名称	发送 PDO 映射		
对象编码	RECORD		
数据类型	PDO 映射		

子索引号	0h
描述	PDO 中映射应用对象的个数
是否必须	必须
访问权限	只读; 读写(支持 PDO 动态映射)
PDO 映射	No
取值范围	0:禁用 1～64:使用
默认值	由设备协议定义

子索引号	1h～40h
描述	第 N 个 PDO 应用对象的映射
是否必须	条件(由 PDO 映射的个数和大小决定)
访问权限	读/写
PDO 映射	No
取值范围	UNSIGNED32
默认值	由设备协议定义

附录 D

DS401 协议中的部分对象描述

根据 CANopen 子协议 DS401,以下的对象需要设置好:

1. 1000h 对象

其他信息		基本信息
特殊功能(8 位)	I/O 功能(8 位)	设备协议号(16 位)

假设定义设备协议号:401Ah,I/O 功能的 8 位中分别存放有是否有数字输入、数字输出、模拟输入、模拟输出,对于本设备就是 0Ch;特殊功能信息中如果是操纵杆这样的功能,那么会特别说明,否则默认值为 0;所以,1000h 对象的值为 000C401Ah。

2. 1029h 对象

1001h 被保留,取而代之的是 1029h 对象,该对象在原先的基础上增加两个子索引。

子索引号	2h
描述	输出错误
是否必须	可选
访问权限	读写
PDO 映射	No
取值范围	0～2
默认值	No

子索引号	3h
描述	输入错误
是否必须	可选
访问权限	读写
PDO 映射	No
取值范围	0～2
默认值	No

针对于本实验,一旦出现错误状态,则全部进入停止状态,无论是输入、输出还是通信错误。因此子索引的值全部设置为 2。

1029h	0h	3
	1h	2
	2h	2
	3h	2

注:值的含义:0→从运行态进入预运行态;1→状态不变;2→进入停止态。

3. 其他对象

以下对象只关注模拟量输入输出部分,至于数字量的输入输出部分读者可以参考 DS401 协议。

(1) 2#PDO 映射

2#RPDO

通信参数:

索引	子索引	含义	默认值
1401h	0h	最大支持的子索引个数	No
	1h	该 RPDO 使用的 COB-ID	预分配
	2h	传输类型	255
	3h	禁止时间	No
	4h	保留	—
	5h	事件定时器	No

参数映射:

索引	子索引	含义	默认值
1601h	0h	映射对象的个数	No
	1h	第一路模拟量输出	64110110h
	2h	第二路模拟量输出	64110210h
	3h	第三路模拟量输出	64110310h
	4h	第四路模拟量输出	64110410h

(2) 2#TPDO

通信参数:

索引	子索引	含义	默认值
1801h	0h	最大支持的子索引个数	No
	1h	该 RPDO 使用的 COB-ID	预分配
	2h	传输类型	255
	3h	禁止时间	0
	4h	保留	—
	5h	事件定时器	0

参数映射：

索引	子索引	含义	默认值
1A01h	0h	映射对象的个数	No
	1h	第一路模拟量输入	64010110h
	2h	第二路模拟量输入	64010210h
	3h	第三路模拟量输入	64010310h
	4h	第四路模拟量输入	64010410h

(3) 3＃与 4＃PDO 的映射

与 2＃PDO 类似，区别在于它们是 5＃～12＃模拟量的映射，1＃PDO 是数字量的映射。

注：以上映射均是预定义的映射，也就是如果没有特定的映射，节点将按着这样的映射执行协议（也相当于协议的默认值）。

除了预定义的映射对象外还有一些其他对象，比如对于模拟量的输入输出：

索引	对象编码	内容	数据类型	类别
6400h	ARRAY	8 位模拟量输入	8 位整型	可选
6401h	ARRAY	16 位模拟量输入	16 位整型	默认
6402h	ARRAY	32 位模拟量输入	32 位整型	可选
6403h	ARRAY	浮点模拟量输入	浮点数	可选
6404h	ARRAY	设备制造商特定的模拟量输入	特定的	可选
6421h	ARRAY	触发中断模式	8 位非负整型	可选
6422h	ARRAY	中断源	32 位非负整型	可选
6423h	VAR	全局中断使能（模拟输入相关的）	布尔型	默认
6424h	ARRAY	中断上限（整型）	32 位整型	可选
6425h	ARRAY	中断下限（整型）	32 位整型	可选
6426h	ARRAY	中断差值（整型）	32 位非负整型	可选
6427h	ARRAY	中断负差值（整型）	32 位非负整型	可选
6428h	ARRAY	中断正差值（整型）	32 位非负整型	可选
6429h	ARRAY	中断上限（浮点）	浮点数	可选
642Ah	ARRAY	中断下限（浮点）	浮点数	可选
642Bh	ARRAY	中断差值（浮点）	浮点数	可选
642Ch	ARRAY	中断负差值（浮点）	浮点数	可选
642Dh	ARRAY	中断正差值（浮点）	浮点数	可选
642Eh	ARRAY	输入补偿（浮点）	浮点数	可选
642Fh	ARRAY	输入增益（浮点）	浮点数	可选
6431h	ARRAY	输入补偿（整型）	32 位整型	可选
6432h	ARRAY	输入增益（整型）	32 位整型	可选
6441h	ARRAY	输出补偿（浮点）	浮点数	可选
6442h	ARRAY	输出增益（浮点）	浮点数	可选

续附表

索引	对象编码	内容	数据类型	类别
6443h	ARRAY	输出错误模式	8 位非负整型	可选
6444h	ARRAY	输出错误值(整型)	32 位整型	可选
6445h	ARRAY	输出错误值(浮点)	浮点数	可选
6446h	ARRAY	输出补偿(整型)	32 位整型	可选
6447h	ARRAY	输出增益(整型)	32 位整型	可选
67FFh	VAR	设备类型	32 位非负整型	可选

设备协议对象的具体描述(只针对 16 bit)

(1) 6401h 对象

作用:读取第 n 通道的模拟量经过 A/D 转换后的数字量,并将结果存储在相应的子索引下的空间内。对齐方式为左对齐,对于 12 bit 的 A/D,右面的 4 位为 0。

对象描述:

索引	6401h	数据类型	16 位整型
名称	读取模拟量输入(16bit)	是否必须	条件(设备使用模拟量输入通道)
对象类型	ARRAY		

接口描述:

子索引号	0h	PDO 映射	默认映射方式
描述	16 位的模拟量输入通道数	取值范围	16 位整型
访问类型	只读	默认值	No
该接口是否必须	必须	子索引号	0Dh～FEh
取值范围	1h～FEh	描述	模拟量输入 13＃～254＃
默认值	No	访问类型	只读
子索引号	1h～0Ch	该接口是否必须	可选
描述	模拟量输入 1＃～12＃	PDO 映射	用户可自定义
访问类型	只读	取值范围	16 位整型
该接口是否必须	除 1＃必须外 2＃～12＃可选	默认值	No
PDO 映射	No		

6411h 对象

作用:向第 n 个 D/A 通道写入数字量,数字量保存在相应的子索引中,对齐方式为左对齐。

对象描述:

索引	6411h	数据类型	16 位整型
名称	输出模拟量(16 位)	是否必须	条件(设备使用模拟量输出)
对象类型	ARRAY		

接口描述：

子索引号	0h	PDO 映射	默认映射方式
描述	16 位的模拟量输出通道数	取值范围	16 位整型
访问类型	只读	默认值	No
该接口是否必须	必须	子索引号	0Dh～FEh
PDO 映射	No	描述	模拟量输出 13＃～254＃
取值范围	1h～FEh	访问类型	读写(用户需要更新里面的数据)
默认值	No	该接口是否必须	可选
子索引号	1h～0Ch	PDO 映射	用户可自定义
描述	模拟量输出 1＃～12＃	取值范围	16 位整型
访问类型	读写(用户需要更新里面的数据)	默认值	No
该接口是否必须	除 1＃必须外 2＃～12＃可选		

对于中断触发模拟量输入的方式选择，这里不对相关的对象做介绍。主要是因为：本文的“模拟量的一次转换”不是由中断触发的，而是定时触发的。在本文中，模拟量的输出也没有用到协议所介绍的偏移量等对象，有需要的读者可以自行查阅 DS401 协议。

参考文献

[1] Philips Semiconductors. CAN Specification Version 2.0, Parts A and B. 1992.

[2] Philips Semiconductors. Data Sheet SJA1000, Stand-alone CAN Controller. 2000.

[3] K. Etschberger. Controller Area Network(3rd edition)[M]. 2002.

[4] Philips Semiconductors. Data Sheet TJA1050: High Speed CAN transceiver. 2000.

[5] Philips Semiconductors. Data Sheet PCA82C250: CAN Controller Interface. 2000.

[6] Philips Semiconductors. Preliminary Data Sheet TJA1040: High speed CAN transceiver. 2001.

[7] Microchip Technology inc. Data Sheet MCP2515. 2005.

[8] 周立功. iCAN 现场总线原理与应用[M]. 北京:北京航空航天大学出版社,2007.

[9] 群星系列 CAN 接口应用。广州致远电子有限公司,2009.

[10] 周立功. CAN - bus 现场总线基础教程[M]. 北京:北京航空航天大学出版社,2012.

[11] 罗峰. 汽车 CAN 总线系统原理、设计与应用[M]. 北京:电子工业出版社,2011.

[12] 张戟. 基于现场总线 DeviceNet 的智能设备开发指南[M]. 西安:西安电子科技大学出版社,2004.

[13] SAE J1939:Recommended Practice for a Serial Control and Communications Vehicle Network,2007.

[14] 李刚. ADμC8XX 系列单片机原理与应用技术[M]. 北京:北京航空航天大学出版社,2002.

[15] Analog Devices Inc. MicroConverterTM Multichannel 12 - Bit ADC with Embedded FLASH MCU AduC812. 1999.

[16] Analog Devices Inc. AduC812 User's Manual. 2000.

[17] 宏晶科技. STC89C51RC/RD+系列单片机器件手册. 2007.

[18] 饶运涛. 现场总线 CAN 原理与应用技术[M]. 北京:北京航空航天大学出版社,2007.

[19] 史久根. CAN 现场总线系统[M]. 北京:国防工业出版社,2004.

[20] Silicon Laboratories. Data Sheet C8051F34X. 2009.

[21] Texas Instruments Incorporated. MSP430AFE2x3 Family User's Guide. 2012.

[22] Holger Zeltwanger. 现场总线 CANopen 设计与应用[M]. 周立功,黄晓清,严寒亮,译. 北京:北京航空航天大学出版社,2011.